21 世纪高等院校计算机专业规划教材

计算机组成原理

（第二版）

李继民　何欣枫　王　兵　陈　昊　编著

中国铁道出版社有限公司
CHINA RAILWAY PUBLISHING HOUSE CO., LTD.

内 容 简 介

“计算机组成原理”课程是计算机科学与技术专业的专业核心课。本书在第一版的基础上，对各章节内容进行了补充和修改，增加了例题分析的比重，使重要的知识点和例题相结合，完善了书后的习题部分，以提高读者分析和解决问题的能力。最后一章增加了模型机的设计案例，使读者建立起计算机的整体概念。

本书采用自顶向下的分析方法，从计算机整体结构框架入手，由表及里，层层细化，逐步深入到计算机的内核，论述了冯·诺依曼结构计算机系统的内部组成和整机的工作原理。

按照计算机组成的层次结构组织成四篇内容：第一篇概述、第二篇计算机系统、第三篇中央处理器、第四篇控制器。

本书既可作为高等学校计算机科学与技术专业的教材，又适合作为通信工程、电子工程等专业的教材。

图书在版编目（CIP）数据

计算机组成原理 / 李继民等编著. —2版. —北京：中国铁道出版社，2010.8（2019.7重印）
21世纪高等院校计算机专业规划教材
ISBN 978-7-113-11407-7

Ⅰ. ①计… Ⅱ. ①李… Ⅲ. ①计算机体系结构－高等学校－教材 Ⅳ. ①TP303

中国版本图书馆CIP数据核字(2010)第083670号

书　　名： 计算机组成原理（第二版）
作　　者： 李继民　何欣枫　王　兵　陈　昊　编著

策划编辑： 秦绪好　孟　欣
责任编辑： 黄园园
封面设计： 付　巍　　　　**封面制作：** 白　雪
版式设计： 郑少云　　　　**责任印制：** 郭向伟

出版发行： 中国铁道出版社有限公司（100054，北京市西城区右安门西街8号）
印　　刷： 三河市兴博印务有限公司
版　　次： 2003年9月第1版　2010年8月第2版　2019年7月第8次印刷
开　　本： 787mm×1092mm　1/16　**印张：** 21.5　**字数：** 531千
印　　数： 7 001～7 800册
书　　号： ISBN 978-7-113-11407-7
定　　价： 39.00元

版权所有　侵权必究

凡购买铁道版图书，如有印制质量问题，请与本社计算机图书批销部联系调换。

第二版前言

FOREWORD >>>

“计算机组成原理”课程是计算机科学与技术专业的专业核心课。本书在第一版的基础上，参照 ACM（美国计算机协会）、AIS（美国信息系统协会）和 IEEE/CS（国际电气电子工程师协会计算机学会）发布的 CC2005（*Computing Curricula 2005*），参考研究生入学统考大纲，以培养专业能力、注重实践创新能力和综合素质的培养为目标，结合编者多年一线教学和科研的经验编写而成。

第二版在第一版的基础上，对各章节内容进行了补充和修改，增加了例题分析的比重，使重要的知识点和例题相结合，完善了书后的习题部分，以巩固学生所学知识，并提高分析和解决问题的能力。最后一章增加了模型机的设计案例，使学生逐步建立起计算机的整体概念。

《计算机组成原理（第二版）》仍采用自顶向下的分析方法，从计算机整体结构框架入手，由表及里，由浅入深，层层细化，逐步深入到计算机的内核，重点介绍了基本概念、基本原理和设计方法，论述了冯•诺依曼结构计算机系统的内部组成和整机的工作原理。本书按照计算机组成的层次结构组织分成四篇内容。

第一篇为概述，重点介绍了计算机的基本组成和层次结构，删掉了图灵机部分的内容，充实了摩尔定律的部分内容。第一版教材的第 2 章数字逻辑部分调整到了附录部分。

第二篇为计算机系统，重点充实了半导体存储器的结构，磁表面存储器的工作原理和习题部分，删掉了 FireWire 串行总线部分，增加了多模块交叉存储器一节。

第三篇为中央处理器，增加了校验码一节，适当增加了一些运算方法，充实了指令流水线的内容和指令系统的例题部分。

第四篇为控制器，原来的两章合并成了一章，按照控制器的功能分析和设计思路组织教材内容，并以一个模型机的分析设计贯穿整章的内容，以使学生建立起一个完整的计算机系统的概念。

本教材的第 1、3、10 章由李继民编写，第 7、8、9 章和附录 A 由何欣枫编写，第 2、4、5 章由王兵编写，第 6 章由陈昊编写，最后由李继民、何欣枫统稿。

本书在编写过程中，得到了许多专家的大力支持，参考了大量的文献资料，在此表示诚挚的谢意。

限于编者的水平有限，书中难免有不妥之处，恳切希望读者予以指正。

编　者

2010 年 5 月

第一版前言

FOREWORD

本书参照美国 ACM 和 IEEE/CS 发表的 *Computing Curricula 2001* 中关于计算机组成部分的标准，以提出问题、分析问题到解决问题的思路来编写每章的内容，并结合计算机学科的理论、抽象和设计 3 种形态，提高学生的创新能力。

本课程的先导课程是“数字逻辑”和“汇编语言程序设计”。数字逻辑与数字电路知识是理解计算机各部件工作原理及其逻辑实现的必备基础；汇编语言程序设计，可使学生了解计算机的执行对象——程序，并知道如何用程序来调度管理各个部件和外围设备，以利于软、硬件相结合理解计算机的工作原理。本课程的后续课程是“微机接口技术及应用”、“计算机系统结构”及其他专业分支课程，这些课程都是以本课程为基础的。

本教材主要讲述计算机系统的内部工作机制及组成原理，重点在计算机的基本原理、基本知识和基本技巧。主要使读者掌握计算机中各功能部件的工作原理、逻辑实现、设计方法及相互连接，并组成一个单机系统，为今后参加计算机系统的分析、设计、开发以及使用计算机等工作，打下坚实的基础。

计算机系统由一组相关联的部件互连而成，为了使读者建立计算机的整机概念，本书采用层次的分析方法，按照计算机组成的层次结构分成四篇内容：第一篇概述、第二篇计算机系统、第三篇中央处理器（CPU）、第四篇控制单元（CU）。

第一篇（第 1、2 章），介绍计算机的基本组成，计算机的发展、应用和展望，构成数字计算机的最基本元素——数字逻辑电路。第二篇（第 3、4、5、6 章），详细介绍外存储器、输入输出系统以及存储器与 CPU 连接、存储器和 I/O 之间的通信总线。第三篇（第 7、8、9、10 章），详细介绍 CPU（除控制单元外）的特性、结构和功能，包括计算机的基本运算、指令系统和中断系统等。第四篇（第 11、12 章）专门介绍控制单元的功能，以及采用组合逻辑和微程序方法设计控制单元的思路和实现方法。

在每一章的后面还附有一定数量的习题。

本教材的第 1、7、10 章由马胜甫编写，第 8、11、12 章由何欣枫编写，第 3、5、6 章由王兵编写，第 2、4、9 章由李继民编写，最后由马胜甫统一定稿。

本书在写作过程中，得到了许多专家的大力支持，参考了大量的文献资料，陈兰芳、程瑞芬、崔仙翠等参与了本书的编排工作，在此表示诚挚的谢意。

由于作者的水平有限，书中难免有不妥之处，恳切希望读者予以指正。

编　者

2003 年 8 月

目 录

CONTENTS >>>

第一篇 概 述

第 1 章 计算机系统概论 2
1.1 计算机系统简介 2
1.1.1 计算机简史 2
1.1.2 摩尔定律 4
1.1.3 计算机系统的分类 5
1.1.4 计算机系统 6
1.1.5 计算机的应用和发展趋势 7
1.1.6 计算机体系结构、组成与实现 9
1.2 现代计算机的体系结构 10
1.2.1 冯·诺依曼计算机的特点 11
1.2.2 计算机的硬件组成 11
1.2.3 非冯·诺依曼计算机 12
1.3 计算机的层次结构 12
1.3.1 虚拟机的概念 13
1.3.2 虚拟机的层次结构 13
1.3.3 硬件和软件的逻辑等价性 14
1.4 计算机的性能指标 14
1.4.1 机器字长 14
1.4.2 存储容量 14
1.4.3 运算速度 15
1.5 本书结构 16
小结 17
习题 17

第二篇 计算机系统

第 2 章 系统总线 20
2.1 计算机系统互连结构 20
2.2 总线的基本概念 21
2.2.1 总线特性 22
2.2.2 总线性能指标 22
2.2.3 总线内部结构 23
2.2.4 总线标准 24

2.3 总线连接方式 26
2.3.1 单总线 26
2.3.2 双总线 27
2.3.3 多总线 27
2.4 总线设计要素 29
2.4.1 总线仲裁 29
2.4.2 总线定时 31
2.4.3 总线数据传输模式 33
2.4.4 总线宽度 34
2.4.5 总线复用 34
2.5 PCI 总线 35
2.5.1 多总线分级结构 35
2.5.2 总线内部结构 36
2.5.3 总线周期类型 38
2.5.4 总线周期操作 39
2.5.5 PCI 的总线仲裁 40
小结 42
习题 43
第 3 章 存储器 46
3.1 存储器概述 46
3.1.1 存储器特性 46
3.1.2 存储器分类 47
3.1.3 存储器的层次结构 49
3.2 半导体随机存储器 51
3.2.1 半导体存储器的组织 51
3.2.2 SRAM 52
3.2.3 DRAM 53
3.2.4 DRAM 的刷新 54
3.2.5 DRAM 控制器 56
3.2.6 存储器模块 57
3.3 半导体只读存储器 59
3.4 存储器与 CPU 连接 61
3.4.1 芯片的引脚 61
3.4.2 存储容量的扩展 62
3.4.3 计算机中主存储器的配置 64
3.4.4 提高访存速度的措施 67
3.4.5 多模块交叉存储器 68

3.5 高速缓冲存储器 70
3.5.1 基本原理 70
3.5.2 Cache 的设计要素 72
3.5.3 Cache 系统实例 80
3.6 虚拟存储器 81
3.6.1 虚拟存储器的基本概念 81
3.6.2 页式虚拟存储器 83
3.6.3 段式虚拟存储器 84
3.6.4 段页式虚拟存储器 85
3.6.5 替换算法 87
小结 87
习题 88
第 4 章 外围设备 91
4.1 概述 91
4.1.1 外围设备的一般功能与组成 91
4.1.2 外围设备的分类 92
4.1.3 调用 I/O 设备的层次 93
4.2 键盘 94
4.2.1 硬件扫描键盘 94
4.2.2 软件扫描键盘 95
4.3 显示设备 96
4.3.1 显示方式与常见显示规格 97
4.3.2 光栅扫描成像原理 99
4.3.3 屏幕显示与显示缓存间的对应关系 102
4.4 打印设备 106
4.4.1 打印设备的分类 106
4.4.2 点阵针式打印机 107
4.4.3 激光打印机 108
4.4.4 喷墨打印机 109
4.4.5 几种打印机的比较 109
4.5 磁盘存储器 109
4.5.1 磁表面存储器原理 110
4.5.2 磁盘的物理组织 112
4.5.3 磁盘的数据组织和寻址 113
4.5.4 磁盘技术指标 114
4.6 其他外部存储器 117
4.6.1 RAID（磁盘冗余阵列） 117

4.6.2 光存储器 122
4.6.3 磁带 124
4.7 外部接口 SCSI 125
4.7.1 接口的类型 125
4.7.2 点对点和多点配置 125
4.7.3 小型计算机系统接口（SCSI） 126
小结 129
习题 130
第 5 章 输入/输出系统 133
5.1 输入/输出系统概述 133
5.1.1 输入/输出接口 133
5.1.2 接口的功能、基本组成和类型 134
5.1.3 外设的识别与端口寻址 136
5.1.4 输入/输出信息传输控制方式 137
5.2 程序查询方式及其接口 138
5.2.1 程序查询方式 138
5.2.2 程序查询方式接口 139
5.3 程序中断方式及其接口 142
5.3.1 中断的基本概念 142
5.3.2 中断请求和中断判优 143
5.3.3 中断响应和中断处理 145
5.3.4 多重中断与中断屏蔽 148
5.3.5 中断全过程 149
5.3.6 程序中断接口结构 149
5.3.7 中断控制器 150
5.4 DMA 方式及其接口 152
5.4.1 DMA 方式的基本概念 152
5.4.2 DMA 接口 154
5.4.3 DMA 传输方法与传输过程 156
5.4.4 DMA 控制器与外设的接口 159
5.5 通道方式及其接口 160
5.5.1 通道的基本概念 160
5.5.2 通道的类型 161
5.5.3 通道工作过程 163
小结 164
习题 164

第三篇　中央处理器

第 6 章　信息的表示 169
6.1　概述 169
6.1.1　位置编码系统 169
6.1.2　数值在计算机中的表示 170
6.2　定点数的表示 170
6.2.1　原码表示法 171
6.2.2　补码表示法 172
6.3　浮点数的表示 173
6.3.1　原理 173
6.3.2　二进制浮点表示的 IEEE 标准 175
6.4　文字信息的表示 176
6.4.1　字符与字符串的表示 176
6.4.2　汉字的表示 177
6.5　其他信息的表示 178
6.5.1　语音的计算机表示 178
6.5.2　位图图像的计算机表示 178
6.5.3　图形的计算机表示 179
6.6　校验码 179
6.6.1　奇偶校验码 180
6.6.2　循环冗余码 181
6.6.3　海明码 183
小结 185
习题 185
第 7 章　运算方法和运算器 187
7.1　定点加减法运算 187
7.1.1　补码加法 187
7.1.2　补码减法 188
7.1.3　溢出 188
7.1.4　基本的加/减法器 189
7.2　定点乘法运算 190
7.2.1　原码乘法 190
7.2.2　补码一位乘 192
7.2.3　快速乘法 193
7.3　定点除法运算 195
7.3.1　恢复余数除法 195
7.3.2　不恢复余数除法 196

7.3.3 补码不恢复余数除法 198
7.3.4 快速除法 201
7.4 逻辑运算 202
7.4.1 基本逻辑运算 202
7.4.2 复合逻辑运算 202
7.5 算术/逻辑单元（ALU） 203
7.5.1 ALU 的组成 203
7.5.2 先行进位的实现 204
7.6 定点运算器的组成 205
7.6.1 内部总线 206
7.6.2 带有累加器的简单运算器 208
7.6.3 单总线移位乘除运算器 209
7.6.4 三总线阵列乘除运算器 210
7.7 浮点运算和浮点运算器 211
7.7.1 浮点加/减法 211
7.7.2 浮点乘/除法 213
7.7.3 舍入处理 214
7.7.4 浮点运算器 215
小结 217
习题 218
第 8 章 指令系统 220
8.1 指令系统的发展与性能要求 220
8.1.1 指令系统的发展 220
8.1.2 指令系统的性能要求 221
8.1.3 低级语言与硬件结构的关系 221
8.2 机器指令的设计要素 222
8.2.1 机器指令格式 222
8.2.2 操作码设计 223
8.2.3 地址码设计 224
8.2.4 指令集设计 227
8.2.5 指令字长 229
8.3 指令和操作数的寻址方式 230
8.3.1 指令的寻址方式 230
8.3.2 操作数寻址方式 231
8.4 RISC 技术 239
8.4.1 RISC 的产生和发展 240
8.4.2 RISC 的主要特征 241
8.4.3 RISC 和 CISC 的比较 244

小结......245
习题......246
第 9 章 CPU 的结构与功能......249
9.1 CPU 的组织......249
9.1.1 CPU 的功能......249
9.1.2 CPU 的基本组成......250
9.2 寄存器组织......250
9.2.1 用户可见寄存器......251
9.2.2 控制和状态寄存器......251
9.2.3 操作控制器和时序控制器......253
9.3 控制器组织......253
9.3.1 控制器的基本组成......253
9.3.2 指令执行的基本过程......254
9.3.3 控制器的时序系统......254
9.3.4 控制器的基本控制方式......257
9.4 时序产生器组织......258
9.4.1 组合逻辑控制器的时序产生器......258
9.4.2 微程序控制器的时序产生器......259
9.5 指令流水......260
9.5.1 流水线策略......260
9.5.2 流水线分类......262
9.5.3 流水线的主要问题......262
9.6 RISC 的硬件结构......264
9.7 Pentium 处理器......264
9.7.1 Pentium 的结构框图......265
9.7.2 寄存器组织......265
小结......266
习题......266

第四篇 控 制 器

第 10 章 控制器的功能与设计......270
10.1 控制器的功能......270
10.1.1 微操作......270
10.1.2 指令周期分析......271
10.1.3 功能需求......273
10.1.4 控制信号......274
10.1.5 控制信号举例......275

10.2 模型机的设计 278
10.2.1 指令系统和寻址方式 279
10.2.2 CPU 及模型机硬件系统 283
10.2.3 模型机时序系统与控制方式 286
10.2.4 模型机指令微流程 287
10.3 硬布线控制器 298
10.3.1 基本原理 299
10.3.2 模型机的硬布线控制器设计 300
10.4 微程序控制器原理 301
10.4.1 基本思想和基本概念 301
10.4.2 微程序控制器组成 301
10.4.3 微指令编码 303
10.4.4 微地址形成 305
10.4.5 微指令格式 306
10.4.6 动态微程序设计和毫微程序设计 307
10.4.7 微程序的时序控制 307
10.5 模型机微程序控制器设计 310
10.5.1 微指令格式设计 310
10.5.2 模型机微程序设计 313
小结 319
习题 320
附录 A 数字逻辑 **324**
参考文献 **332**

第一篇 概　　述

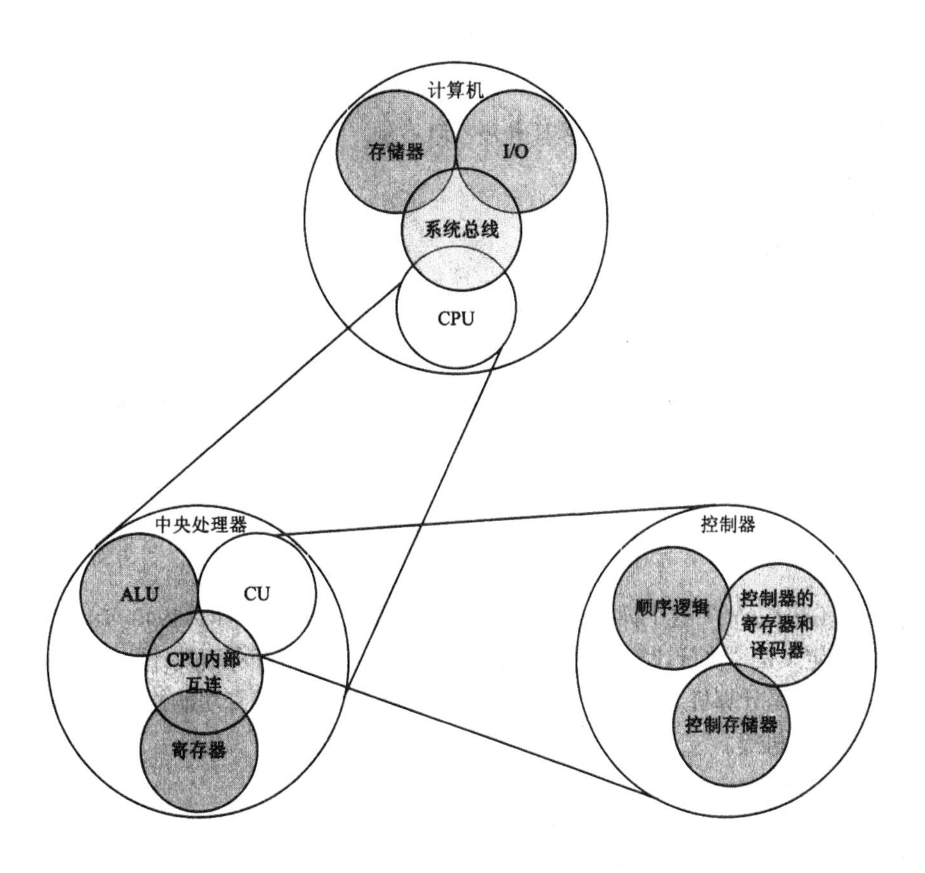

计算机是一种层次化结构的系统。一台计算机可以看成由一些部件组成，它的功能由各个部件的集合功能来决定。每个部件能够根据它的内部结构和功能依次来描述。

本篇主要内容：

- 计算机系统的基本组成；
- 计算机的层次结构；
- 计算机的应用和发展。

第1章 计算机系统概论

重点内容

- 计算机软、硬件概念；
- 计算机系统的层次结构；
- 计算机的基本组成、冯·诺依曼计算机的特点；
- 计算机的硬件框图及工作过程；
- 计算机硬件的主要技术指标；
- 计算机的发展及应用。

计算机系统是硬件和软件的综合体。本章主要介绍计算机系统基本部件的功能和结构，以及计算机的层次结构、发展及应用，使读者对计算机系统有一个整体的概念。计算机内部的工作过程是指令流和数据流在基于冯·诺依曼的结构系统中，由I/O→存储器→CPU→存储器→I/O的过程，是通过逐条取指令、分析指令和执行指令来运行程序的。

1.1 计算机系统简介

“计算机（Computer）”这个词在英语中的历史可以追溯到1646年，1940年以前出版的词典中computer的定义是“执行计算任务的人”。当时，为执行计算任务而设计的机器被称为计算器（Calculator），而不是计算机。计算机从字面上讲是能够完成数值计算功能的工具，例如算盘、计算尺、机械式计算机等。

1.1.1 计算机简史

现在说的计算机通常指的是电子数字计算机系统，直到20世纪40年代，当第一台电子计算装置问世时，人们才开始使用“计算机”这一术语，赋予了它现代的定义，并对人类社会的发展产生了深远的影响。

ENIAC（Electronic Numerical Integrator And Computer，电子数字积分计算机）是第一台正式运转的通用电子计算机（见图1-1），它于1946年2月15日，在美国宾夕法尼亚大学的物理学家约翰·莫克利（John Mauchly）和工程师普雷斯伯·埃克特（J Presper Eckert）的领导下研制成功。

1942年在宾夕法尼亚大学任教的莫克利提出了用电子管组成计算机的设想，这一方案得到了美国陆军弹道研究所高尔斯特丹（Goldstine）的关注。当时正值第二次世界大战之际，新武器研制中的弹道问题涉及许多复杂计算，单靠手工计算已远远满足不了要求，急需自动计算的机器。于是在美国陆军部的资助下，1943年开始了ENIAC的研制，并于1946年完成。在当时它的功能出类拔萃，例如它可以在 1s 内进行 5000 次加法运算，3ms 便可进行一次乘法运算。

图 1-1 第一台计算机 ENIAC

这台机器约有 18 800 只电子管、1 500 个继电器、70 000 只电阻及其他各类电气元件，运行时的功率为 140kW，8 英尺（1 英尺≈30.48cm）高，3 英尺宽，100 英尺长，重达 30t，而运算速度只有 5 000 次/秒。它的存储容量很小，只能存 20 个字长（每个字长为 10 位的十进位数），而且用线路连接的方法来编排程序，因此每次解题都要靠人工改连接线，准备时间大大超过实际计算时间。另外，真空管的损耗率相当高，几乎每 15min 就可能烧掉一支真空管，操作人员需花 15min 以上的时间才能找出坏掉的管子，使用极不方便。

ENIAC 是第一台正式运转的通用电子计算机，基本结构和机电式计算机没有本质的差别。ENIAC 显示了电子元件在初等运算速度上的优越性，却没有最大限度地发挥电子技术的巨大潜力。

和现在的计算机相比，还不如一些高级袖珍计算器，但它的诞生为人类开辟了一个崭新的信息时代，使得人类社会发生了巨大的变化。

ENIAC 确实存在着一些缺陷，主要有：

① 采用十进制。

② 无存储器，只有 20 个 10 位的累加器，只能存储 20 个 10 位的十进制数。

③ 它与后来的“存储程序”型的计算机不同，它的程序是“外插型”的，即用线路连接的方式来实现的，不便于使用。

ENIAC 研制组想尽快着手研制另一台计算机，以便克服这些缺陷。

1944 年，冯·诺依曼由 ENIAC 研制组的戈尔德斯廷中尉介绍参加 ENIAC 研制小组后，便和这批富有创新精神的年轻科技人员，向着更高的目标进军。1945 年，他们在共同讨论的基础上，发表了一个全新的“存储程序通用电子计算机方案”——EDVAC（Electronic Discrete Variable Automatic Computer）。

EDVAC 方案明确了新机器由五个部分组成，包括运算器、逻辑控制装置、存储器、输入和输出设备，并描述了这五部分的功能和相互关系。EDVAC 还有两个非常重大的改进：

① 采用了二进制，不但数据采用二进制，指令也采用二进制。

② 使用存储程序方式，指令和数据一起放在存储器里，并采用相同的处理方式，简化了计算机的结构，大大提高了计算机的速度。

上述内容就是现代计算机普遍采用的冯·诺依曼体系结构的主要思想。具体内容可参考下面的章节。

ENIAC 是第一台正式运转的通用电子计算机，以现代人的眼光来看，这台计算机耗费很大，功能不完善，但却是科学史上一次划时代的创新，它奠定了电子计算机的基础。自从 ENIAC 问世以来，从使用的元器件角度来看，计算机的发展大致经历了四代。

（1）第一代（1946—1954 年）电子管计算机

第一代计算机运算速度一般为每秒几千次至几万次，体积庞大，成本很高，可靠性较低。在此期间，形成了计算机的基本体系，确定了程序设计的基本方法，“数据处理机”开始得到应用。

此时的计算机没有系统软件，用机器语言和汇编语言编程，只能在少数尖端领域中得到应用，一般用于科学、军事和财务等方面的计算。尽管存在这些局限性，但它却奠定了计算机发展的基础。

（2）第二代（1955—1964 年）晶体管计算机

第二代计算机运算速度提高到每秒几万次至几十万次，性能提高，体积缩小，成本降低。在此期间，“工业控制机”开始得到应用。

系统软件出现了监控程序，提出了操作系统概念，出现了高级语言，如 FORTRAN、ALGOL 60 等。

（3）第三代（1965—1973 年）集成电路计算机

第三代计算机可靠性进一步提高，体积进一步缩小，成本进一步下降，运算速度提高到每秒几十万次至几百万次。在此期间形成机种多样化，生产系列化，使用系统化，“小型计算机”开始出现。

系统软件有了很大发展，出现了分时操作系统和会话式语言，采用结构化程序设计方法，为研制复杂的软件提供了技术上的保证。

（4）第四代（1974 年至现在）大规模和超大规模集成电路计算机

第四代计算机可靠性更进一步提高，体积更进一步缩小，成本更进一步降低，运算速度提高到每秒几百万次至几千万次。由大规模集成电路组成的“微型计算机”开始出现。

操作系统不断完善，应用软件已成为现代工业的一部分，计算机的发展进入了以计算机网络为特征的时代。

目前使用的计算机属于第四代计算机。从 20 世纪 80 年代开始，发达国家开始研制第五代计算机，研究的目标是能够打破以往计算机固有的体系结构，使计算机能够具有像人一样的思维、推理和判断能力，向智能化发展，进而接近人的思维方式。

在技术和经济的推动下，计算机芯片的集成度每年都不断地提高，芯片中集成的晶体管越多，就意味着计算机具有更大的内存及更强的处理能力。

1.1.2 摩尔定律

1965 年，时任仙童半导体公司（Fairchild Semiconductor）研究开发实验室主任的戈顿・摩尔（Gordon Moore，Intel 公司的创始人之一）应邀为《电子学》杂志 35 周年专刊就未来十年半导体元件工业的发展趋势做出预言，据他推算，到 1975 年，在面积仅为 1/4 平方英寸（1 平方英寸≈ $6.4516cm^2$）的单块硅芯片上，将有可能成 65000 个元件。他是根据器件的复杂性（电路密度提高而价格降低）和时间之间的线性关系做出这一推断的，他的原话是这样说的：“最低元件价格下的复杂性每年大约增加一倍。可以确信，短期内这一增长率会继续保持……这一增长率至少在未来十年内几乎维持为一个常数。”这就是后来被称为“摩尔定律”（Moore’s Law）的最初原型。

“摩尔定律”归纳起来，主要有以下 3 种“说法”：

① 集成电路芯片上所集成的电路的数目，每隔 18 个月就翻一番。

② 微处理器的性能每隔 18 个月提高一倍，而价格下降一半。

③ 用一美元所能买到的计算机性能，每隔 18 个月翻两番。

以上几种说法中，以第一种说法最为普遍，第二、三种说法涉及价格因素，其实质是一样的。

摩尔当初预测这个假定只能维持 10 年左右的时间。然而，芯片制造技术的进步让摩尔定律保持了 40 多年。

然而，采用当前的技术，摩尔定律所指出的集成电路的发展趋势受物理和资金上的限制不可能永远保持下去。当然，集成电路的技术发展还存在着许多制约因素，费用问题也许就是一个最终的限制。Intel 公司的早期投资人及金融学家 Arthur Rock 曾提出了所谓的 Rock 定律，它可以作为摩尔定律的一个推论，即“制造半导体集成电路所需要的主要设备的成本每 4 年就要翻一番”，他发现新的芯片生产设备的价格从 1968 年的大约 12 000 美元逐步升高到 20 世纪 90 年代后期的 1 200 万美元，按照这样的速率发展下去，到 2035 年不但存储器单元的尺寸会小于一个原子，而且制造一个芯片就需要花费掉全世界的整个财富。

如果摩尔定律保持正确，那么 Rock 定律必定失败。显然，如果上面这两种情况都发生的话，计算机制造必须采用全新的技术。有关新的计算范式的研究已经着手进行，在有机计算、超导、分子物理和量子计算等领域已经出现了新型计算机的实验室原型。量子计算机采用量子力学的奇妙思想来解决计算问题，这种构思令人兴奋，与以前所使用的任何一种计算方法相比，量子计算机方法不但在运算速度上成指数增加，而且对计算问题的定义方式也有革命性的变革。

1.1.3 计算机系统的分类

计算机的分类方法有很多，主要有如下几种：

1. 按所处理的信号分类

（1）模拟计算机

模拟计算机的电子电路处理连续变化的模拟量，如电压、电流、温度等物理量的变化曲线。这种计算机精度低，抗干扰能力差，应用面窄，已基本被数字计算机所取代。

（2）数字计算机

数字计算机的电子电路处理的是按脉冲的有无、电压的高低等形式表示的非连续变化的（离散的）物理信号，该离散信号可以表示 0 和 1 组成的二进制数字。数字计算机的计算精度高，抗干扰能力强。现在大多数计算机是数字计算机。

2. 按硬件的组合及用途分类

（1）专用计算机

专用计算机的软/硬件全部根据应用系统的要求配置，因此，具有很好的性能价格比，但只能完成某个专门任务，如 IOP（输入/输出处理器）、DSP（Digital Signal Processor，数字信号处理器）等。

（2）通用计算机

通用计算机硬件系统是标准的计算机硬件系统，并具有扩展性，装上各种软件就可以做不同的工作。它可进行科学计算，也可用于信息处理，如果在扩展槽中插入相关的硬件，还可实现数据采集、完成实时测控等任务。因此，它的通用性强，应用范围广。

3. 按计算机的规模分类

1989 年 11 月，“国际电气与电子工程师协会”（IEEE）提出一个分类报告，它根据计算机在信息处理系统中的地位与作用，考虑到计算机分类的演变过程和可能的发展趋势，把计算机分成六大类，这是当前应用较多的一种分类方法。

（1）微型计算机（Microcomputer）

这种计算机是为个人使用而设计的。PC（Personal Computer）是现在比较流行的微型计算机。PC 最初是由美国 IBM 公司在 1975 年推出的。

（2）工作站（Work Station，WS）

工作站是介于 PC 和小型机之间的高档微型机。通常配备有大屏幕显示器和大容量存储器，并具有较强的网络通信功能，多用于计算机辅助设计和图像处理（网络系统中的用户结点计算机也称为工作站，两者完全不是一回事，防止混淆）。

（3）小型计算机（Minicomputer）

与大型主机和巨型机相比，小型计算机结构简单、成本较低、易于维护和使用。其规模按照满足一个中、小型部门的工作需要进行设计和配置。

（4）主机（Mainframe）

主机亦称大型主机。具有大容量存储器、多种类型的 I/O 通道，能同时支持批处理和分时处理等多种工作方式。其规模按照满足一个大、中型部门的工作需要进行设计和配置。相当于一个计算中心所要求的条件。

（5）小巨型计算机（Minisupercomputer）

小巨型计算机亦称为桌上型超级计算机。与巨型计算机相比，最大的特点是价格便宜，具有更好的性能价格比。

（6）巨型计算机（Supercomputer）

巨型计算机亦称超级计算机，具有极高的性能和极大的规模，价格昂贵，多用于尖端科技领域。生产这类计算机的能力可以反映一个国家的计算机科学水平。我国是世界上能够生产巨型计算机的少数国家之一。

1.1.4 计算机系统

计算机系统就是按人的要求接收和存储信息，自动地进行数据处理和计算，并输出结果信息的系统。计算机是人类脑力的延伸和扩充，是现代科学的重大成就之一。

1. 计算机系统组成

计算机系统由硬件（子）系统和软件（子）系统组成。前者是借助电、磁、光、机械等原理构成的各种物理部件的有机组合，是系统赖以工作的实体。后者是各种程序和文件，用于指挥全系统按指定的要求进行工作。

2. 计算机的硬件

计算机硬件是指计算机系统中由电子、机械和光电元件等组成的各种部件和设备。由这些部件和设备依据计算机系统结构的要求构成的有机整体，称为计算机硬件系统。

硬件系统是计算机系统快速、可靠自动工作的基础。计算机硬件就其逻辑功能来说，主要是完成信息变换、信息存储、信息传输和信息处理等功能，它为软件提供具体实现的基础，计算机硬件系统主要由运算器、内存储器、控制器、I/O控制系统、辅助存储设备等功能部件组成。

3. 计算机的软件

计算机软件是指安装在计算机系统中的程序和有关的文件。程序是对计算任务的处理对象和处理规则的描述；文件是为了便于了解程序所需的资料说明。程序必须装入计算机内部才能工作，文件一般是给人看的，不一定装入计算机。程序作为一种具有逻辑结构的信息，精确而完整地描述了计算任务中的处理对象和处理规则。这一描述还必须通过相应的实体才能体现，这个实体就是硬件。

软件是用户与硬件之间的接口界面。使用计算机就必须针对待解的问题拟定算法，用计算机所能识别的语言对有关的数据和算法进行描述，即必须编写程序和软件。用户主要是通过软件与计算机进行交互。软件是计算机系统中的指挥者，它规定计算机系统的工作，包括各项计算任务内部的工作内容和工作流程，以及各项任务之间的调度和协调。软件是计算机系统结构设计的重要依据。为了方便用户，在设计计算机系统时，必须全面考虑软件与硬件的结构，以及用户的要求和软件的要求。

按照应用的观点，软件可分为系统软件、支撑软件和应用软件3类。

（1）系统软件

系统软件是位于计算机系统中最靠近硬件的一层。其他软件一般都通过系统软件发挥作用。它与具体的应用领域无关，如编译程序和操作系统等。编译程序把程序设计人员用高级语言书写的程序翻译成与之等价的、可执行的低级语言程序；操作系统则负责管理系统的各种资源、控制程序的执行。在任何计算机系统的设计中，系统软件都要优先考虑。

（2）支撑软件

支撑软件即支撑其他软件的编制和维护的软件。随着计算机科学技术的发展，软件的编制和维护代价在整个计算机系统中所占的比重不断增大，远远超过硬件。因此，对支撑软件的研究具有重要意义，直接促进软件的发展。当然，编译程序和操作系统等系统软件也可算做支撑软件。20世纪70年代中期和后期发展起来的软件支撑环境可看成是现代支撑软件的代表，主要包括各种接口软件和工具组。三者形成整体，协同支撑其他软件的编制。

（3）应用软件

应用软件即特定应用领域专用的软件，例如字处理软件。

系统软件、支撑软件以及应用软件之间既有分工又有结合，是不可分开的整体。

1.1.5 计算机的应用和发展趋势

随着计算机技术的不断发展，计算机的应用领域越来越广泛，应用水平越来越高，已经渗透到各行各业，改变着人们传统的工作、学习和生活方式，推动着人类社会的不断发展。

1. 科学计算

科学计算也称为数值计算，是指用于完成科学研究和工程技术中提出的数学问题的计算。通过计算机可以解决人工无法解决的复杂计算问题，60多年来，一些现代尖端科学技术的发展，都是建立在计算机基础上的，如卫星轨迹计算、气象预报等。

2. 数据处理

数据处理也称为非数值处理或事务处理，是指对大量信息进行存储、加工、分类、统计、查询及制作报表等操作。一般来说，科学计算的数据量不大，但计算过程比较复杂；而数据处理则数据量很大，但计算方法较简单。

3. 过程控制

过程控制也称为实时控制，是指利用计算机及时采集检测数据，按最佳值迅速地对控制对象进行自动控制或自动调节，如对数控机床和流水线的控制。在日常生产中，有一些控制问题是人工无法亲自操作的，如核反应堆。有了计算机就可以精确地控制计算机来代替人完成那些烦琐或危险的工作。

4. 人工智能

人工智能是用计算机模拟人类的智能活动，如模拟人脑学习、推理、判断、理解、问题求解等过程，帮助人作出决策。人工智能是计算机科学研究领域最前沿的学科，近几年来已具体应用于机器人、医疗诊断、计算机辅助教育等方面。

5. 计算机辅助工程

计算机辅助工程是以计算机为工具，配备专用软件帮助人们完成特定任务的工作，以提高工作效率和工作质量。

计算机辅助设计（Computer Aided Design，CAD）技术，是综合利用计算机的工程计算、逻辑判断、数据处理功能和人的经验与判断能力结合，形成一个专门系统，用来进行各种图形设计和图形绘制，对所设计的部件、构件或系统进行综合分析与模拟仿真实验。它是近十几年来形成的一个重要的计算机应用领域。目前在汽车、飞机、船舶、集成电路、大型自动控制系统的设计中，CAD 技术有愈来愈重要的地位。

计算机辅助制造（Computer Aided Manufacturing，CAM）技术，是利用计算机对生产设备的控制和管理，实现无图纸加工。

计算机基础教育（CBE），主要包括计算机辅助教学（CAI）、计算机辅助测试（CAT）和计算机管理教学（CMI）等。其中，CAI 技术是利用计算机模拟教师的教学行为进行授课，学生通过计算机教学软件，进行学习并自测学习效果，是提高教学效率和教学质量的新途径。近年来由于多媒体技术和网络技术的发展，推动了 CBE 的发展，网上教学和现代远程教育已在许多学校展开。开展 CBE 不仅使学校教育发生了根本变化，还可以使学生在学校里就能熟练掌握计算机的应用，培养出新世纪的复合型人才。

电子设计自动化（EDA）技术，利用计算机中安装的专用软件和接口设备，用硬件描述语言开发可编程芯片，将软件进行固化，从而扩充硬件系统的功能，提高系统的可靠性和运行速度。

6. 信息高速公路

信息高速公路是在 1991 年由美国当时的参议员、后来的副总统戈尔提出的，指将美国的所有信息库及信息网络连成一个全国性的大网络，把大网络与所有的机构和家庭的计算机连接，让各种各样的信息都能在大网络里交互传输。美国在 1993 年正式宣布实施“国家信息基础设施”计划，即“信息高速公路”计划，预计 20 年内耗资 4000 亿美元，1997—2000 年初步建成。该计划引起了世界各发达国家、新兴工业国家和地区的极大震动，纷纷提出了自己的发展信息高速公路计划的设想，积极加入到这场世纪之交的竞争中去，我国也不例外。

国家信息基础设施，除了通信、计算机、信息本身和人力资源 4 个关键要素外，还包括标准、准则、政策、法规和道德等软环境，其中最主要的是“人才”。针对我国信息技术相对落后、信息产业不够强大、信息应用不够普遍和信息服务队伍还没有壮大的现状，有关专家提出我国的“信息基础设施”应该加上两个关键部分，即民族信息产业和信息科学技术。

7. 电子商务

“电子商务”是指通过计算机和网络进行商务活动，是在 Internet 的广阔联系与传统信息技术的丰富资源相结合的背景下应运而生的一种网上相互关联的动态商务活动。

电子商务是在 1996 年开始的，起步时间虽然不长，但因其高效率、低支付、高收益和全球性等特点，很快受到各国政府和企业的广泛重视，有着广阔的发展前景。目前，世界各地的许多公司已经开始通过 Internet 进行商业交易，他们通过网络方式与顾客、批发商和供货商等联系，在网上进行业务往来。

由于生产、科研、应用的飞速发展，促使计算机的体系结构不断完善，形成了当代计算机的体系结构形式。60 多年来计算机体系结构的发展过程，是在冯・诺依曼型结构的基础上，围绕如何提高速度、扩大存储容量、降低成本、提高系统可靠性和方便用户使用为目的，不断开发新的硬件和软件的过程。就体系结构本身来说，主要是指令系统、微程序设计、流水线结构、多级存储器体系结构、输入/输出体系结构、并行体系结构、分布式体系结构、多媒体体系结构、操作系统和数据库管理系统的形成和发展。

随着社会需求的不断增长和微电子技术的不断发展，计算机的系统结构仍在继续发展，其发展趋势是：

① 由于计算机网络和分布式计算机系统能为信息处理提供廉价的服务，因此计算机系统进一步发展的最终目标，是将有线电视、数据通信和电话“三网合一”，进入以通信为中心的体系结构。

② 计算机智能化的进一步发展，使各种知识库及人工智能技术逐渐普及，人们将用自然语言和机器对话。计算机从数值计算为主过渡到知识推理为主，从而使计算机进入知识处理阶段。

③ 随着大规模集成电路的发展，用多处理机技术不仅可以实现并行计算机的功能，而且还会出现计算机的动态结构，即所谓模块化计算机系统结构。

④ 多媒体技术将有重大突破和发展，并在微处理器、计算机网络与通信等方面引起重大变革。

1.1.6 计算机体系结构、组成与实现

在学习计算机组成时，应当注意如何区别计算机体系结构（Computer Architecture）与计算机组成（Computer Organization）、计算机实现（Computer Implementation）这些基本概念。

（1）计算机体系结构

计算机体系结构指程序员所看到的计算机系统的属性，即概念性的结构与功能特性，通常是指用机器语言编程的程序员（也包括汇编语言程序设计者和汇编程序设计者）所看到的传统机器的属性，其中最重要的问题都直接和计算机的指令系统有关，包括指令集、数据类型、存储器寻址技术、I/O 处理等，大都属于抽象的属性。

由于计算机系统具有多级层次结构，因此，在不同层次上编程的程序员所看到的计算机属性也是各不相同的。例如，用高级语言编程的程序员，可以把 IBM PC 与 RS6000 两种机器看成是同一属性的机器。可是，对使用汇编语言编程的程序员来说，IBM PC 与 RS6000 是两种截然不同的机器。因为汇编语言程序员所看到的这两种机器的属性，如指令集、数据类型、寻址技术等都完全不同，因此，认为这两种机器的结构是各不相同的。

计算机体系结构主要研究硬件和软件功能的划分，确定硬件和软件的交界面，即哪些功能划分到硬件子系统完成，哪些功能划分到软件子系统完成。

（2）计算机组成

计算机组成是指计算机体系结构的逻辑实现。计算机体系结构确定了分配给硬件子系统的功能后，计算机组成的任务是研究各组成部分的内部结构和相互联系，主要包括机器内部的数据流和控制流的组成以及逻辑设计等，按照所希望的性价比，最佳、最合理地把各种设备和部件组成计算机，以实现机器指令的各种功能和特性，

它包含了许多对程序员来说是透明的（即程序员不知道的）硬件细节，包括硬件部件的构造和如何连接这些部件组成一个计算机系统。例如，指令系统体现了机器的属性，这是属于计算机体系结构的问题。但指令的实现，即如何取指令、分析指令、取操作数、如何运算、如何送结果等，这些都属于计算机组成问题。因此，当两台机器指令系统相同时，只能认为它们具有相同的结构。至于这两台机器如何实现其指令，完全可以不同，我们认为它们的组成方式是不同的。例如，一台机器是否具备乘法指令的功能，这是一个结构的问题，可是，实现乘法指令采用什么方式的问题，则是一个组成问题。实现乘法指令可以采用一个专门的乘法电路，也可以用连续相加的加法电路来实现，这两者的区别就是计算机组成的区别。究竟应该采用哪种方式来组成计算机，这要考虑到各种因素，如乘法指令使用的频度、两种方法的运行速度、两种电路的体积、价格、可靠性等。

（3）计算机实现

计算机实现指计算机组成的物理实现。它包括处理机、主存等部件的物理结构，器件的集成度和速度，信号传输，器件、模块、插件、底板的划分与连接，专用器件的设计，电源、冷却、装配等技术以及有关的制造工艺和技术等。

计算机体系结构、计算机组成和计算机实现是三个不同概念。体系结构是计算机系统的软、硬件的界面；计算机组成是计算机系统结构的逻辑实现；计算机实现是计算机组成的物理实现。它们各自包含不同的内容但又有紧密的关系。

体系结构、组成和实现所包含的具体内容是随不同机器而变化的。有些计算机系统是作为体系结构的内容，其他计算机系统可能是作为组成和实现内容。例如，高速缓冲存储器一般是作为组成提出来的，其中存放的信息全部由硬件自动管理，对程序员来说是透明的。然而，有的机器为了提高其使用效率，设置了高速缓冲存储器的管理指令，使程序员能参与高速缓冲存储器的管理。这样，高速缓冲存储器又成为系统结构的一部分，对程序员来说是不透明的。

1.2 现代计算机的体系结构

计算机是一种能按照事先存储的程序，自动、高速地进行大量数值计算和各种信息处理的现代化智能电子装置。计算机是由一系列电子元器件组成的机器，具有计算和存储信息的能力。当用计算机进行数据处理时，首先把要解决的实际问题，用计算机可以识别的语言编写成计算机程序，然后将程序送入计算机中。计算机按程序的要求，一步一步地进行各种运算，直到存入的整个程序执行完毕为止。

1.2.1　冯·诺依曼计算机的特点

1．采用二进制形式表示数据和指令

数据和指令在代码的外形上并无区别，都是由 0 和 1 组成的代码序列，只是各自约定的含义不同而已。采用二进制使信息数字化容易实现，可以用布尔代数进行处理。程序信息本身也可以作为被处理的对象，进行加工处理，例如对照程序进行编译，就是将源程序当做被加工处理的对象。

2．采用存储程序方式

存储程序方式是冯·诺依曼思想的核心内容。主要是将事先编制好的程序（包含指令和数据）存入主存储器中，计算机在运行程序时就能自动地、连续地从存储器中依次取出指令并执行，不需要人工干预，直到程序执行结束为止。这是计算机能高速自动运行的基础。计算机的工作体现为执行程序，计算机功能的扩展在很大程度上体现为所存储程序的扩展。计算机的许多具体工作方式也是由此派生的。

冯·诺依曼机的这种工作方式，可称为控制流（指令流）驱动方式。即按照指令的执行序列，依次读取指令，根据指令所含的控制信息，调用数据进行处理。因此在执行程序的过程中，始终以控制信息流为驱动工作的因素，而数据信息流则是被动地被调用处理。

为了控制指令序列的执行顺序，需设置一个程序（指令）计数器（Program Counter，PC），让它存放当前指令所在的存储单元的地址。如果程序现在是顺序执行的，每取出一条指令后 PC 内容加 1，指示下一条指令该从何处取得。如果程序将转移到某处，就将转移后的地址送入 PC，以便按新地址读取后继指令。所以，PC 就像一个指针，一直指示着程序的执行进程，也就是指示控制流的形成。虽然程序与数据都采用二进制代码，仍可按照 PC 的内容作为地址读取指令，再按照指令给出的操作数地址去读取数据。由于多数情况下程序是顺序执行的，所以大多数指令需要依次地紧挨着存放，除了个别即将使用的数据可以紧挨着指令存放外，一般将指令和数据分别存放在不同的区域。

3．计算机系统由五大部件组成

计算机系统由运算器、存储器、控制器、输入设备和输出设备五大部件组成，并规定了这五部分的基本功能。

上述这些概念奠定了现代计算机的基本结构思想，并开创了程序设计的新时代。

1.2.2　计算机的硬件组成

典型的冯·诺依曼计算机是以运算器为中心的，如图 1-2 所示。其中，输入、输出设备与存储器之间的数据传输都需通过运算器。图中实线为数据线，虚线为控制线和反馈线。

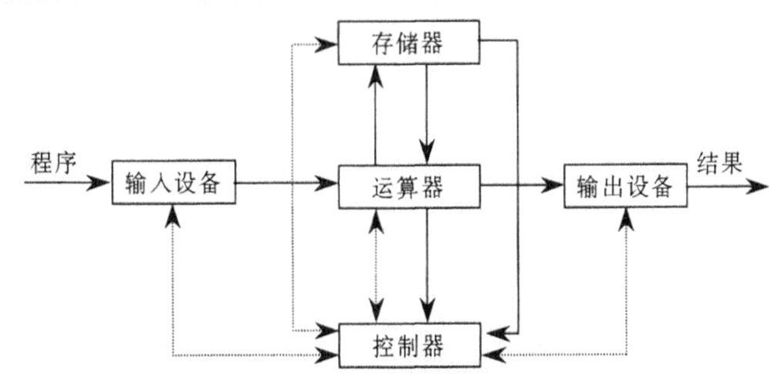

图 1-2　冯·诺依曼计算机结构框图

现代的计算机已转化为以存储器为中心，如图 1-3 所示。图中实线为数据线，虚线为控制线和反馈线。

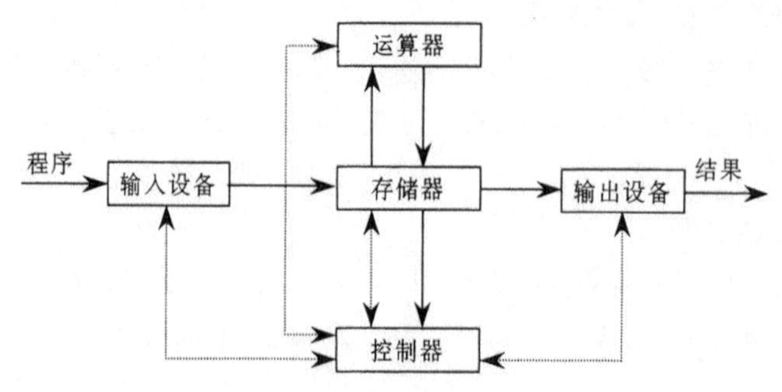

图 1-3　以存储器为中心的计算机结构框图

图中各部件的功能是：

① 运算器用来完成算术运算和逻辑运算，并将运算的中间结果暂存在运算器内。

② 存储器用来存放数据和程序。

③ 控制器用来控制、指挥程序和数据的输入，运行以及处理运算结果。

④ 输入设备用来将人们熟悉的信息形式转换为机器能识别的信息形式，主要有键盘、鼠标等。

⑤ 输出设备可将机器运算结果转换为人们熟悉的信息形式，主要有打印机、显示器等。

计算机的五大部件在控制器的统一指挥下，有条不紊地自动工作。

由于运算器和控制器在逻辑关系和电路结构上联系十分紧密，尤其在大规模集成电路制作工艺出现后，这两大部件往往合成在同一芯片上，因此，通常将它们合起来统称为中央处理器（简称 CPU），它的主要功能是控制计算机的操作并完成数据处理工作。输入设备与输出设备简称为 I/O 设备，主要功能是在计算机和外部环境之间传输数据。

1.2.3　非冯・诺依曼计算机

典型的冯・诺依曼机从本质上讲是采取串行顺序处理的工作机制，即使有关数据已经准备好，也必须逐条执行指令序列，而提高计算机性能的根本方向之一是并行处理。因此，近年来人们在谋求突破传统冯・诺依曼体制的束缚，这种努力被称为非冯・诺依曼化。对所谓非冯・诺依曼化的探讨仍在争议中，一般认为它表现在以下 3 个方面的努力：

① 在冯・诺依曼体制范畴内，对传统冯・诺依曼机进行改造，如采用多个处理部件形成流水处理，依靠时间上的重叠提高处理效率；又如组成阵列机结构，形成单指令流多数据流，提高处理速度。这些方向已比较成熟，已成为标准结构。

② 用多个冯・诺依曼机组成多机系统，支持并行算法结构。这方面的研究目前比较活跃。

③ 从根本上改变冯・诺依曼机的控制流驱动方式。例如，采用数据流驱动工作方式的数据流计算机，只要数据已经准备好，有关的指令就可并行地执行。这是真正非冯・诺依曼化的计算机，它为并行处理开辟了新的前景，但由于控制的复杂性，仍处于实验探索之中。

1.3　计算机的层次结构

从计算机操作者的角度，从程序设计员的角度和从硬件工程师的角度，所看到的计算机系统具有完全不同的属性。为了更好地表达和分析这些属性，采用层次结构观点描述系统的组成与功能，按层次结构方法分析、设计计算机。下面以虚拟机的概念划分计算机的层次结构。

1.3.1　虚拟机的概念

计算机是通过执行人们给出的指令来解决问题的机器。早期的计算机只有机器语言（即用 0 和 1 代码表示的语言），用户必须用二进制代码（0 和 1）来编写程序（即机器语言程序）。这就要求程序员对他们所使用的计算机的硬件及指令系统十分熟悉，编写程序难度很大，操作过程也极容易出错。但用户编写的机器语言程序，可以直接在机器上执行，我们把直接执行机器语言的实际机器称为 M_1。

虚拟机（Virtual Machine）是一个抽象的计算机，它将提供给用户的功能抽象出来，使之脱离具体的物理机器，用户可以不关心真实的计算机及其细节，它由软件实现，并与实际机器一样，都具有一个指令集并可以使用不同的存储区域。例如，一台机器上配有 C 语言和 Pascal 语言的编译程序，对 C 语言用户来说，这台机器就是以 C 语言为机器语言的虚拟机，对 Pascal 用户来说，这台机器就是以 Pascal 语言为机器语言的虚拟机。

1.3.2　虚拟机的层次结构

虚拟机可分为操作系统虚拟机、汇编语言虚拟机、高级语言虚拟机和应用语言虚拟机等几个层次。下面，我们从语言的角度给出计算机系统的层次结构图，如图 1-4 所示。

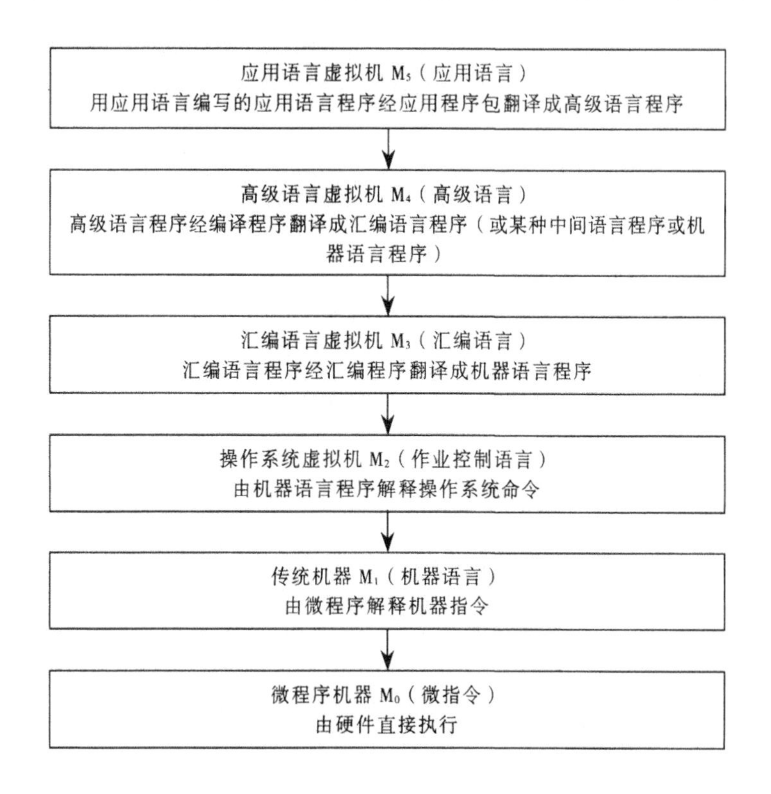

图 1-4　计算机系统的层次结构图

当机器（实际机器或虚拟机）确定下来后，所识别的语言也随之确定；反之，当一种语言形式化后，所需要支撑的机器也可以确定下来。这有助于正确理解各种语言的实质和实现途径，从计算机系统的层次结构图中可以清晰地看到这种机器与语言的关系。

引入虚拟机的概念，推动了计算机体系结构的发展。由于各层次虚拟机均可以识别相应层次的计算机语言，从而摆脱了这些语言必须在同一台实际机器上执行的状况，为多处理计算机系统、分布式处理系统以及计算机网络、并行计算机系统等新的计算机体系结构的出现奠定了基础。

本书主要讨论传统机器 M_1 和微程序机器 M_0 的组成原理和设计思想。

1.3.3 硬件和软件的逻辑等价性

计算机系统由硬件和软件组成。在早期的计算机中，硬件和软件之间的界限十分清楚，然而，随着时间的推移，由于计算机层次不断的变化，界限变得越来越模糊。

硬件和软件在逻辑上是等价的。任何由软件实现的操作都可直接由硬件来完成的，"硬件就是固化的软件"；任何由硬件实现的指令都可由软件来模拟。将某些特定的功能由硬件实现，而另外的功能由软件实现，是根据当时的成本、速度、可靠性等因素来决定的，并且会随着计算机技术的发展趋势和计算机应用范围的变化而改变。

1.4 计算机的性能指标

要全面衡量一台计算机的性能要考虑多种指标，而且不同用途的计算机其侧重点也有所不同。下面介绍衡量计算机性能的主要指标。

1.4.1 机器字长

机器字长是指 CPU 一次能处理数据的位数，这一组二进制数称为"字"（Word），一个"字"中可以存放一条计算机指令或一个数据，如果一个计算机系统以 32 位二进制的信息表示一条指令，就称这台计算机的"字长"为 32 位。因此字长是反映计算机性能的一个主要指标，决定了计算机的运算精度，字长越长，运算精度越高，但硬件成本也越高，因为它决定着寄存器、运算部件、数据总线等的位数。为适应不同需要，应较好地协调计算精度与成本的关系。

机器字长与数据字长间虽无绝对固定的关系，但也有一定程度的对应关系。指令系统功能的强弱与机器字长有关，这一点在传统的小型机中较为明显。

一个字符可用 8 位代码（称为一个字节）表示。为了更灵活地处理字符这类信息，大多数计算机既可以按全字长处理数据，又可按字节（8 位）为单位处理数据。

目前，微型计算机的机器字长有 8 位、16 位、32 位几种档次，最新推出的微处理器已达 64 位。超级小型机以 32 位为主，更高档计算机以 64 位为主。

1.4.2 存储容量

存储容量包含主存和外存的容量。

主存储器是 CPU 可以直接访问的存储器，需要执行的程序与需要处理的数据就放在主存之中。主存容量大则可以运行比较复杂的程序，并可存入大量信息，可利用更完善的软件支持环境。所以，计算机处理能力的大小在很大程度上取决于主存容量的大小。

存储容量表示存储器中存放二进制代码的总数，具体表示有两种方法。

（1）字节数

每个存储单元有 8 位，称为一个字节，相应地用字节数表示存储容量的大小。微型计算机多采用字节为单位，如 IBM PC/P4 的主存容量值为 512MB（B 是 Byte 的缩写，表示 1 个字节，

1KB=1024B=2^{10}B，1MB=1024KB，即 2^{20}B）。如某计算机外存硬盘的容量是 60GB（1GB=1024MB=2^{30}B）。

（2）单元数（字数）×位数

有些计算机的主存储器按字编址，即每个单元存放一个字。在表示存储容量时，表明这个存储器有多少个单元，每个单元多少位，例如 64K×16 位，表示有 64K 个存储单元，每个存储单元有 16 位。

1.4.3　运算速度

计算机的运算速度与许多因素有关，如机器的主频、执行什么样的操作、主存本身的速度（主存速度快，取指、取数就快）等都有关。早期用完成一次加法或乘法所需的时间来衡量运算速度，这很不合理的。要衡量计算机的运算速度，必须综合考虑每条指令的执行时间以及它们在全部操作中所占的百分比。

现在一般采用单位时间内执行指令的平均条数来衡量，用 MIPS(Million Instruction Per Second) 作为计量单位，即每秒执行百万条指令。如某机每秒能执行 1000 万条指令，则记做 10MIPS。也有用 CPI（Cycles Per Instruction）即执行一条指令所需的时钟周期（主频的倒数）数，也有用 FPOPS（Floating Point Operations Per Second）即每秒浮点运算次数来衡量运算速度。

MIPS 表示每秒百万条指令数。对于一个给定的程序，MIPS 定义为：

$$\text{MIPS}=\frac{\text{指令条数}}{\text{执行时间}\times 10^6}=\frac{\text{时钟频率}}{\text{CPI}\times 10^6}$$

既然 MIPS 是单位时间内的执行次数，所以机器愈快，MIPS 越高，这一点是比较容易理解的，尤其是对于用户来说。但是 MIPS 有三个方面的缺陷：

① 依赖于指令集，所以用来比较指令集不同的机器的性能好坏是很不准确的。

② 在同一台机器上，因程序不同而变化，有时是很大的。

③ 可能与性能相反。

最后一种的典型例子就是可选硬件浮点运算部件的机器。因为浮点运算远远慢于整数运算，所以很多机器提供了可选的硬件浮点运算部件，但是软件实现浮点运算的 MIPS 高，然而硬件实现浮点运算的时间少，这时 MIPS 与机器性能恰好相反。类似的情况在具有优化功能的编译器中也可发现。

CPI 表示每条指令周期数，即执行一条指令所需的平均时钟周期数。一般使用下面的公式进行计算：

$$\text{CPI}=\frac{\text{执行某段程序所需的 CPU 时钟周期数}}{\text{程序包含的指令数}}$$

MFLOPS 即每秒百万次浮点操作，MFLOPS 定义为：

$$\text{MFLOPS}=\frac{\text{程序中浮点操作次数}}{\text{执行时间}\times 10^6}$$

显然，MFLOPS 取决于机器和程序两个方面，所以只能用来衡量机器浮点运算操作的性能，而不能体现机器的整体性能。例如编译程序，不管机器的性能多好，它的 MFLOPS 不会太高。

然而，因为 MFLOPS 是基于操作而不是基于指令的，所以它可以用来比较两种不同的机器。

因为同一程序在不同的机器上执行的指令可能不同，但执行的浮点运算却是完全相同的。然而MFLOPS也并非可靠，因为不同机器上浮点运算集不同，例如CRAY-2没有除法指令，而Motorola 68882却有。另外MFLOPS还依赖于操作类型。例如浮点加要远远快于浮点除。但各程序的MFLOPS值并不能反映机器的性能。所以MFLOPS也不是一个十分有用的替代标准。

此外，还有一些和计算机运算速度相关的参数总结如下：

① 吞吐量：一台计算机在某一时间间隔内能够处理的信息量。

② 响应时间：从输入有效到系统产生响应之间间隔的时间。

③ 主频/时钟周期：CPU的工作节拍受一个主时钟的控制，主时钟的频率叫做CPU的主频；主频的倒数叫做CPU的时钟周期。

④ CPU执行时间：表示CPU执行程序所占用的CPU时间。

【例1-1】某计算机CPU的主频为4MHz，各类指令的平均执行时间和使用频度如表1-1所示。试计算该机的速度(单位用MIPS 表示)。若上述CPU芯片升级为6MHz，则该机的速度又为多少？

表1-1　某计算机各类指令的平均执行时间和使用频度

指令类别	存　取	加、减、比较、转移	乘　除	其　他
平均指令执行时间	0.6μs	0.8μs	10μs	1.4μs
使用频度	35%	50%	5%	10%

解：根据表1-1平均指令执行时间及使用频度，得：

① 该机的速度为：

$$1/(0.6\times 35\%+0.8\times 50\%+10\times 5\%+1.4\times 10\%)=1/1.25=0.8\text{MIPS}$$

② 芯片主频改为6MHz，该机的速度为：

$$(0.8\text{MIPS}\times 6\text{MHz})/4\text{MHz}=1.2\text{MIPS}$$

1.5 本书结构

本书主要内容是单机系统的内部组成和基本工作原理。主要从寄存器传输级以上层来讲述单机计算机系统中各部件的内部工作原理、组成结构以及相互联系，包括总线互连、存储器的层次结构、中断和输入/输出组织、数据的内部表示及其运算、指令系统的一般构成、数据通路和指令控制流程、控制器的设计、微程序设计原理等硬件方面的基础知识。

通过对本门课程的学习，要求掌握计算机系统的各个组成部分的工作原理、组成方法及相互关系，了解计算机系统的层次化结构概念，熟悉一些典型的有代表性的计算机结构，弄清硬件与软件之间的接口界面，建立起一个完整的计算机系统的整机概念。

本书从计算机整体结构框架入手，由表及里，由浅入深，层层细化，逐步深入到计算机的内核，论述冯·诺依曼结构计算机系统的内部组成和整机的工作原理。

本书共分4篇。

第一篇概述。介绍冯·诺依曼计算机内部的基本组成，以及指令信息、数据信息的加工过程。

第二篇计算机系统。介绍了计算机系统内部除CPU以外的几大部件，包括系统总线、存储器、输入/输出系统的硬件组成及工作原理。

第三篇中央处理器。详细分析了 CPU 的功能和内部结构以及除控制单元以外的几大部分，包括计算机中数的表示、运算方法和运算器、指令系统、CPU 的结构和指令周期、指令流水、中断系统。

第四篇控制器。剖析了控制器的外特性、多级时序系统、控制方式及控制信号，以及控制器的两种设计思想和设计实例。

小　结

电子计算机系统对人类社会的发展产生了深远的影响。Intel 的创始人之一高登・摩尔(Gordon Moore)于 1965 年提出了著名的摩尔定律，预言单位平方英寸芯片的晶体管数目每 18～24 个月就将增加一倍。

计算机系统由硬件和软件组成，硬件和软件在逻辑上是等价的。任何由软件实现的操作都可直接由硬件来完成；任何由硬件实现的指令都可由软件来模拟。软/硬件功能的分配要考虑成本、速度、可靠性等因素。

本章重点介绍了冯・诺依曼计算机的基本组成和工作原理。典型的冯・诺依曼计算机采用二进制形式表示数据和指令，由运算器、存储器、控制器、输入设备和输出设备五大部件组成，采用“存储程序”的思想来执行程序。

虚拟机是一个抽象的计算机，它由软件实现，并与实际机器一样，都具有一个指令集并可以使用不同的存储区域。以虚拟机的观点来划分计算机的层次结构，共分为微指令层、机器语言层、操作系统层、汇编语言层、高级语言层和应用语言层 6 层，这有助于正确理解各种语言的实质和实现途径。

习　题

1. 选择题。

（1）至今为止，计算机中的所有信息仍以二进制方式表示的理由是（　　）。

A. 节约元件　　B. 运算速度快

C. 物理器件性能所致　　D. 信息处理方便

（2）冯・诺依曼机工作方式的基本特点是（　　）。

A. 多指令流单数据流　　B. 按地址访问并顺序执行命令

C. 堆栈操作　　D. 存储器按内部选择地址

（3）以下是关于冯・诺依曼结构计算机中指令和数据表示形式的叙述，其中正确的是（　　）。

A. 指令和数据可以从形式上加以区分

B. 指令以二进制形式存放，数据以十进制形式存放

C. 指令和数据都以二进制形式存放

D. 指令和数据都以十进制形式存放

（4）以下是有关控制器中各部件功能的描述，其中错误的是（　　）。

A. 核心部件是控制单元（CU），主要用于对指令操作码进行译码，送出控制信号

B. PC 称为程序计数器，用于存放下一条要执行的指令的地址

C．通过 PC+“1” → PC 可以实现指令的按序执行

D．IR 称为指令计数器，用来存放指令操作码

（5）计算机硬件能直接识别和执行的只有（　　）。

A．高级语言　　B．符号语言

C．汇编语言　　D．机器语言

（6）计算机中，运算器的基本功能是（　　）。

A．存储各种控制信息　　B．保持各种控制状态

C．控制机器各个部件协调一致工作　　D．进行算术运算和逻辑运算

（7）计算机的软件系统可分为（　　）。

A．程序和数据　　B．操作系统和语言处理系统

C．程序、数据和文档　　D．系统软件和应用软件

（8）办公自动化是计算机的一种应用，按计算机应用分类，它属于（　　）。

A．科学计算　　B．实时控制

C．数据处理　　D．辅助设计

（9）以下有关对摩尔定律的描述中，错误的是（　　）。

A．自从发明了半导体技术以来，集成电路技术就基本上遵循摩尔定律的发展

B．摩尔定律内容之一：每 18～24 个月，集成电路芯片上集成的晶体管数将翻一番

C．摩尔定律内容之二：每 18～24 个月，集成电路芯片的速度将提高一倍

D．摩尔定律内容之三：每 18～24 个月，集成电路芯片的价格将降低一半

2．解释术语。

（1）计算机

（2）存储程序

（3）虚拟机

（4）摩尔定律

（5）机器字长、MIPS、CPI、MFLOPS

3．什么是计算机系统？什么是硬件？什么是软件？软件和硬件在什么情况下等价？在什么情况下不等价？

4．如何理解计算机组成和计算机体系结构。

5．冯·诺依曼计算机的特点是什么？

6．画出计算机硬件组成框图，说明各部件的功能和性能指标。

7．计算机系统的层次结构是如何划分的？这样划分的意义是什么？

8．思考题。

（1）指令和数据都存在主存中，计算机如何区分它们？

（2）数据通路宽度、机器字长、“字”宽、存储单元宽度、编址单位、总线宽度、指令字长各指什么？它们之间有何关系？

（3）在 IBM 360 的 Model 65 中，地址交错放在两个独立的内存单元中（例如，所有的奇数字放在一个单元中，所有的偶数字放在另一个单元中），采用这一技术的目的是什么？

（4）查阅资料，以《计算机的发展趋势》为题目，写一篇综述性小论文。

第二篇　计算机系统

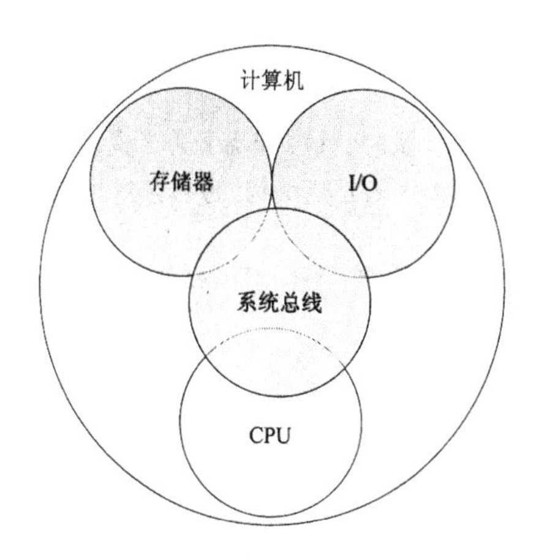

计算机系统由中央处理器（CPU）、存储器、I/O系统以及连接它们的系统总线组成。

本篇主要内容：

- 总线；
- 存储器；
- 外围设备；
- I/O系统。

第2章 系统总线

重点内容

总线的基本概念和基本技术，主要包括总线的特性、总线性能指标、总线标准、总线连接方式、总线仲裁、总线定时，以及总线数据传输模式、PCI 总线。

计算机系统的主要部件（处理器、主存、I/O 模块）为了交换数据和控制信号，需要进行互连，由多条线组成的共享总线是构成计算机系统的互连机构。当代系统中，通常是采用层次式总线以改善性能。

2.1 计算机系统互连结构

计算机是由一组相互之间通信的 3 种基本类型（CPU、存储器和 I/O）的部件或模块组成的网络。因此，必须有使模块连接在一起的通路。

连接各种模块的通路的集合称为互连结构。这一结构的设计取决于模块之间所必须交换的信息。图 2-1 通过指定每种模块类型的主要输入、输出形式给出了所需的信息交换的种类。

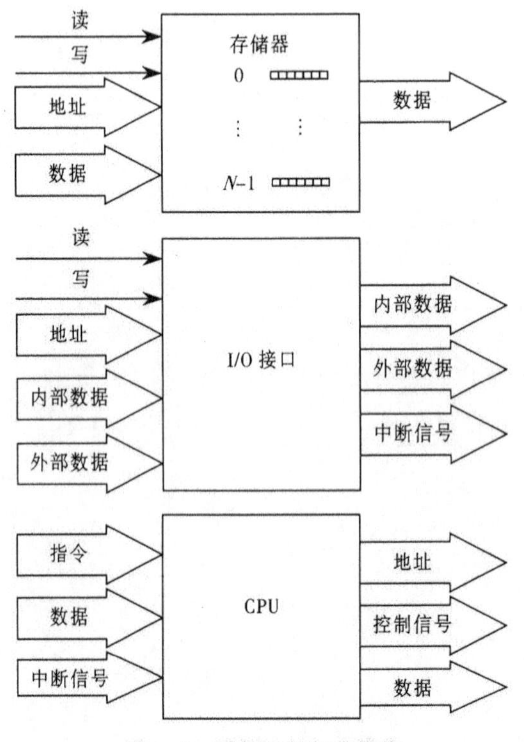

图 2-1 计算机的组成模块

① 存储器：通常，存储器模块由 N 个相同长度的字组成。每个字分配了一个唯一的数值地址（0，1，…，N-1）。操作的性质由读/写控制信号指示。操作单元由地址指定。

② I/O 接口：从（计算机系统）内部的观点看，I/O 在功能上与存储器相似。它们都有两类操作，读和写。此外，I/O 接口可以控制多个外设。我们把每个与外部设备交换信息的寄存器称为端口，并给它分配一个唯一的地址。此外还有向外部设备输入、输出数据的外部数据路径。最后，I/O 接口可给 CPU 发送中断信号。

③ CPU：CPU 读入指令和数据，并在处理之后写出数据，它还用控制信号控制整个系统的操作，也可接收中断信号。

以上定义了交换的数据，互连结构还必须支持下列类型的传输：

① 存储器到 CPU：CPU 从存储器中读指令或一个单元的数据。

② CPU 到存储器：CPU 向存储器写一个单元的数据。

③ I/O 到 CPU：CPU 通过 I/O 接口从 I/O 设备中读数据。

④ CPU 到 I/O：CPU 向 I/O 设备发送数据。

⑤ I/O 和存储器之间：对于这种情况，I/O 接口允许同存储器直接交换数据，使用直接存储器访问（DMA）方式，数据交换不通过 CPU。

人们曾经尝试过多种多样的互连结构，早期使用分散连接，即部件之间使用单独的连线，连线复杂，影响了 CPU 的效率；迄今为止最普遍的是使用总线连接，即各部件连到一组公共的信息传输线上，它是各部件共享的传输介质。本章后续部分将专门讨论总线结构。

2.2 总线的基本概念

总线（Bus）是连接两个或多个部件的公共通信通路。总线的关键特征是共享传输介质。当多种部件连接到总线上时，一个部件发出的信号可以被其他所有连接到总线上的部件所接收。如果两个或两个以上的部件同时发送信息，它们的信号将会重叠，这样会导致信号冲突，传输无效。因此，在某一时刻，只允许有一个部件向总线发送数据，而多个部件可以同时从总线上接受相同的数据。

多数情况下，总线由多条通信路径或线路组成，每条线能够传输代表二进制 1 和 0 的信号。一段时间里，一条线能传输一串二进制数字。几条线放在一起，总线就能同时并行地传输二进制数字。例如，一个 8 位的数据能通过总线中的 8 条线传输。

计算机系统含有多种总线，它们在计算机系统的各个层次提供部件之间的通路。

一个单处理器系统中的总线，大致分为 3 类：

① CPU 内部连接各寄存器及运算部件之间的总线，称为内部总线。

② CPU 同计算机系统的其他具有高速传输功能的部件，如存储器、通道等互相连接的总线称为系统总线。

③ 中、低速 I/O 设备之间互相连接的总线，称为 I/O 总线。

最常见的计算机互连结构使用一个或多个系统总线。

2.2.1 总线特性

从物理角度来看，总线就是一组电导线，许多导线直接印制在电路板上延伸到各个部件。图 2-2 所示为各个部件与总线之间的物理摆放位置。

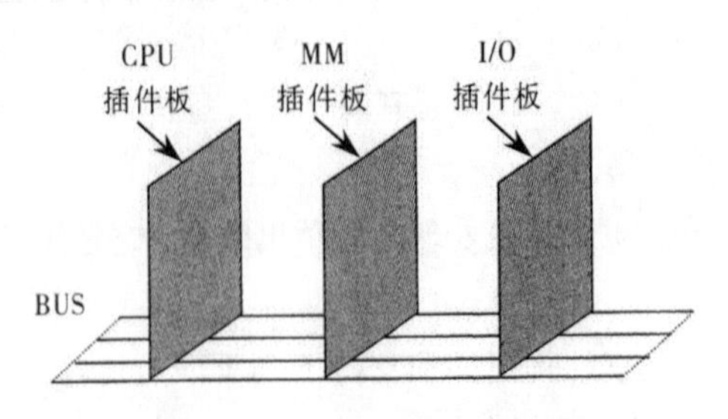

图 2-2 总线结构的物理实现

图中 CPU、MM（主存）、I/O 都是部件插板，它们通过插头与水平方向总线插槽（按总线标准用印制电路板或一束电缆连接而成的多头插座）连接。为了保证机械上的可靠连接，必须规定其机械特性；为了确保电气上正确连接，必须规定其电气特性；为保证正确地连接不同部件，还需规定其功能特性和时间特性。

（1）机械特性

机械特性是指总线在机械连接方式上的一些性能，如插头与插座使用的标准，它们的几何尺寸、形状、引脚的个数以及排列的顺序，接头处的可靠接触等。

（2）电气特性

电气特性是指总线的每一根传输线上信号的传递方向和有效的电平范围。通常规定由 CPU 发出的信号叫输出信号，送入 CPU 的信号叫输入信号。如地址总线属于单向输出线，数据总线属于双向传输线，它们都定义为高电平有效。控制总线的每一根都是单向的，但从整体看，有输入，也有输出。有的定义为高电平有效，有的定义为低电平有效，必须注意不同的规格。

（3）功能特性

功能特性是指总线中每根传输线的功能，如地址总线用来指出地址号；数据总线传递数据；控制总线发出控制信号，既有 CPU 发出的，如存储器读/写、I/O 读/写；也有 I/O 向 CPU 发来的，如中断请求、DMA 请求等，可见，各条线功能不一。

（4）时间特性

时间特性是指总线中的任意一条线在什么时间内有效。每条总线上的各种信号，互相存在着一种有效时序的关系，因此，时间特性一般可用信号时序图来描述。

2.2.2 总线性能指标

总线性能指标包括：

① 总线宽度：它是指数据总线的根数，用 bit（位）表示，如 8 位、16 位、32 位、64 位，即 8 根、16 根、32 根、64 根。

② 标准传输率：即在总线上每秒能传输的最大字节量，用 MB/s（每秒多少兆字节）表示。如总线工作频率为 33MHz，总线宽度为 32 位，则它最大的传输率为 132MB/s。

③ 时钟同步/异步：总线上的数据与时钟同步工作的总线称为同步总线，与时钟不同步工作的总线称为异步总线。

④ 总线复用：通常地址总线与数据总线在物理上是分开的两种总线。地址总线传输地址码，数据总线传输数据信息。为了提高总线的利用率，优化设计，可以将地址总线和数据总线共用一组物理线路，只是某一时刻该总线传输地址信号，另一时刻传输数据信号或命令信号，这称为总线的多路复用。

⑤ 总线控制方式：包括并发工作、自动配置、仲裁方式、逻辑方式、计数方式等。

⑥ 其他指标：如负载能力问题。由于不同的电路对总线的负载是不同的，即使同一电路板在不同的工作频率下，总线的负载也是不同的，因此，总线负载能力的指标不是太严格的。通常用可连接扩增电路板数来反映总线的负载能力。此外，还有如电源电压是5V还是3.3V、总线能否扩展64位宽度等，也十分重要。

表2-1列出了几种流行的微机总线性能。

表2-1 几种流行的微型计算机总线性能

名称	ISA (PC-AT)	EISA	STD	VESA (VL-BUS)	MCA	PCI
通用机型	80286,386 486系列机	386,486,586 IBM系列机	Z-80,V20, V40IBM-PC系列机	i486,PC-AT兼容机	IBM个人机与工作站	P5个人机, PowerPC, Alpha工作站
最大传输率	15MB/s	33MB/s	2MB/s	266MB/s	40MB/s	133MB/s
总线宽度	16位	32 位	8位	32位	32位	32位
总线工作频率	8MHz	8.33MHz	2MHz	66MHz	10MHz	0～33MHz
同步方式	同步	—	—	异步	同步	—
仲裁方式	集中	集中	集中	集中	—	—
地址宽度	24	32	20	—	—	32/64
负载能力	8	6	无限制	6	无限制	3
信号线数	—	143	—	90	109	49
64位扩展	不可	无规定	不可	可	可	可
并发工作	—	—	—	可	—	可
引脚使用	非多路复用	非多路复用	非多路复用	非多路复用	—	多路复用

2.2.3 总线内部结构

系统总线通常包含50～100条分立的导线，每条导线被赋予一个特定的含义或功能。虽然总线的设计有多种，但任何总线按传输信息的不同，都可以分成3个功能组：数据总线、地址总线和控制总线，还有为连接的模块提供电源的电源线，如图2-3所示。

数据线提供系统模块间传输数据的路径，这些线组合在一起称为数据总线。典型的数据总线包含8、16或32根线，这些线的数目称为数据总线的宽度。因为每条线每次能传输1位，所以线的数目决定了每次能同时传输多少位。数据总线宽度是决定系统总体性能的关键因素。例如，如果数据总线为8位，而每条指令长16位，那么每个指令周期必须访问存储器模块两次。

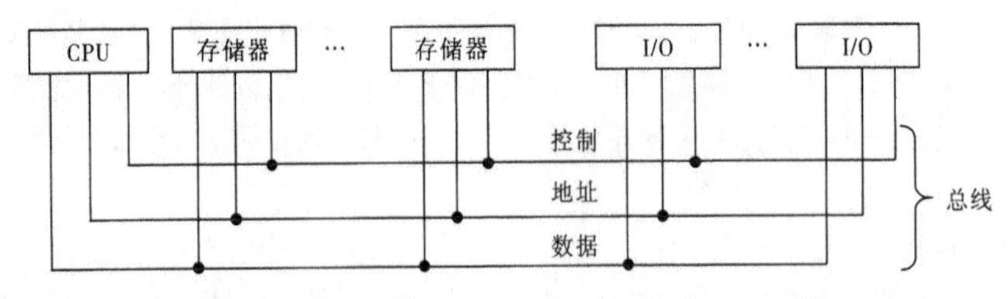

图 2-3 总线互连策略

地址线用于指定数据总线上数据的来源和去向。例如，如果 CPU 希望从存储器中读一个字（8 位、16 位或 32 位），它将所需要字的地址放在地址线上。显然，地址总线的宽度决定了系统能够使用的最大的存储器容量。而且，地址线通常也用于 I/O 端口的寻址。在实际应用中，地址线的高位用于选择总线上指定的模块（区域），低位用来选择模块内具体的存储器单元或 I/O 端口。例如，在 8 位总线上，小于等于 01111111 的地址可以用来访问有 128 个字的存储器模块（模块 0），大于等于 10000000 的地址可用来访问接在 I/O 模块上的设备（模块 1）。

控制线用来控制对数据地址线的访问和使用。由于数据线和地址线被所有模块共享，因此必须用一种方法来控制它们的使用。控制信号在系统模块之间发送命令和定时信息。定时信号指定了数据和地址信息的有效性，命令信号指定了要执行的操作。典型的控制信号包括：

① 存储器写（Memory Write）：将总线上的数据写入被寻址单元。

② 存储器读（Memory Read）：使所寻址单元的数据放到总线上。

③ I/O 写（I/O Write）：将总线上的数据输出到被寻址的 I/O 端口。

④ I/O 读（I/O Read）：使被寻址的 I/O 端口的数据放到总线上。

⑤ 传输响应（Transfer ACK）：表示数据已经被接收，或已把数据放到了总线上。

⑥ 总线请求（Bus Request）：表示某个模块需要获得对总线的控制。

⑦ 总线允许（Bus Grant）：表示发出请求的模块已经被允许控制总线。

⑧ 中断请求（Interrupt Request）：表示某个中断源已发出请求。

⑨ 中断响应（Interrupt ACK）：保持中断请求被响应。

⑩ 时钟（Clock）：用于同步操作。

⑪ 复位（Reset）：初始化所有模块。

总线的操作如下，如果一个模块希望向另一个模块发送数据，它必须做两件事：

① 获得总线的使用权。

② 通过总线传输数据。

如果一个模块希望向另一个模块请求数据，它也必须做两件事：

① 获得总线的使用权。

② 通过适当的控制线和地址线向其他模块发送请求，然后它必须等待另一个模块发送数据。

从物理上讲，系统总线实际上是多条平行的导线。这些导线是在卡或板（印制电路板）上蚀刻出来的金属线。总线延伸至所有的系统部件，每一个系统部件连接于总线的全部或部分线。这一布置最便于使用，小配置的计算机系统可以在以后通过增加更多的板来扩展（更多的存储器、更多的 I/O）。如果板上的某个部分出现故障，将这块板拔下并替换即可。

2.2.4 总线标准

总线是在计算机系统模块化的发展过程中产生的，随着计算机应用领域的不断扩大，计算机系统中各类模块（特别是 I/O 设备所带的各类接口模块），其种类极其繁杂，往往出现一种模块要配一种总线，很难在总线上更换、组合各类模块或设备。20 世纪 70 年代末，为了使系统设计简化，模块生产批量化，确保其性能稳定，质量可靠，实现可移植化，便于维护等，人们开始研究如何使总线建立标准，在总线的统一标准下，完成系统设计、模块制作。这样，系统、模块、设备与总线之间不适应、不通用及不匹配的问题就迎刃而解了。

因此，为了获得广泛的工艺和法律支持，要求总线：

① 支持众多性能不同的模块。

② 支持批量生产，并要质量稳定、价格低廉。

③ 可替换、可组合。

所谓总线标准，可视为系统与各模块、模块与模块之间的一个互连的标准界面。这个界面对它两端的模块都是透明的，即界面的任一方只需根据总线标准的要求完成自身一面接口的功能要求，而无需了解对方接口与总线的连接要求。因此，按总线标准设计的接口可视为通用接口。

流行的总线标准有：

① ISA（Industrial Standard Architecture）总线是 IBM 为了采用全 16 位的 CPU 而推出的，又称 AT 总线，它使用独立于 CPU 的总线时钟，因此 CPU 可以采用比总线频率更高的时钟，有利于 CPU 性能的提高。由于 ISA 总线不支持总线仲裁的硬件逻辑，因此它不能支持多台主设备（即不支持多台具有申请总线控制权的设备）系统，而且 ISA 上的所有数据的传输必须通过 CPU 或 DMA（直接存储器访问）接口来管理，因此使 CPU 花费了大量时间来控制与外部设备交换数据。ISA 总线时钟频率为 8MHz，最大传输率为 16MB/s，数据线为 16 位，地址线为 24 位。

② EISA(Extended Industrial Standard Architecture)是一种在 ISA 基础上扩充开放的总线标准，它与 ISA 可以完全兼容，它从 CPU 中分离出了总线控制权，是一种具有智能化的总线，能支持多总线主控和突发方式的传输。EISA 总线的时钟频率为 8MHz，最大传输率可达 33MB/s，数据总线为 32 位，地址总线为 32 位。

③ VL-BUS 是由 VESA（Video Electronic Standard Association，视频电子标准协会）提出的局部总线标准。所谓局部总线是指在系统外，为两个以上模块提供的高速传输信息通道。VL-BUS 是由 CPU 总线演化而来的，采用 CPU 的时钟频率达 33MHz，数据线为 32 位，配有局部控制器。通过局部控制器的判断，将高速 I/O 直接挂在 CPU 的总线上，实现 CPU 与高速外设之间的高速数据交换。

④ PCI（Peripheral Component Interconnect，外部设备互连总线）是由 Intel 公司提供的总线标准。它与 CPU 时钟频率无关，自身采用 33MHz 总线时钟，数据线为 32 位。数据传输率达 132MB/s～246MB/s。具有很好的兼容性，与 ISA、EISA 总线均可兼容，可以转换为标准的 ISA、EISA。它能支持无限读/写突发方式，速度比直接使用 CPU 总线的局部总线快，它可视为 CPU 与外设间的一个中间层，通过 PCI 桥路（PCI 控制器）与 CPU 相连。

PCI 控制器有多级缓冲，可把一批数据快速写入缓冲器中。在这些数据不断写入 PCI 设备过程中，CPU 可以执行其他操作，即 PCI 总线上的外设与 CPU 可以并行工作。

PCI 总线支持两种电压标准：5V 与 3.3V。3.3V 电压的 PCI 总线可用于便携式微机中。EISA 和 PCI 都具有即插即用（plug and play）的功能，即任何扩展卡只要插入系统便可工作，尤其是 PCI 采用的技术非常完善，它为用户提供了真正的即插即用功能。

PCI 总线可扩展性好，当总线驱动能力不足时，可以采用多层结构。每个 PCI 还配有一个延时器，它规定系统中设备使用 PCI 总线的最长时间周期，CPU 通过 PCI 总线上的所有设备延时器来优化系统的性能。

但是，并不是按总线标准把部件插上就能用。对于微型计算机来说，由于系统资源（中断向量、I/O 地址、存储器空间等）有限，几乎所有设备都要使用这些系统资源，因而可能引起两个或多个设备因使用相同的系统资源而产生“冲突”，一旦产生了冲突，系统就不能正常工作甚至不工作。为了避免与别的设备发生冲突，各个外设扩展卡厂家都将自己的设备设计得灵活一些，使其可使用的系统资源是可调整的，一旦某些资源已经被别的设备占用，可调整自己使用其他的资源。目前，外设的这种调整能力大多都是靠跳线器实现的。我们经常看到某块卡的某组跳线短接 1–2 表示使用 IRQ3（即中断 3），短接 3–4 又表示使用 IRQ5（即中断 5）等。扩展微机硬件系统时，必须调整各个外设的跳线，使整个系统资源不发生被占用的冲突。

对于微机的专业技术人员，要设置各种跳线器避免发生系统资源被占用的冲突，在系统及各配件的技术手册齐备的情况下也许不是一件难事，只要按照说明逐步调整即可。但是对非专业技术人员来说，这件事就较麻烦，即使有手册，其中涉及很多专业词汇和术语很令人头疼。在这种情况下，急需一种为广大用户提供最大方便的技术，让非专业技术人员也能够根据自己的需要扩充系统功能。这种技术就是即插即用技术。

简单地说，即插即用技术为微机系统提供了这样一种功能：只要将扩展卡插入微机的扩展槽中，微机系统就能自动进行扩展卡的配置工作，保证系统资源空间的合理分配，避免发生系统资源占用的冲突。这一切都是由系统自动进行，无需操作人员的干预。这就使得非专业技术人员进行微机系统的扩展成为可能。

即插即用功能主要取决于微机的系统总线结构，像 EISA 和 PCI 总线结构本身就采用了这种技术，提供这种功能。EISA 采用的即插即用技术还不太完善，在扩展 EISA 卡时需要配置程序进行系统的配置工作；PCI 采用的技术非常完善，它为用户提供真正的即插即用功能。

2.3 总线连接方式

系统总线是计算机系统内各部件（CPU、存储器、I/O 接口等）间的公共通信线路。在现代计算机系统中，各大部件均以系统总线为基础进行互连，系统总线的结构有多种，一般可分为单总线系统与多总线系统两大类。

2.3.1 单总线

在单总线系统中，CPU、主存储器以及所有 I/O 设备均通过一组总线连接，其结构简单，总线控制也较简单，系统易于扩展，如图 2–4 所示。

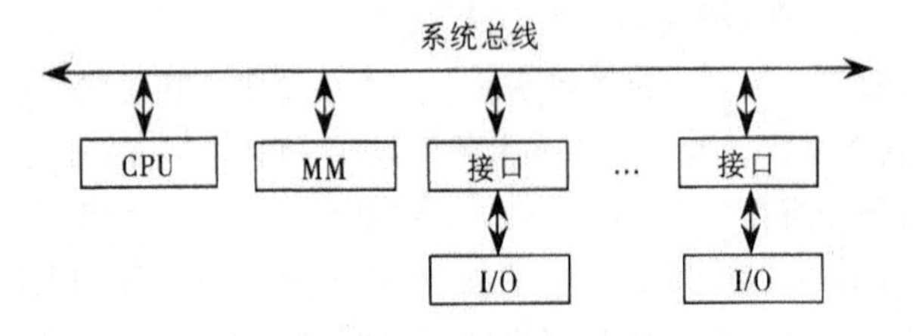

图 2–4 单总线结构

然而，如果大量的设备连到总线上，性能就会下降。这主要有两个原因：

① 总的来说，总线上连接的设备越多，传输延迟就越大。而这个延迟决定于设备协调总线使用所花费的时间。当频繁地控制由一个设备传递到另一个设备时，传输延迟明显地影响性能。

② 当聚集的传输请求接近总线容量时，总线便会成为瓶颈。通过提高总线的数据传输率或使用更宽的总线（例如，将数据线出32位增加到64位），这个问题在某种程度上能够得以解决。但是挂接设备（例如，图形和视频控制器、网络接口）产生的数据传输率增长更快。在信息传输量相对较小的计算机系统中可考虑采用单总线结构。

因此，为克服单总线的缺点，多数计算机系统在体系结构中都选择使用多总线结构。多总线结构的形式有多种多样，下面介绍几种有代表性的总线结构。

2.3.2 双总线

由于CPU工作期间要不断地取指令、取操作数、送结果，CPU与主存MM之间的信息流通量特别大，一种多总线结构是在这两个最繁忙的部件之间增设一组总线。这组总线通常被称为存储总线，它属于局部总线，如图2-5所示为带存储总线的双总线结构。

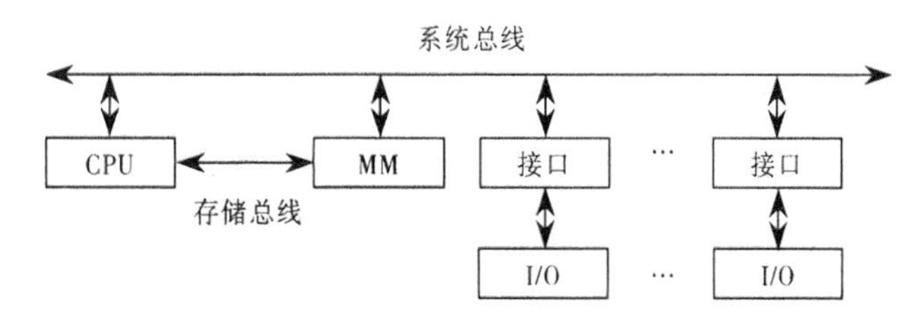

图2-5 带存储总线的双总线结构

在具有众多I/O设备的计算机系统中，为了进一步提高主CPU与I/O系统的并行性，往往由输入/输出处理机（IOP）来组织I/O设备。IOP一方面通过I/O总线与众多外部设备相连，另一方面又与连接CPU和MM的系统总线相连，如图2-6所示为带IOP的双总线结构。

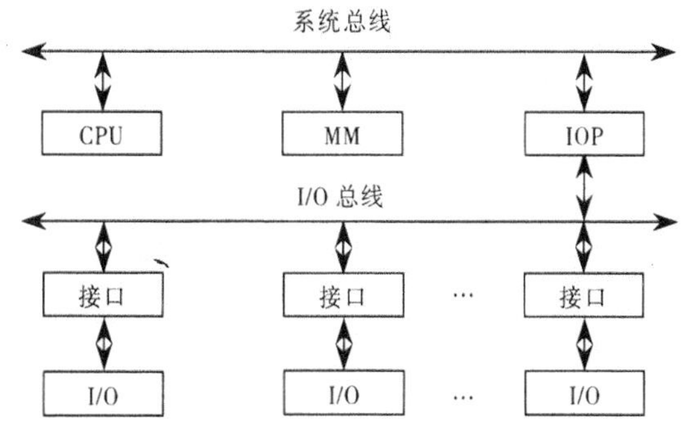

图2-6 带IOP的双总线结构

2.3.3 多总线

为了解决主存MM工作速度相对CPU太慢的问题，在主存MM与CPU之间增加高速缓存Cache，并在Cache与CPU之间增设一组高速局部总线Cache总线，支持CPU与Cache之间的高速数据交换，如图2-7所示。其次，外部设备不直接挂在系统总线上，而是挂在扩展总线上，通过桥接器与系统总线相连。桥接器由总线控制器、数据缓冲区及总线加速器组成，总线控制器在总线争用时起仲裁作用。数据缓冲区的作用在于支持并行工作并尽快释放系统总线。

例如 CPU 要将一批数据写到连在扩展总线上的某一台外部设备，它可把这批数据连续地先写入桥接器的数据缓冲区内，然后由桥接器控制将这批数据送往指定设备，系统总线释放，CPU 又可执行其他操作。这种桥接器的作用在于将主机系统与外设系统分开，使外设系统具有更好的可扩展性和灵活性，当增加外设时不必考虑 CPU 主频的影响，同时使 CPU 与 MM 的通信与 I/O 分开，使整机性能得以提高。

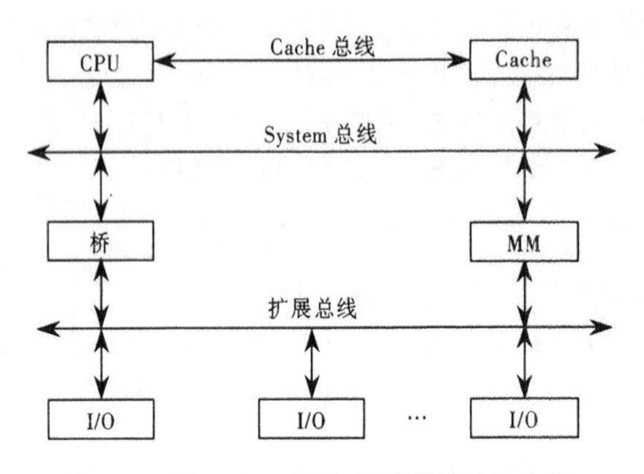

图 2-7　带 Cache 总线与桥接器的总线结构

这种传统的总线比较有效，但在性能越来越高的 I/O 设备面前，如多媒体技术与网络技术的发展，要求高速度、大容量的数据传输，这种传统的总线开始显得力不从心。为满足这些不断增长的需要，工业上采用的普遍方法是构造与系统其余部分紧密集成的高速总线，而它仅要求一个在处理器总线和高速总线之间建立连接。有人称这种方案为中间层结构。

图 2-8 表示了这种方法的典型实现，它也有连接处理器和高速缓存控制器的局部总线，而高速缓存控制器又连接到支持主存储器的系统总线上；高速缓存控制器集成到连接高速总线的桥或缓冲设备中。这一总线支持如 100MB/s 快速以太网这样的高速 LAN、视频和图形工作站控制器以及包括 SCSI 和 FireWire 局部外设总线的接口控制器。高速总线是专门用来支持大容量 I/O 设备的高速总线，低速设备仍然由扩展总线支持，以接口来缓冲扩展总线和高速总线之间的通信流量。

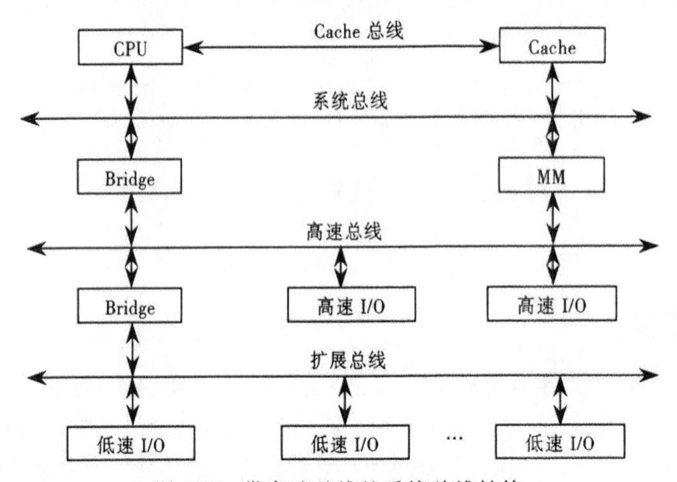

图 2-8　带高速总线的系统总线结构

这种安排的好处是，高速总线使高需求的设备与处理器有更紧密的集成，同时又独立于处理器。这样，处理器和高速总线速度及信号线定义的不同都可以容忍。处理器结构的变化不影响高速总线，反之亦然。

在上述几种多总线结构中，由于总线连接对象不同，分别称为系统总线、存储总线、I/O 总线、DMA 总线、扩展总线、高速总线等，但在分类上它们都属于系统总线。

2.4 总线设计要素

在设计总线时，主要考虑的要素包括总线仲裁机制、定时方式、数据传输模式、宽度和复用方式等，下面分别介绍相关的内容。

2.4.1 总线仲裁

总线上连接多个部件，何时有哪个部件发送数据，如何对信息传输定时，如何防止信息丢失，如何避免多个部件同时发送，如何规定接收信息的部件等问题需要一种仲裁方法。

仲裁方法可大致划分为“集中式”或“分布式”两类。在集中式方法中，一个称为总线控制器或仲裁器的硬件设备负责分配总线时间。这个设备可以是独立的模块，也可以是 CPU 的一部分。在分布式的方法中，没有中央控制器，而是在每个模块中包含访问控制逻辑，这些模块共同作用，共享总线。这两种仲裁方法的目的都是为了指定一个设备，CPU 或 I/O 模块作为主控器。然后这个主控器启动与其他设备进行数据传输(例如，读或写)，后者在这一次数据交换中作为从属设备。

1. 集中式仲裁

集中式仲裁中每个功能模块有两条线连到中央仲裁器：一条是送往仲裁器的总线请求信号 BR，一条是仲裁器送出的总线授权信号线 BG。

① 链式查询方式：为减少总线授权线数量，采用图 2-9(a)所示的菊花链查询方式，BS(总线忙)线为 1，表示总线正被某外设使用。

链式查询方式的主要特点是，总线授权信号 BG 串行地从一个 I/O 接口传输到下一个 I/O 接口，假如 BG 到达的接口无总线请求，则继续往下查询，假如 BG 到达的接口有总线请求，BG 信号便不再往下查问。这意味着该 I/O 接口就获得了总线控制权。作为思考题，读者不妨画出链式查询电路的逻辑结构图。

可见，在查询链中离中央仲裁器最近的设备具有最高优先级，离中央仲裁器越远，优先级越低。因此，链式查询是通过接口的优先级排队电路来实现的。

链式查询方式的优点是，只用很少几根线就能按一定优先级实现总线仲裁，并且这种链式结构很容易扩充设备。

链式查询方式的缺点是对询问链的电路故障很敏感，如果第 i 个设备的接口中有关链的电路有故障，那么第 i 个以后的设备都不能进行工作。另外查询链的优先级是固定的，如果优先级高的设备频繁出现请求时，那么优先级较低的设备可能长期不能使用总线。

② 计数器定时查询方式：计数器定时查询方式原理如图 2-9(b)所示。总线上的任一设备要求使用总线时，通过 BR 线发出总线请求。中央仲裁器接到请求信号以后，在 BS 线为“0”的情况下让计数器开始计数，计数值通过一组地址线发向各设备。每个设备接口都有一个设备地址判别电路，当地址线上的计数值与请求总线的设备地址相一致时，该设备置“1”BS 线，获得了总线使用权，此时中止计数查询。

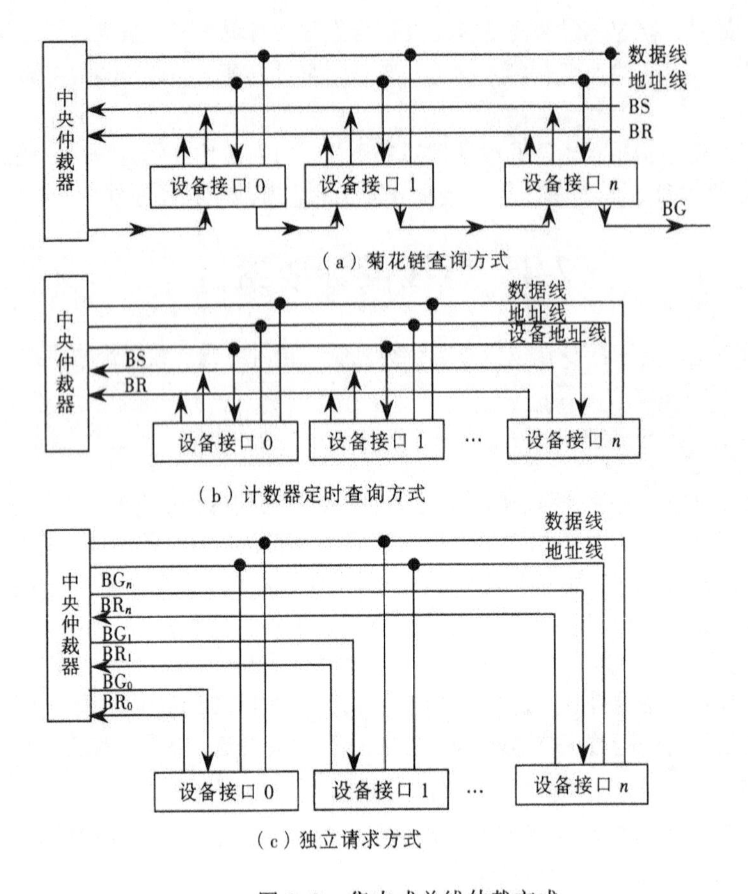

（a）菊花链查询方式

（b）计数器定时查询方式

（c）独立请求方式

图 2-9 集中式总线仲裁方式

每次计数可从“0”开始，也可以从中止点开始。如果从“0”开始，各设备的优先级与链式查询法相同，优先级是固定的。如果从中止点开始，则每个设备使用总线的优先级相等。计数器的初值也可用程序来设置，这就可以方便地改变优先级，显然这种灵活性是以增加线数为代价的。

③ 独立请求方式：独立请求方式原理如图 2-9（c）所示。在独立请求方式中，每一个共享总线的设备均有一对总线请求线 BR_i 和总线授权线 BG_i。当设备要求使用总线时，便发出该设备的请求信号。中央仲裁器中有一个排队电路，它根据一定的优先级决定首先响应哪个设备的请求，给设备以授权信号 BG_i。

独立请求方式的优点是响应时间快，即确定优先响应的设备所花费的时间少，用不着一个设备接一个设备地查询。其次，对优先级的控制相当灵活。它可以预先固定，例如 BR_0先级最高，BR_1次之……BR_n最低；也可以通过程序来改变优先级；用屏蔽（禁止）某个请求的办法，不响应来自无效设备的请求。因此当代总线标准普遍采用独立请求方式。

对于单处理器系统总线而言，中央仲裁器又称为总线控制器，它是 CPU 的一部分。按照目前的总线标准，中央仲裁器一般是一个单独的功能模块。

2. 分布式仲裁

分布式仲裁不需要中央仲裁器，每个潜在的主方功能模块都有自己的仲裁号和仲裁器。当它们有总线请求时，把它们唯一的仲裁号发送到共享的仲裁总线上，每个仲裁器将仲裁总线上得到的号与自己的号进行比较，如果仲裁总线上的号大，则它的总线请求不予响应，并撤销它的仲裁号。最后，获胜者的仲裁号保留在仲裁总线上。显然，分布式仲裁是以优先级仲裁策略为基础的。

【例 2-1】试比较链式查询方式、计数器定时查询方式和独立请求方式各自的特点。

解：链式查询方式只需一条总线请求线（BR），一条总线忙线（BS）和一条总线同意线（BG）。BG 线像链条一样，串联所有的设备，设备的优先级是固定的，结构简单，容易扩充设备，但对电路故障十分敏感，一旦第 i 个设备的接口电路有故障，则第 i 个设备以后的设备都不能进行工作。

计数器定时查询方式的总线请求（BR）和总线忙（BS）线是各设备共用的，但还需 $\log_2 N$（N 为设备数）根设备地址线实现查询。设备的优先级可以不固定，控制比链式查询复杂，电路故障不如链式查询方式敏感。

独立请求方式控制线数量多，N 个设备共有 N 根总线请求线和 N 根总线同意线。总线仲裁线路更复杂，但响应时间快，且设备优先级的次序控制灵活，可以预先固定，也可通过程序来改变优先次序，还可在必要时屏蔽某些设备的请求。

2.4.2　总线定时

总线的一次信息传输过程，可大致分为 5 个阶段：请求总线、总线仲裁、寻址、信息传输、状态返回。

为了同步主方、从方的操作，必须制定定时协议，定时指事件出现在总线上的时序关系，一般分为同步时序和异步时序两种。

1. 同步定时

对于同步定时协议，通信双方由统一的时标控制数据传输，时标通常由 CPU 的总线控制器发出，送到总线上所有的部件，也可以由每个部件各自的时序发生器发出，但必须由总线控制器发出的时钟信号对它们进行同步。总线中包含时钟信号（Clock），它传输相同长度的 0、1 交替的规则信号组成的时钟序列。一次 1 和 0 的转换称为时钟周期或总线周期，它定义了一个时间间隔。总线上所有其他设备都能读取时钟，而且所有的事件都在时钟周期的开始时发生，如图 2-10 所示。

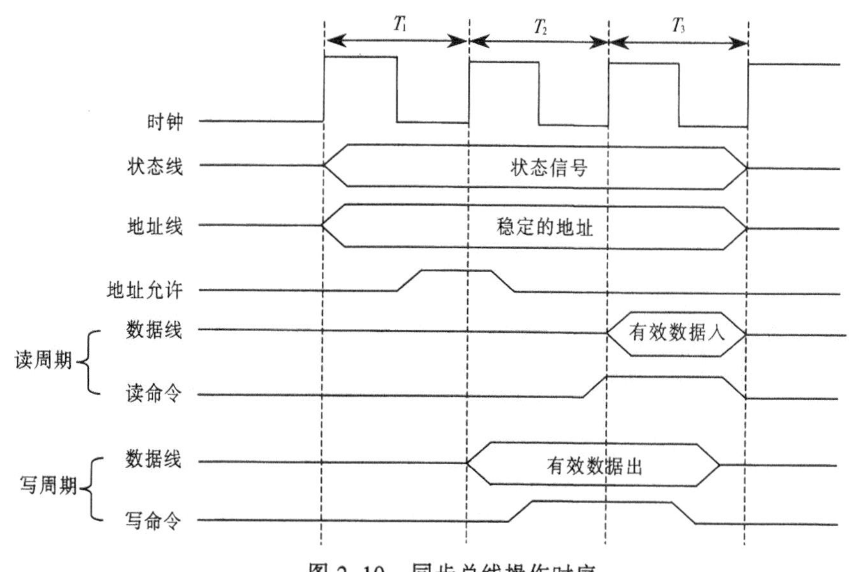

图 2-10　同步总线操作时序

图 2-10 所示为同步读操作的时序图，其他总线信号可以在时钟上升沿发生（稍有延迟）。大多数事件占用一个时钟周期。在这个简单的例子中，CPU 发出地址信号将存储器地址放到地址总线上。它亦可发出起始信号来标识总线上地址和控制信号的出现。第 2 个时钟周期发出一个读命令，存储器模块识别地址，在延迟 1 个周期后，将数据和响应信号放到总线上，被 CPU 读取。如果是写操作，CPU 在第 2 个时钟周期开始将数据放到数据线上，等数据稳定后，CPU 发出一个写命令，存储器模块在第 3 个时钟周期存入数据。

由于采用了公共时钟，每个功能模块在什么时间发送和接收信息有统一的时钟规定。因此，同步定时具有较高的传输率，适用于各功能模块存取时间比较接近的情况，这是因为同步总线必须按最慢的模块来设计时钟。

2. 异步定时

对异步定时协议来说，克服了同步通信的缺点，允许各模块速度的不一致性，它没有公共的时钟标准，不要求所有部件统一操作时间，而是采用应答的方式（又称握手方式），即当主模块发出“请求”（Request）信号时，一直等待从模块反馈回来“响应”（Acknowledge）信号后，才开始通信。总线上一个事件的发生取决于前一事件的发生。

如图 2-11（a）表示系统总线读周期时序图。CPU 发送地址信号和读状态信号到总线上。等这些信号稳定后，它发出读命令，指示有效地址和控制信号的出现。存储器模块进行地址译码并将数据放到数据线上。一旦数据线上的信号稳定，则存储器模块使确认线有效，通知 CPU 数据可用。CPU 由数据线上读取数据后，立即撤销读状态信号，从而引起存储器模块撤销数据和确认信号。最后，确认信号的撤销又使 CPU 撤销地址信息。

如图 2-11（b）表示系统总线写周期时序图。CPU 将数据放到数据线上，与此同时启动状态线和地址线。存储器模块接受写命令从数据线上写入数据，并使确认线上信号有效。然后，CPU 撤销写命令，存储器模块撤销确认信号。

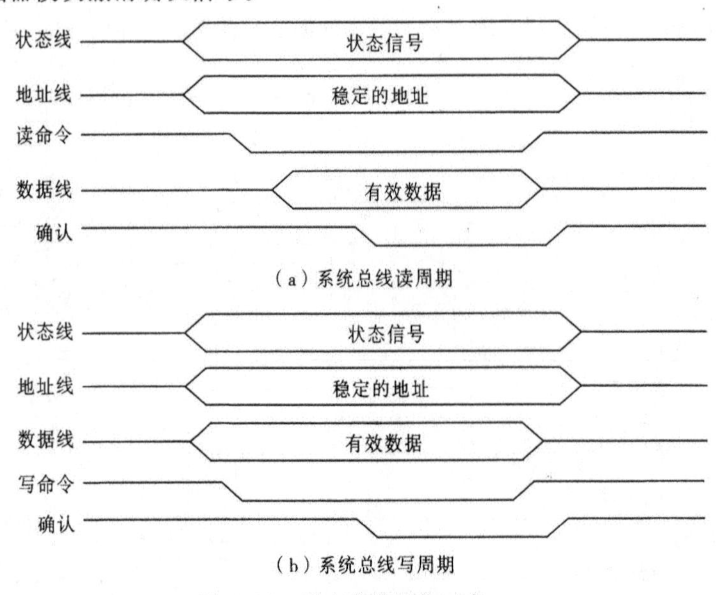

（a）系统总线读周期

（b）系统总线写周期

图 2-11 异步总线操作时序

同步时序的实现和测试都更简单，它没有异步时序灵活。因为同步总线上的所有设备都遵循固定的时钟频率，系统不能发挥高性能设备的优势。对于异步时序，不论设备是快还是慢，使用的技术是新还是旧，都可以共享总线。

【例 2-2】某 CPU 采用集中式仲裁方式，使用独立请求与菊花链查询相结合的二维总线控制结构。每一对请求线 BR_i 和授权线 BG_i 组成一对菊花链查询电路。每一根请求线可以被若干个传输速率接近的设备共享。当这些设备要求传输时通过 BR_i 线向仲裁器发出请求，对应的 BG_i 线则串行查询每个设备，从而确定哪个设备享有总线控制权。请分析说明图 2-12 所示的总线仲裁时序图。

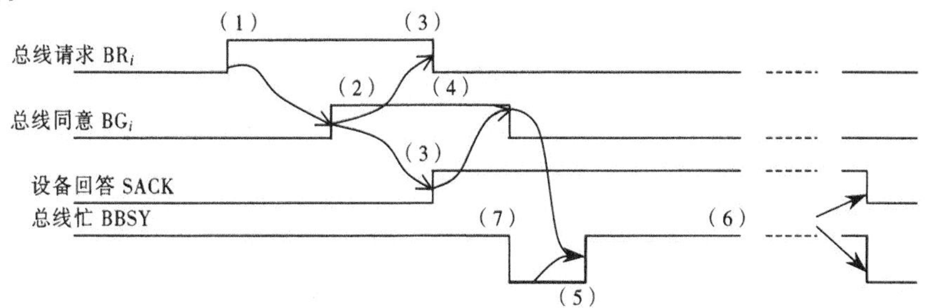

图 2-12 某 CPU 总线仲裁时序图

解：从时序图看出，该总线采用异步定时协议。

当某个设备请求使用总线时，在该设备所属的请求线上发出申请信号 BR_i（1）。CPU 按优先原则同意后给出授权信号 BG_i 作为回答（2）。BG_i 链式查询各设备，并上升从设备回答 SACK 信号证实已收到 BG_i 信号（3）。CPU 接到 SACK 信号后下降 BG_i 作为回答（4）。在总线"忙"标志 BBSY 为"0"的情况该设备上升 BBSY，表示该设备获得了总线控制权，成为控制总线的主设备（5）。在设备用完总线后，下降 BBSY 和 SACK（6）释放总线。

在上述选择主设备过程中，可能现行的主从设备正在进行传输。此时需等待现行传输结束，即现行主设备下降 BBSY 信号后（7），新的主设备才能上升 BBSY，获得总线控制权。

2.4.3 总线数据传输模式

总线支持各种数据传输类型，如图 2-13 所示。所有的总线都支持写（主控器到从属设备）和读（从属设备到主控器）的传输。在复用型地址/数据总线中，总线先用于指定地址，然后用于传输数据。对于读操作，当数据由从属设备中获取并放到总线上时，典型的情况是有一个等待。无论是读还是写，如果有必要通过仲裁为其余的操作获得总线的控制权（也就是说，先占有总线来请求读/写，然后再一次占有总线执行读/写），则同样存在着延迟。

在专用的地址总线和数据总线中，地址放到地址线上并保持到数据出现在数据线上之前。对于写操作，地址一旦稳定，主控器就把数据放到数据线上，这时从属设备已经有机会识别其地址。对于读操作，从属设备一旦识别出地址并准备好数据，就将数据放到数据总线上。

某些总线允许几种组合操作。"读—修改—写"操作是在读之后紧接着向同一地址写数据，地址仅在操作的开始广播一次。为了防止其他潜在的主控器访问此数据单元，整个操作是不可分的。这一原则是为了在多道程序系统中保护共享的存储器。

"写后读"也是一种不可分割的操作——它是指写之后紧接着对同一个地址的读取，这个读操作可用于校验。

有些总线还支持数据的“成块传输”。在这种情况中，一个地址周期后面跟着 n 个数据周期。第 1 个数据项传输使用指定的地址，其余的数据项传输使用后续地址。

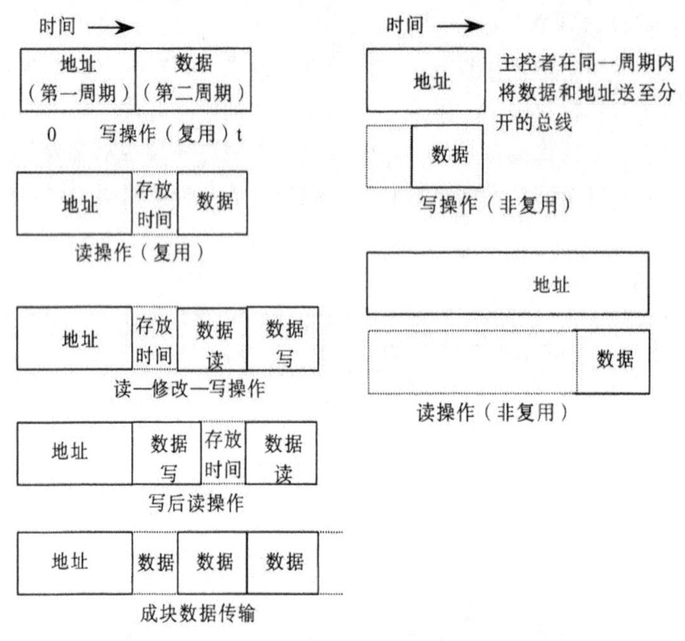

图 2-13 总线数据传输类型

2.4.4 总线宽度

前面我们已经介绍了总线宽度的概念。数据总线的宽度对系统性能有重要影响，数据总线越宽，一次能传输的位数就越多。地址总线的宽度对系统容量有重要影响，地址总线越宽，可以访问的单元就越多。

【例 2-3】假设总线的时钟频率为 100MHz，总线的传输周期为 4 个时钟周期，总线的宽度为 32 位，试求总线的数据传输率。若想提高一倍数据传输率，可采取什么措施？

解：根据总线时钟频率为 100MHz，得：

1 个时钟周期为 1/100MHz = 0.01μs。

总线传输周期为 0.01μs×4 = 0.04μs。

由于总线的宽度为 32 位= 4B（字节）。

故总线的数据传输率为 4B/(0.04μs) = 100MB/s。

若想提高一倍数据传输率，可以在不改变总线时钟频率的前提下，使数据线宽度改为 64 位，也可以仍保持数据宽度为 32 位，但使总线的时钟频率增加到 200MHz。

2.4.5 总线复用

总线的信号线可以归为两类，专用的和复用的。专用总线始终只负责一项功能，或始终分配给计算机部件的一个物理子集。

功能专用的一个例子是使用独立专用的地址线和数据线，这种情况在许多总线中很常见。但这不是必要的。例如，用地址有效控制线来控制，地址和数据信息就可以通过同一组线传输。在数据传输的开始，地址放到总线上，地址有效控制信号被激活。在这一点，每个模块在规定的一段时间内传输地址，并判断自己是否是被寻址的模块。然后地址从总线上撤销，相同的总线连线随后用于读/写数据的传输。这种将相同的线用于多种目的的方法称为分时复用。

分时复用的优点是，使用的总线数量少，从而节省了空间和成本；其缺点是控制电路略显复杂，而且还潜伏着性能降低的危险，因为共享总线的特定事件不能同时发生。

专用总线指的是使用多条总线，每条总线仅与模块的一个子集相连接。一个典型的例子是用 I/O 总线连接所有的 I/O 模块，然后这一总线再通过 I/O 适配器模块连到主总线上。物理专用的优点是总线冲突减少，所以具有高吞吐量，缺点是增加了系统的规模和成本。

【例 2-4】画一个具有双向传输功能的总线逻辑框图。

解：在总线的两端分别配置三态门，就可使总线具有双向传输功能，如图 2-14 所示。

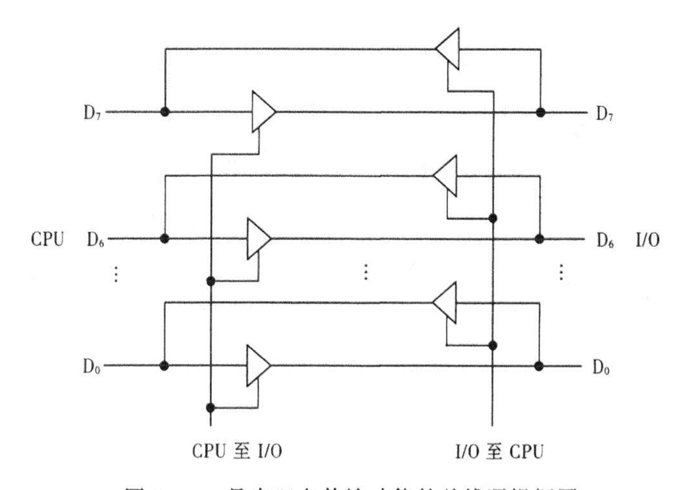

图 2-14 具有双向传输功能的总线逻辑框图

2.5 PCI 总线

PCI（Peripheral Component Interconnect，外部设备互连）是由 Intel 公司提出的总线标准。严格地讲，它并不是真正的局部总线，也不是 CPU 总线的直接延伸，而是外部设备与 CPU 之间的一个中间层。

2.5.1 多总线分级结构

图 2-15 表示了一个在单处理器系统中使用 PCI 的典型例子。它通过 PCI 控制器和 PCI 加速器（合称 PCI 桥路，扮演着“数据缓冲”的角色）与 CPU 总线相连。这种使 PCI 与 CPU 总线相隔离的结构，与其他普通的总线规范相比，具有更高的灵活性，为高速的 I/O 子系统（例如，图形显示适配器、网络接口控制器、磁盘控制器等）提供了更好的性能。当前的标准允许在 33MHz 的频率下使用多达 64 根数据线。理论上讲，它的速率可达到 264MB/s。然而，PCI 的诱人之处不仅仅是它的高速度。PCI 是专门为满足现代系统的 I/O 要求而设计的较经济的总线。实现它只要很少的芯片，而且它支持其他的总线连到 PCI 总线上。

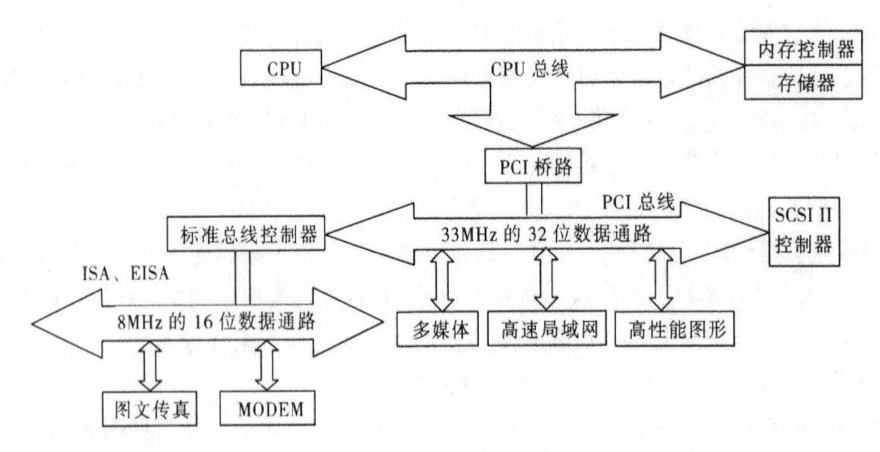

图 2-15　PCI 总线结构

PCI 支持广泛的基于微处理器的配置，包括单处理器和多处理器的系统。相应地，它提供了组通用的功能，并使用同步时序以及集中式仲裁机制。

在 PCI 总线体系结构中，桥路起着重要的作用。PCI 桥路又是 PCI 总线控制器，含有中央仲裁器。桥路连接两条总线，使彼此间相互通信。桥路又是一个总线转换部件，可以把一条总线的地址空间映射到另一条总线的地址空间上，从而使系统中任意一个总线主设备都能看到同样的一份地址表。桥路本身的结构可以十分简单，如只有信号缓冲能力和信号电平转换逻辑；也可以相当复杂，如有规程转换、数据快存、装拆数据等。

PCI 总线的基本传输机制是猝发式传输，利用桥路可以实现总线间的猝发式传输。写操作时，桥路把上层总线的写周期先缓存起来，以后的时间再在下层总线上生成写周期，即延迟写。读操作时，桥路可早于上层总线，直接在下层总线上进行预读。无论延迟写和预读，桥路的作用可使所有的存取都按 CPU 的需要出现在总线上。

由此可见，以桥路连接实现的 PCI 总线结构具有很好的扩展性和兼容性，允许多条总线并行工作。它与处理器无关，不论 CPU 总线上是单 CPU 还是多 CPU，也不论 CPU 是什么型号，只要有相应的 PCI 桥芯片（组），就可与 PCI 总线相连。

2.5.2　总线内部结构

PCI 可以配置成 32 位或 64 位总线。表 2-2 定义了 49 线的 PCI 所必需的信号线，它们按照功能分为以下几组：

① 系统引脚：包括时钟和复位引脚。

② 地址和数据引脚：包含 32 根分时复用的地址/数据线。在此 PCI 布线方案中，用其他信号线来解释并使传输的地址和数据的信号线有效。

③ 接口控制引脚：控制数据交换的时序，并提供发送端和接收端的协调。

④ 仲裁引脚：不同于其他的 PCI 信号线，它们是非共享的线，每个 PCI 主控器有自己的一对仲裁线，它们直接连到 PCI 总线仲裁器上。

⑤ 错误报告引脚：用于报告奇偶校验错误以及其他错误。

表 2-2 必备的 PCI 信号线

符号名	中文名	类 型	说 明
			系 统 引 脚
CLK	时钟信号	in	所有交换的时钟基准，其上升沿被所有的输入所采样，支持的最高时钟速率为 33MHz
$\overline{\text{RST}}$	复位信号	in	强迫所有 PCI 专用的寄存器、定时器和信号转为初始状态
			地址和数据引脚
AD[31::0]	地址/数据线	t/s	共 32 条地址和数据复用引脚
C/$\overline{\text{BE}}$[31::0]	命令/字节指示信号	t/s	复用的总线命令和字节允许信号。在传输数据阶段，这 4 条线指示 4 个字节通路中的哪个字节（或全部）有效
PAR	校验信号	t/s	比 AD 和 C/$\overline{\text{BE}}$延后一个时钟周期，提供“偶校验”。主控器(Master)在写数据阶段驱动 PAR，接收端设备则在读数据阶段驱动 PAR
			接口控制引脚
$\overline{\text{FRAME}}$	帧有效信号	s/t/s	当前的主控器用其指示本次传输开始并在整个传输过程中保持有效。$\overline{\text{FRAME}}$在传输开始时呈低电平（有效），当发送端准备开始最后的数据交换阶段时撤销
$\overline{\text{IRDY}}$	IO 就绪	s/t/s	由当前的总线主控器(交换的发送端)驱动。在读操作周期，$\overline{\text{IRDY}}$有效(低电平)则表示主控器准备好接收数据，在写操作周期，$\overline{\text{IRDY}}$有效表示有效数据已经放到“地址/数据”总线上。
$\overline{\text{TRDY}}$	传输就续	s/t/s	由接收端（被选中的设备）驱动。在读操作中，TRDY#有效（低电平）则表示有效数据放到“地址/数据”总线上，在写操作周期，表示接收端已准备好接收数据
$\overline{\text{STOP}}$	停止信号	s/t/s	当本信号有效时，表示接收端希望发出端暂停当前的交换
IDSEL	IO 设备选中	in	可初始化被选择设备，在读/写交换时常作为片选信号
$\overline{\text{DEVSEI}}$	设备选择	in	由接受端驱动，在识别出有效地址时有效，用以向当前的发送端指示接收设备被选中
			仲裁引脚
$\overline{\text{REQ}}$	请求信号	t/s	向仲裁器申请使用总线，它是一条设备专用的直接连接信号线
$\overline{\text{GNT}}$	准许信号	t/s	仲裁器允许使用请求设备总线，它是一条设备专用的直接连接信号线
			错误报告引脚
$\overline{\text{PERR}}$	奇偶校验位	s/t/s	表示在写数据阶段接收端检测到一个数据的奇偶校验错，或在读数据阶段由发起端检测到奇偶校验错
$\overline{\text{SERR}}$	系统错误	o/d	系统错误。可由任何设备发出，用以报告地址奇偶校验错和除奇偶校验外的其他严重错误

此外，PCI 规范还定义了 51 个可选的信号线，见表 2-3，它们分为以下几个功能组：

① 中断引脚：它们提供给需要请求服务的 PCI 设备。同仲裁引脚一样，它们是非共享的。PCI 设备有自己的中断线或连接到中断控制器的线。

② 高速缓存支持引脚：需要用这些引脚来支持在处理器或其他设备中能被高速缓存的 PCI 上的存储器。这些引脚支持高速缓存监听协议。

③ 64 位总线扩展引脚：包含 32 根分时复用的地址/数据线。它们与必有的地址/数据线一道

形成 64 位地址/数据总线。这一组中其余的线用于解释传输地址数据的信号线并使之有效。最后，还有两根线允许两个 PCI 设备同意使用 64 位总线。

④ JTAG/边界扫描引脚：这些信号线支持 IEEE 标准 149.1 中定义的测试程序。

表 2–3　可选的 PCI 信号

符号名	中文名	类　型	说　　　　明
			中　断　引　脚
$\overline{\text{INTA}}$	中断请求 A	o/d	用于请求中断
$\overline{\text{INTB}}$	中断请求 B	o/d	用于请求中断，仅对多功能设备有意义
$\overline{\text{INTC}}$	中断请求 C	o/d	用于请求中断，仅对多功能设备有意义
$\overline{\text{INTD}}$	中断请求 D	o/d	用于请求中断，仅对多功能设备有意义
			高速缓存支持引脚
$\overline{\text{SOB}}$	探测撤销	in/out	表示命中了某个已修改的行
SDONE	探测完成	in/out	仅表示当前探测状态，当前的探测完成时有效
			64 位总线扩展引脚
AD[63::32]	扩展的地址/数据线	t/s	将总线扩展到 64 位的地址/数据复用线
C/ $\overline{\text{BE}}$[7::4]	扩展的命令/字节指 扩展的命令/字节指	t/s	总线命令和字节允许信号的复用线。在地址阶段，这些线提供了额外的总线命令。在数据阶段，这些线用于指示 4 个扩展的字节通道中的哪几个有效
$\overline{\text{REQ64}}$	64 位请求信号	s/t/s	用于请求 64 位传输
$\overline{\text{ACK64}}$	64 位响应信号	s/t/s	表示接收端希望执行 64 位传输
PAR64	64 位校验信号	t / s	比 AD 和 C/BE 延后一个时钟周期，通过先提供 64 位偶校验
			JTAG/边界扫描引脚
TCK	测试时钟	in	在边界扫描阶段用于为状态信息和测试数据输入，输出设备提供时钟
TDI	测试输入	in	用于串行地将数据和指令移入设备
TDO	测试输出	out	用于串行地将数据和指令移入设备
TMS	测试模式选择	in	用于控制测试访问端口控制器的状态
$\overline{\text{TRST}}$	测试复位	in	用于初始化测试访问端口控制器

注：in：单向输入信号；

out：单向输出信号；

t/s：双向、三态 I/O 信号；

s/t/s：每次只能由一个拥有者驱动的持续三态信号；

o/d：集电极开路：允许多个设备通过“线或”连接。

2.5.3　总线周期类型

在发送端（或称主控器）与接收端之间进行数据交换时，调用总线周期。当总线的主控器获得总线控制权时，由主控器决定即将发生交换的类型。PCI 总线周期类型由主设备在 C/BE[3–0] 线上送出的 4 位总线命令代码指明，被目标设备译码确认，然后主从双方协调配合完成指定的总线周期操作。4 位代码组合可指定 16 种总线命令，但实际给出 12 种。这些命令有：① 中断响应。② 特殊周期。③ I/O 读。④ I/O 写。⑤ 存储器读。⑥ 存储器行读。⑦ 存储器多读。⑧ 存储器写。⑨ 存储器写和无效作用。⑩ 配置读。⑪ 配置写。⑫ 双地址周期。

中断响应是一条读命令，其目的是为了让 PCI 总线上的中断控制器设备进行操作——此时地址传输周期中，地址线并不使用，而字节允许信号可返回中断标识号。

特殊周期命令用来由发出端向一个或多个目标发送广播消息。

I/O 读和 I/O 写命令用来在发送端和 I/O 控制器之间传输数据。每个 I/O 设备有自己的地址，地址/数据线用于指出特定的设备并向指定设备发送或从设备接收的数据。

存储器读和存储器写命令用于激发数据的传输。数据传输占用一个或多个时钟周期。这些命令的解释依赖于总线上的存储器、控制器是否支持在存储器和高速缓存之间进行传输。如果 PCI 协议支持，与存储器之间的数据传输一般是以高速缓存行，或称为块来进行。

3 条存储器读命令的用途见表 2-4。存储器写命令用于向存储器传输数据，它占用一个或多个数据周期。存储器写和无效作用命令用一个或多个周期传输数据。而且，它保证至少有一个高速缓存行是写操作。这条命令支持向存储器回写一行的高速缓存操作。

两个配置命令使主控器能够读和更新与 PCI 相连的设备的配置参数。每个 PCI 设备可能包含最多 256 个内部寄存器，它们用来在系统初始化时配置设备。

双总线周期命令由发送端来指示它使用 64 位寻址。

表 2-4　PCI 读命令的解释

读命令类型	对于有 Cache 能力的存储器	对于无 Cache 能力的存储器
存储器读	猝发式读取 Cache 行的一半或更多	猝发式读取 1～2 个存储字
存储器读行	猝法长度为>0.5～3 个 Cache 行	猝发长度为 3～12 个存储字
存储器多重读	猝法长度大于 3 个 Cache 行	猝发长度大于 12 个存储字

2.5.4　总线周期操作

PCI 上的数据传输是由一个地址周期和一个或多个数据周期组成的一次交换过程。在上述讨论中，我们说明了读操作，写操作的过程与之相似。图 2-16 显示了读操作的时序。所有事件均在时钟的下降沿同步，即在每个时钟周期的中央。总线设备在总线周期开始时的上升沿对总线采样。下面是图 2-16 中所标出的重要事件：

（a）一旦总线的主控器获得总线的控制权，它通过使 $\overline{FRAME}$ 有效（降为低电平）开始总线交换周期，$\overline{FRAME}$ 线将一直保持有效，直到发送端设备预备完成最后一次的数据传输。$\overline{FRAME}$ 有效之后，发送端把起始地址放到地址总线上，而 C/$\overline{BE}$ 信号线则首先送出“读命令”信号。

（b）当 CLK②开始时，目标设备将会识别 AD 线上的地址信号。

（c）发送端停止驱动 AD 总线。所有可能由多个设备驱动的信号线要求一个切换周期（用两个环形的箭头表示），这样，地址信号会失效而使总线被目标设备所用。发送端修改 C/$\overline{BE}$ 线上的信号，以指示 AD 线传输数据中哪些字节有效（1～4 个字节）。发送端同时使 $\overline{IRDY}$ 降为低电平（有效），表示它已准备接收第 1 个数据项。

（d）被选中的目标的 $\overline{DEVSEL}$ 信号有效（降为低电平），表示收到了有效的地址，并将响应。目标设备将所有数据放到 AD 总线上并使 $\overline{TRDY}$ 信号有效（降为低电平），表示已将合法的数据放在了 AD 总线上。

（e）发送端在 CLK④的开始时读数据，并改变 C/$\overline{BE}$ 字节指示信号，为下一次读做准备。

（f）在这个例子中，目标设备需要一些时间为第2块数据的传输做准备。因此，它将$\overline{\text{TRDY}}$置为无效（高电平），以通知发送端"下一周期没有新的数据"。相应地，发送端在CLK⑤开始时不会读数据，并且在这个周期中不改变字节允许信号。第2块数据在CLK⑥开始时被读取。

（g）在CLK⑥周期中，目标应将第3块数据项放到总线上。但是，在这个例子中，发送端没有准备好读数据（例如，它暂时处在缓冲区满的状态）。因此，它使$\overline{\text{IRDY}}$无效（变为高电平），迫使目标设备的第3块数据项多保持一个时钟周期。

（h）发送端知道传输的第3个数据是最后一个，因此它使$\overline{\text{FRAME}}$变为高电平（无效），以通知目标端这是最后一次数据传输。同时发送端再次使$\overline{\text{IRDY}}$减为低电平（有效），表示它已准备好完成这次传输。

（i）完成传输后发送端取消$\overline{\text{IRDY}}$，使总线变为空闲状态。同时目标端使$\overline{\text{TRDY}}$和$\overline{\text{DEVSEL}}$处于无效的"第三态"（既非高电平也非低电平的浮空态）。

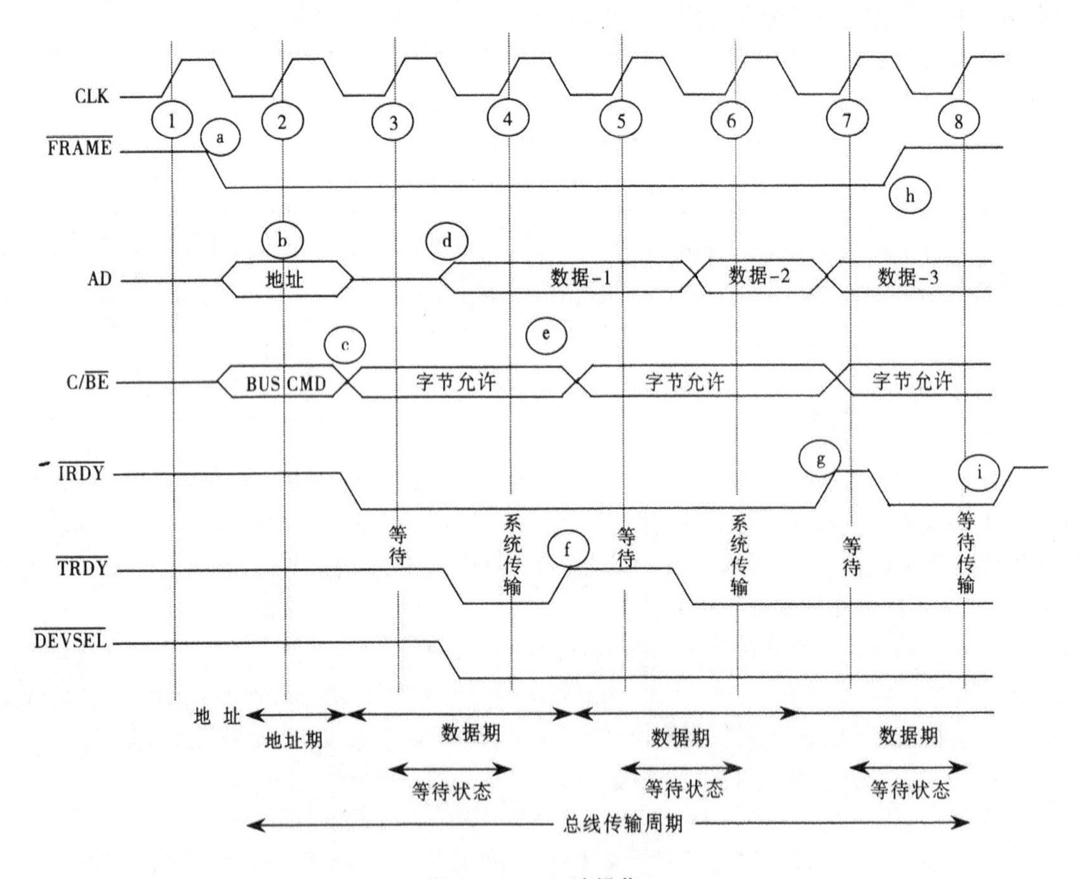

图 2-16 PCI 读操作

2.5.5 PCI 的总线仲裁

PCI使用集中式的同步仲裁方法，它的每个主控器有独立的请求（$\overline{\text{REQ}}$）信号和准许（$\overline{\text{GNT}}$）信号。这些信号线连到中央仲裁器，如图2-17所示。它用简单的"请求/准许"的应答过程来允许对总线的访问。

PCI规范没有规定具体的仲裁算法。仲裁器能够使用"先到先服务"的方法、"轮转"方法或某种优先方法。PCI 必须为它所完成的每一次交换仲裁，单次交换包含一个地址周期，后面跟着一个或多个数据周期。

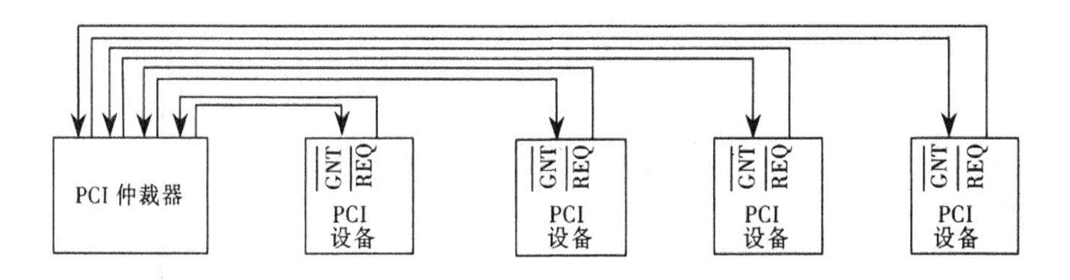

图 2-17 PCI 总线仲裁器

图 2-18 给出一个设备 A 和 B 为总线进行仲裁的例子。

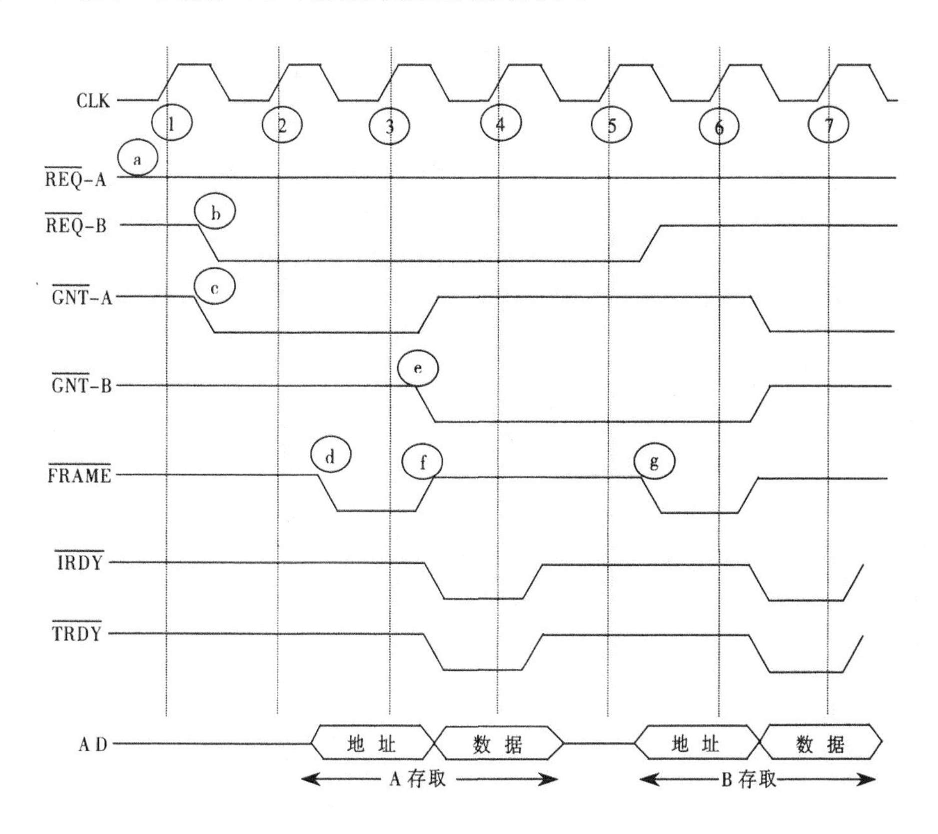

图 2-18 两个主控器之间的 PCI 总线仲裁

其仲裁的时序如下所述：

（a）在 CLK①开始前，主控器 A 已经产生了低电平的 $\overline{REQ}$ 信号（有效），仲裁器在 CLK①的开始时探测到这一信号。

（b）在 CLK①中，主控器 B 的 $\overline{REQ}$ 信号变为低电平（有效），请求使用总线。

（c）同时，仲裁器输出的 $\overline{GNT}$ A 变为低电平，准许 A 访问总线。

（d）主控器 A 在 CLK②的开始时采样并探测到 $\overline{GNT}$ A，知道它已经被允许访问总线。同时它

发现 $\overline{\text{IRDY}}$ 和 $\overline{\text{TRDY}}$ 此时仍为无效的高电平，表明此时总线空闲。因此，主控器 A 使 $\overline{\text{FRAME}}$ 信号有效（降为低电平）并将地址放到 AD 总线上，将命令放到 C/$\overline{\text{BE}}$ 总线上（没有画出）。同时主控器 A 继续使 $\overline{\text{REQ}}$ A 保持有效，因为它随后要执行第 2 次交换。

（e）总线仲裁器在 CLK③的开始时采样所有 $\overline{\text{GNT}}$ 线，并决定允许 B 进行下一次交换，然后，它声明 $\overline{\text{GNT}}$ B 并撤销 $\overline{\text{GNT}}$ A。主控器 B 只有等到总线恢复为空闲状态时，才能够使用总线。

（f）主控器 A 撤销 $\overline{\text{FRAME}}$，表示正在进行最后一次数据传输，同时把数据放到数据总线上，并通过 $\overline{\text{IRDY}}$ 降为低电平，通知目标设备，使目标设备在下一个周期开始时读数据。

（g）在 CLK⑤时钟周期开始时，主控器 B 发现 $\overline{\text{IRDY}}$ 和 $\overline{\text{FRAME}}$ 已经呈无效状态，因此将 $\overline{\text{FRAME}}$ 置为低电平申请控制总线。同时它取消 $\overline{\text{REQ}}$，因为它只想完成一次交换。

随后，主控器 B 被授予总线访问权，以进行下一次交换。

注意，仲裁可以在当前总线主控制器进行数据传输的时候同时发生。因此，总线仲裁不浪费总线周期，这称为“隐式仲裁”。

小　　结

总线是构成计算机系统的互连机构，是多个系统功能部件之间的公共信息传输通道，并在争用资源的基础上进行工作。共享和分时是总线的两个基本特征，共享指多个部件连接在同一条总线上，各部件通过它来进行信息交换，分时指在同一时刻，总线上只能传输一个部件发送过来的信息。

总线有物理特性、功能特性、电气特性、机械特性，因此必须标准化。微型计算机系统的标准总线从 ISA 总线（16 位）发展到 EISA 总线（32 位）和 VESA 总线（32 位），又进一步发展到 PCI 总线（64 位）。衡量总线性能的重要指标是总线带宽，它定义为总线本身所能达到的最高传输速率。

总线的内部结构主要包括数据总线、地址总线和控制总线，以及为连接的模块提供电源的电源线。

总线的连接方式一般可分为单总线系统与多总线系统两大类。为克服单总线的缺点，多数计算机系统在体系结构中都选择使用多总线结构。

总线设计要素主要包括总线类型、仲裁方式、时序、总线宽度、数据传输类型等。

总线仲裁是当多个设备同时提出使用总线的请求时，确定由哪个设备控制总线，为了解决多个主设备同时竞争总线控制权的问题，必须具有总线仲裁部件。按照总线仲裁电路的位置不同，总线仲裁分为集中式仲裁和分布式仲裁。

为了同步主方、从方的操作，必须制定定时协议。通常采用同步定时与异步定时两种方式。同步定时是由总线上公用的时钟信号线来对设备在总线上的信号进行定时，异步定时采用控制信号应答机制。

PCI 总线是当前流行的总线，是一个高带宽且与处理器无关的标准总线，又是至关重要的层次总线。它采用同步定时协议和集中式仲裁策略。PCI 适合于低成本的小系统，因此在微型机系统中得到了广泛的应用。

习　题

1．选择题。

（1）系统总线中地址线的功用是（　　）。

A．用于选择主存单元

B．用于选择进行信息传输的设备

C．用于选择主存单元和I/O设备接口电路地址

D．用于传输主存物理地址和逻辑地址

（2）下列叙述中不正确的是（　　）。

A．在双总线系统中，访问操作和输入/输出操作各有不同的指令

B．系统吞吐量主要取决于主存的存取周期

C．总线的功能特性定义每一根线上的信号的传递方向及有效电平范围

D．早期的总线结构以CPU为核心，而在当代的总线系统中，由总线控制器完成多个总线请求者之间的协调与仲裁

（3）在集中式总线仲裁中，（　　）方式响应时间最快，（　　）方式对电路故障最敏感。

A．菊花链方式　　B．独立请求方式　　C．计数器定时查询方式

（4）同步通信之所以比异步通信具有较高的传输频率，是因为同步通信（　　）。

A．不需要应答信号　　B．总线长度较短

C．用一个公共时钟信号进行同步　　D．各部件存取时间比较接近

（5）一个适配器必须有两个接口，一是和系统总线CPU的接口，CPU和适配器的数据交换是（　　）方式；二是和外设的接口，适配器和外设的数据交换是（　　）方式。

A．并行　　B．串行　　C．并行或串行　　D．分时传输

（6）下列叙述中不正确的是（　　）。

A．总线传输方式可以提高数据的传输速度

B．与独立请求方式相比，链式查询方式对电路的故障更敏感

C．PCI总线采取同步时序协调和集中式仲裁策略

D．总线的带宽是总线本身所能达到的最高传输速度

（7）下列各项中，（　　）是同步传输的特点。

A．需要应答信号　　B．各部件的存取时间比较接近

C．总线长度较大　　D．总线周期长度可变

（8）计算机系统的输入/输出接口是（　　）之间的交接界面。

A．CPU与存储器　　B．主机与外围设备

C．存储器与外围设备　　D．CPU与系统总线

（9）下面描述当代流行总线结构的基本概念中，正确的句子是（　　）。

A．当代流行总线结构不是标准总线

B．当代总线结构中，CPU和它私有的Cache一起作为一个模块与总线连接

C．系统中只允许一个这样的CPU模块

D．总线结构采用分布式仲裁

（10）系统总线中控制线的功能是（　　）。

A．提供主存、I/O 接口设备的控制信号和响应信号

B．提供数据信息

C．提供时序信号

D．提供主存、I/O 接口设备的响应信号

（11）假定一个同步总线的工作频率为 33MHz，总线宽度为 32 位，则该总线的最大数据传输率为（　　）。

A．66MB/s　　B．1056MB/s　　C．132MB/s　　D．528MB/s

2．解释术语。

（1）总线

（2）总线复用、总线带宽、总线仲裁

（3）同步总线、异步总线

（4）系统总线

3．总线上挂两个设备，每个设备能收能发，还能从电气上和总线断开，画出逻辑图，并做简要说明。

4．画出菊花链方式的优先级判决逻辑电路图。

5．画出独立请求方式的优先级判决逻辑电路图。

6．说明存储器总线周期与 I/O 总线周期的异同点。

7．总线的一次信息传输过程大致分哪几个阶段？若采用同步定时协议，请画出读数据的同步时序图。

8．某总线在一个总线周期中并行传输 8 个字节的信息，假设一个总线周期等于一个总线时钟周期，总线时钟频率为 70MHz，总线带宽是多少？

9．某总线在一个总线周期中并行传输 4 个字节的数据，假如一个总线周期等于一个总线时钟周期，总线时钟频率为 33MHz，求总线宽带是多少？如果一个总线周期中并行传输 64 位数据，总线时钟频率升为 66MHz，求总线宽带是多少？分析哪些因素影响带宽？

10．考虑一个微处理器产生 16 位地址（例如，程序计数器和地址寄存器都是 16 位），并且有 16 位数据总线。

（1）如果处理器连到“16 位存储器”，那么它能直接访问的最大存储器地址空间是多少？

（2）如果处理器连到“8 位存储器”，那么它能直接访问的最大存储器地址空间是多少？

（3）结构上的什么特点允许处理器访问独立的“I/O 空间”？

（4）如果输入和输出指令能够指定一个 8 位的 I/O 端口号，那么处理器能支持多少个 8 位的 I/O 端口？它能支持多少个 16 位的 I/O 端口？请解释。

11．一个 32 位微处理器，它有 16 位外部数据总线，由 8MHz 输入时钟驱动。假设这个微处理器的总线周期的最小持续时间等于 4 个输入时钟周期，这个处理器能够维持的最大数据传输率是多少？如果将它的外部数据总线扩展为 32 位，或使提供给处理器的外部时钟频率加倍，能否提高它的性能？请陈述所做其他假设的理由，并加以解释。

12. 一个 32 位微处理器采用 32 位指令格式，这种指令有两个部分，第 1 个字节包含操作码，其余部分是立即操作数或操作数的地址。

(1) 最大可直接寻址的存储器容量是多少（以字节为单位）？

(2) 讨论下面的微处理器总线对系统的影响：

① 32 位局部地址总线和 16 位局部数据总线。

② 16 位局部地址总线和 16 位局部数据总线。

(3) 程序计数器和指令寄存器需要多少位？

13. 思考题。

(1) 计算机系统采用“面向总线”的设计有何优点？

(2) 同一个总线不能既采用同步总线又采用异步总线，此种说法是否正确？

第3章 存储器

重点内容

- 存储系统层次结构的概念；
- Cache—主存和主存—辅存层次的工作原理；
- 各类存储器的工作原理和技术指标，在存储层次结构中的作用；
- 存储器与 CPU 连接；
- 高速缓冲存储器（Cache）工作原理；
- 虚拟存储器工作原理；
- 提高访存速度的方法。

存储器是计算机中的记忆单元，如同人的大脑具有记忆功能一样，用来存放程序和数据。目前还没有一种最佳性能的存储器能满足计算机系统对存储器的需求，因此，计算机系统通常配备分层结构的存储子系统，一些在系统的内部（由处理器直接处理），一些在系统外部（处理器通过 I/O 模块存取）。围绕着计算机速度的提高，容量的扩大，促使存储器从基本组成元件到整体结构都在不断地发展和完善。

3.1 存储器概述

随着计算机系统的不断发展，对存储器设计的目标之一就是以较小的成本使存储器的容量尽可能大，速度与 CPU 相匹配。所以，计算机系统对存储器的要求越来越高，存储器的种类越来越多。

3.1.1 存储器特性

存放一个机器字的存储单元，通常称为字存储单元，相应的单元地址叫字地址。而存放一个字节的单元，称为字节存储单元，相应的地址称为字节地址。如果计算机中可编址的最小单位是字存储单元，则该计算机称为按字寻址的计算机。如果计算机中可编址的最小单位是字节，则该计算机称为按字节寻址的计算机。

一个机器字可以包含数个字节，所以一个存储单元也可包含数个能够单独编址的字节地址。例如一个 16 位二进制的字存储单元可存放两个字节，可以按字地址寻址，也可以按字节地址寻址。当用字节地址寻址时，16 位的存储单元占两个字节地址。

存储器的性能主要有以下几个参数表征。

1. 存储容量

在一个存储器中可以存取的二进制代码的总位数称为存储容量，即：

存储容量=存储单元个数×存储字长

存储字长即存储单元的位数，存储容量越大，能存储的信息就越多。

存储容量常用字数或字节数（B）来表示，如64KB、512KB、64MB。外存中为了表示更大的存储容量，采用GB、TB等单位。其中 $1KB=2^{10}B=1024B$，$1MB=2^{10}KB$，$1GB=2^{10}MB$，$1TB=2^{10}GB$，B表示字节，一个字节定义为8个二进制位，所以计算机中一个字的字长通常是8的倍数。存储容量这一概念反映了计算机存储空间的大小。

2．存取时间

存取时间 t_a 又称存储器访问时间（Memory Access Time），是执行一次读操作或写操作所需的时间，即从地址传输给存储器的这一刻到数据已经被存储或能够使用为止所用的时间。而对于非随机存储器，存取时间是把读/写机构定位到所存储的位置所花费的时间。

3．存取周期

存取周期（Memory Cycle Time）是指连续启动两次读（或写）操作所需的最小时间间隔，等于存取时间加上下一存取开始之前所要求的附加时间，用 t_c 表示，时间单位为ns。一般情况下，$t_a \leq t_c$，t_c 主要用于随机存储器，这段附加时间用于信号线上瞬变的消失或数据被破坏后的再生时间。

4．存储器带宽

与存取周期密切相关的指标是存储器带宽，又称为数据传输率，表示单位时间内存储器存取的信息量，单位用字/秒、字节/秒或位/秒表示。对于随机存储器，传输率= $1/t_C$。带宽是衡量数据传输率的重要技术指标。

5．价格

价格是存储器的一个经济指标，一般用每位价格来表示。设 C 是具有 S 存储容量的存储器的总价格，则每位价格 $g=C/S$。

3.1.2 存储器分类

存储器是计算机系统中的记忆设备，用来存放程序和数据。随着计算机系统结构的发展和微电子技术的进步，存储器的种类越来越多，可以按照不同的方法对存储器进行分类。

1．按存储介质划分

作为存储介质的基本要求，必须有两个明显区别的物理状态，分别用来表示二进制的代码0和1。另一方面，存储器的存取速度又取决于这种物理状态的改变速度。一个双稳态半导体电路，一个CMOS晶体管或磁性材料的存储元，均可以存储一位二进制代码。这个二进制代码位是存储器中最小的存储单位，称为一个存储位或存储元。由若干个存储元组成一个存储单元，然后再由许多存储单元组成一个存储器。

目前，计算机主存使用的大多是半导体器件，外存一般为磁表面存储器和光盘存储器。

（1）半导体存储器

存储元件由半导体器件组成的叫做半导体存储器。现代半导体存储器都用超大规模集成电路工艺制成芯片，优点是体积小、功耗低、存取时间短。

半导体存储器又可按其材料的不同，分为双极型（TTL）半导体存储器和MOS半导体存储器两种。前者具有高速的特点，后者具有高集成度的特点，并且制造简单、成本低廉、功耗小，故MOS半导体存储器被广泛应用。

（2）磁表面存储器

磁表面存储器是在金属或塑料基体的表面上涂一层磁性材料作为存储记录的介质，工作时磁层随载磁体高速运转，用磁头在磁层上进行读/写操作，故称为磁表面存储器。按记载磁体形状的不同，可分为磁盘、磁带和磁鼓。现代计算机已很少采用磁鼓。由于用具有矩形磁滞回线特性的材料做磁表面物质，它们按其剩磁状态的不同而区分“0”或“1”，而且剩磁状态不会轻易丢失，故这类存储器具有非易失性的特点。

（3）光盘存储器

光盘存储器是应用激光在记录介质（磁光材料）上进行读/写的存储器，具有非易失性的特点。由于光盘记录密度高、耐用性好、可靠性高和可互换性强等特点，光盘存储器越来越多地被用于计算机系统。

2．按存取方法划分

存储器按照数据的存取方法分类，可以分为4类。

（1）顺序存取

存储器组织成许多称为记录的数据单位，以特定的线性顺序方式存取。存储的地址信息用于分隔记录和帮助检索。采用共享读/写机构，经过一个个的中间记录，从当前的存储位置移动到所要求的位置，因此，存取不同记录的时间相差很大。例如，磁带系统采用顺序存取方式，不论数据存放在何处，读/写时必须从其介质的开始端顺序寻找。

（2）直接存取

同顺序存取一样，直接存取也采用共享读/写机构。但是，单个的块或记录有唯一的物理存储位置（地址）。存取通过采用直接存取到达所需块处，然后在块中顺序搜索，最终到达所需的存储位置。同样，存取不同记录的时间也不相同。例如，磁盘系统采用直接存取的方式，读/写数据时，首先直接找到磁盘上的数据块（磁道），然后再顺序访问，直到找到位置。

（3）随机存取

存储器中每一个可寻址的存储位置有唯一的寻址机制。任何一个存储单元的内容都可以随机存取，而且与存取时间和存储单元的物理位置无关。例如，随机访问存储器RAM系统采用随机存取方式。

（4）相联存取

这是一个随机存取类的存储器，它允许对存储单元中的某些指定位进行检查比较，看是否与特定的样式相匹配，而且能在整个存储器的各个单元中同时进行查找。因此，可以按指定内容找到其所在的位置及其他相关内容，每个存储位置有自己的寻址机制，检索时间是固定的，而与所存位置无关。例如，有的高速缓存采用相联存取方式。

3．按读/写功能划分

有些半导体存储器存储的内容是固定不变的，即只能读出而不能写入，因此这种半导体存储器称为只读存储器（ROM）。

既能读出又能写入的半导体存储器，称为随机访问存储器（RAM）。

4．按信息的可保存性划分

断电后信息随即消失的存储器，称为非永久记忆的存储器。断电后仍能保存信息的存储器，称为永久性记忆的存储器。磁性材料做成的存储器是永久性存储器，半导体读/写存储器 RAM 是非永久性存储器。

5. 按在系统中的作用划分

根据存储器在计算机系统中所起的作用，可分为主存储器（主存）、辅助存储器（辅存、外存）和高速缓冲存储器（Cache）。

主存的主要特点是它可以和 CPU 直接交换信息。辅存是主存储器的后援存储器，用来存放当前暂时不用的程序和数据，它不能与 CPU 直接交换信息。两者相比，主存速度快、容量小、每位价格高；辅存速度慢、容量大、每位价格低。Cache 用在两个速度不同的部件之中，如 CPU 与主存之间可设置一个快速缓冲存储器，起到缓冲作用。

3.1.3 存储器的层次结构

存储器是计算机的核心部件之一。其性能直接关系到整个计算机系统性能的高低，如何以合理的价格，设计出容量和速度满足计算机系统要求的存储器系统是我们关心的问题。

1. 存储器设计的关键问题

从用户的角度来看，存储器的三个主要指标是：容量、速度和每位价格（下文简称位价、价格）。那么，计算机存储器设计的关键问题是：一个存储器的容量应是多大、速度应多快、价格应是多少才比较合理呢？

这就要求在存储器设计时，需要对存储器的 3 个关键特性，即价格、容量、存取时间之间进行权衡。然而，人们对于存储器的容量大、速度快、价格低的三个要求是相互矛盾的。综合考虑不同的存储器实现技术，可以发现：

① 速度越快，每位价格就越高。

② 容量越大，每位价格就越低。

③ 容量越大，速度越慢。

如果只采用其中的一种技术，存储器设计者就会陷入困境。从实现“容量大、价格低”的要求来看，应采用能提供大容量的存储器技术；但从满足性能需求的角度来看，又应采用昂贵且容量较小的快速存储器。

解决这个难题的方法是采用存储器层次结构（Memory Hierarchy），而不只是依赖单一的存储部件或技术。

2. 存储器的层次结构

图 3-1 所示为一个通用的层次结构，图中从上至下，存在下列情况：

① 每位价格降低。

② 容量增大。

③ 存取时间增大。

④ 处理器访问存储器的频度降低。

整个存储系统的设计目标是：对用户来说，其容量似乎与层次结构中最大一级存储器相同，而访问速度与最快一级存储器相当。

因此，容量较小、价格较贵、速度较快的存储器可作为容量较大、价格较便宜、速度较慢的存储器的补充。这种组织方法成功的关键是最后一项，即访问频率降低。

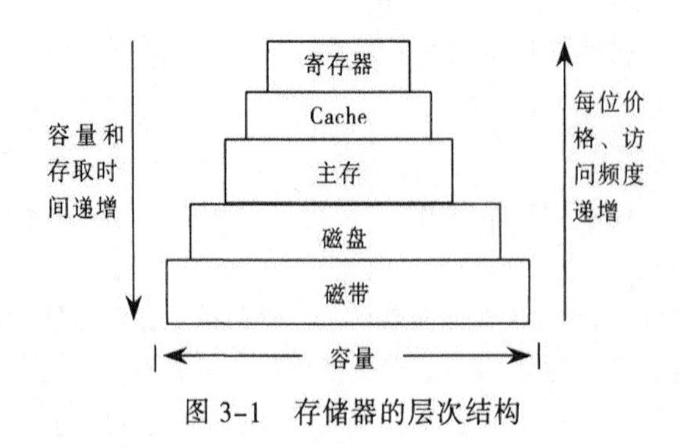

图 3-1　存储器的层次结构

现代计算机系统中，通常采用多级存储体系结构，即 Cache、主存和辅存三级体系结构，主要表现在缓存-主存、主存-辅存这两个存储层次上，如图 3-2 所示。

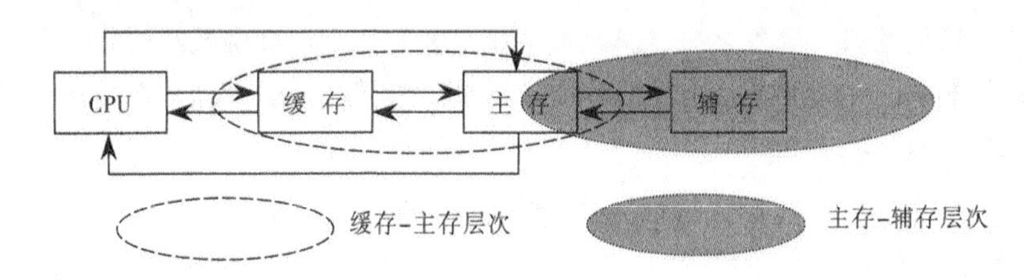

图 3-2　缓存-主存层次和主存-辅存层次

CPU 能直接访问的存储器称为内存储器，它包括高速缓冲存储器和主存储器。CPU 不能直接访问外存储器，外存储器的信息必须调入内存储器后才能被 CPU 进行处理。

从 CPU 角度来看，缓存-主存这一层次的速度接近于缓存，高于主存，其容量和位价却接近于主存。这就从速度和成本的矛盾中获得了理想的解决办法。主存-辅存这一层次，从整体分析，其速度接近于主存，容量接近于辅存，平均位价也接近于低速、廉价的辅存位价，这又解决了速度、容量、成本这三者矛盾。现代的计算机系统几乎都具有这两个存储层次，构成了缓存、主存和辅存三级存储系统。

在主存-辅存这一层次的不断发展中，形成了虚拟存储系统。在这个系统中，程序员编程的地址范围与虚拟存储器的地址空间相对应。例如，机器指令地址码为 24 位，则虚拟存储器的存储单元可达 16MB。可是这个数与主存的实际存储单元个数相比，要大得多，称这类指令地址码为虚地址（虚存地址、虚拟地址）或叫逻辑地址。把主存的实际地址称为物理地址或实地址，物理地址是程序在执行过程中能够真正访问的地址，也是真实存在于主存的存储地址。对具有虚拟存储器的计算机系统而言，编程时可用的地址空间远远大于主存空间，使程序员以为自己占有一个容量极大的主存，其实这个主存并不存在，这就是我们将其称为虚拟存储器的原因。对虚拟存储器而言，其逻辑地址变换为物理地址的工作，是由计算机系统的硬件设备和操作系统自动完成的，对程序员是透明的。当虚地址的内容在主存时，机器便可立即使用；若虚地址的内容不在主存，则必须先将此虚地址的内容传递到主存的合适单元后再被机器所用。

在三级存储系统中，各级存储器承担的职能各不相同。其中，Cache 主要强调快速存取，以便使存取速度和 CPU 的运算速度相匹配，外存储器主要强调大的存储容量，以满足计算机的大容量存储要求；主存储器介于 Cache 与辅存之间，要求选取适当的存储容量和存取周期，使它能容纳系统的核心软件和较多的用户程序。

3.2 半导体随机存储器

目前，较为常用的半导体器件有两种：双极型半导体器件和MOS型半导体器件。

① 双极型半导体（Transistor-Transistor Logic，TTL），速度高，驱动能力强，但集成度低，功耗大，价格高，多用于小容量高速存储器。

② 金属氧化物场效应晶体管（Metal Oxide Semiconductor，MOS），集成度高，功耗小，工艺简单，成本低，但速度较低，主要用于大容量存储器。

在计算机中MOS器件组成的存储器是最为常用的，按所用的半导体工艺区分，存储器的芯片分为静态存储器和动态存储器两种类型。

3.2.1 半导体存储器的组织

1. 存储位元

存储器的构成单元是存储位元，用于保存一位二进制的信息，这是现代计算机采用二进制的重要原因。但存储位元只要具备了以下3个条件就可以作为存储位元。

① 呈现两种稳态（或半稳定），分别代表二进制的1和0。

② 能够写入（至少一次）来设置状态。

③ 能够读出状态。

图3-3所示为一个存储位元的操作示意图。最普通的，每个位元有3个能传输信号的接线端。选择端用于选择一个进行读或写操作的存储位元。控制端表示操作是读还是写。对于写操作，数据输入端提供设置位元状态为1或0的电信号；对于读操作，数据输出端用于输出位元状态。每个存储位元，可被选择用于读操作或写操作。

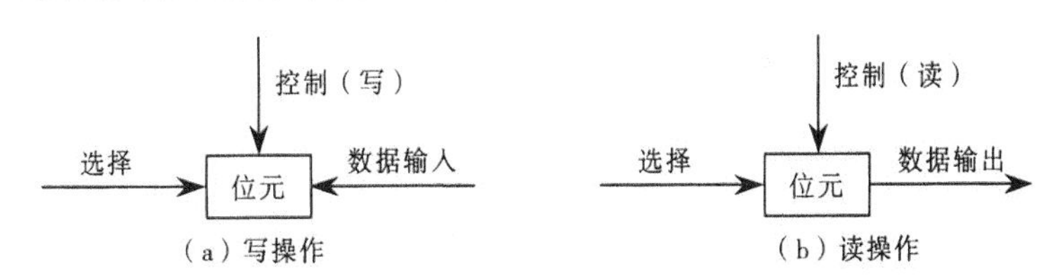

图3-3 存储器位元操作

2. 半导体存储器的分类

表3-1所示为半导体存储器的主要类型，表中的所有类型都是随机存取的。

表3-1 半导体存储器的类型

存储类型	种　类	可擦除性	写机制	易失性
随机存储器（RAM）	读/写存储器	电，字节级	电信号	易失
掩模型只读存储器（MROM）	厂家写一次，读多次	不能	掩模位写	非易失
可编程ROM（PROM）	用户写一次，读多次	不能	电信号	非易失
可擦PROM（EPROM）	写一次，读多次	紫外线，芯片级	电信号	非易失
电可擦PROM（EEPROM）	写多次，读多次	电，字节级	电信号	非易失
快闪存储器	写多次，读多次	电，块级	电信号	非易失

3.2.2 SRAM

在计算机中 MOS 器件组成的存储器是最为常用的，按所用的半导体工艺区分，存储器的芯片分为静态存储器和动态存储器两种类型。

静态随机存储器（Static Random Access Memory，SRAM）是一种快速存储器，所谓“静态”的含义是这种存储器不需要刷新操作。但 SRAM 造价较高，通常用做高速缓冲存储器（Cache）。

图 3-4 为常用的 SRAM 存储元结构，存储位是用触发器线路来记忆数据的。图中字线功能对应图 3-3 中的选择线，位线 D 的功能对应数据输入/输出端。

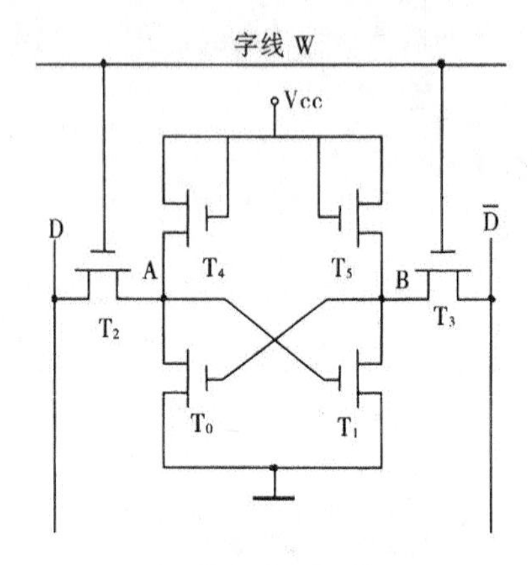

图 3-4 MOS 管 SRAM 存储位元电路图（字线选择）

通常一个 SRAM 存储位由 6 个 MOS 组成。T_0、T_1 交叉耦合成一个双稳态触发器，例如，T_0 管处于导通状态（T_1 管一定处于截止状态），表示存储的是 1 信号；反之，T_1 管处于导通状态（T_0 管一定处于截止状态），表示存储的是 0 信号。再加上必要的工作线路，就构成了如图 3-4 所示的一种静态存储位。

当字线为低电平时，该记忆单元未被选中，T_2、T_3 管截止，触发器与位线隔开，原来信息不会改变，电路处于双稳态触发器工作状态，此时称为保持状态。由电源 V_{cc} 不断给 T_0、T_1 管供电，以保存信息。只要电源被切断，电路中保存的信息便会丢失，这就是半导体存储器的易失性。

当字线为高电平时，该记忆单元被选中，T_2、T_3 管导通，可进行读/写位线 D 被称为读/写 1 线，位线 $\overline{D}$ 被称为读/写 0 线，存储位的读/写过程如下：

（1）读操作

先使 2 个位线充电至高电平，当字线送来高电平时，使触发器的两个输出端与位线 D、位线 $\overline{D}$ 连通。若触发器存储的是数据 1（即 T_0 管处于通状态），则位线 D 就会经 T_2 管产生流向 T_0 管的电流，从而在位线 D 上出现一个负脉冲，而位线 $\overline{D}$ 上就不会出现负脉冲；反之，若触发器存储的是数据 0（即 T_1 管处于通状态 ），则位线 $\overline{D}$ 上就会经 T_3 管产生流向 T_1 管的电流，从而在位线 $\overline{D}$ 上出现一个负脉冲，而位线 D 上就不会出现负脉冲；这样，就可以通过检查哪一条位线上出现一个负脉冲来判断触发器状态，即区分读出来的数据是 1 或是 0。

（2）写操作

通过两条位线提供写入的数据信号，如写入数据 1 时，在位线 D 送低电平信号，在位线 $\overline{D}$ 送高电平信号，当字线送来高电平时，T_2 和 T_3 导通，或使触发器状态保持不变（已存储 1 信号），或使触发器状态翻转为1状态（原存储的是0信号）。要写入0信号，则需在位线D送高电平信号，在位线$\overline{D}$送低电平信号。

3.2.3 DRAM

动态随机存储器（Dynamic Random Access Memory，DRAM）是目前在个人计算机中使用最多的存储器形式。“动态”的含义是指这种存储器必须定时地进行刷新操作，否则，其存储的数据就会丢失。

1. DRAM存储元

动态存储器的存储位一般利用电容来记忆数据。图3-5所示为MOS单管存储位元的线路。动态存储位通常用一个MOS管和一个存储电容来组成。数据被存储在MOS管T的源极的存储电容C_S中，如果C_S中存储有电荷表示1，无电荷则表示0。

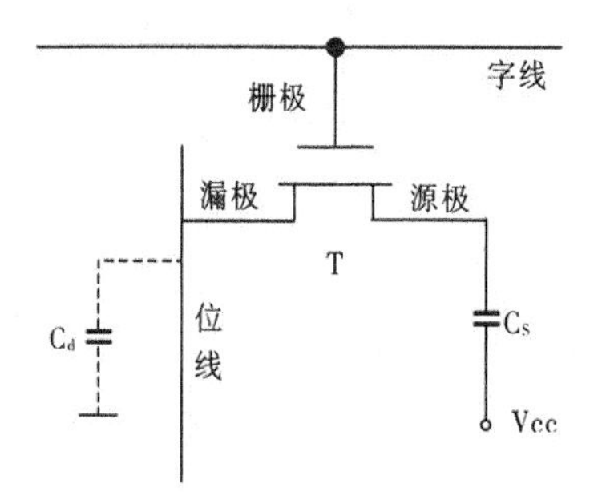

图3-5 单管MOS DRAM存储位元电路图

当字线为高电平时，该电路被选中，MOS管T导通，电容通过MOS管T进行充放电操作。通过判断位线上有无电流来判定两种不同情况。

① 写操作：若写入1，位线为高电平，对电容C_S充电；若写入0，位线为低电平，对电容C_S放电。

② 读操作：若原存1，C_S上有电荷，经T管在位线上产生读电流，完成读1操作；若原存0，C_S上无电荷，经T管在位线上不产生读电流，完成读0操作。

存储电容的容量不可能做得很大，只能保留几毫秒的时间，所以必须定时进行刷新操作。

单管动态存储位和六管静态存储位相比各有优缺点：静态存储位结构复杂、集成度低、成本较高，但是读操作不会破坏所存信息，读/写速度快，所需外围电路比较简单；动态存储位电路的元件数量少、集成度高，但读数据会破坏所存信息，读数据时，位线上的电平差别很小，这样所需的外围电路比较复杂。

2. DRAM实例

图3-6表示了4M×4位的DRAM的一种结构。逻辑上，存储器组织成2048×2048×4存储阵列，采用的物理排列方式是：阵列元素由行（Row）控制线和列（Column）控制线连接，每根行控制线连接到它所在行中每个位元的选择端口，每根列控制线连接到相应列中每个位元的数据输入/读出端口，当存储位元的这两个控制信号同时有效时，可以对芯片进行读操作或写操作，此芯片一次读或写4位数据，即每个存储单元有4个存储位元。

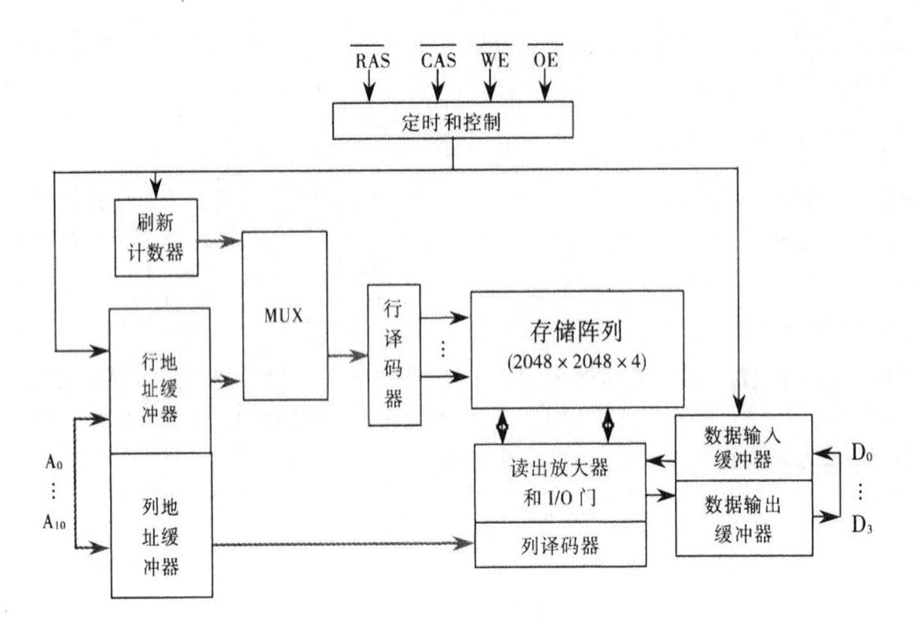

图 3-6 典型的 16M 位 DRAM（4M × 4 位）

地址线提供了被选择存储单元的地址，总共需要 $\log_2 4M$=22 条线。在图中的结构中，需要 11 根地址线来选中 2048 行中的一行，这 11 根地址线连接"行译码器"的输入线。行译码器有 11 根输入线和 2048 根输出线，另外的 11 根地址线可选中 2048 列中的一列，和行译码器的输出共同选通一个存储单元，每个存储单元由 4 位组成。4 根数据线用于与数据缓冲区交换 4 位数据。在输入（写）时，位放大器根据相应数据线的值激活为 1 或 0；输出（读）时，每一位元的值经过读出放大器，并放到数据线上。

在芯片中，11 根地址线（A_0～A_{10}）只可选中 2048 × 2048 阵列数的一半，这样做是为了节省引脚数。通过连接芯片外部的选择逻辑，通过 11 根地址线的复用，就可以得到所需的 22 位地址。在行地址选通（$\overline{RAS}$）信号和列地址选通（$\overline{CAS}$）信号的控制下，用两次分别送入行、列地址缓冲器。

由于采用地址线的复用和方阵型行列结构，使得每出现新一代存储器芯片，其容量就以 4 倍的速度增长。每增加一个专用的地址引脚，便使得行地址和列地址的指示范围加倍，因此存储器芯片的容量以 4 的倍数增长。

图 3-6 中还包含了刷新电路，所有的 DRAM 都需要刷新操作，简单的刷新技术是，当刷新所有数据位元时，DRAM 芯片并不进行实际的读/写操作。刷新计数器产生行地址，刷新计数器的值被当做行地址输出到行译码器，并且激活 $\overline{RAS}$ 线，从而使得相应行的所有位元被刷新。

3.2.4 DRAM 的刷新

由于存储单元被访问是随机的，有可能某些存储单元长期得不到访问，无读出也就无重写，其原信息必然消失，为此，必须采用定时刷新的方法。

动态 MOS 存储器采用"读出"方式进行刷新。因为在读出过程中恢复了存储单元的 MOS 栅极电容电荷，并保持原单元的内容，所以读出过程就是再生过程。通常，在再生过程中只改变行选择线地址，每次再生一行。依次对存储器的每一行进行读出，就可完成对整个 DRAM 的刷新。

从上一次对整个存储器刷新结束到下一次对整个存储器全部刷新一次为止，这一段时间间隔叫刷新周期，一般为 2ms。

常用的刷新方式有 3 种，一种是集中式，另一种是分散式，第三种是异步式。

（1）集中刷新

集中刷新是在规定的一个刷新周期内，对全部存储单元集中一段时间逐行进行刷新，此刻必须停止读/写操作。如 Intel 1103 动态 RAM 芯片内排列成 32×32 阵列，读/写周期为 0.5μs，连续刷新 32 行需 16μs（占 32 个读/写周期）。在刷新周期 2ms 内含 4000 个读/写周期，实际分配是前 3968 个周期用于读/写操作或维持，后 32 个周期用于刷新，如图 3-7 所示。

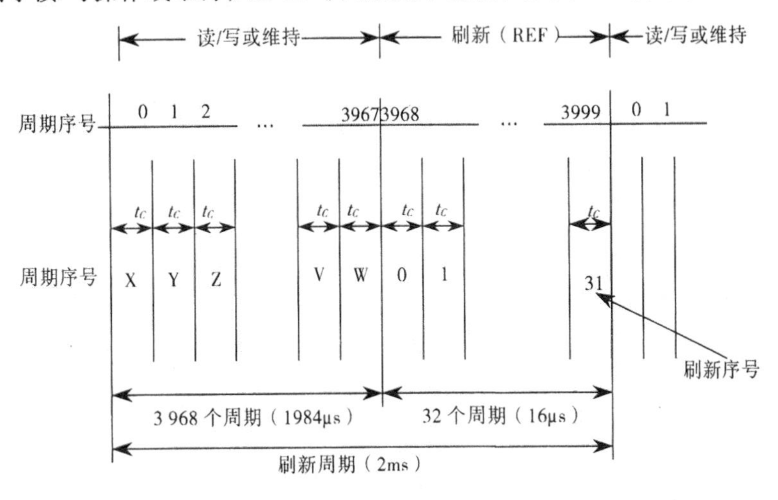

图 3-7 集中刷新时间分配示意图

这种刷新方式的缺点在于出现了访存“死区”，即用于刷新的 32 个周期，所其占比例为 32/4000×100%=0.8%，显然对高速高效的计算机系统工作是不利的。

（2）分散刷新

分散刷新是指对每行存储单元的刷新分散到每个读/写周期内完成。把存取周期分成两段，前半段用来读/写或维持，后半段用来刷新。例如，对 128×128 阵列的存储器，每经过 128 个系统周期，整个存储器刷新一遍，如图 3-8 所示。

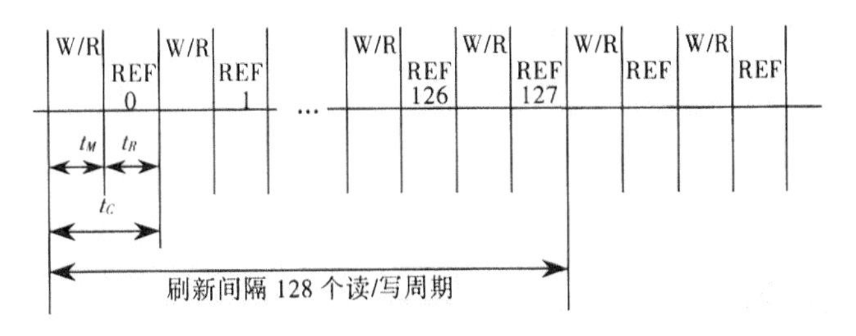

图 3-8 分散刷新时间分配示意图

显然，这种刷新克服了集中刷新出现“死区”的缺点，但它并不能提高系统的工作效率。因为尽管刷新分散在读/写周期之后，但刷新同样需要一个读/写周期时间，结果使机器存取周期由 0.5μs 变成 1μs，使系统工作效率下降。

（3）异步刷新

为了真正提高系统的工作效率，应该采用集中与分散相结合的方式，既克服出现“死区”，又充分利用最大刷新间隔为 2ms 的特点。例如，对于 128×128 的存储芯片，可采取在 2ms 内对 128 行各刷新一遍，即每隔 2ms/128≈15.6μs 刷新一行，而每行刷新所有的时间仍为读/写周期 0.5μs。如图 3-9 所示。

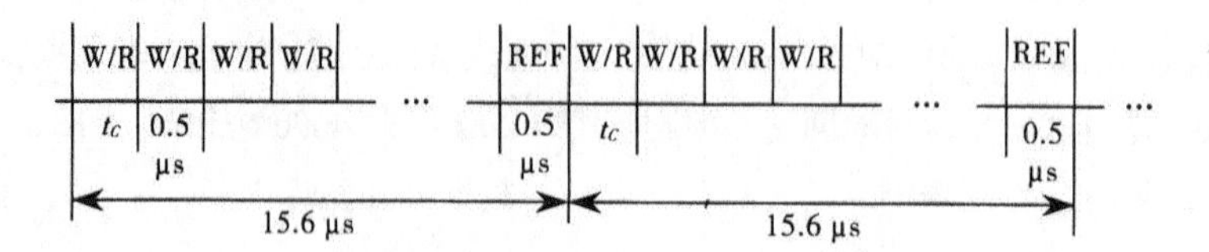

图 3-9 异步刷新时间分配示意图

这样，刷新一行只停止一个读/写周期，即对每行来说，刷新时间仍为 2ms，而“死区”缩短为 0.5μs。在 CPU 对指令的译码阶段，即不访问主存的这段时间，可以安排动态 RAM 的刷新操作。这样，既不会出现集中刷新的“死区”问题，又解决了分散刷新独立占据 0.5μs 的读/写周期问题，因此，从根本上提高了系统的工作效率。

3.2.5 DRAM 控制器

在实际应用中，经常使用 DRAM 控制器与 DRAM 配合使用。DRAM 控制器是 CPU 与 DRAM 芯片之间的接口电路，负责完成刷新、刷新/访存裁决等操作。DRAM 控制器的逻辑结构如图 3-10 所示。借助 DRAM 控制器，可把 DRAM 看成 SRAM 一样使用，为系统设计带来很大方便。

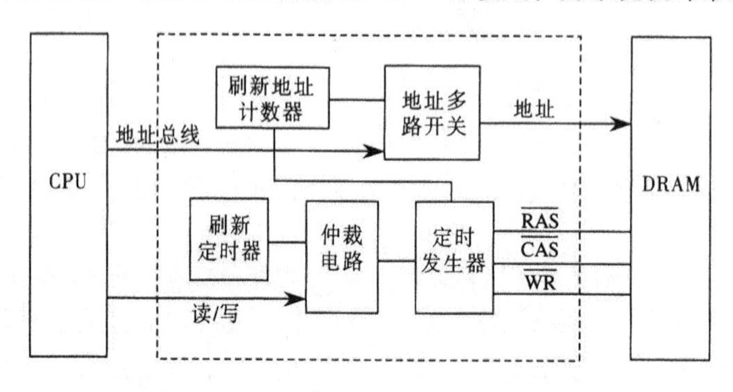

图 3-10 DRAM 控制器逻辑结构

DRAM 控制器由如下部分组成：

（1）地址多路开关

由于要向 DRAM 芯片分时送出行地址和列地址要提供刷新地址，所以必须用多路开关进行选择。

（2）刷新定时器

例如 1M 位 DRAM 芯片，要求 8ms 内逐次送出 512 个刷新地址。定时电路用来提供刷新请求。

（3）刷新地址计数器

对于片内无地址刷新计数器的 DRAM 芯片，DRAM 控制器需要提供刷新地址计数器。例如，对于 1M 位的 DRAM 芯片，需要 512 个地址，故要求刷新地址计数器 9 位。目前，很多大容量的 DRAM 芯片在内部具有刷新地址计数器。

（4）仲裁电路

来自 CPU 的访问存储器的请求和来自刷新定时器的刷新请求同时产生，要由仲裁电路对二者的优先权进行裁定。

（5）定时发生器

提供行地址选通信号、列地址选通信号和写信号，以满足存储器进行访问和对 DRAM 片子进行刷新的要求。

3.2.6 存储器模块

在计算机中，存储器模块一般称为“内存条”，是将内存芯片焊接到事先设计好的印制电路板上，而计算机主板也改用内存插槽，这样内容就可以方便地安装和更换了。

在 80286 主板发布之前，内存直接固化在主板上，容量只有 64KB～256KB，随着发展，软件和硬件对内存性能提出了更高要求，为了提高速度，扩大容量，内存必须以独立的封装形式出现，因而诞生了“内存条”的概念。

内存条的接口类型是根据内存条上导电触片（金手指）的数量来划分的，金手指上的导电触片也习惯称为针脚数（Pin）。因为不同的内存采用的接口类型不相同，对应于不同接口类型所采用的不同的针脚数，内存插槽类型也各不相同。大多数现代的系统采用的接口类型有单列直插内存模块（Single Inline Memory Module，SIMM）、双列直插内存模块（Dual Inline Memory Module，DIMM）和 RIMM（Rambus Inline Memory Module）。

下面从传输类型角度介绍内存条的发展过程。传输类型指内存所采用的内存类型，不同类型的内存传输类型各有差异，在传输率、工作频率、工作方式、工作电压等方面都有不同。

（1）FP DRAM

FP DRAM 又叫快页内存，主要应用在 386 时代。因为 DRAM 需要电流保存信息，一旦断电，信息即丢失。它的刷新频率每秒钟可达几百次，但由于 FP DRAM 使用同一电路来存取数据，所以 DRAM 的存取时间有一定的时间间隔，导致它的存取速度并不是很快。另外，在 DRAM 中，由于存储地址空间是按页排列的，所以当访问某一页面时，切换到另一页面会占用 CPU 额外的时钟周期。其接口多为 72 线的 SIMM 类型。

（2）EDO DRAM

EDO DRAM（Extended Date Out RAM，扩展数据输出内存）同 FP DRAM 极其相似，它取消了扩展数据输出内存与传输内存两个存储周期之间的时间间隔，在把数据发送给 CPU 的同时访问下一个页面，故而速度要比普通 DRAM 快 15%～30%。工作电压一般为 5V，带宽 32bit，速度在 40ns 以上，其主要应用在 486 及早期的 Pentium 计算机上。

（3）SDRAM

SDRAM 即 Synchronous DRAM（同步动态随机存储器），它的工作速度是与系统总线速度同步的。SDRAM 内存又分为 PC66、PC100、PC133 等不同规格，而规格后面的数字就代表着该内存最大所能正常工作的系统总线速度，比如 PC100，那就说明此内存可以在系统总线为 100MHz 的计算机中同步工作。

与系统总线速度同步，也就是与系统时钟同步，这样就避免了不必要的等待周期，减少数据存储时间。同步还使存储控制器知道在哪一个时钟脉冲由数据请求使用，因此数据可在脉冲上升沿便开始传输。SDRAM 采用 3.3V 工作电压，168Pin 的 DIMM 接口，带宽为 64 位。SDRAM 不仅应用在内存上，在显存上也较为常见。

（4）DDR

严格地说，DDR 应该叫 DDR SDRAM，是 Double Data Rate SDRAM 的缩写，是双倍速率同步动态随机存储器的意思。DDR 内存是在 SDRAM 内存基础上发展而来的，仍然沿用 SDRAM 生产体系，因此对于内存厂商而言，只需对制造普通 SDRAM 的设备稍加改进，即可实现 DDR 内存的生产，可有效的降低成本。

SDRAM 在一个时钟周期内只传输一次数据，它是在时钟的上升沿进行数据传输；而 DDR 内存则是一个时钟周期内传输两次数据，它能够在时钟的上升沿和下降沿各传输一次数据，因此称为双倍速率同步动态随机存储器。DDR 内存可以在与 SDRAM 相同的总线频率下达到更高的数据传输率。

与 SDRAM 相比，DDR 运用了更先进的同步电路，使指定地址、数据的输入和输出主要步骤既独立执行，又保持与 CPU 完全同步；DDR 使用了 DLL（Delay Locked Loop，延时锁定回路）技术提供一个数据滤波信号，当数据有效时，存储控制器可使用这个数据滤波信号来精确定位数据，每 16 次输出一次，并重新同步来自不同存储器模块的数据。DDR 本质上不需要提高时钟频率就能加倍提高 SDRAM 的速度，它允许在时钟脉冲的上升沿和下降沿读出数据，因而其速度是标准 SDRAM 的两倍。

从外形体积上 DDR 与 SDRAM 相比差别并不大，它们具有同样的尺寸和同样的针脚距离。但 DDR 为 184 针脚，比 SDRAM 多出了 16 个针脚，主要包含了新的控制、时钟、电源和接地等信号。DDR 内存采用的是支持 2.5V 电压的 SSTL2 标准，而不是 SDRAM 使用的 3.3V 电压的 LVTTL 标准。

DDR 内存的频率可以用工作频率和等效频率两种方式表示，工作频率是内存芯片实际的工作频率，但是由于 DDR 内存可以在脉冲的上升沿和下降沿都传输数据，因此传输数据的等效频率是工作频率的两倍。

（5）RDRAM

RDRAM（Rambus DRAM）是美国的 Rambus 公司开发的一种内存。与 DDR 和 SDRAM 不同，它采用了串行的数据传输模式。在推出时，因为其彻底改变了内存的传输模式，无法保证与原有的制造工艺相兼容，而且内存厂商必须要交专利费用，再加上其本身制造成本过高，使它没有成为主流。

RDRAM 的数据存储位宽是 16 位，远低于 DDR 和 SDRAM 的 64 位。但在频率方面则远远高于二者，可以达到 400MHz 乃至更高。同样也是在一个时钟周期内传输两次数据，能够在时钟的上升沿和下降沿各传输一次数据，内存带宽能达到 1.6GB/s。

普通的 DRAM 行缓冲器的信息在写回存储器后便不再保留，而 RDRAM 则具有继续保持这一信息的特性，于是在进行存储器访问时，如行缓冲器中已经有目标数据，则可利用，因而实现了高速访问。另外其可把数据集中起来以分组的形式传输，所以只要最初用 24 个时钟，以后便可每 1 个时钟读出 1 个字节。一次访问所能读出的数据长度可以达到 256B。

（6）DDR2

DDR2（Double Data Rate 2）SDRAM 是由 JEDEC（电子设备工程联合委员会）进行开发的新

生代内存技术标准，它与上一代 DDR 内存技术标准最大的不同就是，虽然同是采用了在时钟的上升沿和下降沿同时进行数据传输的基本方式，但 DDR2 内存却拥有两倍于上一代 DDR 的内存预读取能力。换句话说，DDR2 内存每个时钟能够以 4 倍于外部总线的速度读/写数据，并且能够以 4 倍于内部控制总线的速度运行。

3.3 半导体只读存储器

计算机中使用的半导体存储器主要有两类：半导体 RAM（Random Access Memory）和半导体 ROM（Read Only Memory），RAM 具有易失性，而 ROM 是非易失性的。

ROM 主要用于存放系统程序、常用功能的库例程和功能表，当程序或数据需要永久保存在主存中，不需要从辅助存储器中调入时，存放在 ROM 中。

ROM 的具体分类有掩膜只读存储器（MROM）、可编程 ROM（PROM）、可擦可编程只读存储器（EPROM）、电可擦可编程只读存储器（EEPROM）和 Flash 存储器等。

1. 掩膜只读存储器（MROM）

MROM 保存了不能改变的永久性数据，在制造过程中数据就烧结在芯片中。可以从其 MROM 中读取数据，但不能写入新的数据。图 3-11 所示为一个 MOS 只读存储器。

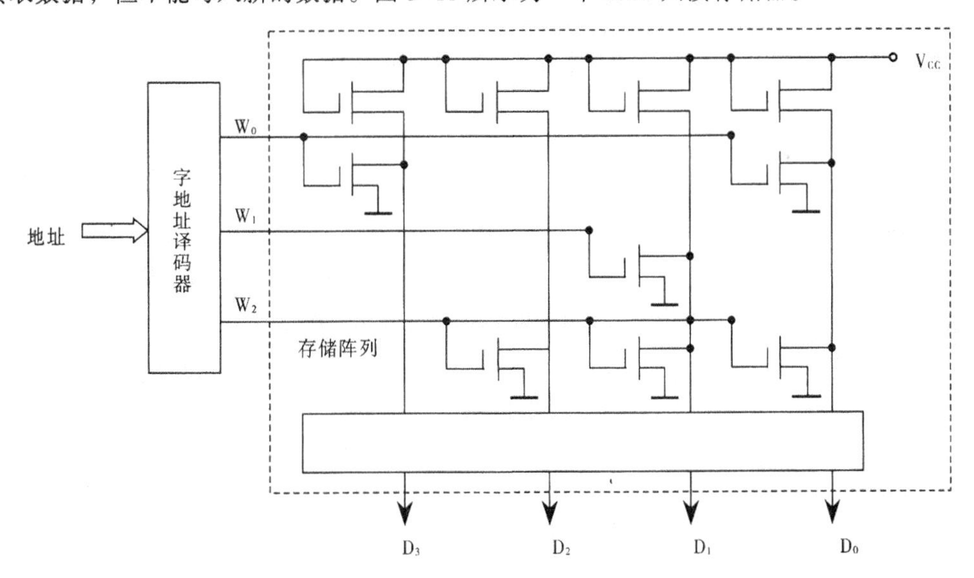

图 3-11 MOS 只读存储器的结构图

2. 可编程 ROM（PROM）

PROM 只允许用户写入一次数据。对于 PROM，写过程是用特殊设备的电信号写入，由供应商或用户在芯片出厂后一次写入，使用灵活、方便。

3. 可擦 PROM（EPROM）

EPROM 与 PROM 一样可读可写，但在写入操作前，需要将芯片在紫外线中长时间照射，使所有存储单元都还原成初始化状态。这种擦除过程可重复进行，每次擦除需要约 20min。EPROM 和 ROM、PROM 一样可长久保存数据，但由于 EPROM 可修改多次，EPROM 比 PROM 更贵。

图 3-12(a)表示了 P 沟道 EPROM 的基本存储电路结构示意图。它与普通 P 沟道增强型 MOS 管相似，在 N 型基片上生长了两个高浓度的 P 型区，它们通过欧姆接触，分别引出源极（S）和漏极(D)。在 S 极与 D 极之间，有一个由多晶硅做的栅极，但它是浮空的，被绝缘物 SiO_2 所包围。管子制造好时，硅栅上没有电荷，因此管子内没有导电沟道，D 极和 S 极之间是不导电的，如图 3-12（b）所示。

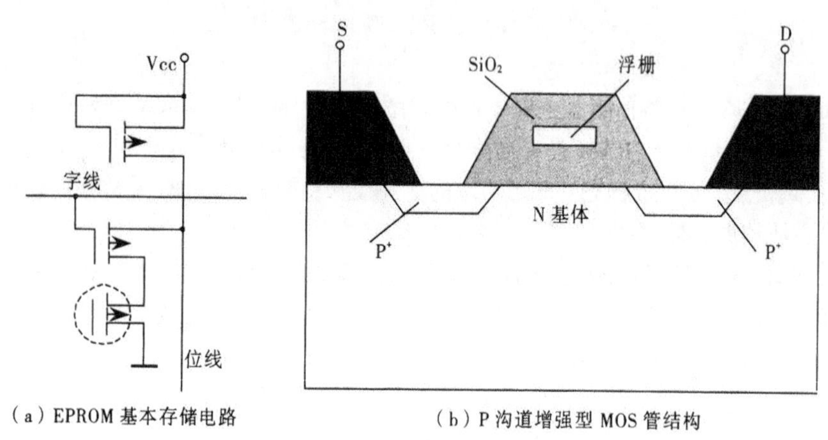

（a）EPROM 基本存储电路　　（b）P 沟道增强型 MOS 管结构

图 3-12　EPROM 基本结构

当把 EPROM 管子用于存储阵列时，这种电路所组成的存储阵列输出为全 1。当写入 0 时，在 D 和 S 极之间加上 25V 高压(S 极接地，D 极接负电压，使 P-N 结负偏置)，另外加上编程脉冲(其宽度约为 50ms)，所选中的单元在这个电压作用下，D 和 S 之间被瞬间击穿，于是有热电子通过绝缘层注入到硅栅。当高压电源去除后，因为硅栅被绝缘层包围，故注入的电子无处泄漏，硅栅变负，于是就形成了导电沟道，从而使 EPROM 导通，输出为 0。

这种 EPROM 做成的片子封装上方有一个石英玻璃窗口。当用紫外线照射这个窗口时，所有电路中的浮空晶栅上的电荷会形成光电流泄漏走，使电路恢复起始状态，从而把原先写入的 0 信息擦去。经过照射后的 EPROM，还可以进行再写，写入后仍作为只读存储器使用。

4. 电可擦 PROM（EEPROM）

EEPROM 有时写成 E^2PROM，它在任何时候都可写入，无需擦除原先内容，且只更新寻址得到的一个或多个字节。写操作比读操作时间要长得多，每字节需要几百微秒的时间。E^2PROM 具有非易失数据和修改灵活的优点，修改时只需使用普通的控制、地址和数据总线。E^2PROM 比 EPROM 贵，结构不够紧凑，并且芯片的容量较小。

图 3-13 所示为 E^2PROM 的内部结构，与 EPROM 用紫外线擦除的机理不同，E^2PROM 在浮栅上又增加了一个控制栅，擦除时将控制栅接地，同时在 S 极加较高正电压，将浮栅置于一个较强的电场中，在电场力的作用下，浮栅上的自由电子会越过绝缘层进入源极，达到擦除目的。E^2PROM 擦除一个单元所需时间约为 10ms，需专用写入器。

5. Flash 存储器

Flash 存储器也称为闪存，与 E^2PROM 相似，闪存使用电擦除技术，整个闪存可以在几秒钟内被擦除，速度比 E^2PROM 快得多。另外，它能擦除存储器中的某些块，而不是整块芯片。像 EPROM

一样，快闪存储器每位只使用一个晶体管，因此能获得与 EPROM 一样高的存储密度。

闪存沿用了浮栅/热电子注入的编程写入方式，其差别是浮栅的绝缘层更薄，使得擦除重写速度比 E^2PROM 快得多，且可联机工作。

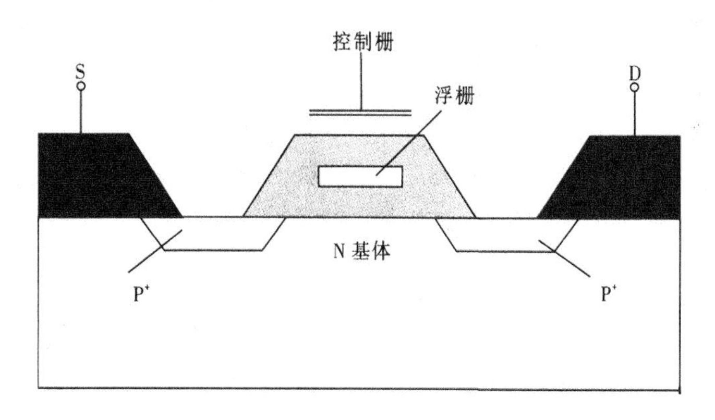

图 3-13 E^2PROM 基本结构

3.4 存储器与 CPU 连接

存储器和 CPU 的连接，必须按照芯片提供的引脚特征进行连接。CPU 对存储器进行读/写操作，首先由地址总线给出地址信号，然后发出读操作或写操作的控制信号，最后在数据总线上进行信息交流。因此，存储器同 CPU 连接时，要完成地址线、数据线和控制线的连接。

3.4.1 芯片的引脚

集成电路封装在陶瓷外壳中，并引出与外界相连接的引脚。

图 3-14（a）所示是一个 8M 位 EPROM 芯片。这种组织是由单个芯片提供整个字的形式。芯片有 32 个引脚，属于标准的芯片组件尺寸，其引脚包含了下列信号线：

① 地址线，对于 1M 字，总共需要 20 根引脚（A_0～A_{19}），寻址空间为 2^{20}=1M。

② 数据线 8 根（D_0～D_7）。

③ 电源（V_{CC}）。

④ 地线（V_{SS}）。

⑤ 芯片允许（$\overline{CE}$）引脚。因为可能有多个存储器芯片，每片都可连接到相同的地址总线，此引脚用于指示地址线上的地址对本芯片是否有效。$\overline{CE}$ 引脚通过连接到地址总线的高位（如高于 A_{19} 地址位）逻辑激活。有的芯片此引脚用芯片选择信号（$\overline{CS}$）表示。

⑥ 程序电压（V_{pp}），在编程（写操作）时提供。

图 3-14（b）所示为一个典型 16M 位 DRAM 芯片引脚结构图。它与 ROM 芯片有所不同。由于 RAM 能修改，因此数据引脚兼备输入、输出功能。写允许（$\overline{WE}$）和输出允许（$\overline{OE}$）引脚表示是写操作还是读操作。因为 DRAM 由行和列存取，且地址是多路复用的，所以只需 11 根地址引脚，指定 4M 行/列组合（$2^{11}\times2^{11}=2^{22}=4$M）。$\overline{RAS}$ 是行地址选通引脚，$\overline{CAS}$ 是列地址选通引脚。

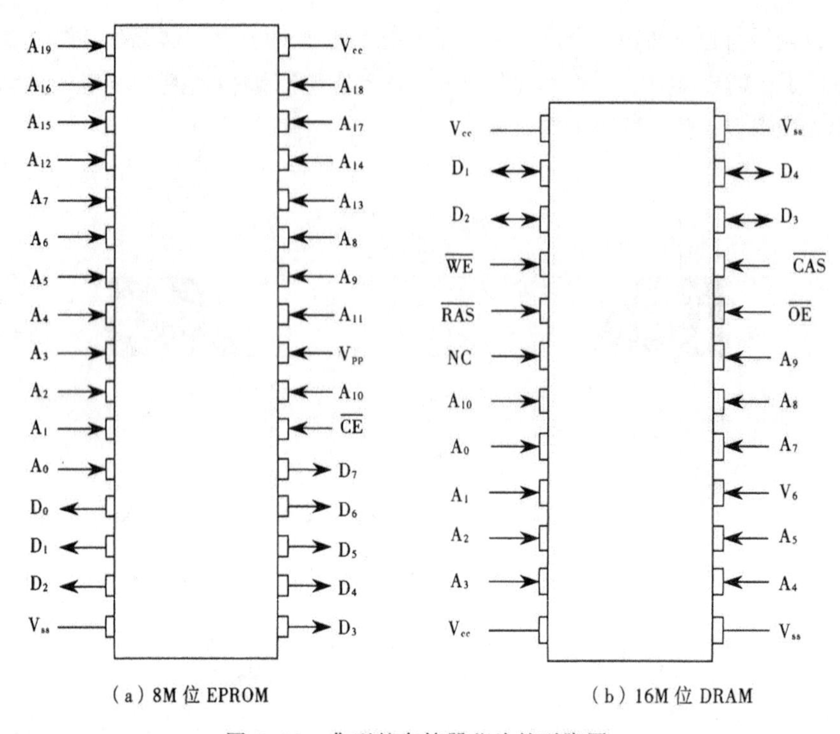

（a）8M 位 EPROM （b）16M 位 DRAM

图 3-14 典型的存储器芯片的引脚图

3.4.2 存储容量的扩展

每个存储芯片的容量是有限的，在字长和字数方面不能满足实际的需要，需要将若干存储芯片连在一起才能组成足够容量的存储器，这就叫存储容量的扩展，通常采用位扩展法、字扩展法和字位同时扩展法。

1. 位扩展法

位扩展是指增加存储字长，如 2 片 1K×4 位的芯片可组成 1K×8 位的存储器，如图 3-15 所示。图中两片 2114 的地址线 A_9～A_0、$\overline{CS}$ 、$\overline{WE}$ 都分别连在一起，其中一片的数据线连接 CPU 的高 4 位 D_7～D_4，另一片的数据线连接 CPU 的低 4 位 D_3～D_0。这样，便构成了一个 1K×8 位的存储器。

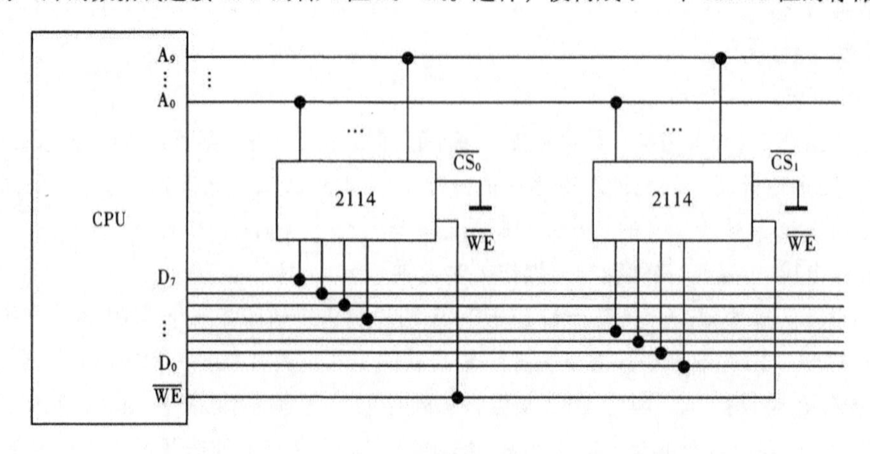

图 3-15 由 2 片 1 K×4 位的芯片组成 1 K×8 位的存储器

在这种方式中，对芯片没有选片要求，就是说芯片已经按选中来考虑。如果有芯片选择输入端（$\overline{CS}$），可将它们直接接地。

又如，将 8 片 16K×1 位的存储芯片连接，可组成一个 16K×8 位的存储器，每个芯片有一条数据线，分别连 CPU 的一条数据线，如图 3-16 所示。

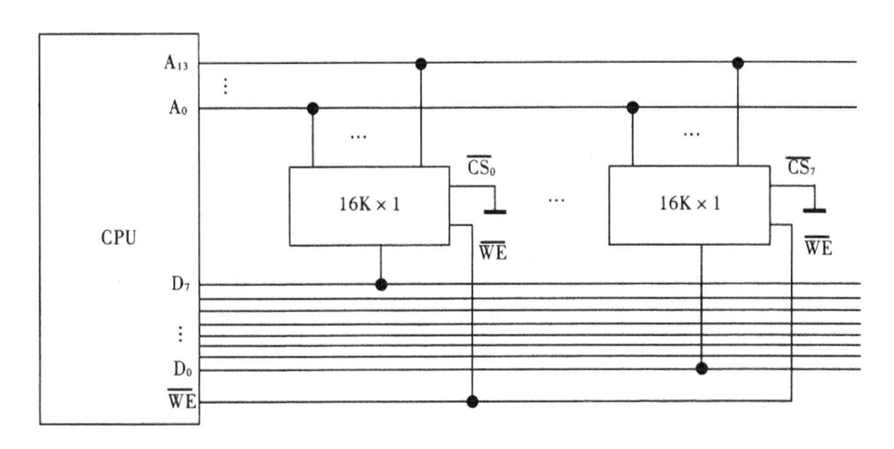

图 3-16　由 8 片 16 K×1 位的芯片组成 16 K×8 位的存储器

2. 字扩展法

字扩展是指仅增加存储器字的数量，而存储字长不变，因此将芯片的地址线、数据线、读/写控制线并联，而由芯片选择信号来区分各芯片的地址范围，所以芯片选择信号端连接到片选译码器的输出端。

如用 2 片 1K×8 位的存储芯片，可组成一个 2K×8 位的存储器，即存储字增加了一倍，如图 3-17 所示。

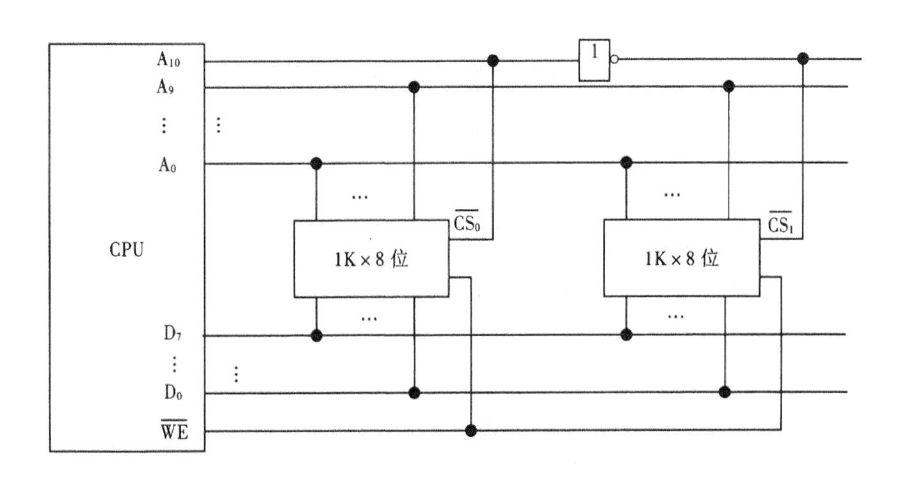

图 3-17　由 2 片 1K×8 位的芯片组成 2K×8 位的存储器

在此，将 A_{10} 用做片选信号。由于存储芯片的片选输入端要求低电平有效，故当 A_{10} 为低时，$\overline{CS_0}$ 有效，选中左边的 1K×8 位芯片；当 A_{10} 为高时，非门后面有效，选中右边的 IK×8 位芯片的 $\overline{CS_1}$。

3．字位同时扩展法

字位同时扩展是指既增加存储字的数量，又增加存储字长。一个存储器的容量假定为 $M\times N$ 位，若使用 $l\times k$ 位的芯片（$l<M$，$k<N$，需要字位同时进行扩展，此时共需要 $(M/l)\times(N/k)$ 个存储器芯片。

如图 3-18 所示，用 8 片 1K×4 位的芯片组成 4K×8 位的存储器。

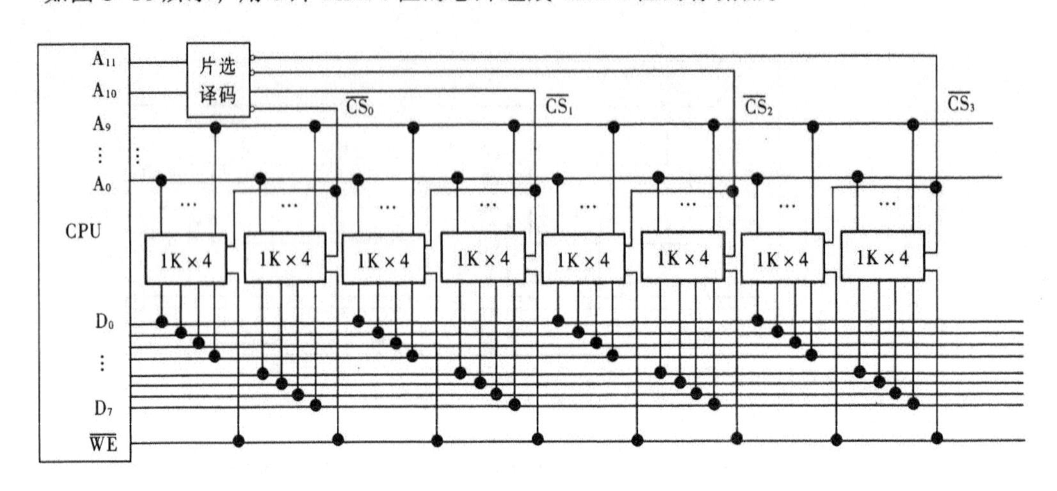

图 3-18　由 8 片 1K×4 位的芯片组成 4K×8 位的存储器

由图 3-18 可见，两片可构成 1K×8 位的存储器，4 组两片便构成 4K×8 位的存储器。地址线 A_{11}、A_{10}经片选译码器得 4 个片选信号 $\overline{CS_0}$ 、$\overline{CS_1}$ 、$\overline{CS_2}$ 、$\overline{CS_3}$ 分别选择其中 1K×8 位的存储芯片。$\overline{WE}$ 为读/写控制信号。

3.4.3　计算机中主存储器的配置

存储芯片与 CPU 芯片相连时，特别要注意芯片与芯片之间的地址线、数据线和控制线的连接。

1．地址线的连接

存储芯片容量不同，其地址线数也不同，而 CPU 的地址线数往往比存储芯片的地址线数要多。通常总是将 CPU 地址线的低位与存储芯片的地址线相连。CPU 地址线的高位或做存储芯片扩充时用或做其他用法，如做片选信号等。

例如，设 CPU 地址线为 16 位 A_{15}～A_0，1K×4 位的存储芯片仅有 10 根地址线 A_9～A_0，此时，可将 CPU 的低位地址 A_9～A_0与存储芯片地址线 A_9～A_0相连。又如当用 16K×1 位存储芯片时，则其地址线有 14 根 A_{13}～A_0，此时，可将 CPU 的低位地址 A_{13}～A_0与存储芯片地址线 A_{13}～A_0相连。

2．数据线的连接

同样，CPU 的数据线数与存储芯片的数据线数也不一定相等。此时，必须对存储芯片进行位扩展，使其数据位数与 CPU 的数据线数相等。

3．读/写命令线的连接

CPU 读/写命令线一般可直接与存储芯片的读/写控制端相连，通常高电平为读，低电平为写。

4．片选线的连接

片选信号的连接是 CPU 与存储芯片正确工作的关键。由于存储器由许多存储芯片叠加组成，哪一片被选中完全取决于该存储芯片的片选控制端 $\overline{CS}$ 是否能接收到来自 CPU 的片选有效信号。

片选有效信号与 CPU 的访存控制信号 $\overline{MREQ}$（低电平有效）有关，因为只有当 CPU 要求访存时，才要求选择存储芯片。若 CPU 访问 I/O，则 $\overline{MREQ}$ 为高，表示不访问存储器。此外，片选有效信号还和地址有关，因为 CPU 给出的存储单元地址的位数往往大于存储芯片的地址线数，故那些未与存储芯片连上的高位地址必须和访存控制信号共同作用，产生存储器的片选信号。通常需用到一些逻辑电路，如译码器及其他各种门电路。

5. 合理选择存储芯片

合理选择存储芯片主要是指存储芯片类型（RAM 或 ROM）和数量的选择。通常选用 ROM 存放系统程序、标准子程序和各类常数等。RAM 则是为用户编程而设置的。此外，在考虑芯片数量时，要尽量使连线简单方便。

在实际应用 CPU 与存储芯片时，还会遇到两者时序的配合问题、速度问题、负载匹配等问题，建议通过实验和实际工作进一步加深体会。

下面用一个实例来剖析 CPU 与存储芯片的连接方式。

【例 3-1】设 CPU 有 16 根地址线，8 根数据线，并用 $\overline{MREQ}$ 作为访存控制信号（低电平有效），用 $R/\overline{W}$ 作为读/写控制信号（高电平为读，低电平为写）。现有下列存储芯片：1K×4 位 RAM、4K×8 位 RAM、8K×8 位 RAM、2K×8 位 ROM、4K×8 位 ROM、8K×8 位 ROM 及 74LS138 译码器和各种门电路。画出 CPU 与存储器的连接图，要求：

① 主存地址空间分配：

6000H～67FFH 为系统程序区；

6800H～6BFFH 为用户程序区。

② 合理选用上述存储芯片，说明各选几片。

③ 详细画出存储芯片的片选逻辑图。

解：① 先将十六进制地址范围写成二进制地址码，并确定其总容量。

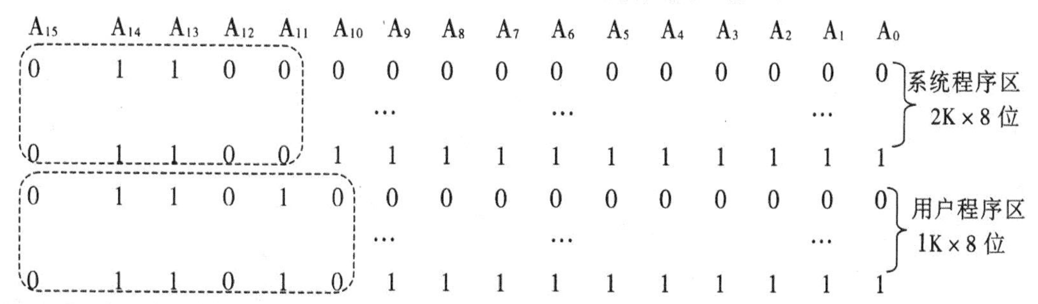

② 根据地址范围的容量以及该范围在计算机系统中的作用，选择存储芯片。

由 6000H～67FFH 系统程序区的范围，应选 1 片 2K×8 位的 ROM，无需选 4K×8 位和 8K×8 位的 ROM，否则就浪费了。

由 6800H～6BFFH 用户程序区的范围，应选 2 片 1K×4 位的 RAM 芯片，选其他芯片也必然浪费。

③ 分配 CPU 的地址线。

根据地址范围和选择的芯片，明确芯片外部的地址选择信号的逻辑和芯片内部的地址范围（主要根据芯片地址线的条数确定）。将 CPU 的低 11 位地址 A_{10}～A_0 与 2K×8 位的 ROM 地址线相连；将 CPU 的低 10 位地址 A_9～A_0 与 2 片 1K×4 位的 RAM 地址线相连。剩下的高位地址与访存控制信号 $\overline{MREQ}$ 共同产生存储芯片的片选信号。

④ 片选信号的形成。

由题给出的 74LS138 译码器输入逻辑关系可知，必须保证控制端 G_1 为高，$\overline{G_{2A}}$ 与 $\overline{G_{2B}}$ 为低，如图 3-19 所示。图中 A_{15} 为低，接到 $\overline{G_{2A}}$，A_{14} 为高接到 G_1，$\overline{MREQ}$ 为低接到 $\overline{G_{2B}}$，保证了 3 个控制端的要求；A_{13}、A_{12}、A_{11} 接到译码器 C、B、A 输入端，其输出 $\overline{Y}_4$ 有效时，选中 1 片 ROM，$\overline{Y}_5$ 与 A_{10} 同时为低电平时，选中 2 片 RAM。ROM 芯片接地端为 $\overline{PD}$/Progr，读出时低电平有效。RAM 芯片的读/写控制端与 CPU 的读/写命令端相连。ROM 的 8 根数据线是单向的，与 CPU 数据总线单向相连，2 片 RAM 的数据线分别与数据总线高 4 位和低 4 位双向相连。

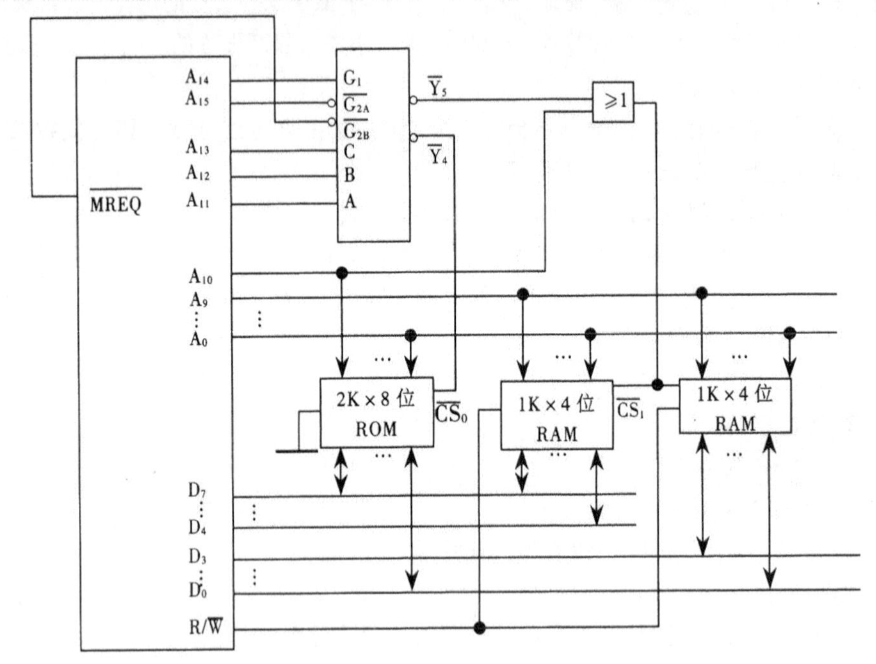

图 3-19 例 3-1 中 CPU 和存储芯片的连接图

【例 3-2】CPU 及其他芯片假设同上题，画出 CPU 与存储器的连接图。要求主存的地址空间满足下述条件：最小 8K 地址为系统程序区，与其相邻的 16K 地址为用户程序区，最大 4K 地址空间为系统程序区。详细画出存储芯片的片选逻辑并指出存储芯片的种类及片数。

解：① 根据题目的地址范围写出相应的二进制地址码。

A_{15}	A_{14}	A_{13}	A_{12}	A_{11}	A_{10}	A_9	A_8	A_7	A_6	A_5	A_4	A_3	A_2	A_1	A_0	
0	0	0	0	0	0	0	0	0	0	0	0	0	0	0	0	系统程序区
						…			…					…		8K×8 位
0	0	0	1	1	1	1	1	1	1	1	1	1	1	1	1	
0	0	1	0	0	0	0	0	0	0	0	0	0	0	0	0	用户程序区
						…			…					…		16K×8 位
0	1	0	1	1	1	1	1	1	1	1	1	1	1	1	1	
1	1	1	1	0	0	0	0	0	0	0	0	0	0	0	0	系统程序区
						…			…					…		4K×8 位
1	1	1	1	1	1	1	1	1	1	1	1	1	1	1	1	

② 根据地址范围及其在计算机系统中的作用，最小 8K 系统程序区选 1 片 8K×8 位 ROM；与其相邻的 16K 用户程序区选 2 片 8K×8 位 RAM；最大 4K 系统程序区选 1 片 4K×8 位 ROM。

③ 分配 CPU 地址线。

根据地址范围和选择的芯片，明确芯片外部的地址选择信号的逻辑和芯片内部的地址范围。将 CPU 的低 13 位地址线 A_{12}～A_0 与 1 片 8K×8 位 ROM 和 2 片 8K×8 位 RAM 的地址线相连；将 CPU 的低 12 位地址线 A_{11}～A_0 与 1 片 4K×8 位 ROM 的地址线相连。

④ 形成片选信号。

将 74LS138 译码器的控制端 G_1 接+5V，$\overline{G_{2A}}$ 和 $\overline{G_{2B}}$ 接 $\overline{MREQ}$，以保证译码器正常工作。CPU 的 A_{15}、A_{14}、A_{13} 分别接在译码器的 C、B、A 端，作为变量输入，则其输出 $\overline{Y_0}$、$\overline{Y_1}$、$\overline{Y_2}$ 分别做 ROM_1、RAM_2 和 RAM_3 的片选信号。此外，根据题意，最大 4K 地址范围的 A_{12} 为高，故经反相后再与 $\overline{Y_7}$ 相“与”，其输出作为 4K×8 位 ROM_4 的片选信号，如图 3-20 所示。

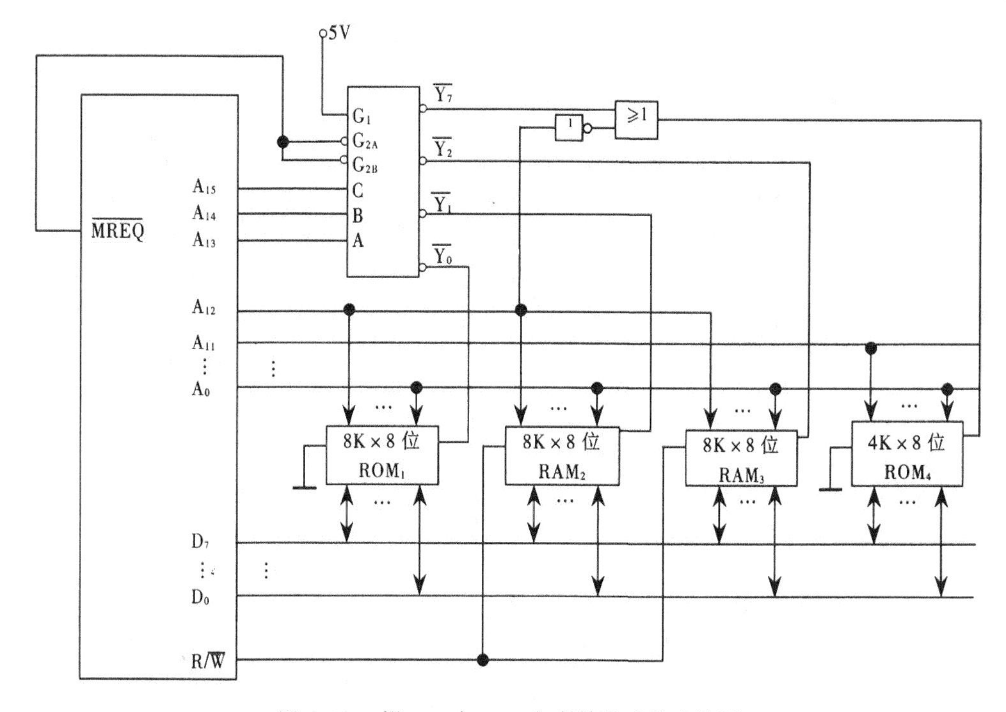

图 3-20 例 3-2 中 CPU 和存储芯片的连接图

3.4.4 提高访存速度的措施

由于 CPU 和主存的发展方向不太一样，CPU 重点提高的是处理速度，而主存重点是提高容量，兼顾访问速度的提高。不同的发展策略导致 CPU 和主存的速度差异越来越大，使主存的存取速度成为计算机系统的瓶颈。

为了使 CPU 不至因为等待存储器读/写操作的完成而无事可做，可以采取一些加速 CPU 和存储器之间有效传输的特殊措施，这可以通过下列几种途径来实现：

① 主存储器采用更高速的技术来缩短存储器的读出时间，或加长存储器的字长。

② 采用空间并行技术的双端口存储器。

③ 采用时间并行技术的多体交叉存储器，在每个存储器周期中存取几个字；

④ 在 CPU 和主存储器之间插入一个高速缓冲存储器（Cache），以缩短读出时间。

3.4.5 多模块交叉存储器

1．存储器的模块化组织

一个由若干个模块组成的主存储器是线性编址的。这些地址在各模块中如何安排，有两种方式：一种是顺序方式，一种是交叉方式。

在常规的主存储器设计中，访问地址采用顺序方式，如图 3-21（a）所示。例如：设存储器容量为 32 字，存储体有 M_0～M_3共 4 个模块，则每个模块 8 个字，访问地址按顺序分配一个模块后，接着为下一个模块分配地址空间，内存地址的 32 个字由 5 位地址寄存器表示，其中高 2 位选择模块中的一个，低 3 位选择每个模块中的 8 个字，即高位选模块，低位选块内地址。

这种顺序组织方式的特点是，当某个模块进行存取时，其他模块不工作，优点是某一模块出现故障时，其他模块可以照常工作，通过增添模块来扩充存储器容量比较方便。缺点是各模块串行工作，存储器的带宽受到了限制。

图 3-21（b）采用交叉方式寻址的存储器组织方式，地址的分配方式和顺序方式不同，地址分配采用存储体交叉排序的方式：M_0的地址 0，4，……除以 4 余数为 0；M_1的地址 1，5，……除以 4 余数为 1；M_2的地址 2，6，……除以 4 余数为 2；M_3的地址 3，7，……除以 4 余数为 3。即高位选块内地址，低位选模块。

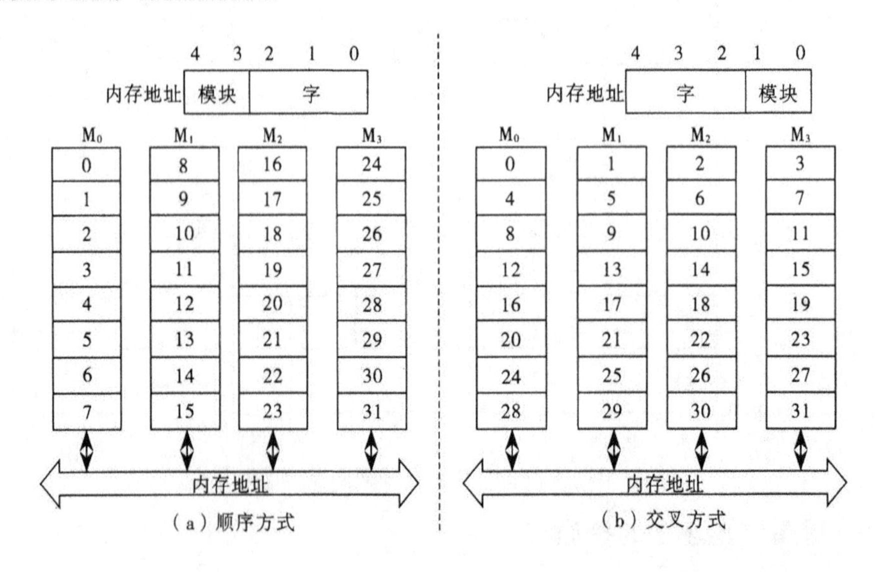

图 3-21 存储器模块的两种组织方式

这种交叉组织方式的特点是，连续地址分布在相邻的不同模块内，同一个模块内的地址都是不连续的。优点是对连续字的成块传输可实现多模块流水式并行存取，大大提高存储器的带宽。使用场合为成批数据读取。

从定性分析，对连续字的成块传输，交叉方式的存储器可以实现多模块流水并行存取，大大提高存储器的带宽。由于 CPU 的速度比主存快，假设能同时从主存取出 n 条指令，必然会提高机器的运行速度。多体交叉存储器就是基于这种思想提出来的。

2. 多体交叉存储器的基本结构

图 3-22 为四体交叉存储器结构框图。主存被分成 4 个相互独立、容量相同的模块 M_0、M_1、M_2、M_3，每个存储体都有自己的读/写控制电路、地址寄存器和数据寄存器，各自以等同的方式与 CPU 传输信息。在理想情况下，如果程序段或数据块都是连续地在主存中存取，那么将大大提高主存的访问速度。

CPU 同时访问 4 个存储体，由存储器控制部件控制它们分时使用数据总线进行信息传递。对每一个存储体来说，从 CPU 给出访存命令直到读出信息仍然使用了一个存取周期时间，而对 CPU 来说，可以在一个存取周期内连续访问 4 个存储体。各存储器的读/写过程可以重叠进行，所以多模块交叉存储器是一种并行存储器结构。

假设每个存储体的字长等于数据总线宽度，存储体存取一个字的存取周期为 T，总线传输周期为 τ，存储器的交叉模块数为 m，那么为了实现流水方式存取，应当满足：

$$T=m\tau$$

即成块传输可以按 τ 间隔流水方式进行，每经过 τ 时间延迟后启动下一个模块，图 3-23 说明了 m=4 的流水方式存取示意图。

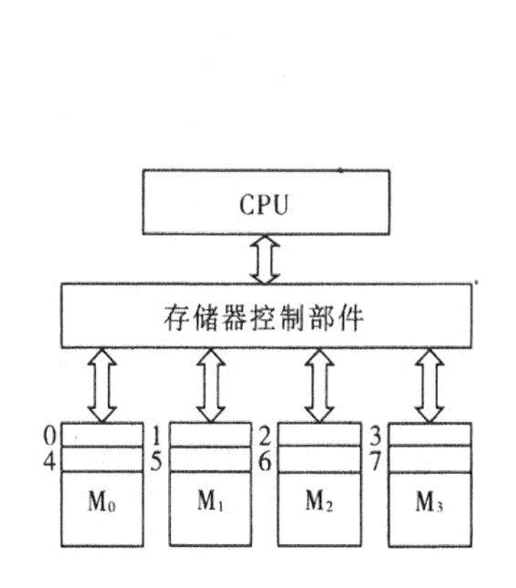

图 3-22 四体交叉存储器的结构框图

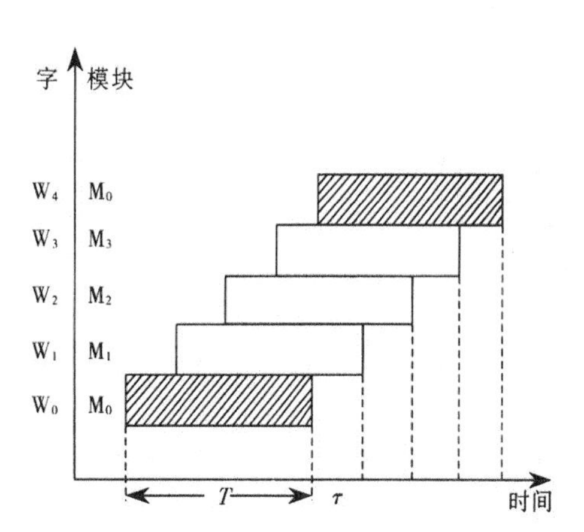

图 3-23 四体交叉存储器流水线方式存取示意图

$m=T/\tau$ 称为交叉存取度，交叉存储器要求模块数必须大于或等于 m，以保证启动某一模块后经 $m\tau$ 时间再次启动此模块时，它的上次存取操作已经完成。这样连续存取 m 个字所需要的时间为：

$$t_1=T+(m-1)\tau$$

而顺序方式存储器连续读取 m 个字所需要的时间为：

$$t_2=mT$$

【例 3-3】设存储器容量为 32 字，字长 64 位，模块数 m=4，分别用顺序方式和交叉方式进行组织。存储周期 T=200ns，数据总线宽度为 64 位，总线传输周期 τ=50ns。若连续读出 4 个字，问顺序存储器和交叉存储器的带宽各是多少？

解：顺序存储器和交叉存储器连续读出 m=4 个字的信息总量都是：

$$q=64\text{b}\times4=256\text{b}$$

顺序存储器和交叉存储器连续读出 4 个字所需的时间分别是：

$$t_2 = mT = 4\times 200\text{ns} = 800\text{ns} = 8\times 10^{-7}\text{s}$$

$$t_1 = T + (m-1)\tau = 200\text{ns} + 150\text{ns} = 350\text{ns} = 3.5\times 10^{-7}\text{s}$$

顺序存储器和交叉存储器的带宽分别是：

$$W_2 = q/t_2 = 256\text{b}/(8\times 10^{-7})\text{s} = 320\text{Mb/s}$$

$$W_1 = q/t_1 = 256\text{b}/(3.5\times 10^{-7})\text{s} = 730\text{Mb/s}$$

3.5 高速缓冲存储器

高速缓冲存储器（Cache）是为了解决 CPU 和主存之间速度不匹配而采取的一项重要技术。在前面的介绍中，对存储器有 3 个相互矛盾的要求：容量大、速度快和价格低。而矛盾的解决方法是使用存储分层结构，其主要是利用了程序局部性原理。

通过大量典型程序的统计分析，在一定时间内，只是对主存部分地址区域访问。这是由于指令和数据在主存内是连续存放的，并且有些指令和数据往往会多次调用（如循环、子程序等结构），即指令和数据在主存的地址分布不是随机的，而是相对的簇集，使得 CPU 在执行程序时，访存具有相对的局部性，即程序局部性原理，是指程序在执行时所呈现的局部性规律，即在一段较短时间内，程序的执行仅限于某个部分。相应地，它所访问的存储器空间也局限在某个空间。局部性原理表现为两个方面：

① 时间局部性：如果某条指令被执行，则不久以后该指令很可能再次被执行；如果某条数据结构被访问，则不久以后该数据结构很可能再次被访问。产生时间局部性的主要原因是程序中有大量的循环操作。

② 空间局部性：一旦程序访问了某个内存单元，不久以后，其附近的内存单元也要被访问，即程序在一段时间内所访问的存储器空间可能集中在一定的范围之内，其最常见情况就是程序的顺序执行。

根据这一原理，很容易设想，只要将 CPU 近期要访问的程序和数据提前从主存送到 Cache，那么就可以做到 CPU 在一定时间内只访问 Cache，一般 Cache 采用高速的 SRAM，其价格比主存贵，但其容量远小于主存，所以可以很好地解决速度和价格的矛盾。

3.5.1 基本原理

相对容量较大、速度较慢的主存储器与容量较小、速度较快的 Cache 连在一起，Cache 中存放主存储器中的部分副本。当 CPU 试图从存储器中读取一个字时，检查这个字是否在 Cache 中。如果是，则这个字传输给 CPU；如果不是，则主存储器中一块固定数目的字读入 Cache，然后再把这个字传输给 CPU。由于访问局部性，当把一块数据取入 Cache，以满足某次存储器访问时，将来访问块中的其他字的可能性是很大的。图 3-24 说明了这个概念。

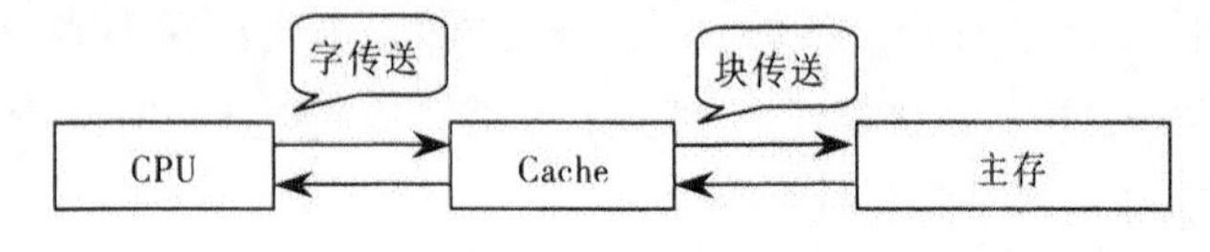

图 3-24 Cache 和主存储器

在 Cache 存储系统中，把 Cache 和主存储器都划分成相同大小的块。因此，主存地址由块号

B 和块内地址 w 两部分组成。同样，Cache 的地址也由块号 b 和块内地址 w 组成。Cache 的基本工作原理如图 3-25 所示。

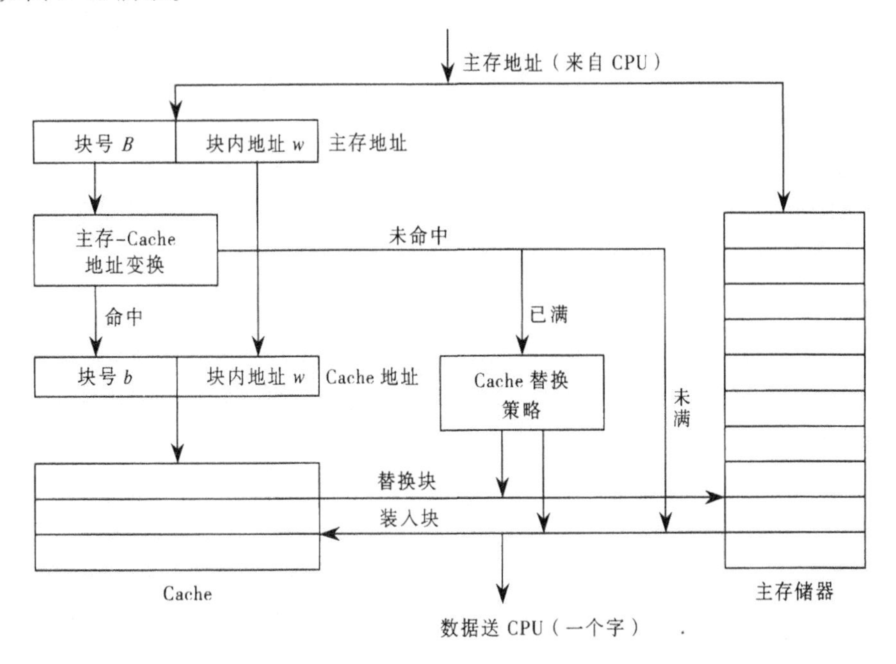

图 3-25 Cache 工作原理

CPU 要访问 Cache 时，CPU 送来主存地址放入主存地址寄存器中。通过主存-Cache 地址变换部件把主存地址中的块号 B 变换成 Cache 的块号 b 放入 Cache 地址寄存器中，并且把主存地址中的块内地址 w 直接作为 Cache 的块内地址 w 装入到 Cache 地址寄存器中。

如果变换成功（称为 Cache 命中），就用所得到的 Cache 地址去访问 Cache，从 Cache 中取出数据送往 CPU。如果变换不成功，则产生 Cache 失效信息，并且用主存地址访问主存储器。从主存储器中读出一个字送往 CPU，同时，把包括被访问字在内的一整块都从主存储器中读出来，装入到 Cache 中去。

这时，如果 Cache 已满，则要采用某种 Cache 替换算法，把不常用的一块调出 Cache，存入主存储器中原来存放它的地方，以便腾出 Cache 空间来存放新调入的块。由于程序具有局部性特点，每次块失效时都把一块（由多个字组成）调入到 Cache 中，这样可以提高 Cache 的命中率。

通常，Cache 的容量比较小，主存储器的容量要比它大得多。那么，Cache 中的块与主存储器中的块按照什么样的规则建立对应关系的呢？在这种对应关系下，主存地址又是如何变换成 Cache 地址的呢？

【例 3-4】假设 Cache 的工作速度是主存的 5 倍，且 Cache 被访问命中的概率为 95%，则采用 Cache 后，存储器性能提高多少？

解：设 Cache 的存取周期为 t，主存的存取周期为 $5t$，则系统的平均访问时间为：

$$t_a = 0.95 \times t + 0.05 \times 5t = 1.2t$$

性能为原来的 $5t/1.2t = 4.17$ 倍，即提高了 3.17 倍。

3.5.2 Cache 的设计要素

在 Cache 系统的设计中，需要考虑的基本要素有：

① Cache 容量的大小。

② 主存地址映射到 Cache 的方法，即当把一个块调入 Cache 时，可以放到哪些位置上（映像规则）。

③ 当所要访问的块在 Cache 时，如何找到该块（查找算法）。

④ 当新的数据块装入已经没有存放空间的 Cache 时，替换掉原数据块的策略（替换算法）。

⑤ CPU 执行写访问时，应进行哪些操作（写策略）。

⑥ 数据块大小的选择。

⑦ Cache 数目的选择。

下面分别介绍这些设计要素的解决思路。

1. Cache 容量

在设计 Cache 时，我们希望 Cache 容量小到使每位总的平均价格接近于单个主存储器的价格，同时希望 Cache 容量大到使总的平均存取时间接近于单个 Cache 的存取时间。还有几个减小 Cache 容量的动机。Cache 越大，寻址 Cache 中的门数就越多，结果是大的 Cache 比小的稍慢，即使是采用相同的集成电路技术制造并放在芯片和电路板的同一位置。Cache 容量也受到芯片和电路板面积的限制。

许多研究表明，Cache 容量为 1KB～512KB 将是最有效的。因为 Cache 性能对工作负载的性质十分敏感，所以不可能有“最优”的 Cache 容量。

2. 地址映射

由于 Cache 的数据块比主存的数据块要少得多，必须按照某种函数关系把主存储器的数据块映射到 Cache 中，称作地址映射。在数据按照这种映射关系装入 Cache 后，执行程序时，应将主存地址变换成 Cache 地址，这个变换过程叫做地址变换。地址的映射和变换是相互联系的。地址的映射和变换都采用硬件实现，软件开发人员感觉不到 Cache 的存在，这种特性成为 Cache 的透明性。

映射功能的选择决定了 Cache 的结构，通常采用 3 种技术，直接映射、相联映射和组相联映射。对于每一种技术，我们结合例子进行说明，上述 3 种情况的例子都包含下列元素：

- Cache 能存储 64KB。
- 在主存储器和 Cache 之间以每块 4B 大小传输数据。这意味着 Cache 被组织成 $16K=2^{14}$ 块。
- 主存储器有 16MB，每个字节通过 24 位地址可直接寻址（$2^{24}=16M$）。因此，为了实现映射，把主存储器看成由 4M 块组成，每块有 4B。

（1）直接映射（Direct Mapping）

Cache 的数据块大小称为行，用 L_i 表示，其中 $i=1$，2，…，$m-1$，共有 $m=2^r$ 行，主存的数据块大小称为块，用 B_j 表示，其中 $j=1$，2，…，$n-1$，共有 $n=2^s$ 块，行与块是等长的。每个块（行）由 $k=2^w$ 个连续的字组成，字是 CPU 每次访问存储器时可取的最小单位。

直接映射方法最简单，是把主存储器的每块映射到一个固定可用的 Cache 块中，是一个多对一的映射关系。图 3-26 说明了这种常用机制，映射表示为：

$$i=j \bmod m$$

其中： i=Cache 块号

j=主存储器的块号

m=Cache 的块数

此时主存的地址格式如下：

主存块标记 $s-r$	Cache 块地址 r	块内地址 w

Cache 地址格式如下：

Cache 块地址 r	块内地址 w

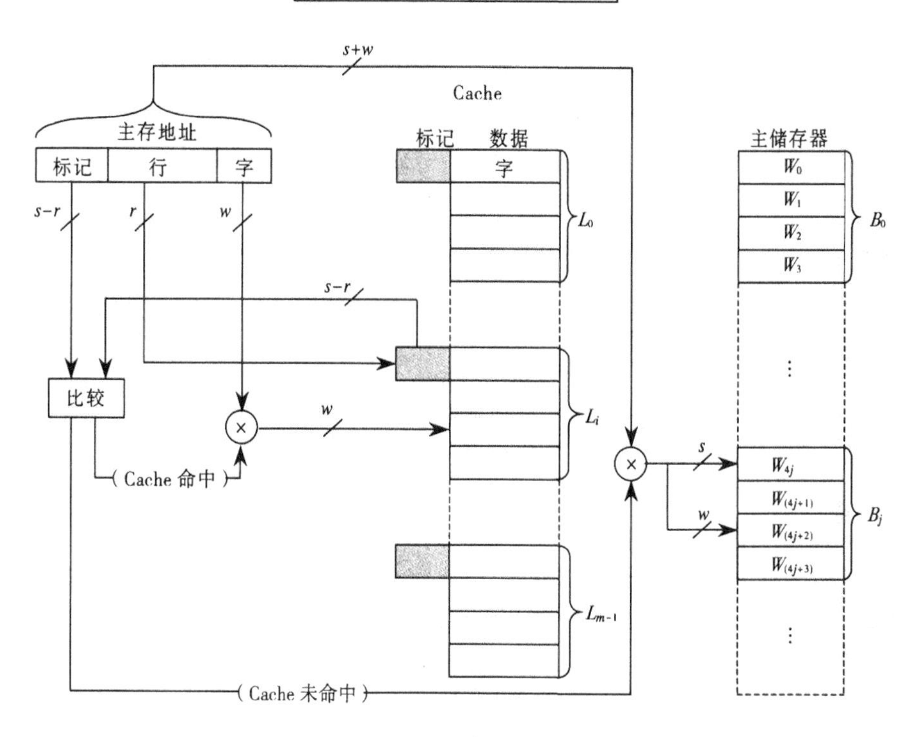

图 3-26 直接映射 Cache 的组织

映射功能通过地址很易实现。为了实现 Cache 存取，每个主存储器地址定义为 3 个域。最低的 w 位标识主存储器中某个块中唯一的字或字节；在大多数当代的机器中，地址是字节级的。剩余的 s 位指定了主存储器 2^s 个块中的一个。Cache 逻辑将这 s 位解释为 $s-r$ 位（高位部分）的标记域及 r 位的块域，后者标识了 Cache $m=2^r$ 个块中的一个。这种映射的结果是把主存储器中的块分配给如表 3-2 所示的 Cache 块中。

因此，采用部分地址作为行号提供了主存储器中的每块到 Cache 的唯一映射。当一块读入到分配给它的行时，有必要给数据做标记，从而将它与其他能装入这一行的块区别开。最高的 $s-r$ 位用来做标记。

表 3-2　采用直接映射法 Cache 块号和被分配的主存储块号对应表

Cache 块号	被分配的主存储块号
0	0、m、$2m$、…、2^s-m
1	1、$m+1$、$2m+1$、…、2^s-m+1
…	…
…	…
$m-1$	$m-1$、$2m-1$、$3m-1$、…、2^s-1

在图 3-26 所示的读操作工作流程中，Cache 系统用 24 位地址表示，14 位行号用做索引，到 Cache 中去存取一个特定的行。如果 8 位标记数与当前存储在该行中的标记数相匹配，则用 2 位的字号选择该行中 4 个字节之一。否则，用 22 位的标记和行号从主存储器中取出一块。取块的实际地址是 22 位的标记和行号再接两位 0，因此，在块的边界起始读取 4 个字节。

直接映射的技术实现简单、花费少。它的主要缺点是对于给定的块，有固定的 Cache 位置。因此，如果一个程序恰巧重复引用两个映射到同一 Cache 块号中且来自主存不同块的字，则这些块将不断地交换到 Cache 中，命中率将会降低。

【例 3-5】 假设主存容量为 512KB，按字节寻址，Cache 容量为 4KB，每个字块为 16 个字，每个字 32 位，则：

① Cache 地址有多少位？可容纳多少块？

② 主存地址有多少位？可容纳多少块？

③ 在直接映射方式下，主存的第几块映射到 Cache 中的第 5 块（设起始字块为第 1 块）？

④ 画出直接映射方式下主存地址字段中各段的位数。

解：①根据 Cache 容量为 4KB（2^{12}=4KB），Cache 地址为 12 位。由于每字 32 位，则 Cache 共有 4KB/4B=1K 字。因每个字块 16 个字，故 Cache 中有 1K/16=64 块。

② 根据主存容量为 512KB（2^{19}=512KB），主存地址为 19 位。由于每字 32 位，则主存共有 512KB/4B=128K 字。因每个字块 16 个字，故主存中共 128K/16=8192 块。

③ 在直接映射方式下，由于 Cache 共有 64 块，主存共有 8192 块，因此主存的 5，64+5，2×64+5，……，2^{13}-64+5 块能映射到 Cache 的第 5 块中。

④ 在直接映射方式下，主存地址字段的各段位数分配如图 3-27 所示。其中块内地址为 6 位（4 位表示 16 个字，2 位表示每字 32 位），Cache 共 64 块，故 Cache 字块地址为 6 位，主存块标记为主存地址长度与 Cache 地址长度之差，即 19-12=7 位。

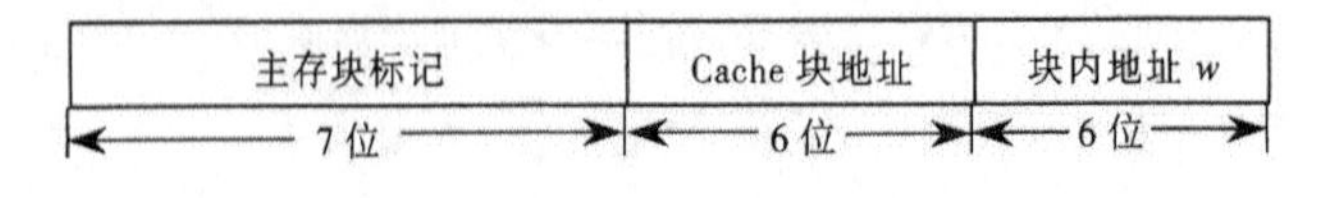

图 3-27　例 3-5 主存地址各字段的分配

（2）全相联映射（Associative Mapping）

全相联映射通过允许每个主存储块装入到 Cache 的任何一块中来克服直接映射的缺点。全相联映射的 Cache 控制逻辑简单地把存储器地址解释为标记（Tag）域和字（Word）域，标记域唯一标识主存储块。为了确定某块是否在 Cache 中，Cache 控制逻辑必须同时对每个块中的标记位进行检查，看其是否匹配。图 3-28 所示为这个逻辑。

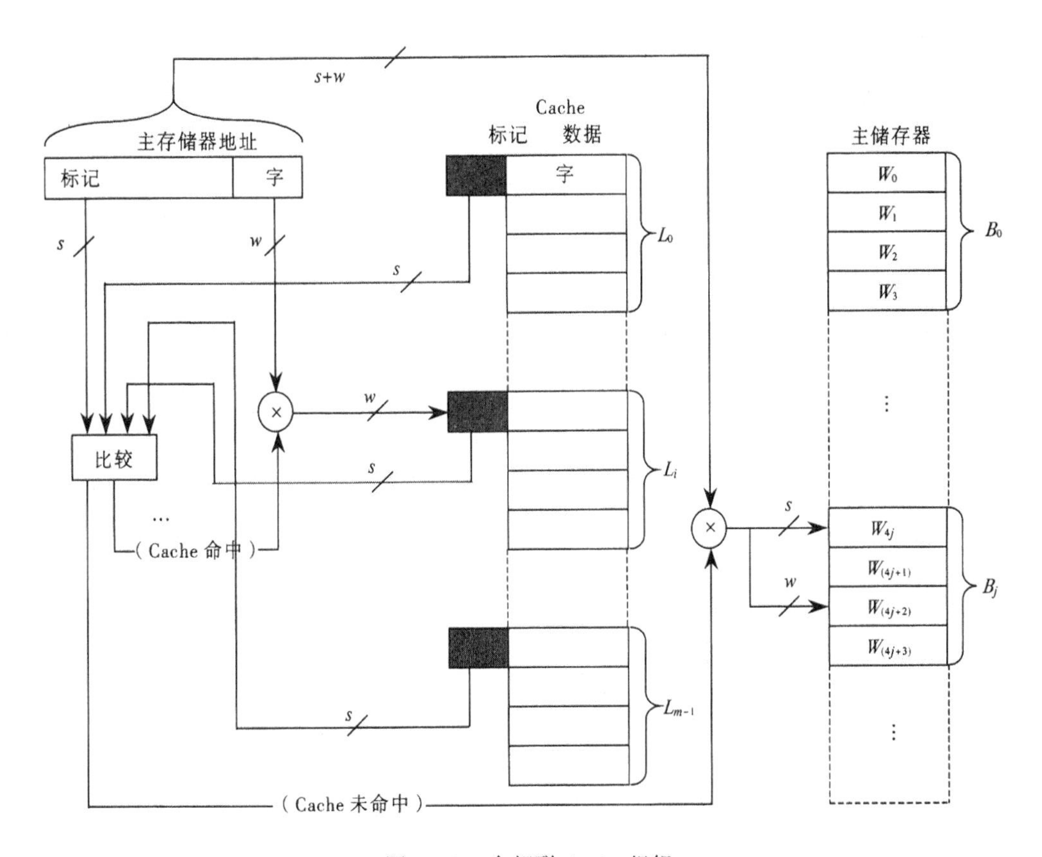

图 3-28 全相联 Cache 组织

对于全相联映射，当新的一块读入到行中时，替换旧的一块具有灵活性。本节后面将详细讨论的替换算法，能设计成命中率最大。全相联映射的主要缺点是，需要复杂的电路来并行检查所有 Cache 行的标记。

（3）组相联映射（Set Associative Mapping）

直接映射和全相联映射两种方式的优缺点正好相反，从存放位置的灵活性和命中率来看，后者为优；从比较器电路简单和硬件成本来说，前者为佳。而组相联映射是两种方法的折中方案，兼顾了二者的优点而又尽量避免了二者的缺点，因此被普遍采用。

在组相联映射中，Cache 分为 v 个组，每一组有 k 个行，它们的关系为：

$$m=v\times k, \qquad i=j \bmod v$$

其中：i=Cache 组号

j=主存储块的块号

m=Cache 的块数

块内存地址中 s 位块号分成两部分，低序的 d（$2^d=v$）位用于表示 Cache 的组号，高序的 $s-d$ 位作为标记（tag）与数据一起存于此组的某行中，该方式通过直接映射方式确定组号，在一个组内，则通过全相联映射方式确定块号。

采用组相联映射，块 B_j 能够映射到组 i 的任意一行中，这样，Cache 控制逻辑把存储器地址简单地解释为 3 个域：标记、组（set）和字。d 位指定了 $v=2^d$ 组中的一个，标记和组域的 s 位指

定了主存储器中 2^s 块中的一块。

图 3-29 说明了这种 Cache 的控制逻辑。使用全相联映射，其存储地址中的标记部分相当大，并且要与 Cache 所有行的标记相比较。使用 k 路组相联映射，其存储地址中的标记部分要小得多，并且只与一组中的 k 个标记相比较。

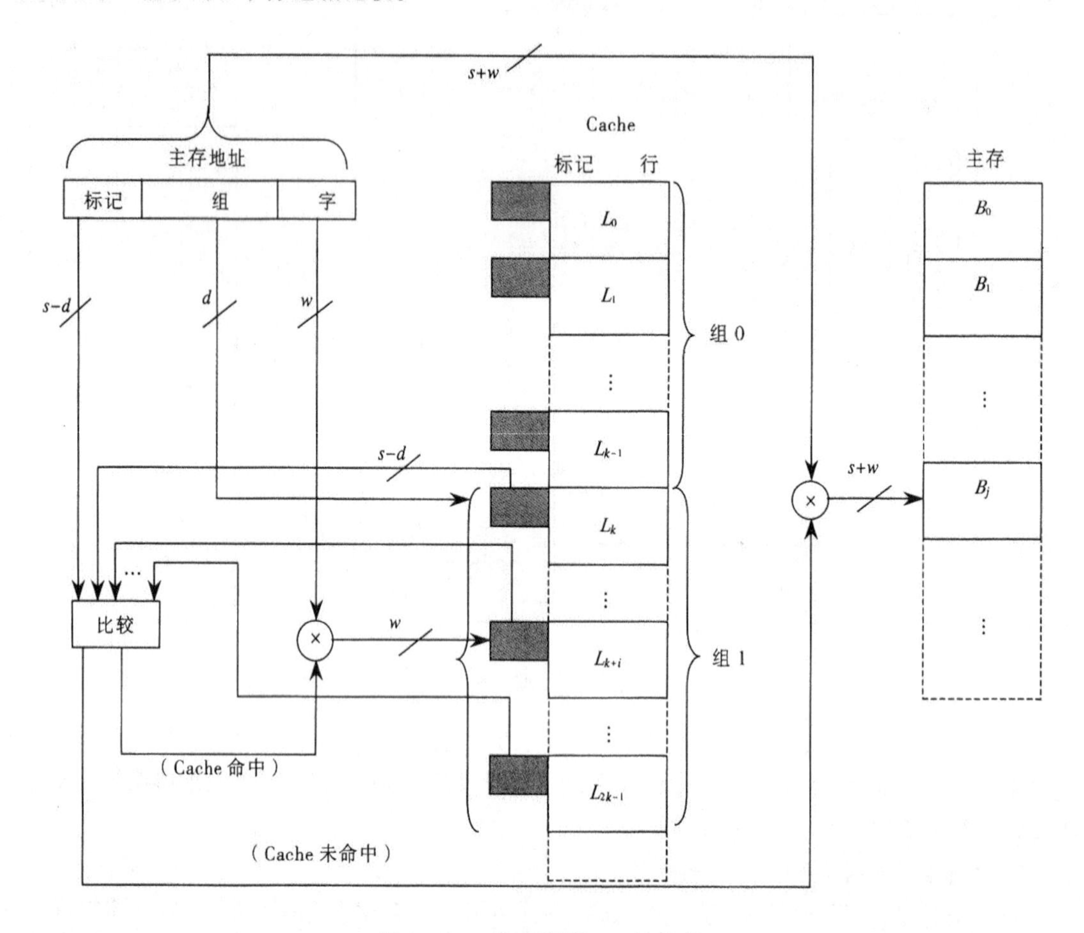

图 3-29 k 路组相联 Cache 组织

在 $v=m$，$k=1$ 的极端情况下，组相联技术简化为直接映射。而对于 $v=l$，$k=m$ 的情况，它简化为全相联映射。采用每组两块（$v=m/2$，$k=2$）是最常用的组相联结构。与直接映射相比，它明显地提高了命中率，四路组相联（$v=m/4$，$k=4$）用相对少的附加成本使命中率有一些提高，继续增加每组的行数几乎没有太大效果。

【例 3-6】设采用两路组相联方式，即 $d=3$，$w=1$，那么主存的第 15 块映射到 Cache 的哪个块中？

解：Cache 分为 $v=2^d=8$ 组，每一组有 $2^w=2$ 个行（块）。

$$i=j \bmod v=15 \bmod 8=7$$

所以，主存的第 15 块映射到 Cache 的第 7 组，每组有 2 块，组内是全相联映射方式，所以主存的第 15 块映射到 Cache 的第 14、15 块中。

3. 替换策略

当新的一块数据装入Cache时，原存储的一块数据必须被替换掉。对于直接映射，某个特定的块只可能有一个相对应的Cache块。对于相联和组相联技术需要一种替换算法。为了获得高速度，这种算法必须由硬件来实现。人们尝试过许多算法，下面介绍最常用的4种。

（1）最近最少使用（LRU）算法

LRU也许是最有效的算法，它替换掉那些在Cache中驻留时间最长且未被引用的块。对于二路组相联，这种方法很容易实现，每块包含一个Use位。当某块被引用时，Use位设置成1，这一组中另一行的Use位设置成0。当把一块读入到这一组中时，就会占用Use位为0的块。由于假定越最近使用的存储器储单元越有可能被引用，因此，LRU将给出最佳的命中率。

（2）先进先出（FIFO）算法

FIFO也是一种有效的算法，它是替换掉那些在Cache中停留时间最长的块。FIFO用循环或环形缓冲技术很容易实现。

（3）最不经常使用（LFU）算法

LFU也是一个较为有效的算法，它是换掉Cache中引用次数最少的块。LFU可以用与Cache每块相关的计数器来实现。

（4）随机替换算法

随机替换算法是随机地从候选块中选取一个，而与使用无关。模拟试验表明，随机替换算法在性能上只稍逊于基于使用情况的算法。

4. 写策略

经验表明，写操作占存储器操作的15%，写操作过程比较复杂，因为对Cache块内写入的信息，必须与被映像的主存块内的信息完全一致。当程序运行过程中需要对某个单元进行写操作时，会出现如何使Cache与主存内容保持一致的问题。目前采用的方法主要有以下两种：

（1）写直达法

写直达法又称为通过式写（Write Through），是最简单的实现技术。采用这种技术，所有的写操作都对主存储器和Cache进行，以保证主存储器总是有效的。任何其他的CPU Cache模块监视对主存储器的访问，以维护和自己Cache的一致性。

这一技术的主要缺点是，产生了大量的存储信息量，可能引起瓶颈问题。

（2）写回法

写回法（Write Back）可以减少存储器的写入。数据每次只是暂时写入Cache，并设置与块有关的修改（Update）位。当某个块被替换时，当且仅当修改位被置位时，才将它回写主存储器。

写回的缺点是，部分存储器是无效的，因此I/O模块的存取只允许通过Cache进行。这样就造成了更复杂的电路和潜在的瓶颈问题。

在多处理器的系统中，各自都有独立的Cache，且都共享主存储器，出现了一个新的问题。即如果某个Cache中的数据被修改，则它不但使主存储器中的相应字无效，而且也使其他Cache中的这个字无效（如果其他的Cache中恰巧也有相应的字）。即使采用了写直达法，其他Cache中仍可能有无效的数据。显然，解决系统中Cache一致性的问题很重要。Cache一致性是一个活跃的研究领域，可通过查阅资料进一步探讨这个课题。

5. 数据块的大小

当一个数据块被检索并放入Cache时，不仅所要的字，而且一些相邻的字也被取出。当块的大小由很小变得较大时，命中率首先会增加。这是因为局部性原理，引用字附近的数据以后被引用的概率高。当块大小增大时，更多有用的数据被装入Cache。但是，当块变得相当大并且使用新取出的信息的概率变得小于重用已被替代的信息的概率时，命中率开始下降。下面是块的两个特殊作用：

① 较大的块能减少装入Cache的块数。因为每装入一块要改写Cache中原来的内容，少量的块导致了装入的数据很快被改写。

② 当块变得较大时，每个附加的字离所要的字更远。因此，将被使用的可能性就更小。

块大小与命中率的关系是复杂的，它取决于特定程序的局部性特征，还没有找到确定的最优值。通常认为大小为2～8个可寻址单元（字或字节）接近最优值。

6. Cache的数目

最早引入Cache时，通常系统只有一个Cache。近年来，使用多个Cache已相当普通。我们所考虑的两个设计问题是关于Cache的级数以及采用统一或分立的Cache。

（1）单级与两级Cache

由于集成度的提高，将Cache与处理器置于同一芯片——片内Cache成为可能。与通过外部总线连接的Cache相比，片内Cache减少了处理器在外部总线上的活动，因而加快了执行时间，提高了系统总性能。当所要的指令或数据能在片内Cache中找到时，就减少了对总线的访问。因为与总线长度相比，处理器内部的数据路径较短，所以存取片内Cache甚至比零等待状态的总线周期还要快。而且，在这段时间内，总线空闲，可用于其他传输。

片内Cache又提出另一问题，是否仍需要使用一个片外的或外部的Cache。通常，答案是肯定的，多数当代的设计包含了片内Cache和外部Cache两种。这种结构称为二级Cache，其中内部Cache为第1级（L1），外部Cache为第2级（L2）。

包含L2 Cache的理由如下：如果没有L2 Cache，处理器要求访问一个不在L1 Cache的存储单元时，则处理器必须通过总线访问DRAM或ROM。由于总线速度和存储器存取时间通常较慢，这就导致了较低的性能。另一方面，如果使用了L2 SRAM（静态RAM）Cache，则经常丢失的信息可以很快被取来。如果SRAM快得足以与总线速度相匹配，则数据能够用零等待状态来存取，这是总线传输最快的一种类型。

若想使用L2 Cache来节省时间，则取决于L1和L2的命中率。一些研究已经表明，使用二级Cache确实可以提高性能。

（2）统一和分立Cache

当片内Cache首次出现时，许多设计采用单个Cache存放数据和指令，分立为两部分：一个专用于指令，另一个专用于数据。

统一Cache有一些潜在的优点：

① 对于给定的Cache容量，统一Cache比分立Cache有较高的命中率。因为它在获取指令和数据的负载之间自动进行平衡，即如果执行方式中取指令比取数据多得多，则Cache就被指令填满。如果执行方式中有相对较多的要读取的数据，则会出现相反的情况。

② 只需设计和实现一个Cache。

尽管统一Cache有这些优点，但分立Cache是一种发展趋势，特别适用于如Pentium II和PowerPC的超标量机器，它们强调并行指令执行和预取未来执行的指令。

分立 Cache 设计的主要优点是取消了 Cache 在指令处理器和执行单元间的竞争，它在任何基于指令流水线的设计中都是十分重要的。通常处理器会提前获取指令，并把将要执行的指令装入缓冲器或流水线。假设现在有统一指令/数据 Cache，当执行单元执行存储器存取以装载和存储数据时，这一请求提交给统一 Cache。如果同时指令存储器为取指令向 Cache 发出读请求，则后一请求会暂时阻塞，这样，Cache 能首先为执行单元服务，使它能够完成当前的指令执行。这种对 Cache 的竞争会降低性能，因为它干扰了指令流水线的有效使用，而分立的 Cache 结构解决了这一问题。

【例 3-7】假设主存容量为 512K × 16 位，Cache 容量为 4096 × 16 位，块长为 4 个 16 位的字，访存地址为字地址。

① 在直接映射方式下，设计主存的地址格式。

② 在全相联映射方式下，设计主存的地址格式。

③ 在二路组相联映射方式下，设计主存的地址格式。

④ 若主存容量为 512K × 32 位，块长不变，在四路组相联映射方式下，设计主存的地址格式。

解：① 根据 Cache 容量为 $4096=2^{12}$ 字，得 Cache 地址为 12 位。根据块长为 4，且访存地址为字地址，得块内地址为 2 位，即 $w=2$，且 Cache 共有 $4096/4=1024=2^{10}$ 块，即 $r=10$。根据主存容量为 $512K=2^{19}$ 字，得主存地址为 19 位。在直接映射方式下，主存块标记为 19−12=7。

主存的地址格式如图 3−30（a）所示。

② 在全相联映射方式下，主存字块标记为 $19-w=19-2=17$ 位，其地址格式如图 3−30（b）所示。

③ 根据二路组相联的条件，一组内有 2 块，得 Cache 共分 $1024/2=512=2^d$ 组，即 $d=9$，主存块标记为 $19-d-w=19-9-2=8$ 位，其地址格式如图 3−30（c）所示。

④ 若主存容量改为 512K × 32 位，即双字宽存储器，块长仍为 4 个 16 位的字，访存地址仍为字地址，则主存容量可写为 1 024K × 16 位，得主存地址为 20 位。由四路组相联，得 Cache 共分 $1\ 024/4=256=2^d$ 组，即 $d=8$。对应该条件下，主存块标记为 20−8−2=10 位，其地址格式如图 3−30（d）所示。

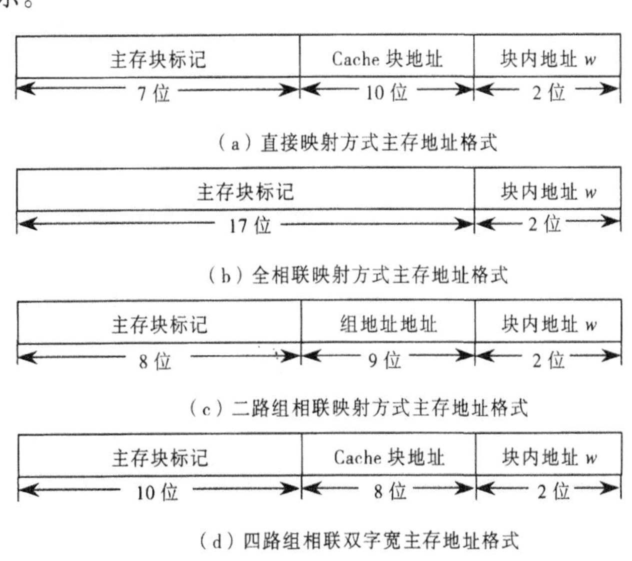

图 3−30　例 3−7 主存地址各字段的分配

3.5.3 Cache 系统实例

我们可以从 Intel 微处理器的演变中清晰地看到 Cache 组织的演变。80386 不包含片内 Cache。80486 包含 8KB 的片内 Cache，它采用每行 16B 的四路组相联结构。Pentium 包含两个片内 Cache，一个用于数据，一个用于指令。每个 Cache 有 8KB，采用了每行 32B 的两路组相联结构。Pentium Pro 和 Pentium II 也包含两个 LI 片内 Cache，最初的处理器是一个 8KB 的四路组相联的指令 Cache 和一个 8KB 的两路组相联的数据 Cache。Pentium Pro 和 Pentium II 还在处理器模块内（核心芯片外）包含一个四路组相联的 L2 Cache，容量范围为 256KB～1MB。

图 3-31 所示为一个 Pentium II 组织的简化图，着重强调 3 个 Cache 的布局。处理器的核心由下列 4 个主要部件组成：

① 取指令/译码单元（Fetch/Decode Unit）：顺序由 Ll 指令 Cache 取程序指令，将它们译成一系列的微操作并存入指令池中。

② 指令池（Instruction Pool）：当前可用于执行的指令组存放于此。

③ 派遣/执行单元（Dispatch/Execute Unit）：依据数据相关性和资源可用性调度微操作的执行；因此，微操作可按不同于所取指令流的顺序被调度执行。只要时间许可，此单元完成将来可能需要的微操作的推测执行。它由 Ll 数据 Cache 取所需数据，执行微操作，并将结果暂存于寄存器中。

④ 回收单元（Retire Unit）：确定何时将暂存的推测执行的结果提交（Commit）到 L1 数据 Cache 和寄存器中，成为稳定状态。在回收一条执行结果之后，此单元将相应指令的微操作从指令池中删除。

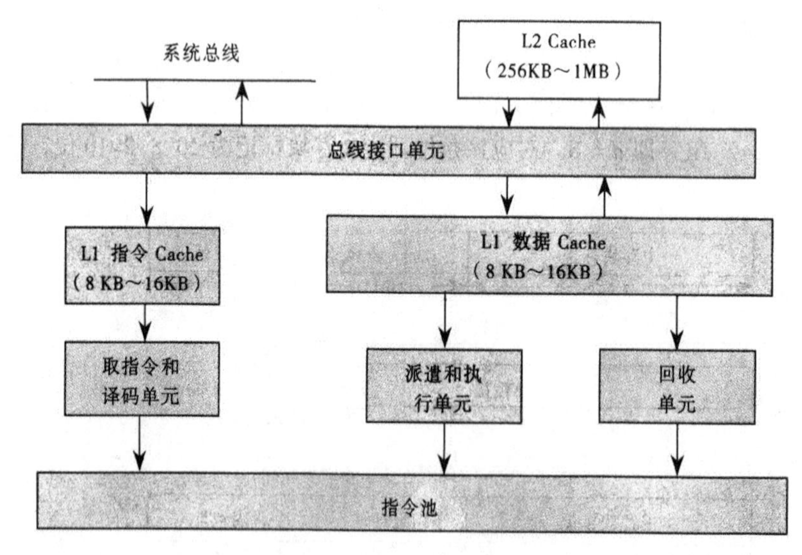

图 3-31 Pentium II 处理器框图

图 3-32 描述了 L1 数据 Cache 的关键元素。Cache 中的数据由 128 个组组成，每组两块数据。这在逻辑上组成两个 4KB 的“通路”。与每块相关的是标记和两个状态位；在逻辑上组成两个目录，每个 Cache 块有一个目录项；标记是数据存储地址的高 24 位。Cache 控制器采用最近最少使用（LRU）替换算法，同组中的两块数据共用一个 LRU 位。

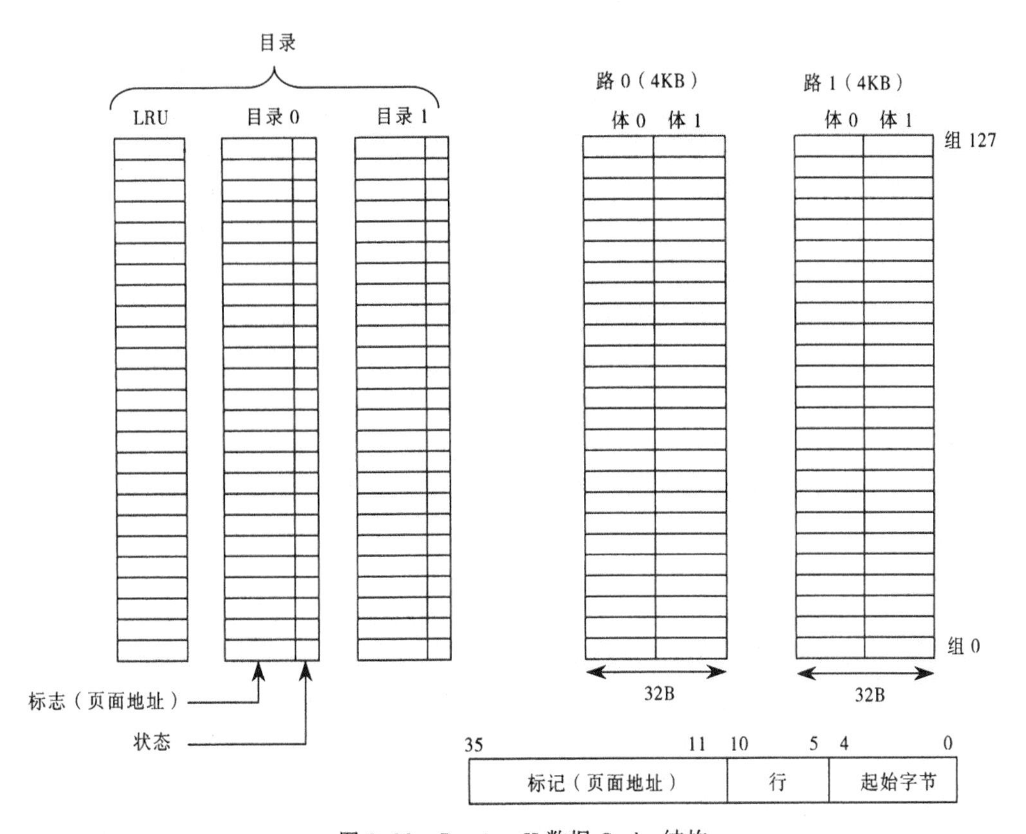

图 3-32 Pentium II 数据 Cache 结构

数据 Cache 采用回写策略，仅当修改过的数据由 Cache 移走时，才写回主存。Pentium II 处理器也能动态配置成支持写直达法的高速缓存。

3.6 虚拟存储器

程序预先放在外存储器（一般是硬盘）中，采用什么机制能够完成：当计算机需要用到这段程序时，程序调入内存，被 CPU 执行，从 CPU 角度看到的是一个速度接近内存，同时具有外存容量的虚拟的存储器。这就是本节所要讲述的内容。

3.6.1 虚拟存储器的基本概念

1. 什么是虚拟存储器

虚拟存储器是指存储器层次结构中主存-辅存层次的存储系统。它以透明的方式给用户提供了一个比实际主存空间大得多的程序地址空间。虚拟存储器不仅是解决存储容量和存取速度矛盾的一种方法，而且也是管理存储设备的有效方法。

有了虚拟存储器，用户不用考虑所编程序在主存中是否放得下或放在什么位置等问题。虚拟存储器只是一个容量非常大的存储器的逻辑模型，不是任何实际的物理存储器。它借助于磁盘等辅助存储器来扩大主存容量，使之能被更大或更多的程序所使用。

CPU 不能直接访问辅存，必须对数据块进行调度和进行地址的映像和变换。在虚拟存储器中有 3 种地址空间：一种是虚拟地址空间，也称虚存空间或虚拟存储器空间，它是应用程序员用来编写程序的地址空间，这个地址空间非常大。第二种是主存储器的地址空间，也称为主存地址空间，主存物理空间或实存地址空间。第三种是辅存地址空间，也就是磁盘存储器的地址空间。与这三种地址空间相对应，有三种地址，即虚拟地址（虚存地址、逻辑地址、虚地址）、主存地址（物理地址、实地址、主存储器地址）和磁盘存储器地址（磁盘地址、辅存地址）。

物理地址由 CPU 地址引脚送出，用于访问主存的地址。设 CPU 地址总线的宽度为 m 位，那么物理地址空间的大小用 2^m 来表示。

虚拟地址是由编译程序生成的。CPU 在执行程序时将虚拟地址转换成物理地址。设虚拟地址字长为 n 位，则虚拟地址空间的大小可用 2^n 来表示。因虚拟存储器的内容要保存在磁盘上，所以虚拟地址空间的大小实际上受到辅助存储器容量的限制。

从原理上看，主存–辅存层次和 Cache–主存层次的存储系统有很多相似之处，它们采用的地址变换、映射方法和替换策略，从原理上看是相同的，且都基于程序局部性原理。它们遵循的原则是：

① 把程序中最近常用的部分驻留在高速的存储器中。

② 一旦这部分变得不常用了，把它们送回到低速的存储器中。

③ 这种换入/换出操作是由硬件或操作系统完成的，对用户是透明的。

④ 力图使存储系统的性能接近高速存储器，价格接近低速存储器。

然而，两种存储系统中的设备性能有所不同，管理方案的实施细节也有差异，所以虚拟存储系统中不能直接照搬 Cache 中的技术。两种存储系统的主要区别在于：主存的存取时间是 Cache 存取时间的 5～10 倍，而磁盘的存取时间是主存存取时间的上千倍，因而未命中时系统的相对性能损失有很大的不同。具体说，在虚拟存储器中未命中的性能损失要远大于 Cache 系统中未命中的损失。

2. 主存-辅存层次的存储系统的基本信息传输单位

主存–辅存层次的存储系统的基本信息传输单位可采用几种不同的方案：段、页或段页。

段是利用程序的模块化性质，按照程序的逻辑结构划分成的多个相对独立的部分，例如，过程、子程序、数据表、阵列等。段作为独立的逻辑单位可以被其他程序段调用，这样就形成段间连接，产生规模较大的程序。因此，把段作为基本信息单位在主存–外存之间传输和定位是比较合理的。一般用段表来指明各段在主存中的位置。每段都有它的名称（用户名、数据结构名或段号）、段起点、段长等。段表本身也是主存储器的一个可再定位段。

把主存按段分配的存储管理方式称为段式管理。段式管理系统的优点是段的分界与程序的自然分界相对应；段的逻辑独立性使它易于编译、管理、修改和保护，也便于多道程序共享；某些类型的段（堆栈、队列）具有动态可变长度，允许自由调度以便有效利用主存空间。但是，正因为段的长度各不相同，段的起点和终点不定，给主存空间分配带来麻烦，而且容易在段间留下许多空余的零碎存储空间不好利用，造成浪费。

页式管理系统的基本信息传输单位是定长的页。主存的物理空间被划分为等长的固定区域，称为页面。页面的起点和终点地址是固定的，给造页表带来了方便。新页调入主存也很容易掌握，只要有空白页面就可容纳。唯一可能造成浪费的是程序最后一页的零头的页内空间，它比段式管理系统的段外空间浪费要小得多。页式管理系统的缺点正好和段式管理系统相反，由于页不是逻辑上独立的实体，所以处理、保护和共享都不及段式方便。

段式存储管理和页式存储管理各有其优缺点，可以采用分段和分页结合的段页式管理系统。程序按模块分段，段内再分页，进入主存仍以页为基本信息传输单位，用段表和页表（每段一个页表）进行两级定位管理。

3.6.2 页式虚拟存储器

在页式虚拟存储系统中，把虚拟空间分成页，称为逻辑页；主存空间也分成同样大小的页，称为物理页。假设逻辑页号为 0，1，2，…，m，物理页号为 0，1，…，n，显然有 $m>n$。由于页的大小都取 2 的整数幂个字，所以，页的起点都落在低位字段为空的地址上。因此，虚存地址分为两个字段，高位字段为逻辑页号，低位字段为页内行地址。实存地址也分两个字段，高位字段为物理页号，低位字段为页内行地址。由于两者的页面大小一样，所以页内行地址是相等的。

虚拟地址到主存实地址的变换是由放在主存的页表来实现。在页表中，对应每一个虚存逻辑页号有一个表目，表目内容至少要包含该逻辑页所在的主存页面地址（物理页号），用它作为实（主）存地址的高字段，与虚存地址的页内行地址字段相拼接，就产生了完整的实存地址，据此来访问主存。页式虚拟存储器的地址变换如图 3-33 所示。

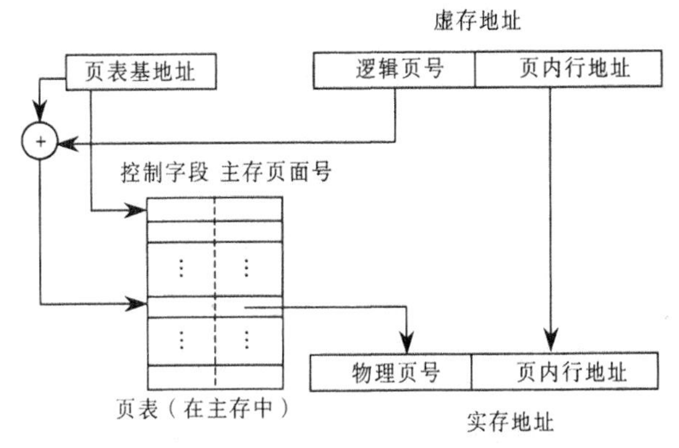

图 3-33 页式虚拟存储器地址变换

通常，在页表的表项中还包括装入位（有效位）、修改位、替换控制位及其他保护位等组成的控制字段。如装入位为 1，表示该逻辑页已从外存调入主存；如装入位为 0 则表示对应的逻辑页尚未调入内存。如访问该页就要产生页面失效中断，启动输入/输出子系统，根据页表项目中查得外存地址，由磁盘等外存中读出新的页到主存中来。修改位指出主存页面中的内容是否被修改过，替换时是否要写回主存，替换控制位指出需替换的页等。

假设页表已保存或已调入主存储器中，在访问存储器时，首先要查页表，即使页面命中，也得先访问一次主存去查页表，再访问主存才能取出数据，这就相当于主存速度降低了一倍。如果页面失效，还要进行页面替换、页面修改，访问主存的次数就更多了。

由于程序在执行过程中具有局部性，因此，对页表中各存储字的访问并不是完全随机的。也就是说，在一段时间内，对页表的访问只是局限在少数几个存储字内。根据这一特点，可大大缩小目录表的存储容量。例如，容量为 8～16 个存储字，访问速度与 CPU 中的通用寄存器相当。这个小容量的页表称为快表（Translation Lookaside Buffer，TLB），快表采用相联方式访问。当快表中查不到时，再从存放在主存储器中的页表中查找实页号。与快表相对应，存放在主存储器中的页表称为慢表。慢表是一个全表，快表只是慢表的一个部分副本，而且只存放了慢表中很少的一部分。

实际上，快表与慢表也构成了一个由两级存储器组成的存储系统。与虚拟存储器和 Cache 存储器类似。在这个快、慢表的存储系统中，访问速度接近于快表的速度，存储容量是慢表的容量。

一种经快表与慢表实现地址变换的过程如图 3-34 所示，快表由硬件组成，它比页表小得多，因为快表只是页表的一个小副本。查表时，由逻辑页号同时去查快表和慢表。当在快表中有此逻辑页号时，就能很快地找到对应的物理页号送入实存地址寄存器，并使此表的查找作废，从而就能做到虽采用虚拟存储器但访问主存速度几乎没有下降。如果在快表中查不到，那就要花费一个访问主存时间查慢表，从中查到物理页号送入实存地址寄存器，并将此逻辑页号和对应的物理页号送入快表，替换快表中应该移掉的内容，这也要用到替换算法。

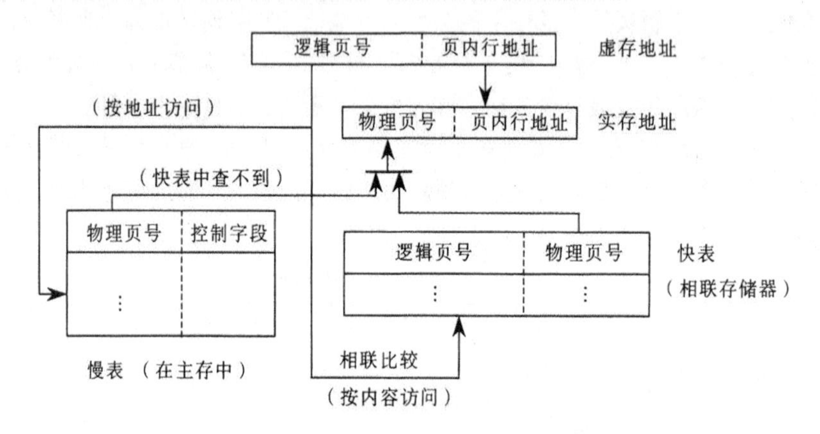

图 3-34 快表和慢表的地址变换过程

页式虚拟存储器的主要优点是：

① 主存储器的利用率比较高。每个用户程序只有不到一页（平均为半页）的浪费与段式虚拟存储器每两个程序段之间都有浪费相比要节省许多。

② 页表相对比较简单。它需要保存的字段数比较少，一些关键字段的长度要短许多，因此，节省了页表的存储容量。

③ 地址映像和变换的速度比较快。在把用户程序装入到主存储器的过程中，只要建立用户程序的虚页号与主存储器的实页号之间的对应关系即可，不必使用整个主存的地址长度，也不必考虑每页的长度等。

④ 对辅存的管理比较容易，因为页的大小一般取磁盘存储器物理块大小（512B）的整倍数。

页式虚拟存储器的缺点主要有两个：

① 程序的模块化性能不好。由于用户程序是强制按照固定大小的页来划分的，而程序段的实际长度一般是不固定的。因此，页式虚拟存储器中一页通常不能表示一个完整的程序功能。一页可能只是一个程序段中的一部分，也可能在一页中包含了两个或两个以上程序段。

② 页表很长，需要占用很大的存储空间。通常，虚拟存储器中的每一页在页表中都要占有一个存储字。假设有一个页式虚拟存储器，它的虚拟存储空间大小为 4GB，每一页的大小为 1KB，则页表的容量为 4M 存储字。如果每个页表存储字占用 4B，则页表的存储容量为 16MB。

3.6.3 段式虚拟存储器

在段式虚拟存储系统中，段是按照程序的逻辑结构划分的，各个段的长度因程序而异。虚拟地址由段号和段内地址组成，如图 3-35 所示。

为了把虚拟地址变换成实存地址，需要一个段表，其格式如图 3-35（a）所示。装入位为 1 表示该段已调入主存，为 0 则表示该段不在主存中；段的长度可大可小，所以，段表中需要有长度指示。在访问某段时，如果段内地址值超过段的长度，则发生地址越界中断。段表也是一个段，可以存在外存中，需要时再调入主存。但一般是驻留在主存中。

图 3-35 的（b）表示了虚存地址向实存地址的变换过程。

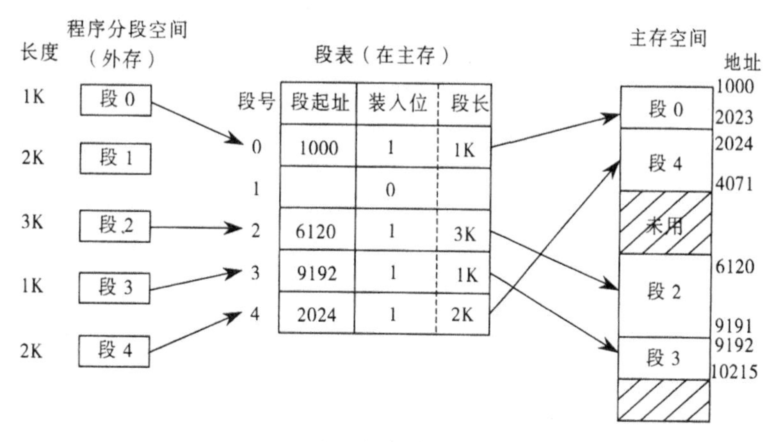

（a）虚拟地址变换为实存地址

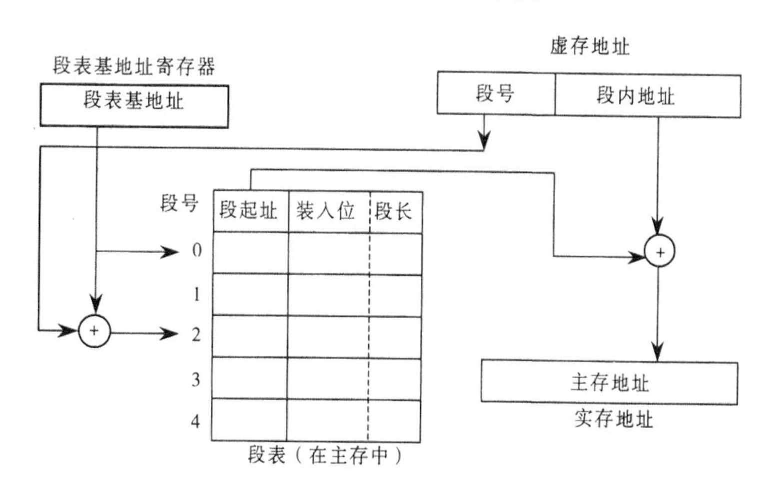

（b）虚存地址变换为实存地址

图 3-35 段式虚拟存储器地址

3.6.4 段页式虚拟存储器

为了能够同时获得段式虚拟存储器在程序模块化方面的优点和页式虚拟存储器在管理主存和辅存物理空间方面的优点，把两种虚拟存储器结合起来就成为段页式虚拟存储器。在这种方式中，把程序按逻辑单位分段以后，再把每段分成固定大小的页。程序对主存的调入/调出是按页面进行的，但它又可以按段实现共享和保护。

段页式虚拟存储器一方面具有段式虚拟存储器的主要优点，例如，用户程序可以模块化编写，程序段的共享和信息的保护都比较方便，程序可以在执行时再动态链接等。另一方面也具有页式虚拟存储器的主要优点，例如，主存储器的利用率比较高，对辅助存储器（磁盘存储器）的管理比较容易等。

其缺点是在地址映像过程中需要多次查表。在段页式虚拟存储系统中，每道程序是通过一个段表和一组页表来进行定位的。段表中的每个表目对应一个段，每个表目有一个指向该段的页表起始地址（页号）及该段的控制保护信息。页表指明该段各页在主存中的位置以及是否已装入、已修改等状态信息。计算机中一般都采用这种段页式存储管理方式。

如果有多个用户在机器上运行，即称为多道程序，多道程序的每一道（每个用户）需要一个基号（用户标志号），可由它指明该道程序的段表起始地址（存放在基址寄存器中）。这样，虚拟地址应包括基号、段号、页号、页内地址，其格式如下：

基号	段号	页号	页内地址

每道程序可由若干段组成，而每段又由若干页组成，由段表指明该段页表的起始地址，由页表指明该段各页在主存中的位置以及是否已装入等控制信息。

【例 3-8】 假设有 3 道程序（用户标志号为 A、B、C），其基址寄存器内容分别为 S_A、S_B、S_C，逻辑地址到物理地址的变换过程如图 3-36 所示。在主存中，每道程序都有一张段表，A 程序有 4 段，C 程序有 3 段。每段应有一张页表，段表的每行就表示相应页表的起始位置，而页表内的每行即为相应的物理页号。请说明虚实地址的变换过程。

解：地址变换过程如下：

① 根据基号 C，执行 S_C（基址寄存器内容）+1（段号）操作，得到段表相应的行地址，其内容为页表的起始地址 b。

② 执行 b（页表起始地址）+2（页号），得到物理页号的地址，其内容即为物理页 10。

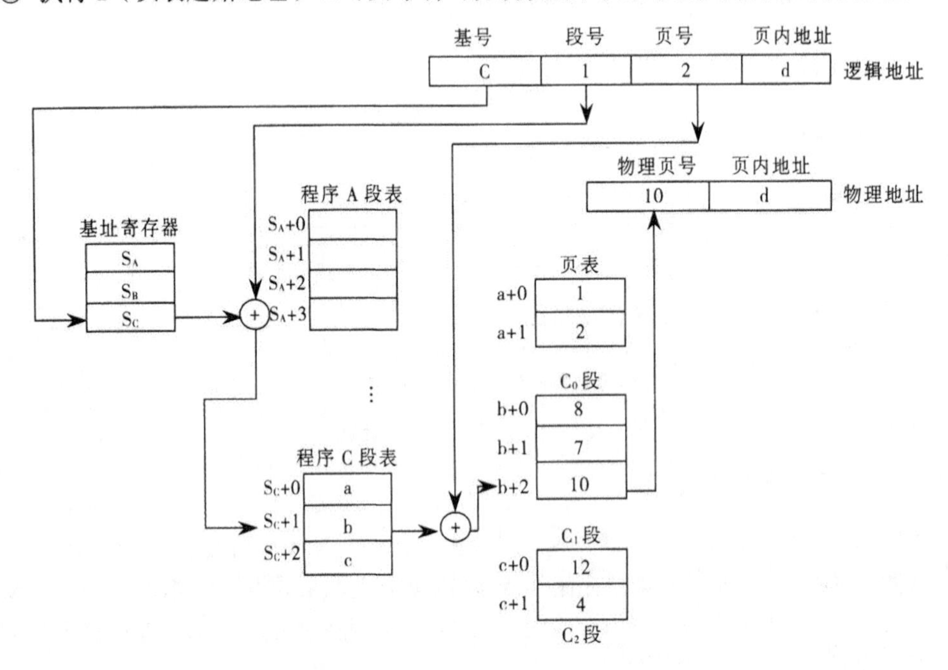

图 3-36　段页式虚拟存储器地址变换

③ 物理页号与页内地址拼接即得到物理地址。

假如该计算机只有一个基址寄存器，那么基号可以不要，在多道程序切换时，则操作系统修改基址寄存器内容。

另外上述每一张表的每一行都要设置一个有效位。我们在上面讨论时假设相应行的有效位均为 1，否则表示相应的表还未建立，访问失败，发出中断请求以启动操作系统建表。

可以看出，段页式虚拟存储系统由虚拟地址向实存地址的变换至少需查两次表(段表与页表)。段、页表构成表层次。当然，表层次不只段页式有，页表也会有，这是因为整个页表是连续存储的。当一个页表的大小超过一个页面的大小时，页表就可能分成几个页，分存于几个不连续的主存页面中，然后，将这些页表的起始地址又放入一个新页表中。这样，就形成了二级页表层次。一个大的程序可能需要多级页表层次。对于多级页表层次，在程序运行时，除了第一级页表需驻留在主存之外，大部分可存于外存，需要时再由第一级页表调入，从而可减少每道程序占用的主存空间。

3.6.5 替换算法

当 CPU 要用到的数据或指令不在主存时，产生页面失效（缺页），此时要求从外存调进包含有这条指令或数据的页面。假如主存页面已全部被占满，那么用什么规则来替换主存的哪一页以接纳要调进的页面呢?

虚拟存储器中的页面替换策略和 Cache 中的行替换策略有很多相似之处，但有 3 点显著不同：

① 缺页至少要涉及前一次磁盘存取，以读取所缺的页面，因此缺页使系统蒙受的损失要比 Cache 未命中大得多。

② 页面替换是由操作系统软件实现的。

③ 页面替换的选择余地很大，属于一个进程的页面都可替换。为了以较多的 CPU 时间和硬件为代价来换取更高的命中率，虚拟存储器中的替换策略一般采用 LRU 算法、LFU 算法、FIFO（先进先出）算法，或将其中两种算法结合起来使用。

对于将被替换出去的页面是否要进行某些处理呢? 由于在主存中的每一页在外存中都留有副本，假如该页调入主存后没有被修改（即写入）过，那么就不必进行处理，否则就应该把该页重新写入外存，以保证外存中数据的正确性。为此在页表的每一行可设置一修改位，当该页刚调入主存时，此位为 0，当对该页内任一地址进行写入时，就把该位修改为 1。在该页被替换时，检查其修改位，如为 1，则先将该页内容从主存写入外存，然后再从外存接收新的一页。

评价一个页面替换算法好坏的标准主要有两个，一是命中率要高，二是算法要容易实现。要提高一个页面替换算法的命中率，首先要使这种算法能正确反映程序的局限性，其次是这种算法要能够充分利用主存中页面调度情况的历史信息，或者能够预测主存中将要发生的页面调度情况。

在虚拟存储器中，为了实现逻辑地址到物理地址的转换，并在页面失效时进入操作系统环境，人们设置了由硬件实现的存储管理部件 MMU。

小　结

对存储器的要求是容量大、速度快、成本低。为了达到这 3 个要求，计算机采用 Cache、主存和外存多级存储体系结构。CPU 能直接访问内存（Cache、主存），但不能直接访问外存。存储器的技术指标有存储容量、存取时间、存储周期等。

广泛使用的 SRAM 和 DRAM 都是半导体随机读/写存储器，前者速度比后者快，但集成度不如后者高。二者的优点是体积小，可靠性高，价格低廉，缺点是断电后不能保存信息。只读存储器和闪速存储器正好弥补了 SRAM 和 DRAM 的缺点，即使断电也仍然保存原先写入的数据。特别是闪速存储器能提供高性能、低功耗、高可靠性以及瞬时启动能力，因而有可能使现有的存储器体系结构发生重大变化。

半导体存储器由一组存储位元阵列组成，一般要通过字位扩展方法和 CPU 连接，才能进行正常的指令和数据的存取工作。

多模块交叉存储器属于并行存储器结构，它主要采用时间并行技术。

Cache 是一种高速缓冲存储器，是为了解决 CPU 和主存之间速度不匹配而采用的一项重要的硬件技术，并发展为多级 Cache 体系，指令 Cache 与数据 Cache 分设体系。Cache 的命中率接近于 1。主存与 Cache 的地址映射有直接映射、全相联、组相联 3 种方式。其中组相联方式是前二者的折中方案，适度地兼顾了二者的优点又尽量避免其缺点，从灵活性、命中率、硬件投资来说较为理想，因而得到了普遍采用。

虚拟存储器指的是主存-外存层次的存储系统，它给用户提供了一个比实际主存空间大得多的虚拟地址空间。因此虚拟存储器只是一个容量非常大的存储器的逻辑模型，不是任何实际的物理存储器。按照主存-外存层次的信息传输单位不同，虚拟存储器有页式、段式、段页式 3 类。

习　题

1. 选择题。

（1）存储器是计算机系统中的记忆设备，它主要用来（　　）。

A. 存放数据　　B. 存放程序　　C. 存放数据和程序　　D. 存放微程序

（2）计算机的存储器采用分级存储体系的主要目的是（　　）。

A. 便于读/写数据

B. 减小机箱的体积

C. 便于系统升级

D. 解决存储容量、价格和存取速度之间的矛盾

（3）某 SRAM 芯片。其存储容量为 64K×16 位，该芯片的地址线和数据线数目为（　　）。

A. 64, 16　　B. 16, 64　　C. 64, 8　　D. 16, 16

（4）主存储器和 CPU 之间增加 Cache 的目的是（　　）。

A. 解决 CPU 和主存之间的速度匹配问题

B. 扩大主存储器的容量

C. 扩大 CPU 通用寄存器的数量

D. 既扩大主存容量又扩大 CPU 通用寄存器数量

（5）采用虚拟存储器的主要目的是（　　）。

A. 提高主存储器的存取速度

B. 扩大主存储器的存储空间，并能进行自动管理和调度

C. 提高外存储器的存取速度

D. 扩大外存储器的存储空间

（6）下列说法中不正确的是（　　）。

A. 每个程序的虚地址空间可以远大于实地址空间，也可以远小于实地址空间

B. 多级存储体系由 Cache、主存和虚拟存储器构成

C. Cache 和虚拟存储器这两种存储器管理策略都利用了程序的局部性原理

D. 当 Cache 未命中时，CPU 可以直接访问主存，而外存与 CPU 之间则没有直接通路

（7）以下哪一种情况能使 Cache 的效率发挥最好？（　　）

A. 程序中不含有过多的 I/O 操作　　B. 程序的大小不超过实际的内存容量

C. 程序具有较好的访问局部性　　D. 程序的指令间相关性不多

2. 解释术语。

（1）存取时间、存取周期

（2）存储器带宽

（3）低位交叉编址

（4）局部性原理、时间局部性、空间局部性

（5）存储器的层次化结构

（6）高速缓冲存储器 Cache、命中率

（7）虚拟存储器

3. 计算机存储系统分为哪几个层次？其存储容量、速度和价格的相对关系如何？

4. 设有一个具有 20 位地址和 32 位字长的存储器，问：

（1）该存储器能存储多少个字节的信息？

（2）如果存储器由 512K×8 位的 SRAM 芯片组成，需要多少片？

（3）需要多少位地址做芯片选择？

5. 用 16K×8 位的 DRAM 芯片构成 64K×32 位的存储器，要求：

（1）画出该存储器的组成逻辑框图。

（2）设存储器读/写周期为 0.5μs，CPU 在 1μs 内至少要访问一次。

试问采用哪种刷新方式比较合理？两次刷新的最大时间间隔是多少？对全部存储单元刷新一遍所需的实际刷新时间是多少？

6. 要求用 256K×16 位 SRAM 芯片设计 1024K×32 位的存储器。SRAM 芯片有两个控制端，当 $\overline{CS}$ 有效时，该片选中。当 $\overline{WE}=1$ 时执行读操作，当 $\overline{WE}=0$ 时执行写操作。

7. 用 32K×8 位的 EPROM 芯片组成 128K×16 位的只读存储器，试问：

（1）数据寄存器多少位？

（2）地址寄存器多少位？

（3）共需多少个 EPROM 芯片？

（4）画出此存储器的组成框图。

8. 某存储器容量为 4KB，其中 ROM 为 2KB，选用 EPROM 2K×8；RAM 2KB，选用 RAM 1K×8；地址线 A_{15}～A_0。写出全部片选信号的逻辑式。

9. 某机器中，已知配有一个地址空间为 0000H～3FFFH 的 ROM 区域。现在再用一个 RAM 芯片（8K×8）形成 40K×16 位的 RAM 区域，起始地址为 6000H。假设 RAM 芯片有信号控制端。CPU 的地址总线为 A_{15}～A_0，数据总线为 D_{15}～D_0，控制信号为 $R/\overline{W}$（读/写）、$\overline{MREQ}$（访存），

要求：

（1）画出地址译码方案。

（2）将 ROM 与 RAM 同 CPU 连接。

10．设主存的容量是 1MB，Cache 的容量是 16KB，块的大小是 512B。

（1）写出主存地址格式。

（2）写出 Cache 的地址格式。

（3）页表的容量为多大？

（4）画出直接地址映射的示意图。

11．有一个 Cache 的容量为 2K 字，每块为 16 字，问：

（1）该 Cache 可容纳多少个块？

（2）如果主存的容量是 256K 字，则有多少个块？

（3）在直接映射方式下，主存中的第 i 块映射到 Cache 中哪一个块？

（4）进行地址映射时，存储器地址分成哪几段？各段分别有多少位？

12．某计算机有 64KB 的主存和 4KB 的 Cache，Cache 每组 4 字块，每字块 64B。存储系统按组相联方式工作。请问：

（1）主存地址的标志字段、组字段和块内地址字段各有多少位？

（2）若 Cache 原来是空的，CPU 依次从 0 号地址单元顺序访问到 4344 号单元，采用 LRU 替换算法。若访问 Cache 的时间为 20ns，访问主存的时间为 200ns，试估计 CPU 访存的平均时间。

13．主存容量为 4MB，虚存容量为 1GB，则虚拟地址和物理地址各为多少位？如页面大小为 4KB，则页表长度是多少？

14．假设可供用户程序使用的主存容量为 200KB，而某用户的程序和数据所占的主存容量超过 200KB，但小于逻辑地址所表示的范围。则具有虚存与不具有虚存对用户有何影响？

15．某机器采用四体交叉存储器，执行一段小循环程序，此程序放在存储器的连续地址单元中。假设每条指令的执行时间相等，而且不需要到存储器存取数据，问下面两种情况中（执行的指令数相等），程序运行的时间是否相等？

（1）循环程序由 6 条指令组成，重复执行 80 次。

（2）循环程序由 8 条指令组成，重复执行 60 次。

16．思考题。

（1）寄存器和主存储器都是用来存放信息的，它们有什么不同？

（2）主存和 Cache 分块时，是否字块越大，命中率越高？

（3）光盘是匀速旋转的吗？

第4章 外围设备

重点内容

- 概述;
- 键盘;
- 显示设备;
- 打印设备;
- 外部存储器。

外围设备的功能是在计算机和其他设备之间，以及计算机与用户之间提供联系，主要用来完成数据的输入/输出、成批存储数据和对数据的加工处理等任务。本章首先介绍常用的输入/输出设备的逻辑组成与工作原理，然后介绍外存设备，最后讨论 I/O 接口与外界之间的连接——外部 I/O 接口。叙述的重点仍以基本概念和基本原理为主。

4.1 概　　述

中央处理器（CPU）和主存储器构成计算机的主机。除主机外，围绕主机设备的各种硬件装置称为外围设备或外部设备（Peripheral Device），简称外设（Peripheral），它们主要用来完成数据的输入、输出、成批存储数据和对数据的加工处理等任务。

4.1.1 外围设备的一般功能与组成

I/O 操作是通过各种外部设备来完成的，这些外部设备提供了在外部环境和计算机之间交换数据的手段。外部设备通过连接到 I/O 接口的连线与计算机系统连接，这些连线用来在 I/O 接口和外部设备间交换控制、状态和数据信息。

图 4-1 所示为外围设备的组成示意图。I/O 接口以控制、状态和数据信号的形式出现。数据信号是一组以位的形式发送到 I/O 接口或接收来自 I/O 接口的信号。控制信号确定设备执行的功能，例如，发送数据到 I/O 接口（Input 或 Read）、接收来自 I/O 接口的数据（Output 或 Write）、记录状态或执行一些对特定设备的控制（例如定位磁头）。状态信号表示设备的状态，如 Ready/Not-Ready 表示进行数据传输的设备是否就绪。

与设备相关的控制逻辑控制设备的操作，以响应来自 I/O 接口的命令。输出时，变换器把数据从电信号转换成其他形式；输入时，变换器把其他信号转换成电信号。通常，缓冲器与变换器有关，它暂存将在 I/O 接口和外部环境间传输的数据，缓冲器的大小一般为 8 位或 16 位。

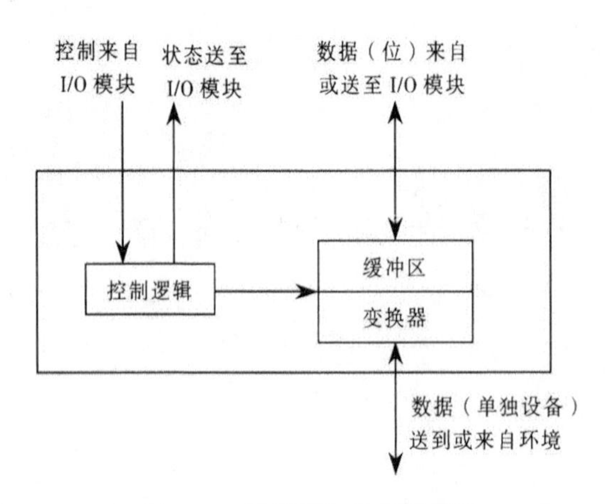

图 4-1　外围设备组成示意图

4.1.2　外围设备的分类

外围设备的一个显著特点就是多样性，这也导致了多种分类的角度，如按功能与用途、工作原理、速度快慢、传输格式等。从广义上看我们把外设分成 3 类：

① 人可读的：适用于与计算机用户通信。

② 机器可读的：适用于与设备通信。

③ 通信：适用于与远程设备通信。

人可读的设备有视频显示终端和打印机。机器可读的设备有磁盘和磁带系统以及传感器和动臂机构，例如，机器人的应用。通信设备允许计算机与远程设备交换数据，它可以是人可读的设备，如终端一样，也可以是机器可读的设备，甚至可以是另一台计算机。

如果不是从设备研制本身，而是从计算机系统组成的角度，按设备在系统中的作用来分类，可将它们划分为 5 类。同一种设备可能具有其中几种功能。

1．输入设备

输入设备将外部的信息输入主机，通常是将操作者（或广义的应用环境）所提供的原始信息，转换为计算机所能识别的信息，然后送入主机。例如，将符号形式（如字符、数字等）或非符号形式（如图形、图像、声音等）的输入信息，转换成代码形式的电信号。常见的输入设备有键盘、穿孔输入设备、数据站（脱机录入设备）、图形数字化仪、字符输入与识别、语音输入与识别设备、光笔、鼠标、跟踪球、操纵杆等辅助设备。

2．输出设备

输出设备将计算机处理结果输出到外部，通常是将处理结果从数字代码形式转换成人或其他系统所能识别的信息形式。例如，显示器或打印机提供人能识别与理解的信息，或是程序执行的结果，或是运行状态，或是人机对话中计算机发出的询问、提示等。又如，计算机将结果输出到磁盘、磁带，下次可再输入计算机（本身或其他计算机）进行处理，因而是其他系统所能识别的信息。常见的输出设备有显示器、打印机、绘图仪、复印机、电传机等办公设备，语音输出设备，以及早期的穿孔输出设备（纸带穿孔机、卡片穿孔机）等。

3．外存储器

外存储器是指主机之外的一些存储器，如磁盘、磁带、光盘等。它们既是存储器子系统的一部分，也是一种输入/输出设备，既是输入设备也是输出设备。外存储器的任务是存储或读取数字代码形式的信息，一般不担负信息转换工作，所以常将它们视为I/O设备中专门的一类。

4．终端设备

与计算机信息网络的一端相连接的设备，又称为终端设备。可以通过终端设备在一定距离之外操作计算机，通过终端输入信息、获得处理结果。

在计算机信息网络中，终端一词的含义更侧重于与计算机有一定距离，需由通信线路连接，即在计算机通信线路的另一端的设备，如键盘显示终端、打印终端、电传终端或其他通信终端等。按与计算机之间的距离，可分为本地终端和远程终端两类。

5．其他广义外围设备

除了常规配置的输入/输出设备之外，计算机在各种应用领域中还可能连接一些相关的设备。从广义上讲，这些设备也可视为计算机外围设备，它们和主机间也存在输入/输出的联系，例如在自动检测与控制中的数据采集设备、各种执行元件与传感器、A/D转换器与D/A转换器等。

4.1.3 调用I/O设备的层次

从逻辑组成的角度讲，I/O设备的工作需要由设备控制器进行控制，而I/O设备与主机之间一般需要一个接口部件。在常用的微型计算机系统中，磁盘控制器与接口合为一体，称为磁盘适配卡，显示器的控制器也与接口合为一体，称为显示器适配卡；打印机控制器则常与打印机本身合为一体，而打印机适配卡往往是一种可以通用的接口。许多设备控制器与接口都是可编程控制的，甚至采用了微处理器与局部存储器，可以存放与执行设备有关的控制程序。

键盘操作--般由用户主动进行，主机以中断方式被动处理，接收并识别键码。大多数I/O设备如显示器、打印机、磁盘、磁带等，在宏观上由主机主动调用，微观上可能采用中断方式或DMA方式进行处理。对I/O设备的调用过程与设备的工作，大致可分为下述4个层次。

1．调用I/O设备的用户界面

操作系统为用户调用I/O设备提供了统一而方便的操作界面。例如，微机常用的操作系统PC-DOS为用户提供了两种界面：通过按键发出DOS命令，或在程序中通过软中断进行系统功能调用。这些键盘命令或功能调用命令，可以指定磁盘读/写、显示、打印等操作，也可以从纯软件角度按文件名进行对文件的有关操作。

2．设备驱动程序

在操作系统中，包含若干个对常用I/O设备的驱动程序。每个驱动程序又有若干功能子程序提供对该设备的操作功能，供用户选择。当用户在编程中以软中断方式调用某I/O设备时，可根据系统的技术手册，以中断号调用某个驱动程序，以功能编号指定所需的操作类型。由于机器指令系统只能提供通用的基本操作功能，所以驱动程序往往以送出命令字或命令块（多字节）方式，向接口送出针对该设备的具体控制信息，并以取回状态字的形式，判别操作结果与设备运行状态。

如果系统中使用了新的I/O设备，或要求I/O设备完成新的操作，那就需要编制新的设备驱动程序，或修改原有的驱动程序，或在用户程序中编制相应的调用模块。

3．设备控制器及控制程序

驱动程序通过接口部件，向设备控制器发出命令字。命令字代码的各位表达了要求I/O设备进行的操作，通过相应的逻辑部件实现。由于微处理器价格已很低廉，像磁盘控制器、打印机控制器一类功能较复杂的设备控制器，广泛采用微处理器与半导体存储器，构成所谓智能型接口与控制器，其中用 ROM 固化设备控制程序。当驱动程序送出命令之后，就启动设备控制器中的微处理器，通过执行设备控制程序实现有关的操作。

4. I/O 设备的具体操作

设备在设备控制程序控制下执行有关的操作。

4.2 键　　盘

计算机与用户交互最常用的方式是键盘/显示器设备，用户通过键盘输入，此输入传输到计算机内，也可在显示器上显示。

那么，如何由按键动作产生相应的按键编码呢？在通用键盘上，键的数量较多时，一般采用扫描方式产生键码。将键连接成阵列，每个键位于某行、某列交点上，先通过扫描方法找到按下的键的行列位置，称为位置码或扫描码，再查表（ROM 构成或软件实现）将位置码转换为按键编码。键盘逻辑固定后，某一位置上的键具有固定的位置码；更换转换表的内容，即可重新定义键名与键码。

扫描式键盘分为硬件扫描键盘和软件扫描键盘。

4.2.1 硬件扫描键盘

在键盘上，可将各键连接成阵列，即分成 n 行 × m 列，每个键连接于某个行线与某个列线之间。通过硬件扫描或软件扫描，识别所按下的键的行列位置，称为位置码或扫描码。如果由硬件逻辑实现扫描，这种键盘称为硬件扫描键盘，或称为电子扫描式编码键盘。所用的硬件逻辑可称为广义上的编码器。

如图 4-2 所示，硬件扫描式键盘的逻辑组成如下：键盘阵列、振荡器、计数器、行译码器、列译码器、符合比较器、ROM、接口、去抖电路等。

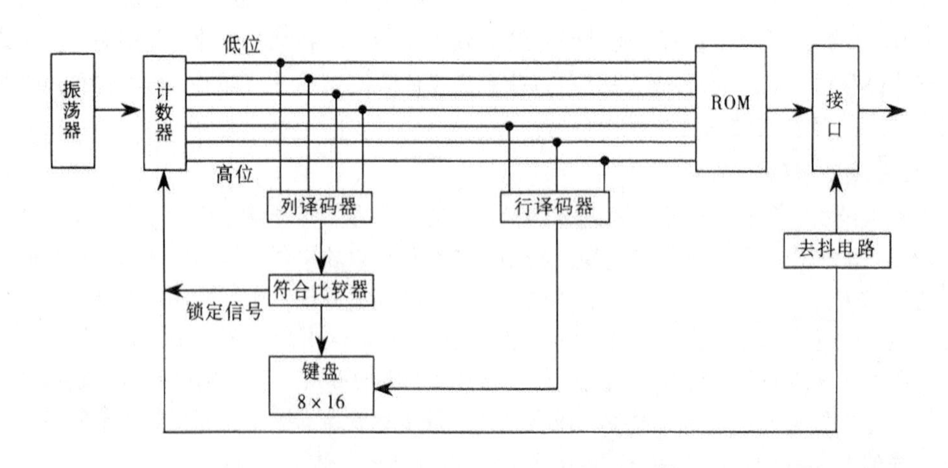

图 4-2　硬件扫描式键盘原理框图

假定键盘阵列为 8 行 × 16 列，可安装 128 个键，则位置码需要 7 位，相应地设置一个 7 位计数器。振荡器提供计数脉冲，计数器以 128 为模循环计数。计数器输出 7 位代码，其中高 3 位经译码输出，送键盘阵列行线。计数器输出的低4位送列译码器，列译码器输出送符合比较器。键盘阵列的列线输出也送符合比较器，二者进行符合比较。

假定按下的键位于第1行、第1列（序号从0开始），则当计数值为0010001时，行线1被行译码器输出置为低电平。由于该键闭合，使第1行与第1列接通，则列线1也为低电平，低4位代码0001译码输出与列线输出相同，符合比较器输出一个锁定信号，使计数器停止计数，其输出代码维持为0010001，就是按键的行列位置码，或称为扫描码。

用一个只读存储器ROM芯片装入代码转换表，按键的位置码送往ROM作为地址输入，从ROM中读出对应的按键字符编码或功能编码。更换ROM中写入的内容，即可重新定义各键的编码与功能含义。

由ROM输出的键码，经接口芯片送往CPU。要注意一个问题，即键在闭合过程中往往存在一些难以避免的机械性抖动，使输出信号也产生抖动。抖动发生在前沿部分，对于接触式键，这种抖动可达到数10ms。若不避开抖动区，有可能被误认为多次操作。因此，在硬件扫描键盘中设置硬件延时电路（如单稳电路），延迟数10ms之后才识别读取键码，此时键已稳定闭合。这种电路称为去抖电路。

还需注意一个问题，即重键问题。当快速按键时，有可能发生这样一种情况，前一次按键的键码尚未送出，后面按键产生了新键码，造成键码的重复混乱。在图5-2的逻辑中，是依靠锁定信号来防止重键现象。在扫描找到第一次按键位置时，符合比较器输出锁定信号，使计数器停止计数、只认可第一次按键产生的键码。仅当键码送出之后、才解除对计数器的封锁，允许扫描识别后面按下的键。当然，这种暂停扫描的方法只能防止两键重叠，如果由于CPU延缓接收而发生多键重叠，中间的按键编码就会丢失。所以在功能更强的键盘中、采取存储多个键码的方法，来解决重键问题。

硬件扫描键盘的优点是不需要主机担负扫描任务。当键盘产生键码之后，才向主机发出中断请求，CPU以响应中断方式，接收随机按键产生的键码。用户已很少用小规模集成电路来构成这种硬件扫描键盘、而是尽可能利用全集成化的键盘接口芯片，如Intel 8279。

4.2.2 软件扫描键盘

可以通过执行键盘扫描程序对键盘阵列进行扫描，以识别按键的行列位置，这种键盘称为软件扫描键盘。

首先要考虑由谁来执行键盘扫描程序？如果对主机工作速度要求不高，例如教学实验用的单板计算机，可由CPU自己执行键盘扫描程序。按键时，键盘向主机提出中断请求，CPU响应后转去执行键盘中断处理程序，其中包含键盘扫描程序、键码转换程序及键处理程序等。如果对主机工作速度要求较高，希望尽量少占用CPU处理时间，可在键盘中设置一个单片机，由它负责执行键盘扫描程序、预处理程序，再向CPU申请中断送出扫描码。现代计算机的通用键盘大多采用第二种方案。

第二个问题是如何进行软件扫描？可采用逐行扫描法或行列扫描法实现。以下采用逐行扫描法说明其工作原理。

图4-3是一种在单板机中广泛采用的键盘阵列示意图。16个字键连接成4行×4列，4条列线分别通过上拉电阻接+5V电源，若没有行线的影响，则列线输出高电平。在执行键盘扫描程序时，CPU数据输出送往行线，并将列线输出取回，判别按键位置。

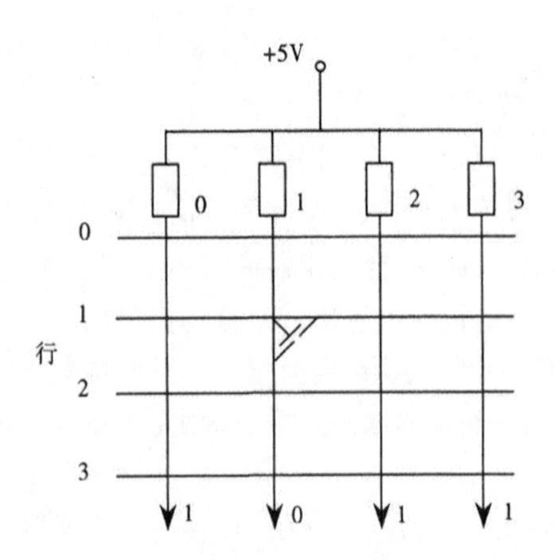

图 4-3　简易扫描式键盘阵列

当有键按下时，键盘产生中断请求信号，CPU 响应后执行键盘扫描子程序。在单板机监控程序中一般含有扫描子程序，其流程图如图 4-4 所示。

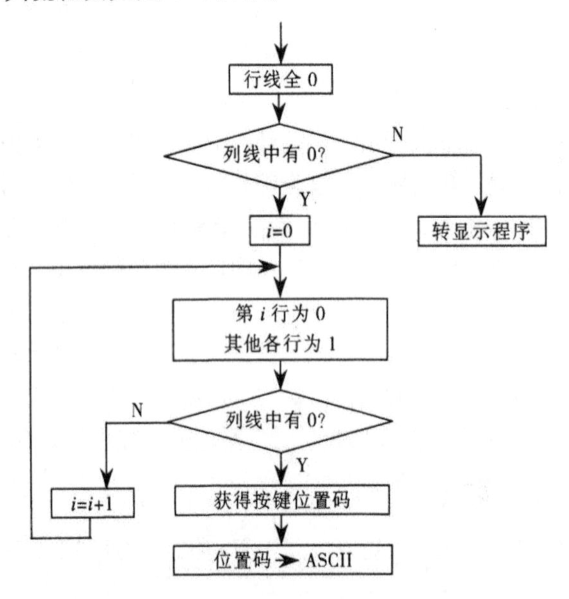

图 4-4　逐行扫描法程序流程

CPU 通过数据线输出代码，送往行线。从第 0 行开始，逐行为 0，其余各行为 1。将列线输出取回至 CPU。判别其中是否有一位为 0，是哪一位为 0。假定按下的键将第 1 行第 1 列接通。则当第 1 行行线为 0 时，第 1 列列线也为 0，其余各列线为 1。由此可知按键位置，即位置码（扫描码），再查表转换为对应的 ASCII 码。此程序也可由专门的单片机负责执行。

在程序中可插入延时程序、以避开闭合初期的抖动阶段。

4.3　显 示 设 备

显示设备是计算机系统重要的输出设备之一。软件设计与执行的效果往往以字符或图形的形式在屏幕上显示出来，供操作人员观察，它是目前计算机系统中应用最广泛的人—机界面设备。

人们可以根据显示情况，通过键盘、光笔、鼠标等，将有关的数据和命令送入计算机，以便对程序的执行随时进行人工干预和控制。

显示器屏幕上的字符、图形不能永久记录下来；一旦关机，屏幕上的信息也就消失了，所以显示器又称为“软拷贝”装置。

显示设备子系统的硬件组成一般包括显示器件（或称显示器 Monitor）、控制器和接口，在微机系统中往往合为一个整体，称为显示器适配卡。其软件组成有包含在操作系统中的驱动程序，可由操作系统命令调用；提供专门图形功能的各种图形软件包等。

4.3.1 显示方式与常见显示规格

1. 分类

显示器的显示方式可分为如下两大类。

（1）字符/数字方式

在这种方式中，以字符为显示内容的基本单元，又称为文本显示方式。实际上，字符是由点阵组成的，在显示过程中需将字符 ASCII 码转换为字符点阵代码。

（2）图形方式

图形方式不如字符方式那样规整，图形信息更具随机性。不论是字符还是图形，实际上都由许多亮度不同的或色彩不同的像点所组成。每一个像点称为一个像素（Pixel），或称为像元。可用分辨率这一指标衡量显示规格。对于字符方式，分辨率指一帧画面最多可显示的字符行数与列数，一般列数大于行数，进一步描述的指标是每个字符点阵的组成，即横向点数与纵向点数。对于图形方式，分辨率指一帧画面最多可显示的像点数，即可显示的水平线数与每线的点数。显然，分辨率越高，画面越清晰，显示容量越大。

显示器按显示器件的不同可分为阴极射线管（CRT）、等离子显示器（PD）、发光二极管（LED）、液晶显示器（LCD）等。

显示器分为单色显示器（单显）与彩色显示器（彩显）两类。对于单色显示器，可用不同灰度提供画面的多层次。对于彩色显示器，则以不同颜色提供更好的显示效果。相应地，可提供的灰度等级或色数也是显示规格中的重要指标。

显示规格取决于显示器控制器（适配卡）提供的显示规格（也称为显示方式），显示器所能满足的分辨率两方面要求。随着计算机技术的发展，显示设备的不断升级换代是极为重要的一个方面，它直接影响到用户所感受到的功能强弱。为此，除了提高显示器本身的分辨率和清晰度外，还应不断推出新的显示器适配卡。

IBM 公司为个人计算机先后推出了 4 种彩显适配卡：

① 彩色图形适配器（Color Graphics Adapter，CGA）。

② 增强型图形适配器（Enhanced Graphics Adapter，EGA）。

③ 多色图形适配器（Multiple Color Graphics Adapter，MCGA）。

④ 视频图形阵列（Video Graphics Array，VGA）。

在每种适配卡中，允许编程选择几种显示规格。这些显示标准被称为 IBM-PC 视屏标准（方式）。VGA 由于良好的性能，在当时迅速开始流行并逐步对它进行扩充，VESA（Video Electronics Standards Association，视频电子标准协会）的 Super VGA（Super Video Graphics Array）模式，简称 SVGA，属于 VGA 屏幕的替代品。现在的显卡和显示器都支持 SVGA 模式。不管是 VGA 还是 SVGA，使用的连线都是 15 针的梯形插头，传输模拟信号。

2．性能指标

（1）显像管尺寸

显像管尺寸与电视机的尺寸标注方法是一样的，都是指显像管的对角线长度。不过显像管的尺寸并不等于可视面积，因为显像管的边框占了一部分空间。常见的 17 英寸（1 英寸≈2.54cm）纯平显示器的对角线长度大概在 15.8～16.1 英寸左右。

（2）分辨率

分辨率是指显示器所能显示的点数的多少，由于屏幕上的点、线和面都是由点组成的，显示器可显示的点数越多，画面就越精细，同样的屏幕区域内能显示的信息也越多，所以分辨率是个非常重要的性能指标。

（3）刷新率

指的是屏幕每秒钟刷新的次数，也叫场频或垂直扫描频率。CRT 显示器上显示的图像是由很多荧光点组成的，每个荧光点都由于受到电子束的击打而发光，不过荧光点发光的时间很短，所以要不断地有电子束击打荧光粉使之持续发光。显像管内部的电子枪在扫描时是从第一行的最左端至最右端，然后再从第二行的最左端扫描至最右端，接下来是第三行、第四行……直至扫描到右下角，此时整个屏幕都已经扫描了一遍，也就是完成了一次刷新。从理论上来讲，只要刷新率达到 85Hz，也就是每秒刷新 85 次，人眼就感觉不到屏幕的闪烁了，但实际使用中往往有人能看出 85Hz 刷新率和 100Hz 刷新率之间的区别，所以从保护眼睛的角度出发，刷新率仍然是越高越好。

（4）行频

行频也是一个很重要的指标，它是指显示器电子枪每秒钟所扫描的水平线行数，也叫水平扫描频率，单位是 kHz，行频与分辨率、刷新率之间的关系是：

$$行频=行数\times场频$$

（5）场频

场频又称为“垂直扫描频率”，也就是屏幕的刷新频率。指每秒钟屏幕刷新的次数，通常以赫兹（Hz）单位，它可以理解为每秒钟刷新屏幕的次数，以 85Hz 刷新率为例，表示屏幕上的内容每秒钟刷新 85 次。行频和场频结合在一起就可以决定分辨率的高低。另外它与图像内容的变化没有任何关系，即便屏幕上显示的是静止图像，电子枪也照常更新。垂直扫描频率越高，所感受到的闪烁情况也就越不明显，因此眼睛也就越不容易疲劳。例如 800×600 的分辨率、85Hz 的场频，显示器的行频至少应为 600×85=51kHz。

（6）带宽

带宽的全称叫“视频放大器频带宽度”，代表的就是显示器的电子枪每秒能够扫描的像素个数。带宽的计算公式为：

$$带宽=水平分辨率\times行频$$

不过这只是理论值，实际上由于过扫描系数的存在，显示器的实际带宽往往要比理论值高一些。

（7）点距

主要是针对使用孔状荫罩的 CRT 显示器来说的，指荧光屏上两个同样颜色荧光点之间的距离。举例来说，就是一个红色的荧光点与相邻的红色荧光点之间的对角距离，通常以毫米（mm）单位。荫罩上的点距越小，影像看起来也就越精细，其边和线也就越平顺。现在的 15 英寸和 17 英寸显示器的点距一般都低于 0.28mm，否则显示图像会模糊。条栅状荫罩显示器则是使用线间距或者是光栅间距来计算荧光条之间的水平距离。由于点距和栅距的计算方式完全不同，因此不能拿来做比较。

4.3.2　光栅扫描成像原理

CRT 显示器所用的显示器件是阴极射线管，其结构原理如图 4-5 所示。

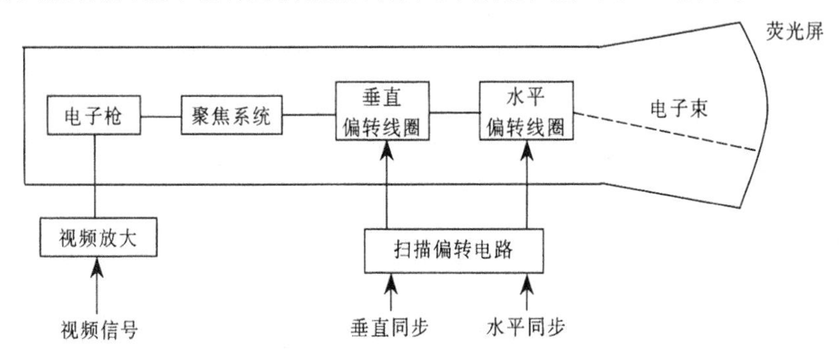

图 4-5　显示器结构原理

CRT 主要由电子枪、视频放大系统、扫描偏转系统、荧光屏等几部分组成。人们之所以能在 CRT 荧光屏上看见所显示的字符或图形，是因为阴极射线管的电子枪所发射的电子流经聚焦后形成电子束，轰击荧光屏，使屏上所涂的荧光粉发出可见光。要在屏幕上指定的位置进行显示，需要通过扫描偏转系统产生两个互相垂直的电磁场，控制电子束在 X 方向或 Y 方向偏转，从而将电子束引向屏幕的相应位置。

CRT 显示器可以采用多种扫描方式进行工作，但用得最多的是光栅扫描和随机扫描两种方式。在随机扫描方式中，电子束没有固定的扫描路径，只在要显示字符或图形的地方扫描。因此，扫描控制信号随显示内容的不同而有所变化，这就使扫描电路比较复杂。光栅扫描则有固定的格式，不管屏幕上需要显示或不需显示的地方，都按统一路径全屏幕扫描。因此，扫描控制信号不随显示画面变化，使得扫描电路比较简单。目前，随机扫描方式只用于图形显示器，而光栅扫描因控制简单，被广泛用于字符显示和图形显示器中。

1. 光栅的形成

在光栅扫描方式中，电子束从荧光屏的左上角开始，沿着稍稍倾斜的水平方向匀速地向右扫描，到达屏幕右端后迅速水平回扫到左端下一行位置，又从左向右匀速地扫描。这样一行一行地扫描，直到屏幕最后一行的右端。然后又垂直回扫，返回屏幕左上角，重复前面的扫描过程。经过电子束如此反复地从左至右、自上而下的全屏幕扫描，便在荧光屏上形成了一条一条的垂直分布于整个屏幕的水平扫描线，如图 4-6 所示。这些扫描线称为光栅，代表了电子束在屏幕上的运动轨迹。水平回扫和垂直回扫时，荧光屏上不出现亮线，CRT 处于“消隐”状态，如图 4-6 中虚线所示。

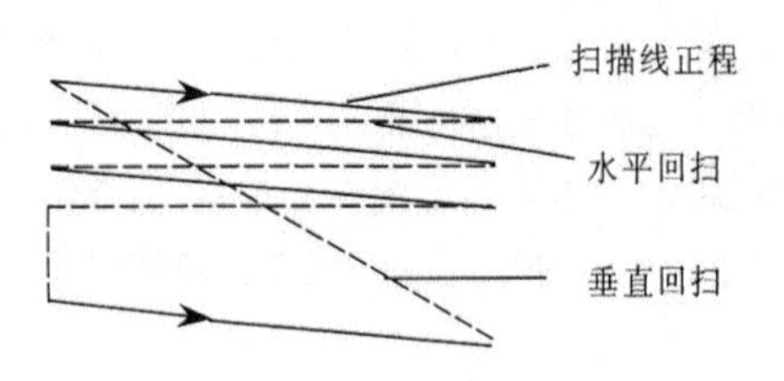

图 4-6 光栅-电子束的运动轨迹

为了实现这种有规律的光栅扫描，应该通过磁场的变化，控制电子束既作水平方向的运动，又作垂直方向的运动。因此，需要在 CRT 的水平偏转线圈和垂直偏转线圈中，分别通过按不同频率作线性变化的锯齿波电流或加锯齿波电压。水平方向的锯齿波扫描电流引起的磁场变化控制电子束约运动，形成水平扫描线（行扫描）；垂直方向的锯齿波扫描电流引起的磁场变化则造成扫描线的垂直移动（场扫描）。这些锯齿波电流是由 CRT 控制器送来的水平同步和垂直同步信号触发扫描电路中的锯齿波发生器产生的。

光的亮度要随时间衰减，为了在屏幕上得到稳定的不闪烁的图像，要求一帧画面每秒钟内必须反复显示若干次，一般为 25 遍以上，因此帧频应该不低于 25Hz。

光栅扫描可以采用逐行扫描或隔行扫描的方法。在逐行扫描中，一帧图像的 625 条光栅只需一遍就能扫描完。我们把扫描一遍称为一场，因此逐行扫描也称为“一帧一场”。若采用隔行扫描，需要将一幅图像的扫描分两遍完成，称为“一帧两场”。第一遍称奇数场，扫描一帧图像的所有奇数行光栅；第二遍称偶数场，扫描一帧图像的所有偶数行光栅。因此，每场扫描的光栅行数只有一帧一场的二分之一，即 312.5 行。若按帧频 25Hz 计算，则在一帧两场的方法中每秒钟要扫描 50 场，因此场频为帧频的 2 倍。

IBM-PC 所配置的图形显示器一般采用逐行扫描方法，场频（帧频）为 60Hz，使显示的画面更稳定。

2. 一帧画面的组成

由前述可知，一帧画面是由一定数量的平行的水平扫描线组成的，每条扫描线由若干像点组成。每个像点的位置和亮度取决于下面的基本因素。电子束 X 向和 Y 向的偏转决定像点的位置，电子束的通、断、强、弱则决定像点的亮度。

由水平同步和垂直同步信号经扫描电路产生的行、场扫描电流能够通过磁场的变化控制电子束的 X 偏转和 Y 偏转，那么电子束的强弱由什么信号来控制呢？如前所述，电子束由 CRT 管电子枪中的阴极发射的电子流经聚焦而成。在电子枪中还设有一个控制栅，用控制栅和阴极之间的电位差来控制电子束电流的大小。因此，可以将控制像点亮度的视频信号（亮度信号）通过视频放大电路加在控制栅上，这样便可以用外部信号来调整控制栅极电位的高低，以控制电子枪所发射的电子束的强弱，从而使像点的亮度发生变化。

如果画面是彩色的，那么每个像点还要受颜色的控制。彩色 CRT 根据三基色原理，在显示头中设有三个电子枪，分别发射能产生红、绿、蓝三种基色的电子束。它们受三套视频放大电路的控制，将红、绿、蓝三基色视频信号 R、G、B 分别送到相应的放大电路，用 R、G、B 与加亮信号 I 的不同组合控制三束电子流的强弱。相应地荧光屏上的像点由能发出红、绿、蓝光的荧光粉小点组成，当一束（或两束、三束）电子流轰击对应的荧光粉小点时，屏上的像点便出现红、绿、蓝三基色之一或者由三基色合成的其他颜色。

3. 字符点阵图形的形成

在 CRT 显示器中，画面上的字符或图形都是由若干个点组成的，每个字符横向、纵向均占有一定的点数，称为字符的点阵结构。常用的字符点阵结构有 5×7 点阵，5×8 点阵，7×9 点阵等。所谓 5×7 点阵，即每个字符由横向 5 个点，纵向 7 个点，共 35 个点组成。其中，需要显示的部分为亮点，不需要显示的部分则为暗点，字符点阵结构所包含的点数越多，所显示的字迹就越清晰，而且字符曲线表示得更逼真，所以用 7×9 点阵可以形象地显示小写字符。

在 CRT 显示器中，用来产生字符点阵图形的器件称为字符发生器。它有专用的芯片 2513，采用 5×8 点阵，能产生 64 种字符的点阵信息。也可以用通用 ROM 作为字符发生器，如 PC，用 8KB ROM 空间存放 256 种字符的点阵代码，有三套字体，即每个字符可采用 7×9、7×7、5×7 点阵。

2513 芯片的核心部分是一个 ROM，存储 64 种字符的点阵码。每个字符排成 5 列 ×8 行的点阵形式，如图 4-7（a）所示。点阵图中，字符（例如 H）需要显示的点（亮点）均用代码 1 表示，不需要显示的点（暗点）则用代码 0 表示，如图 4-7（b）所示。每个字符都以这种点阵图形的代码形式存放在 ROM 中，一行代码占 1 个存储单元，因此一个字符的点阵代码占 8 个存储单元，每个单元 5 位。

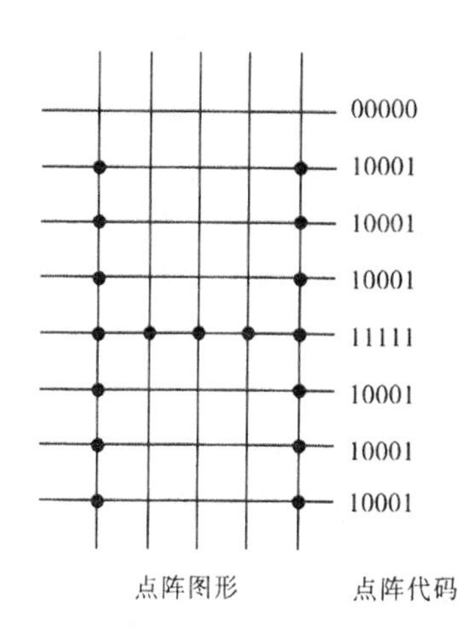

图 4-7 5×8 字符点阵图形与点阵代码

64 个字符以各自编码的 6 位作为字符发生器的高位地址，当需要在屏幕上显示字符时，按该字符的 6 位编码访问 ROM，选中这一字符的点阵。该字符的点阵信息是按行输出的，并且要与电子束的扫描保持同步。因此，可用 CRT 控制器提供的扫描时序（扫描线序号）作为字符发生器的低 3 位地址，经译码后依次取出字符点阵的 8 行代码。

在屏幕上，每个字符行一般要显示多个字符，而电子束在进行全屏幕扫描时，是沿屏幕从左向右的方向扫描完一行光栅，再扫描第二行光栅。按照这种扫描方式，在显示字符时，并不是对一排的每个字符单独进行点阵扫描（即扫描完一个字符的各行点阵，再扫描同排另一字符的各行点阵），而是采用对一排的所有字符的点阵进行逐行依次扫描。例如，某字符行欲显示的字符是 ABC…T，当电子束扫描该字符行第一条光栅时，显示电路根据各字符编码依次从字符发生器取出 A、B、C、…、T 各个字符的第一行点阵代码，并在字符行第一条扫描线位置上显示出这些字符的第一行点阵，然后再扫描下一条光栅，依次取出该排各个字符的第二行代码，并在屏幕上扫出它们的第二行点阵。如此循环，直到扫描完该字符行的全部光栅，那么每个字符的所有点阵（例如8行点阵）便全部显示在相应的扫描线位置上，屏幕上就出现了一排完整的字符。当显示下一排字符时，重复上述的扫描过程。

为了使屏幕上显示的字符不挤在一起，易于辨认，一排的各个字符之间要留出若干点的位置，作为字符间的横向间隔，这些点都是消隐的；在排与排之间也要留出若干条扫描线作为排间的纵向间隔，这些线也是消隐的。例如，PC 的显示器一般采用 7×9 字符点阵，而字符所占区间为 9×14 点阵。换句话说，字符间的横向间隔是2个消隐点，排间的纵向间隔是5条消隐线。

4.3.3 屏幕显示与显示缓存间的对应关系

为了提供显示内容，需要设置一个显示缓冲存储器，称为视频随机存取存储器（VRAM），其中存放一帧画面的有关信息。显示器一方面对屏幕进行光栅扫描，一方面同步地从 VRAM 中读取显示内容，送往显示器件。因此，对 VRAM 的操作是显示器工作的软、硬接口所在。

从软件角度讲，执行显示软件的最终结果是向 VRAM 写入显示信息。为了在指定的屏幕位置显示某个字符，就需向 VRAM 的相应单元写入该字符编码。为了更新屏幕显示内容，就需相应地刷新 VRAM 的内容。为了使画面呈现某种动画效果，就需要使 VRAM 中的内容做相应变化，或者在读取时进行某种地址转换。

从硬件角度讲，显示器控制器的基本任务就是将 VRAM 内容同步地送往显示屏幕。为此，需要决定何时发出水平同步信号，何时发出垂直同步信号，何时访问 VRAM，地址码的产生，从 VRAM 中读出的代码是否要经过一定的转换以变为控制光点的信号等。这些工作以一定频率，同步地、周而复始地进行。采取不同显示规格，上述关系将不同。

VRAM 中的内容一般包含显示内容和属性内容两个部分。前者提供显示字符代码，或是图像的像点信息；属性内容则提供有关显示的属性。这两部分可分别存放在两个缓冲存储器中，一个称为基本显示缓存，另一个称为属性缓存。常将这两个存储体统一编址，一个为偶数地址，另一个为奇数地址。也可以将两部分存放在一个缓存中，依靠地址码为偶数或奇数进行区分。

VRAM 一般设置在显示器控制器，如 CGA 卡、EGA 卡、VGA 卡中。在个人计算机中，VRAM 占主存空间，从软件上讲视为主存的一部分。在独立的显示终端中，VRAM 作为外围设备存在，与主存分离。

为了解各种显示器的工作原理，应当抓住屏幕显示与显示缓存 VRAM 之间的对应关系这样一条基本线索。即显示缓存中存放一些什么内容，需要多大容量，缓存地址的组织，如何由字符编码转换到字符点阵，如何通过一组同步计数器控制屏幕的水平扫描与垂直扫描，以及访问 VRAM 等。

1. 基本显示缓存的容量和内容

CRT 显示器能以字符和图形两种方式工作。

当用字符方式显示时，在缓存 RAM 中存放的是一帧待显示的字符的 ASCII 码或其他形式的编码，字符的点阵信息则放在字符发生器（字库）中。在这种方式下，一个字符编码占缓存的一个字节，因此缓存的最小容量是由屏幕上字符显示的行列规格来决定的。例如，一帧字符的显示规格为 25 行 × 80 列，那么缓存的最小容量是 2KB。缓存的容量也可以大于一帧字符数，用来存放几帧字符的编码。

如果采用图形方式显示，那么缓存中的内容就是一帧待显示的图形的像点信息，其代码 1 和 0 分别表示图形中的亮点和暗点。这些图形可以是几何图形、任意曲线图形、汉字或字符。这里需要特别说明的是，在图形方式下字符的点阵是以位图的形式直接存放在显示缓存中的，因此字符可按像素为单位在屏幕的任意位置上显示。这一点与字符方式是不同的，字符显示的缓存中存放字符的 ASCII 码。

图形方式中，缓存的容量不仅取决于屏幕分辨率的高低，还与显示的颜色种类有关。在单色显示（黑白显示）时，图形的每个点一般只用一位二进制代码来表示。该点若为白色（亮点），该位代码取 1；若为黑色（暗点），代码取 0。因此，缓存的一个字节可以存放 8 个点；很显然，分辨率越高，缓存的容量就越大，例如，屏幕分辨率为 200 线 × 640 点，则需要一个 16KB 的缓存来存放这一帧的像点信息。在彩色显示或单色多灰度显示时，每个点需要若干位代码来表示。例如，若用 2 位二进制代码表示一个点，那么每个点便能选择显示 4 种颜色，但是一个字节只能存放 4 个点；如果屏幕分辨率不变，缓存的容量要增加一倍。反之，若缓存容量一定，随着分辨率的增高，显示的颜色种类将减少。

2. 属性信息与属性缓存

在某些情况下，人们希望屏幕上的字符能够闪烁，以做提示；或字符下画一横线，表示强调；或背景与字符着上不同的颜色，使显示效果更为生动等，我们称这些持色为字符的显示属性。屏幕上每个字符的属性信息可以存放在一个字节中，因此需要一个与显示缓存容量相同的存储器来存放一帧所有字符的属性信息，这个存储器称为属性缓存。例如，用来存放字符的显示缓存若为 2KB，那么相应的属性缓存也应该有 2KB 的容量。

在黑白显示和彩色显示下，属性字节的内容并不完全相同。图 4-8 所示为两种方式下属性字节的信息。

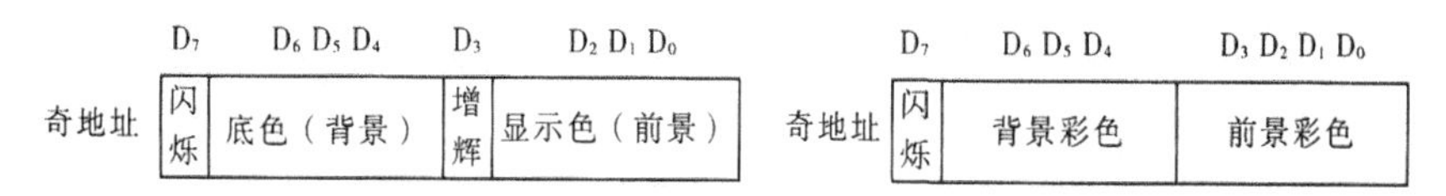

图 4-8 字符显示的属性字节与属性代码

3. 地址组织

显示缓存中不论存放的是字符的代码信息还是图形的像点信息，每个数据位置都应该与屏幕位置一一对应，才能在屏幕的指定位置上获得所要显示的字符或图形。字符显示时，屏幕上每一个字符位置对应缓存中的一个字符编码字节，缓存各字节单元的地址随着屏幕由左向右，自上而下的显示顺序从低向高安排。也就是说，缓存 0#单元所放的字符数据经字符发生器转换为字形后，显示在屏幕第一排字符左边第一个位置上，1#单元放的字符数据转换后显示在屏幕第一行左边第二个位置上，……，缓存最后一个单元放的字符数据转换后显示在屏幕最后一排右边最末一个位置上。缓存地址安排与屏幕位置的对应关系如图 4-9 所示。

图形显示时，用扫描行 × 列（像点的位置）对应缓存的一位（黑白显示）或多位（彩色显示）。缓存地址也按屏幕扫描顺序由低向高递增，各地址单元内高位存放的点先扫在屏幕上，低位存放的点后显示。

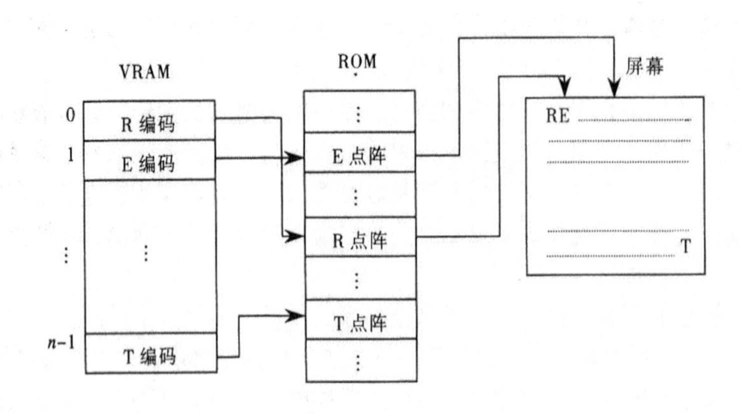

图 4-9 缓存地址与屏幕位置的对应关系

4. 同步控制

不论字符显示还是图形显示，都要求行、场扫描和视频信号的发送在时间上要完全同步，即当电子束扫描到某字符或某像点的位置时，相应的视频信号必须同时输出。为此，在 CRT 显示器中设置了几个计数器，对显示器的主脉冲进行分频，产生各种时序信号来控制对 VRAM 的访问、对 CRT 的水平扫描和垂直扫描，以及视频信号的产生等。下面以常用微机的字符显示为例，说明几级同步计数器的设置、各级分频关系，以这几级计数器为基础所产生的控制信号及它们的作用。

在 PC 中最常用的显示规格为：每帧最大显示 25 行 × 80 列，字符点阵 7 × 9，字符区间 9 × 14。按照这种描述，我们将一排字符称为一行，每排字符由 9 条水平扫描线组成，排间间隔 5 条扫描线，我们对一条扫描线称为线，对一条线上的各像点称为点。

（1）点计数分频(7+2):1

设置点计数器的目的是为了提供下述控制信号：读 VRAM，控制一个字符区间内的横向间隔消隐，对字符计数器计数。

每个字符点阵横向 7 个点，间隔 2 个点。点脉冲一方面控制视频信号产生像点，一方面对点计数器计数。每计数 9 个点，计数器状态回到 0，完成一次计数循环，所以点计数器的分频关系为 9:1。

每次访问 VRAM，读出一个显示字符的编码。以字符编码为高位地址，以扫描线号为低位地址，访问字符发生器 ROM，从中读出 7 位代码。由点脉冲控制时间，在屏幕的一根扫描线上依次显示 7 个像点（亮或暗）。所以，每当点计数器完成一次计数循环，就应访问一次 VRAM，以读取下一次显示的字符的编码。同时向字符计数器提供一个计数脉冲，表示显示了一个字符的一线 7 点及 2 点间隔。

（2）字符计数分频(80+L):1

设置字符计数器的目的是为了提供 VRAM 低位地址信息，控制一条水平扫描线内的显示与消隐，向显示头提供水平同步信号，对线计数器发送计数等控制信号。

每显示一个字符，即点计数器一个计数循环后，字符计数器计数一次。X 锯齿波的充电过程导致一次正程扫描，而一行水平扫描线包含80个字符的显示区间。X锯齿波的放电过程导致一次回扫，而回扫期间应当消隐，不显示。在水平扫描中，左右边缘部分的线性度可能不好，只取中间线性度较好的区间提供显示，因此边缘部分也应当消隐。将回扫与边缘部分等消隐段折合成 L 个字符位置，L 的值与显示器技术有关。因此，字符计数器计数$(80+L)$完成后，完成一次计数循环，分频关系为$(80+L)$:1。每完成一次计数循环，产生一次水平同步信号，启动又一次水平扫描，并使下一级的线计数器计数一次。

访问VRAM的地址，取决于该字符在屏幕上的显示位置（行、列号）。因此，字符计数器提供的当前显示位置列号，可以作为产生缓存低位地址的依据。但是，在屏幕上列号以80为模，不是 2^n 形式，而VRAM地址采用二进制，所以实际计算地址值时，要将行、列号做整体的进制转换。

（3）线计数分频(9+5):1

设置线计数器的目的，是为了提供访问字符发生器ROM的低位地址，控制一行字符中哪些线显示、哪些线消隐，控制光标显示，对行计数器计数等控制信号。

每完成一次水平扫描（即字符计数器一个计数循环），则线计数器计数一次。一行字符占9条水平扫描线，然后是作为行间隔的5条水平扫描线。所以，线计数器计数14次之后，完成一个计数循环，分频关系14:1。完成一个计数循环后，对下一级的行计数器计数，启动新的一行字符显示。

如前所述，一行字符要分9次水平扫描才能完成显示。一个字符点阵信息占ROM的9个编址单元，每次访问ROM，只能读取一个字符点阵的一线像点信息。线计数器的计数值反映了当前的水平线序号，可作为ROM的低位地址。

在14次水平扫描中，第1～9线是显示段，第10～14线是消隐段。线计数器的计数值提供了对一行中显示与消隐的控制。在显示过程中一般都设置有光标，以低频闪烁指示下一个显示位置。光标位于第10～14线的区间，线计数值控制光标显示位置的线号。

（4）行计数分频$(25+M)$:1

设置行计数器的目的是为了提供下述控制信号：提供VRAM高位地址信息，向显示器提供垂直同步信号，控制一场显示过程中的显示段与消隐段。

每显示完一行字符，即线计数器完成一个计数循环，则行计数器计数一次。Y锯齿波的充电过程导致一次自上而下的正程扫描，可显示25行字符。回扫与线性度不好的边缘部分应当消除，折合为 M 行，M 的值与显示器制造技术有关。因此，行计数器计数$(25+M)$次之后，完成一个计数循环，分频关系$(25+M)$:1。相应地实现一场显示，发出一次垂直同步信号。

如果选择逐行扫描方式，则一场就是一帧。通常选取帧频为60Hz，使视觉稳定，感觉不到闪烁。根据上述各级的计数分频关系，可由帧频推算出点脉冲频率及各级计数频率。这四级同步计数器与屏幕扫描之间的对应关系，如图4-10所示。

请读者考虑一下，如果是图形方式，则应设置哪几级计数器？其分频关系又该如何？如果想提高分辨率，缓存容量应增加多少？分频关系又该如何？如果想制造动画效果，或想放大字符点阵，则地址计算应当如何转换？

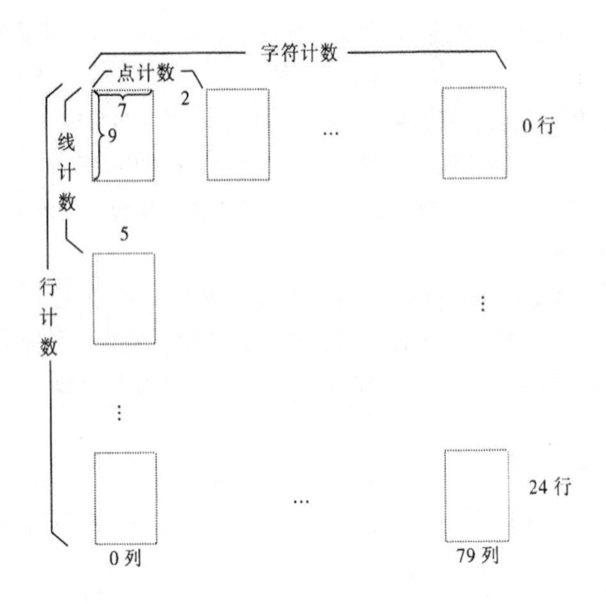

图 4-10　同步计数器与屏幕扫描

4.4　打 印 设 备

打印设备是计算机的重要输出设备之一，它能将机器处理的结果以字符、图形等人们所能识别的形式记录在纸上，作为硬拷贝长期保存。相比之下，显示器在屏幕上的信息是无法长期保存的，故它不属于硬拷贝设备。

4.4.1　打印设备的分类

打印设备品种繁多，根据不同的印字原理、工作方式和字符产生方式，可将打印设备分为如下几种类型。

（1）按印字原理划分

按印字原理划分，有击打式和非击打式两大类。击打式打印机是利用机械动作使印字机构与色带和纸相撞击而打印字符，其特点是设备成本低，印字质量较好，但噪音大，速度慢。它又分为活字打印机和点阵针式打印机两种。活字打印机是将字符刻在印字机构的表面上，印字机构的形状有圆柱形、球形、菊花瓣形、鼓轮形、链形等，现在用得越来越少。点阵打印机的字符是点阵结构，它利用钢针撞击的原理印字，目前仍用得较普遍。非击打式打印机是采用电、磁、光、喷墨等物理、化学方法来印刷字符。如激光打印机、静电打印机、喷墨打印机等，它们速度快，噪音低，印字质量比击打式好，但价格比较贵，有的设备需用专用纸张印刷。

（2）按工作方式划分

按工作方式分，有串行打印机和行式打印机两种。前者是逐字打印，后者是逐行打印，故行式打印机比串行打印机速度快。

此外，按打印纸的宽度还可分为宽行打印机和窄行打印机，还有能输出图的图形/图像打印机，具有色彩效果好的彩色打印机等。

目前，广泛用于各种计算机系统的打印设备主要是点阵针式打印机、激光打印机及喷墨打印机等。今后，随着科学技术的发展，具有小型化、多功能、结构简单、可靠性高、印刷质量好等特点的各种新型的非击打式打印设备将成为发展的方向。

本节主要介绍在微机系统和汉字处理系统中使用得极为广泛的串行点阵针式打印机、激光打印机和喷墨打印机，对它们的结构和工作原理进行简单的讨论。然后对这 3 种打印机进行比较。

4.4.2 点阵针式打印机

点阵针式打印机结构简单、体积小、重量轻、价格低、字符种类不受限制，易实现汉字打印，还可以打印图形/图像，是目前使用最普及的一种打印设备，因此在微小型机中都配置这种打印机。

点阵针式打印机的印字方法是由打印针选择 $n \times m$ 个点阵组成的字符图形。显然点越多，印字质量越高。西文字符点阵通常有 5×7、7×7、7×9 等几种，中文汉字至少要 16×16 或 24×24 点阵。为了减少打印头制造的难度，串行点阵打印机的打印头中只装有一列 m 根打印针，每根针可以单独驱动（意味着最多可以并行驱动 m 根打印针），印完一列后打印头沿水平方向移动一步微小距离，n 步以后，可形成一个 $n \times m$ 点阵的字符。以后又照此逐个字符进行打印。

串行针式打印机有单向打印和双向打印两种。当打印完一行字符后，打印纸在输纸机构控制下前进一行，同时打印头回到一行起始位置，重新自左向右打印，这种过程叫单向打印。双向打印是自左向右打印完一行后，打印头无需回最左端，在输纸的同时，打印头走到反向起始位置，自右向左打印一行。反向打印结束后，打印头又回到正向打印起始位置。由于省去了空换行时间，使打印速度大大提高。

图 4-11 所示为针式打印机构原理示意图，它由打印头与字车、输纸机构、色带机构与控制器 4 部分组成。

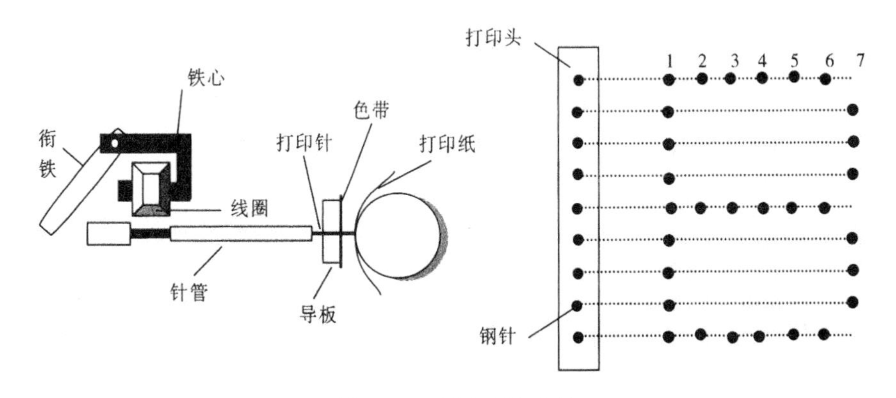

图 4-11 针式打印机构

打印头由打印针、磁铁、衔铁等组成。打印针由钢针或合金材料制成，有 7 根或 9 根在打印位置垂直排列。有的打印头有两列各 7 根或 9 根交错排列，同时打印两列点阵。

输纸机构由步进电机驱动，每打印完一行字符，按给定要求走纸，走纸的步距由字符行间距离决定。色带的作用是供给色源，在打印过程中色带不断移动，改变其受击打的位置，以免破损。驱动色带不断移动的装置称为色带机构。针式打印机中多用环形色带，装在一个塑料带盒内，色带可以随打印头的动作自动循环。

打印控制器与显示控制器类似，主要包括字符缓冲存储器、字符发生器、时序控制电路和接口 4 部分。主机将要打印的字符通过接口送到缓存，在打印时序控制下，从缓存顺序取出字符代码，对字符代码进行译码，得到字符发生器 ROM 的地址，逐列取出字符点阵并驱动打印头，形成字符点阵。打印速度约每秒 100 个字符。

行式点阵打印机是将多根打印针沿横向（而不是纵向）排成一行，安装在一块梳形板上，每根针均有一个电磁铁驱动。例如 44 针行式打印机沿水平方向均匀排列 44 根打印针，每个针负责打印 3 个字符，打印行宽为 44×3=132 列字符。在打印针往复运动中，当到达指定的打印位置时，激励电磁铁驱动打印针执行击打动作。梳形板向右或向左移动一次则打印出一行印点，当梳形板改变运动方向时，走纸机构移动一个印点间距，再打印下一行印点。如此重复多次，才打印出完整的一行字符。

4.4.3 激光打印机

激光打印机采用了激光技术和照相技术，由于它的印字质量好，在各种计算机系统中广泛被采用。图 4-12 所示为激光打印机的工作原理。

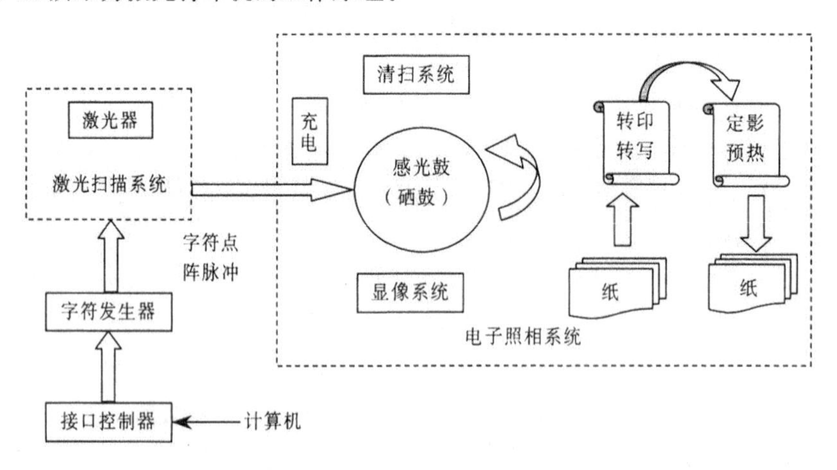

图 4-12　激光打印机原理框图

激光打印机由激光扫描系统、电子照相系统、字形发生器和接口控制器几部分组成。接口控制器接收计算机输出的二进制字符编码及其他控制信号。字形发生器可将二进制字符编码转换成字符点阵脉冲信号。激光扫描系统的光源是激光器，该系统受字符点阵脉冲信号的控制，能输出很细的激光束，该激光束对进行圆周运动的感光鼓进行轴向（垂直于纸面）扫描。感光鼓是电子照相系统的核心部件，鼓面上涂有一层具有光敏特性的感光材料，通常用硒，故又有硒鼓之称。

感光鼓在未被激光扫描之前，先在黑暗中充电，使鼓表面均匀地沉积一层电荷，扫描时激光束对鼓表面有选择地曝光，被曝光的部分产生放电现象，未被曝光的部分仍保留充电时的电荷，这就形成了“潜像”。随着鼓的圆周运动，“潜像”部分通过装有碳粉盒的显像系统，使“潜像”部分（实际上是具有字符信息的区域）吸附上碳粉，达到“显影”的目的。当鼓上的字符信息区和打印纸接触时，由于纸的背面施以反向的静电电荷，则鼓面上的碳粉就会被吸附到纸面上，这就是“转印”或“转写”过程。最后经过定影系统就将碳粉永久性地粘在纸上。转印后的鼓面还留有残余的碳粉，故先要除去鼓面上的电荷，经清扫系统将残余碳粉全部清除，然后再重复上述充电、曝光、显形、转印、定彩等一系列过程。

激光打印机可以使用普通纸张，输出速度高，一般可达10 000行/分（高速的可达70 000行/分），印字质量好，普通激光打印机的印字分辨率可达300DPI（每英寸300个点）或400DPI。字体字形可任意选择，还可打印图形、图像、表格、各种字母、数字和汉字等字符。

激光打印机是非击打式硬拷贝输出设备，是逐页输出的，故又有“页式输出设备”之称。普通击打式打印机是逐字或逐行输出的。页式输出设备的速度以每分钟输出页数（Pages Per Minute，PPM）来描述。高速激光打印机的速度在100PPM以上，中速为30～60PPM，它们主要用于大型计算机系统。低速激光打印机的速度为10～20PPM或10PPM以下，主要用于办公室自动化系统和文字编辑系统。

4.4.4 喷墨打印机

喷墨打印机是串行非击打式打印机，印字原理是将墨水喷射到普通打印纸上。若采用红、绿、蓝三色喷墨头，便可实现彩色打印。随着喷墨打印技术的不断提高，使其输出效果接近于激光打印机，而价格又与点阵针式打印机相当，因此，在计算机系统中被广泛应用。

电荷控制式喷墨打印机主要由喷头、充电电极、墨水供应、过滤回收系统及相应的控制电路组成。

喷墨头后部的压电陶瓷受振荡脉冲激励，使喷墨头喷出具有一定速度的一串不连续、不带电的墨水滴。墨水滴通过充电电极时被充上电荷，其电荷量的大小由字符发生器的输出控制。字符发生器可将字符编码转换成字符点阵信息。由于各点的位置不同，充电电极所加的电压也不同，电压越高，充电电荷越多，墨滴经偏转电极后偏移的距离也越大，最后墨滴落在印字纸上。由于有一对垂直方向的偏转电极，因此墨滴能在垂直方向偏移。若垂直线段上某处不需喷点（对应字符在此处无点阵信息），则相应墨滴不充电，在偏转电场中不发生偏转，而射入回收器中。横向可没有偏转电极，靠喷头相对于记录纸做横向移动来完成横向偏转。

4.4.5 几种打印机的比较

以上介绍的3种打印机都配有一个字符发生器，它们的共同点是都能将字符编码信息变为点阵信息，不同的是这些点阵信息的控制对象不同。点阵针式打印机的字符点阵用于控制打印针的驱动电路；激光打印机的字符点阵脉冲信号用于控制激光束；喷墨打印机的字符点阵信息控制油墨的运动轨迹。

此外，点阵针式打印机属于击打式的打印机，可以逐字打印也可以逐行打印，喷墨打印机只能逐字打印，激光打印机属于页式输出设备。后两种都属非击打式打印机。

不同种类的打印机其性能和价格差别很大，用户可根据不同需要合理选用。要求印字质量高的场合可选用激光打印机；要求价格便宜的或只需具有文字处理功能的个人用计算机，可配置串行点阵针式打印机；要求处理的信息量很大，速度又要快，应该配行式打印机或高速激光打印机。

4.5 磁盘存储器

磁盘存储器是主要的外部存储器，主要包括硬磁盘和软磁盘，它的优点是，存储容量大，价格低，存储介质可以重复使用，记录信息可以长期保存而不丢失。

4.5.1 磁表面存储器原理

磁表面存储器是目前使用最广泛的外存储器。所谓磁表面存储，是用某些磁性材料薄薄地涂在金属铝或塑料表面作为载磁体来存储信息。根据记录载体（介质及基体）的外形，磁表面存储器有磁鼓、磁带、磁盘、磁卡等。由于外形尺寸大而记录面积有限，磁鼓已被淘汰。磁卡的记录信息量较少，主要用于某些专用设备之中。因此，在计算机系统中广泛使用的是磁盘和磁带，特别是磁盘，几乎成为计算机系统的基本配置。

在计算机中，用于存储设备的磁性材料，是一种具有矩形磁滞回线的磁性材料。这种磁性材料在外加磁场的作用下，其磁感应强度 B 与外加磁场 H 的关系可以用矩形磁滞回线来描述，如图 4-13 所示。

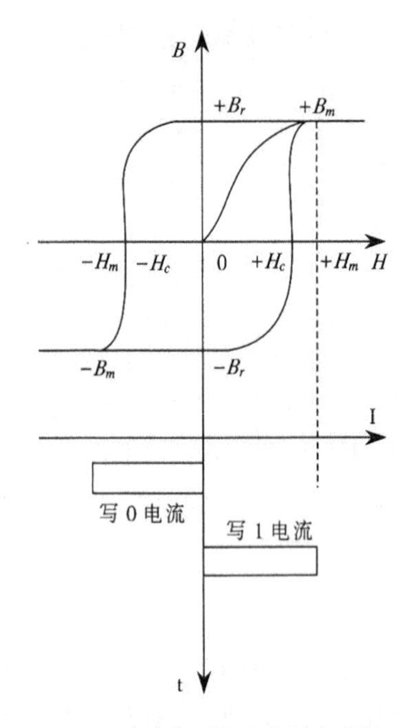

图 4-13　磁性材料的磁滞回线

从磁滞回线可以看出，磁性材料被磁化以后，工作点总是在磁滞回线上。只要外加的正向脉冲电流（即外加磁场）幅度足够大，那么在电流消失后磁感应强度 B 并不等于零，而是处在$+B_r$状态（正剩磁状态）。反之，当外加负向脉冲电流时，磁感应强度 B 将处在$-B_r$状态（负剩磁状态）。这就是说，当磁性材料被磁化后，会形成两个稳定的剩磁状态，就像触发器电路有两个稳定的状态一样。如果规定用$+B_r$状态表示代码 1，$-B_r$状态表示代码 0，那么要使磁性材料记忆 1，就要加正向脉冲电流，使磁性材料正向磁化；要使磁性材料记忆 0，则要加负向脉冲电流，使磁性材料反向磁化。磁性材料上呈现剩磁状态的地方形成了一个磁化元或存储元，它是记录一个二进制信息位的最小单位。

在磁表面存储器中，利用一种称为磁头的装置来形成和判别磁层中的不同磁化状态。换句话说，写入时，利用磁头使载磁体（盘片）具有不同的磁化状态，而在读出时又利用磁头来判别这些不同的磁化状态。磁头实际上是由软磁材料做铁心绕有读/写线圈的电磁铁。图 4-14 和图 4-15 显示了磁表面存储器的读/写原理。

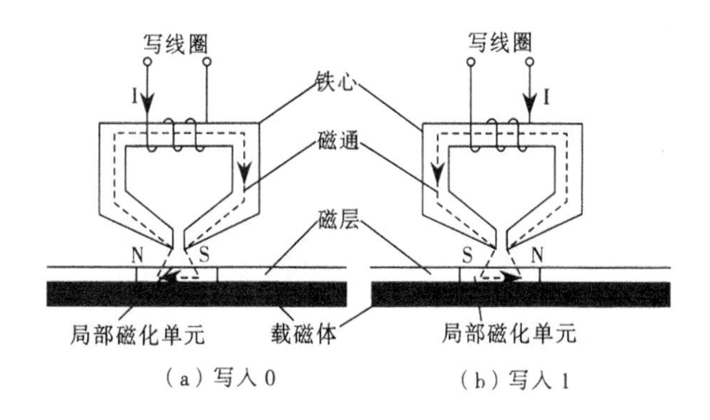

图 4-14　磁表面存储器的写原理

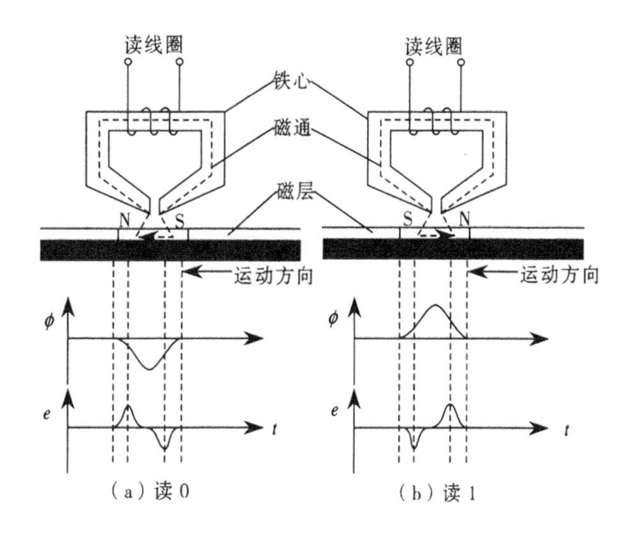

图 4-15　磁表面存储器的读原理

通过电-磁变换，利用磁头写线圈中的脉冲电流，可把一位二进制代码转换成载磁体存储元的不同剩磁状态；反之，通过磁—电变换，利用磁头读出线圈，可将由存储元的不同剩磁状态表示的二进制代码转换成电信号输出。这就是磁表面存储器存取信息的原理。

磁表面存储器具有如下的优点：

- 存储密度高，记录容量大，每位价格低。
- 记录介质可重复利用（通过改变剩磁状态）。
- 无需能量维持信息，掉电信息不丢失，记录信息可长久保持。
- 利用电磁感应读出信号，非破坏性读/写。

但磁表面存储器还是存在一些缺点的，主要体现在：

- 只能顺序存取，不能随机存取。
- 读/写时要靠机械运动，存取速度慢。
- 读/写可靠性差，必须加校验码。
- 由于使用机械结构，对工作环境要求高。

4.5.2 磁盘的物理组织

磁盘存储器是目前应用最广泛的外存储器。在磁表面存储器中，磁盘的存取速度较快，具有较大的存储容量，适用于调用较频繁的场合，往往作为主存的直接后援，为虚拟存储提供物质基础。磁盘是一个由金属或塑料制成的圆盘，其表面涂有一层磁性材料。在磁盘上记录数据，并可通过感应线圈（俗称磁头）读出数据。在读或写操作时，磁头固定而磁盘在它下面旋转。按照磁盘的物理组织可如下分类：按盘片结构分成可换盘片式与固定盘片式两种；磁头也分为可移动磁头（每个面一个）和固定磁头（每磁道一个）两种，如图 4-16 所示。

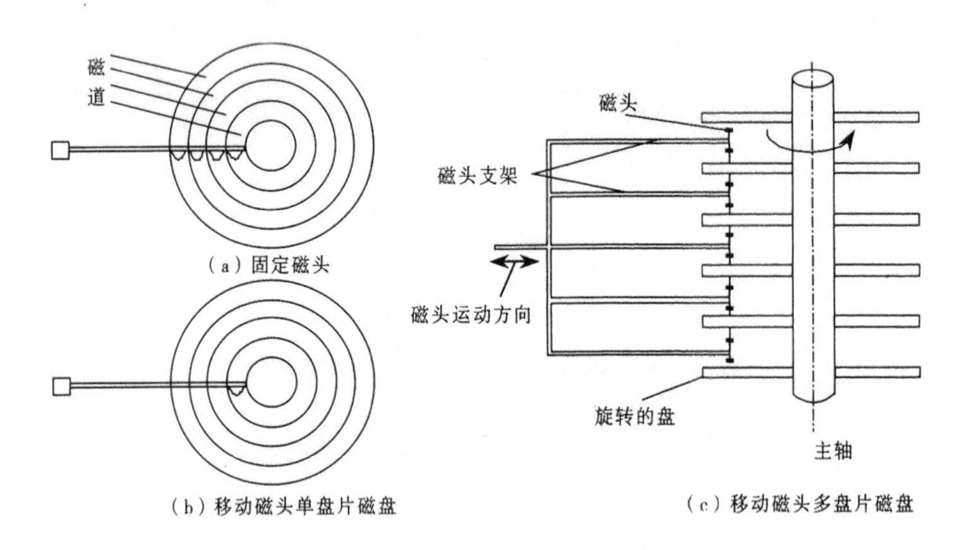

图 4-16 磁盘的物理组织

具体可分为如下几种磁盘：

① 可移动磁头固定盘片的磁盘机。特点是一片或一组盘片固定在主轴上，盘片不可更换。盘片每面只有一个磁头，存取数据时磁头沿盘面径向移动。

② 固定磁头磁盘机。特点是磁头位置固定，磁盘的每一个磁道对应一个磁头，盘片不可更换。优点是存取速度快，省去磁头寻道时间，缺点是结构复杂。

③ 可移动磁头可换盘片的磁盘机。盘片可以更换，磁头可沿盘面径向移动。优点是盘片可以脱机保存，同种型号的盘片具有互换性。

④ 温彻斯特磁盘机。温彻斯特磁盘简称温盘，是一种采用先进技术研制的可移动磁头固定盘片的磁盘机。它是一种密封组合式的硬磁盘，即磁头、盘片、电机等驱动部件乃至读/写电路等组装成一个不可随意拆卸的整体，如图 4-17 所示。工作时，高速旋转在盘面上形成的气垫将磁头平稳浮起。优点是防尘性能好，可靠性高，对使用环境要求不高。而普通的磁盘要求具有超净环境，只能用于大中型计算机中。

温盘的盘片直径有 8 英寸、5.25 英寸、3.5 英寸、2.5 英寸几种，用于 IBM PC 系列机的温盘一般是后两种。目前温盘应用最广，成为最有代表性的硬盘。

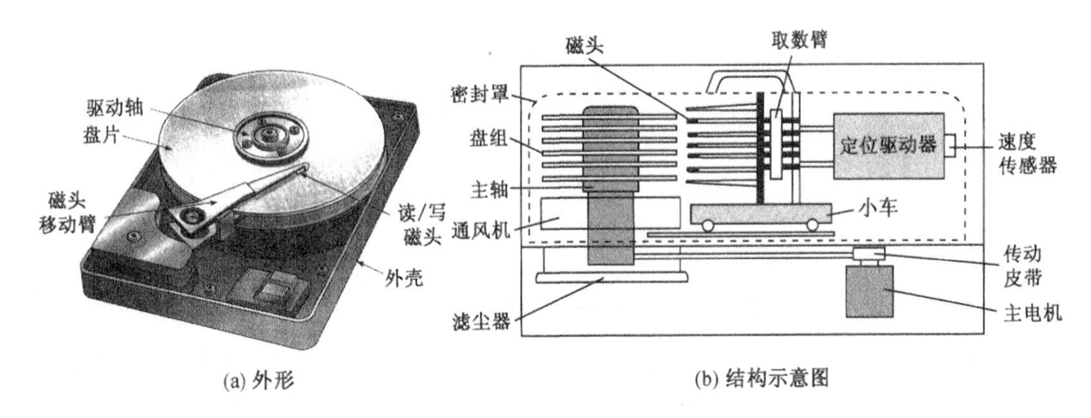

(a) 外形　　(b) 结构示意图

图 4-17　温彻斯特磁盘结构

4.5.3　磁盘的数据组织和寻址

一般而言，磁盘盘片的上下两面都覆盖着磁介质，都能记录信息，通常把磁盘片表面称为记录面。磁盘的每一个记录面被划分为若干个同心圆，被称为磁道（Track）。每一条磁道使用一个唯一的编号作为区分标识，该编号被称为磁道号。磁道的编址是从外向内依次编号，一般从 0 开始，即最外的同心圆为 0 号磁道，如图 4-18 所示。

一个磁盘组往往有若干记录面，所有记录面上相同序号的磁道组成一个圆柱面，被称为柱面（Cylinder），如图 4-19 所示。圆柱面号与道号相同，如 00#圆柱面、79#圆柱面等。每面的道数即盘组的圆柱面数。

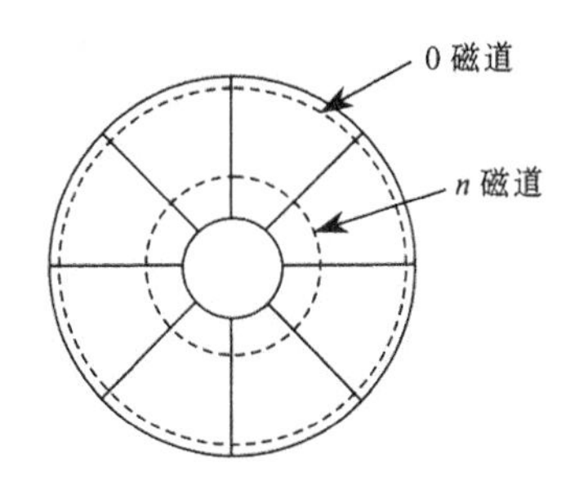

图 4-18　磁盘上的磁道

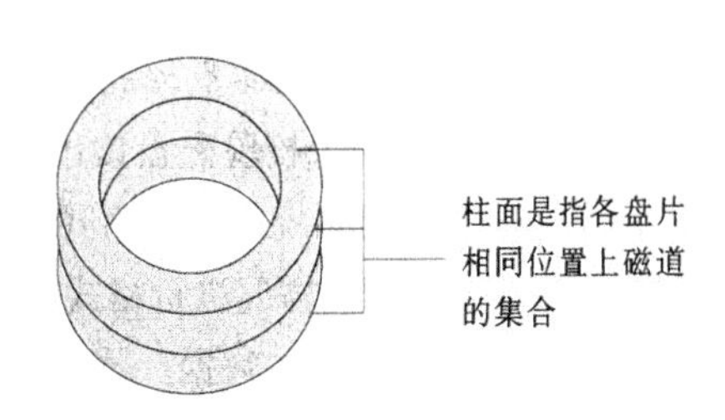

图 4-19　磁盘组中的柱面

为什么要引用圆柱面这个概念呢？让我们考虑这样一个问题：磁道上的信息通常以文件的形式组织并存储，如果一个磁道存放不完，是将它继续存放在同一记录面的相邻磁道上？还是将它继续存放于同一圆柱面的相邻记录面上？如果采用第一种方法，则更换磁道时必须进行寻址操作，所需时间较长。如果采取后一种方法，由于定位机构使所有记录面的磁头都对准同一序列磁头，大家都处于同一柱面中，只需通过译码电路选取相邻面的磁头，即可继续读/写，几乎没有时间延迟。所以我们引入圆柱面这一级，让文件尽可能的存储于同一圆柱面上，然后才是相邻圆柱面。

每个磁道又被划分为若干个数据块，称为扇区（Sector）。扇区是磁盘能够寻址到的最小单位，如图 4-20 所示。扇区的编号有多种方法，可以连续编号，也可间隔编号。

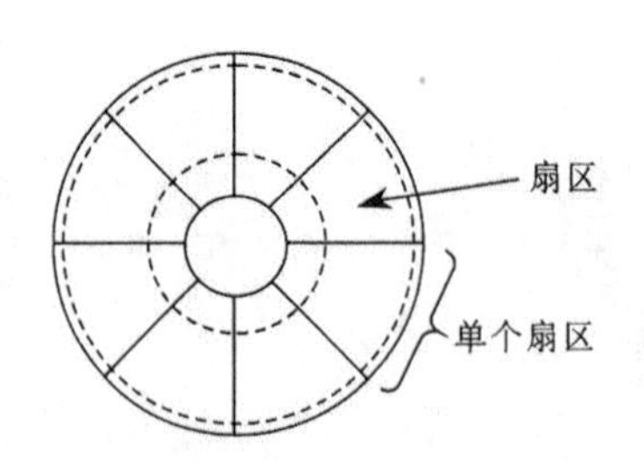

图 4-20 磁盘扇区

在磁道上，信息是按扇区存放的，每个扇区中存放一定数量的字或字节，各个区存放的字或字节数是相同的。磁盘存储器的每个扇区记录定长的数据，因此读/写操作是以扇区为单位一位一位串行进行的。每一个扇区记录一个记录块。数据在磁盘上的记录格式的一个示例如图 4-21 所示。

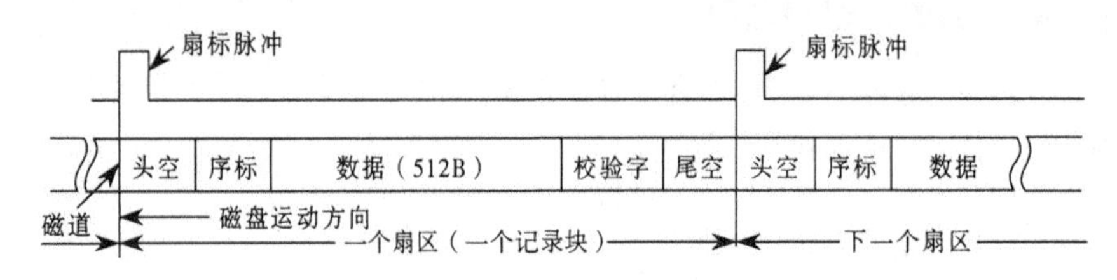

图 4-21 扇区结构示例

每个扇区开始时由磁盘控制器产生一个扇标脉冲。扇标脉冲的出现即标志一个扇区的开始。两个扇标脉冲之间的一段磁道区域即为一个扇区（一记录块）。每个记录块由头部空白段、序标段、数据段、校验字段及尾部空白段组成。其中空白段用来留出一定的时间作为磁盘控制器的读/写准备时间，序标被用来作为磁盘控制器的同步定时信号。序标之后即为本扇区所记录的数据。数据之后是校验字，它用来校验磁盘读出的数据是否正确。

由于不同计算机系统的磁道格式可能不同，所以盘片在出厂时并没有写入上述格式信息。因此，空白盘片在使用前需要进行格式化，即用操作命令按其格式写入格式信息，进行扇区划分等，然后才能写入有效程序与数据。格式化的任务分为两个层次：

① 建立磁盘记录格式，称为物理格式化或初级格式化。经过这一级格式化，磁道被软化分为若干扇区，每个扇区又划分为标志区与数据区，并写入头空字段、序标等，但数据段空着，待写入信息。

② 建立文件目录表、磁盘扇区分配表、磁盘参数表等，这称为逻辑格式化或高级格式化。这部分内容和具体操作系统相关。

通过上述介绍，我们可以总结出一个计算机系统中，某一磁盘的寻址信息。磁盘寻址采用如下的四元组形式：

（磁盘机编号，柱面号，磁头号/记录面号，扇区号）

4.5.4 磁盘技术指标

磁盘存储器的主要指标包括存储密度、存储容量、存取时间及数据传输率等。

存储密度可分为道密度和位密度。道密度是沿磁盘半径方向单位长度上的磁道数，其单位一般采用道/英寸，记为 TPI（Track per Inch），也可采用道/毫米为单位。

位密度是指沿磁道圆周方向单位长度上所能记录的二进制位数，其单位一般采用位/英寸，记作 BPI（Bit per Inch），也可采用位/毫米为单位。需要注意的是，各条磁道的容量是一样的，但其长度并不相同，因此，在磁盘盘面上位密度是不一样的。磁盘内圈位密度高，而外圈位密度低。

存储容量是指一个磁盘装置所能存储二进制信息的总量。存储容量除了与存储密度有关，还与盘片的几何尺寸、盘片数量有直接关系。存储容量分非格式化容量和格式化容量，格式化信息要占据一定的空间，因此格式化容量小于非格式化容量。下面两个公式可以用来计算一个记录面的非格式化容量和格式化容量：

非格式化容量=位密度×内圈磁道周长×磁道总数

格式化容量=扇区容量×每道扇区数×磁道总数

平均存取时间是指从发出读/写命令后，磁头从某一起始位置移动至指定位置，到开始从盘片表面读出或写入信息所需要的时间。这段时间由两个因素所决定，寻道时间和旋转等待延迟。寻道时间是指将磁头定位至所要求的磁道上所需的时间；旋转等待延迟是寻道完成至磁道上需要访问的信息到达磁头下的时间。这两个时间都是随机变化的，是位置的函数，因此只能使用平均值来表示。平均存取时间等于平均寻道时间与平均旋转等待延迟之和。平均寻道时间与磁头移动速度和盘片直径相关，目前主流的硬盘的平均寻道时间可达 10ms 以下。平均旋转等待延迟和磁盘转速有关，可用磁盘旋转半周所需时间来估算。例如，目前主流硬盘的转速为 5 400r/min 或 7 200r/min，则相应的平均旋转等待延迟为 5.6ms 或 4.2ms。

当磁盘驱动器操作时，磁盘主轴电机带动盘片以恒定的速度旋转。为了读或写，磁头必须精确定位在所含数据的磁道和该磁道上所要扇区的起始处。磁道选择包括在可移动磁头系统中选择移动磁头或在固定磁头系统中选择某个磁头。在可移动磁头系统中，磁头从找到并定位到该磁道所花的时间称为寻道时间（Seek Time）。无论哪一种磁头系统，一旦磁道选定，磁头系统都将处于等待状态，直到相关扇区旋转到磁头可读/写位置，这段时间称为旋转延迟（Rotational Delay）。寻道时间和旋转延迟的总和称为存取时间（Access Time），即定位到读或写位置的时间。待磁头定位后，扇区旋转到磁头下时，就可完成读或写操作。这是整个操作的数据传输部分。

除存取时间和传输时间外，常有几个排队时间与磁盘 I/O 操作有关。当进程发出一个 I/O 请求后，它首先要在一个队列中等待所需设备变为可用，直到此设备被分配给该进程。若此设备与其他磁盘驱动器共享一个或一组 I/O 通道，则还可能附加一个等待延迟；直到 I/O 通道可用了，寻道操作才开始。

1. 寻道时间

寻道时间是移动磁头臂使磁头对准所要求磁道所花费的时间。这是一个难于准确定量的时间，它受到几个因素的影响，初始启动时间、加速到指定速度和跨越若干个磁道所用的时间。但是，跨越时间不是磁道数的线性函数。我们可用下面的线性公式来估算寻道时间：

$$T_n = m \times n + s$$

其中：

T_n=寻道时间估算值

n=跨越的磁道数目

m=取决于磁盘驱动器的常数

s=启动时间

例如，个人计算机所使用的不太昂贵的硬盘可用 m=0.3，s=20（单位：ms）来估算；更贵的大容量磁盘可能是 m=0.1，s=3（单位：ms）。

2．旋转延迟

磁盘（非软盘）的典型旋转速率是 7 200 转/秒，即每 4ms 旋转一周。于是，平均的旋转延迟是 2ms。软盘的旋转速率在 300～600 转/分钟之间，平均旋转延迟将在 100～200ms 之间。

3．传输时间

向磁盘写入数据或由磁盘读出数据所用的传输时间，除与数据量大小有关之外，主要取决于磁盘的旋转速度。有如下公式：

$$T=b/(r \times N)$$

其中：

T=传输时间

b=传输的字节数

N=每磁道字节数

r=旋转速度，单位是每秒周数

4．数据传输率

指在单位时间内磁盘存储器可向主机传输数据的字节数。从主机接口逻辑考虑，应有足够快的传输速度向设备接收/发送信息。从存储设备考虑，可使用如下公式计算：

数据传输率=磁盘转速 × 每条磁道的容量（B/s）

【例 4-1】一台有 3 个盘片的磁盘组，共有 4 个记录面，转速为 7 200 转/分，盘面有效记录区域外径为 30cm，内径为 20cm，记录位密度为 110 位/毫米，磁道密度为 8 道/毫米，磁道分 16 个扇区，每扇区 512B，设磁头移动速度为 2m/s。

① 计算盘组的非格式化容量和格式化容量。

② 计算该磁盘的数据传输率，平均寻道时间和平均旋转等待时间。

③ 若一个文件超出一个磁道的容量，余下部分是存于同一个盘面还是存于同一柱面上？并给出一个合理的磁盘地址方案。

解：

① 每个记录面共有磁道数为：((30–20)/2) × 10 × 8=400 道。

非格式化容量=(3.14 × 200 × 110 × 400 × 4)/ 8= 13816000 B

格式化容量=512 × 16 × 400 × 4=13107200 B

② 数据传输率=512 × 16 × (7200/60)=983040B/s，平均寻道时间=半径/磁头移动速度/2=0.125s，平均旋转等待时间=磁盘旋转一周时间/2=4.2ms

③ 由于不需要重新找道，数据存于同一柱面，使读/写速度快。磁盘地址格式如下：

(盘号,柱面号,磁头号,扇区号)

4.6 其他外部存储器

其他外部存储器有磁盘冗余阵列（RAID）、光盘存储设备和磁带存储设备等。

4.6.1 RAID（磁盘冗余阵列）

和计算机的其他性能一样，磁盘存储器设计者认识到，如果一种元件只有一点进步，那么，并行使用多个元件会获得意外的性能。这种思想导致开发了独立操作和并行处理的磁盘阵列。由于是多个盘，只要请求的数据驻留在分离的盘上，则分立的 I/O 请求可并行处理。而且，如果存取的数据块分布在多个盘上，则单个 I/O 请求也能够并行处理。

随着多盘的使用，出现了各种用多盘组织数据和增加数据冗余来提高其可靠性的方法。然而，这样就很难开发可用于多种操作平台和操作系统的数据库模式。所幸的是对多盘数据库的设计，工业上通过了一个称为 RAID（磁盘冗余阵列）的标准方案。RAID 方案分为 7 级（0～6 级）。但这些级别不是简单地表示层次关系，而是表示具有下列 3 个共同特性的不同设计结构：

① RAID 是一组物理磁盘驱动器，在操作系统下被视为一个单一的逻辑驱动器。

② 数据分布在一组物理磁盘上。

③ 冗余磁盘容量用于存储奇偶校验信息，保证磁盘万一损坏时能恢复数据。

第②、③个特性的详细内容在不同的 RAID 级中是不同的，RAID 0 不支持第 3 个特性。

RAID 策略是用多个小容量磁盘代替一个大容量的磁盘。这种分布数据的方法能够同时从多个磁盘中存取数据，因而改善了 I/O 性能，增加了容量。

RAID 方案的独特贡献是有效找到了对冗余的需求。尽管允许多个磁头和机械臂移动机构同时操作，以达到较高的 I/O 和传输速度，但多个设备的使用增加了出错概率。为了对这种可靠性的降低进行补偿，RAID 使用存储的奇偶校验信息来恢复由于磁盘损坏而丢失的数据。

在讨论 RAID 的每一级之前，表 4-1 对 7 级进行了小结。其中，2、4 级没有向商业应用公布，也不大可能被工业界所接受。

表 4-1 RAID 分级

种　类	级	说　明	I/O 请求速度（读/写）	数据传输率（读/写）	典型应用
条带化	0	无冗余	条带:优秀	小条带:优秀	高性能，用于非关键性数据
镜像	1	镜像	良好/一般	一般/一般	系统盘、重要文件
并行处理	2	数据冗余用于海明码	差	优秀	大容量的 I/O 请求，如图像、CAD
	3	码位交错奇偶校验	差	优秀	
独立存取	4	块交错奇偶校验	优秀/一般	一般/差	无
	5	块交错分布奇偶校验	优秀/一般	一般/差	高请求速度，读集中数据查询
	6	块交错双分布奇偶校验	优秀/差	一般/差	要求极高可用性的应用

图 4-22 表示一个支持 4 个无冗余磁盘数据容量的 7 级 RAID 方案。此图突出了用户数据和冗余数据的分布，并指出不同级相应的存储容量需求。图 4-22 将贯穿下面讨论的整个过程。

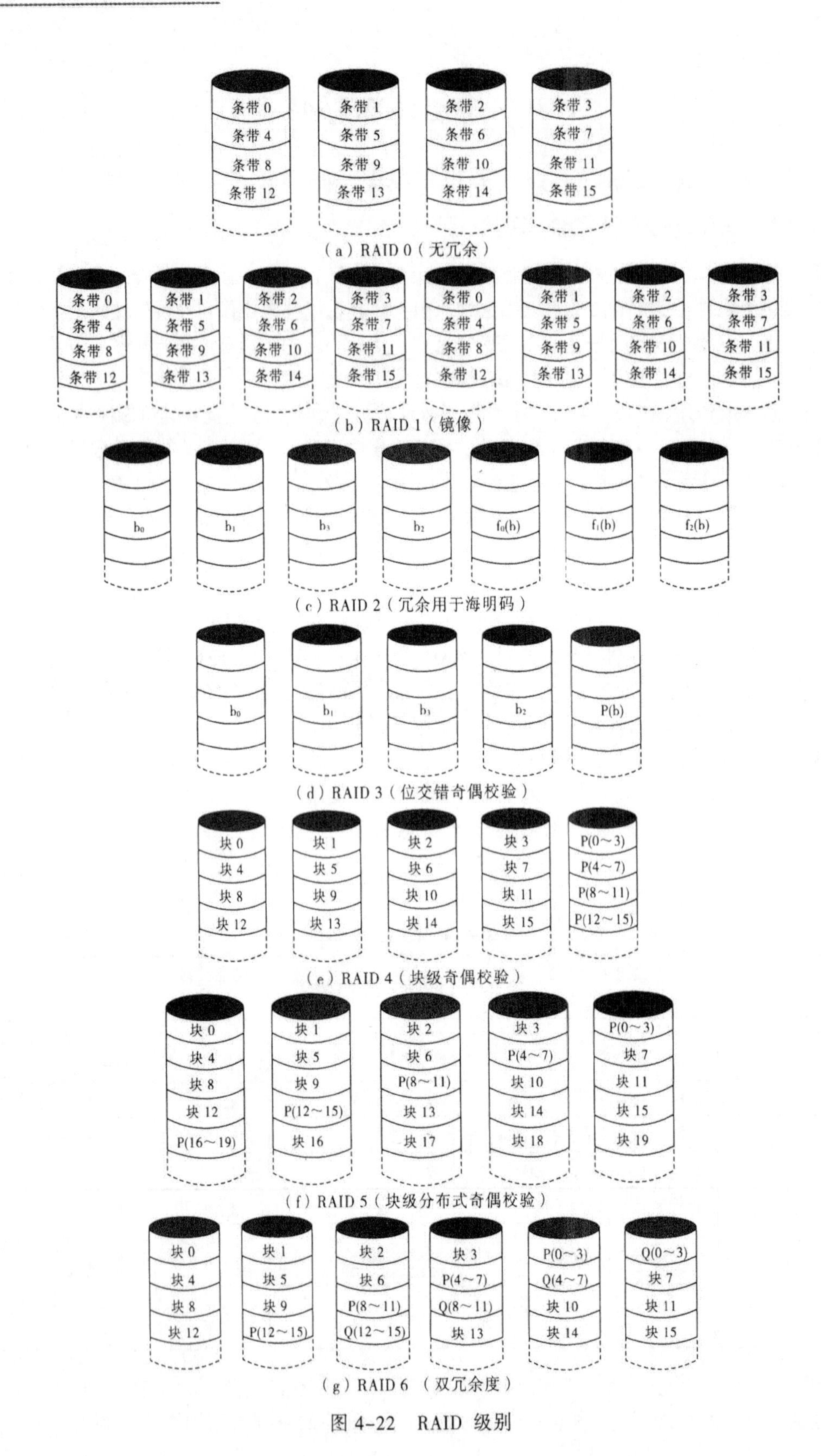

（a）RAID 0（无冗余）

（b）RAID 1（镜像）

（c）RAID 2（冗余用于海明码）

（d）RAID 3（位交错奇偶校验）

（e）RAID 4（块级奇偶校验）

（f）RAID 5（块级分布式奇偶校验）

（g）RAID 6 （双冗余度）

图 4-22　RAID 级别

1. RAID 0 级

RAID 0 级不是 RAID 家族中的真正成员，因为它不采用冗余来改善性能。但是，它有一些应用，例如应用于超级计算机上时，其性能和容量仅是基本的考虑，低成本比改善可靠性更重要。

对于 RAID 0，用户和系统数据分布在阵列中的所有磁盘上，与单个大容量磁盘相比，它的显著优点是，如果两个 I/O 请求正在等待两个不同的数据块，则被请求的块有可能在不同的盘上。因此，两个请求能够并行发出，减少了 I/O 的排队时间。

RAID 0 以及其他的 RAID 级，与在磁盘阵列中简单地分布数据相比，它能以条带的形式在可用磁盘上分布数据，因而更为完善。所有的用户数据和系统数据被看成是存储在一个逻辑磁盘上，磁盘以条带的形式划分，每个条带是一些物理的块、扇区或其他单位。数据条带以轮转方式映射到连续的阵列磁盘中。映射条带到阵列磁盘的一组连续逻辑条带定义为条带集。在一个有 n 个磁盘的阵列中，第 1 组的 n 个逻辑条带依次物理地存储在 n 个磁盘的第 1 个条带上，第 2 组的 n 个逻辑条带分布在每个磁盘的第 2 个条带上，依此类推。这种布局的优点是，如果单个 I/O 请求由多个逻辑相邻的条带集成，则请求的 n 个条带可以并行处理，这样大大减少了 I/O 的传输时间。

图 4-23 表示使用阵列管理软件在逻辑磁盘和物理磁盘间进行映射，此软件可在磁盘子系统或主机上运行。

（1）RAID 0 用于高速数据传输

任何 RAID 级的性能关键取决于主机的请求方式和数据分布。由于 RAID 0 的冗余不会影响分析，所以这些问题能在 RAID 0 中很清楚地得以说明。首先考虑使用 RAID 0 达到高速数据传输的情况。为了在应用中达到高速数据传输，必须满足两个要求：

① 高速传输必须存在于主存和各个磁盘间的整个路径上。它包括内部控制总线、主系统 I/O 总线、I/O 适配器和主机存储器总线。

② 应用必须使驱动磁盘阵列的 I/O 请求有效。与一个条带的大小相比，如果请求的是大量的逻辑相邻的数据，则满足这个要求。此时，单个的 I/O 请求涉及多个磁盘的并行数据传输，与单个磁盘传输相比，显然增大了有效的传输率。

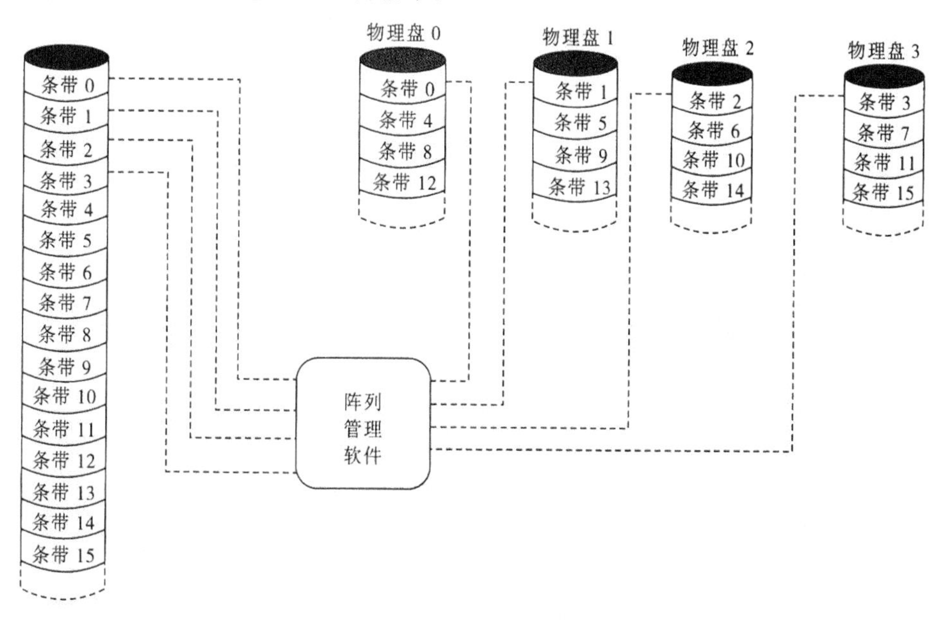

图 4-23 RAID 0 级阵列的数据块映射

（2）RAID 0用于高速的I/O请求

在面向事务处理环境中，用户普遍关心的是响应时间，而不是传输率。一个针对少量数据的单个I/O请求，其I/O时间由磁头的运动（寻道时间）和磁盘的运动（旋转延迟）决定。

在这一环境中，每秒有几百个I/O请求，通过平衡多磁盘中的I/O负载、磁盘阵列能提供高速的I/O执行速度。只有当多个I/O请求发出时，才能实现有效的负载平衡。这意味着存在多个独立应用或能进行多个I/O异步请求且面向事务的单个应用。性能也将受到条带大小的影响，如果条带容量相对大些，单个I/O请求只涉及一个磁盘存取，则多个等待I/O的请求能并行处理，这样就减少了每个请求的排队时间。

2. RAID 1级

RAID 1和其他RAID方案的区别在于实现冗余的方法。在RAID 2～RAID 6中，采用了某些形式的奇偶校验计算模式并引入了“冗余信息”。在RAID 1中，采用简单的备份所有数据的方法来实现冗余。RAID 1同RAID 0一样，采用数据条带集，如图4-22（b）所示，但它的每个逻辑条带映射到两个不同的物理磁盘组中，因此，阵列中的每个磁盘都有一个包含相同数据的镜像盘。

RAID 1结构的优点如下：

① 一个读请求可由包含请求数据的两个磁盘中的某一个提供，只要它的寻道时间加旋转延迟较小。

② 一个写请求需要更新两个对应的条带，但这可以并行完成。因此，写性能由两者中较慢的一个写来决定，即包含较大的寻道时间和旋转延迟的那一个写。然而，RAID 1无“写损失”。RAID 2～RAID 6使用奇偶校验位，因此，当修改单个条带时，阵列管理软件必须先计算，然后在修改实际条带时也修改奇偶校验位。

③ 恢复一个损坏的磁盘很简单。当一个磁盘损坏时数据仍能从第2个磁盘中读取。

RAID 1的主要缺点是价格昂贵，它需要支持两倍于逻辑磁盘的磁盘空间。因此，RAID 1的配置只限于用在存储系统软件、数据和其他关键文件的驱动器中。在这种情况下，RAID 1对所有的数据提供实时备份，在磁盘损坏时，所有的关键数据仍能立即可用。

在面向事务的环境中，如果有大批的读出请求，则RAID 1能实现高速的I/O速率。此时，RAID1的性能达到RAID 0性能的两倍。然而，如果I/O请求有部分是写请求，则它不比RAID 0的性能好多少。对读请求的百分比高和数据传输密集的应用，RAID 1也提供了对RAID 0改进的性能。如果应用把每个请求分割，使得两个磁盘都参加，则性能就会改善。

3. RAID 2级

RAID 2和RAID 3都使用了并行存取技术。当并行存取阵列时，所有的磁盘成员都参加每个I/O请求的执行。一般情况下，各个驱动器的轴是同步旋转的，因此，每个磁盘上的每个磁头在任何时刻都位于同一个位置。

和其他RAID方案一样，RAID 2采用数据条带。在RAID 2和RAID 3中，条带非常小，经常小到一个字节或一个字。在RAID 2中，通过各个数据盘上的相应位计算纠错码，编码的位存储在多个奇偶校验盘的对应位。通常，采用海明码，它能纠正一位错误，检测两位错误。

尽管RAID 2比RAID1需要的磁盘少，但价格仍相当高，冗余磁盘的数目与数据磁盘数目的对数成正比。对于单个读，所有磁盘同时读取，请求的数据和相关的纠错码被传输到阵列控制器。

如果有一位错误出现，则控制器马上识别并纠正错误，因此读取时间很快。对于单个写，所有数据盘和奇偶校验盘必须被访问以进行写操作。

RAID 2 是在多磁盘易出错环境中的有效选择。对于单个磁盘和磁盘驱动器，已给出高可靠性的情况，RAID 2 没有什么意义。

4. RAID 3 级

RAID 3 的组织方式与 RAID 2 相同，所不同的是，不管磁盘阵列多大，RAID 3 只需要一个冗余盘。RAID 3 采用并行存取，数据分布在较小的条带上；它不采用纠错码，而采用对所有数据盘上同一位置的一组位进行简单计算的奇偶校验位。

当某一驱动器损坏时，存取奇偶校验盘，并由其余设备重构数据。一旦损坏的磁盘被替换，在新盘上重新保存丢失的数据，恢复操作。数据的重新生成很简单。现在考虑一个 5 磁盘的阵列，X_0 到 X_1 保存数据，X_4 是奇偶校验盘，奇偶校验的第 i 位的计算公式如下：

$$X_4(i)=X_3(i) \oplus X_2(i) \oplus X_1(i) \oplus X_0(i)$$

假设，磁盘 X_1 损坏，上述等式两边同时异或 $X_4(i) \oplus X_1(i)$，则得到以下等式：

$$X_1(i)=X_4(i) \oplus X_3(i) \oplus X_2(i) \oplus X_0(i)$$

因此，阵列中某一数据盘中的任何数据条带的内容都能从剩余磁盘的相应条带中重新生成，这条原则适用于 RAID 第 3、4、5、6 级。

当磁盘损坏时，所有的数据仍有效的情况，我们称为简化模式。在这个模式下的读操作，利用异或运算可以立即重新生成丢失的数据。当数据写入简化模式的 RAID 3 阵列中时，要为以后的数据重新生成保持奇偶校验的一致性。整个操作需要更换损坏的磁盘，在新磁盘上重新生成损坏磁盘上的全部内容。

因为数据分成非常小的条带，RAID 3 可获得非常高的数据传输率。任何 I/O 请求将涉及所有数据盘的并行数据传输。对于大量传输，性能改善特别明显。

另一方面，一次只能执行一个 I/O 请求，在面向事务的环境中，性能将受损。

5. RAID 4 级

RAID 4～RAID 6 都采用一种独立的存取技术。在独立存取阵列中，每个磁盘成员的操作是独立的，各个 I/O 请求能够并行处理。因此，独立存取阵列更适合于高速 I/O 请求的应用，而较少用于需要高速数据传输的场合。

与其他 RAID 方案一样，它采用数据条带。RAID 4～RAID 6 的数据条带相对大些。在 RAID 4 中，通过每个数据盘上的相应条带来逐位计算奇偶校验条带，奇偶校验位存储在奇偶校验盘的对应条带上。

当执行较小规模的 I/O 写请求时，RAID 4 蒙受了写损失。对于每一次写操作，阵列管理软件不仅要修改用户数据，而且要修改相应的奇偶校验位。

为了计算新的奇偶校验位，阵列管理软件必须读取旧的数据条带和奇偶校验条带，然后用新的数据和新计算出的奇偶校验位修改上述两个条带，因此，每个条带的写操作包括两次读和两次写。

当涉及所有磁盘的数据条带较大的 I/O 写操作时，计算奇偶校验位非常容易，只要用新的数据位计算即可。因此，奇偶校验盘和数据磁盘并行更新，不再需要另外的读或写操作。

在任何情况下，每一次的写操作必然涉及奇偶校验盘，因此它成为一个瓶颈。

6．RAID 5 级

RAID 5 和 RAID 4 的组织方式相同，所不同的是，RAID 5 在所有磁盘上分布了奇偶校验条带。常用循环分配方案，如图 4-22（f）所示。对于一个 n 磁盘阵列，最初的 n 条带的奇偶校验条带位于不同的磁盘，然后以此样式重复。

在所有磁盘上分布奇偶校验条带避免了 RAID 4 级中潜在的 I/O 瓶颈问题。

7．RAID 6 级

RAID 6 是对 RAID5 的扩展，用于要求对数据绝对不能出错的场合，其思想是进行两种不同的奇偶计算并将校验码以分开的块存于不同磁盘中。用户数据需要 N 个磁盘的 RAID 6 阵列，由 $N+2$ 个磁盘组成。

图 4-22（g）说明了这种策略。P 和 Q 是两个不同的数据校验算法，其中一个是 RAID 4 曾使用的异或计算式的奇偶校验算法，另一个是与它完全无关的其他校验算法。这样，即使是两个数据盘都出故障了，数据照样能再生。

RAID 6 的优点是提供了极高的数据可用性，只有当平均修复时间间隔内 3 个磁盘都出了故障，才会使数据不可用。其缺点是，RAID 6 写数据的成本较高，因为每次写都要影响两个奇偶块。

4.6.2 光存储器

在 1983 年，最成功的消费产品之一是光盘（CD）数字音频系统。光盘能在单面上存储超过 60min 的不可删除的音频信息。CD 的巨大商业成功促进了低成本光盘存储技术的发展，这一技术被认为是计算机数据存储技术上的一次革命。现有多种光盘系统（见表 4-2），下面将做简要介绍。

表 4-2 光盘产品

CD	存储数字音频信息的不可擦光盘。标准系统采用 12cm 大小，能记录连续播放 60min 以上的信息
CD-ROM	用于存储计算机数据的不可擦只读光盘。标准系统采用 12cm 大小，能存储大约 550MB 的容量
DVD	数字化视频盘。制作数字化的、压缩的视频信息以及其他大容量数据的技术
WORM	一写多读光盘。比 CD-ROM 容易写，使用单复制盘。和 CD-ROM 一样，在写操作执行后，光盘是只读的。最常用的尺寸是 5.25 英寸，能存储 200～800MB 的数据
可擦光盘	使用光技术，但容易擦除和重复写入的光盘，有 3.25 英寸和 5.25 英寸两种，典型容量为 650MB
光-磁盘	使用光聚焦支持下的磁技术记录信息，使用光技术读信息。盘有 3.25 英寸和 5.25 英寸之分，容量大致是 1GB

1．CD-ROM

（1）CD-ROM 光盘存储机理

音频 CD 和 CD-ROM 采用类似的技术，主要的区别是 CD-ROM 播放器更耐用，并有纠错设备来保证数据准确地从光盘传输到计算机。它们采用相同的方法制造，本体由树脂（如聚碳酸酯）制成，其表面涂有一层反射性能较好的材料，通常为铝。以数字形式记录的信息（音乐或计算机数字信号）以一系列显微凹坑的方式刻录在反射表面上；首先用精密聚焦的高密度激光束制造一个母盘，然后母盘被用来制作模板刻录拷贝件，拷贝件被刻录的表面涂有一层透明保护层，以防止灰尘或被划伤。

通过安装在光盘驱动器或驱动装置内的低功率激光束，从 CD 或 CD-ROM 中读出数据。当马达转动盘片经过激光时，它能穿过透明涂层。当遇到一个凹坑时，被反射的激光发生强度变化。光传感器将检测到的这种变化转换成数字信号。

和磁盘一样，在光盘段记录信息的位与位之间增加间距。这样，通过以固定转速旋转光盘，就可使其表面上任一点的数据信息以相同的速度被扫描，这个固定转速通常称为恒定角速度。

由于在外部轨道上存储的信息量少而浪费了空间，因此，在 CD 和 CD-ROM 中不采用固定转速的方法，而采用另一种方法，即在光盘上以相同尺寸段均等地存储数据信息。这样，当以不同速度旋转光盘时，可以相同线速度对这些数据进行扫描。因此，激光对光盘上任何数据刻录点都可按恒定的线速度读取。显然，读取光盘边缘数据时，光盘转速要慢于读取光盘中心数据时的转速。因此，光轨容量和旋转等待时间使得光轨外部的定位时间增加。

现已生产出各种密度的 CD-ROM，典型例子是光轨间距为 1.6μm（1.6×10^{-6}m），CD-ROM 沿着半径可记录的宽度是 32.55mm，由 32 550μm 除以光轨间距，得出 20 344 个光轨。事实上，这是单个的螺旋光轨，通过平均周长乘以螺旋的圈数，就能够计算出光轨的长度，计算结果近似 5.27km。CD-ROM 的恒定线速度为 1.2m/s，总共有 4391s 或 73.2min，这是音频光盘标准的最大播放时间。出于数据以 176.4KB/s 读出，所以 CD-ROM 的存储容量是 774.57MB。

（2）光盘的扇区数据结构

信息记录的轨迹称为光道。光道上划分出一个个扇区，它是光盘的最小可寻址单位，扇区的结构如图 4-24 所示。

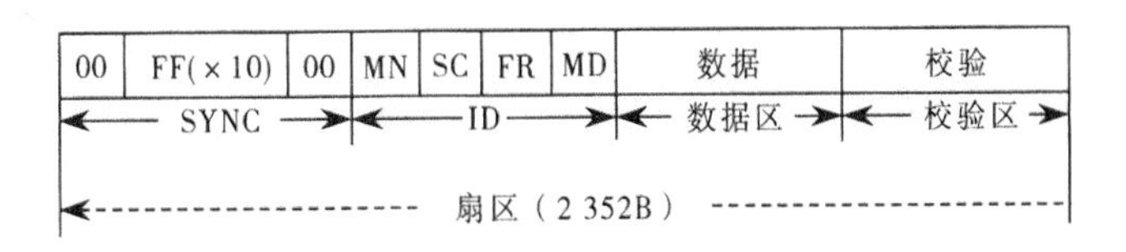

图 4-24 光盘的扇区数据结构

光盘扇区分为 4 个区域。2 个全 0B 和 10 个全 1B 组成同步（SYNC）区，标志着扇区的开始。4B 的扇区标识（ID）区用于说明此扇区的地址和工作模式。光盘的扇区地址编码不同于磁盘，它是以分（MN）、秒（SC）和分数秒（FR，1/75s）时间值作为地址。由于光盘的恒定线速度是每秒钟读出 75 个扇区，故 FR 的值实际上就是秒内的扇区号（0～74）。

ID 区的 MD 为模式控制，用于控制数据区和校验区的使用。共有 3 种模式：模式 0 规定数据区和校验区的全部 2336B 都是 0，这种扇区不用于记录数据，而是用于光盘的导入区和导出区；模式 1 规定 288B 的校验区为 4B 的检测码（EDC）、8B 的保留域（未定义）和 276B 的纠错码（ECC），这种扇区模式有 2048B 的数据并有很强的检测和纠错能力，适合于保存计算机的程序和数据；模式 2 规定 288B 的检验区也用于存放数据，用于保存声音、图像等对误码率要求不高的数据。

2．WORM（一写多读光盘）

为了适应只需一次或少量的一组数据复制方面的应用，开发了一写多读光盘。WORM 盘可采用低强度的激光写入一次。因此，用户采用比 CD-ROM 贵的光盘控制器写入一次，而后可读出多次；为提高存取速度，WORM 采用恒定角速度，故牺牲了一些容量。

WORM 光盘适宜于文档和文件的归档存储，它提供了大量用户数据的永久性记录。

3. 可擦光盘

最近开发的计算机光盘是可擦光盘，这种光盘和磁盘一样可重复地写和改写。尽管人们试用了一些方法，但真正可行的纯光学方法是相变盘（与之对照的是后面将要介绍的光—磁方法）。相变盘使用了一种材料，它在两个不同相位状态下有明显不同的反射率。相变盘的主要缺点是，材料老化最终会丢失相位可变的特性，当前的材料可用于50万次到100万次擦除。

可擦光盘与CD-ROM和WORM相比，其明显的优点是能够重写，可作为真正的辅存。与磁盘相比，可擦光盘的主要优点是：

① 高容量：5英寸的光盘可容纳650MB的数据，最先进的温氏磁盘容量还不到它的一半。

② 可移植性：光盘可从驱动器里移出。

③ 可靠性：光盘的工程容差比高容量的磁盘小得多，这表明它具有较高的可靠性和较长的使用寿命。

同WORM一样，可擦光盘使用恒定角速度。

4. DVD

由于大容量的数字化视频盘（DVD）的出现，电子工业界最终找到了模拟VHS视频带的替代物，DVD也将替代用于视频卡盒记录器（VCR）中的视频带。最重要的是DVD将取代个人计算机和服务器中的CD-ROM。DVD使影视节目进入数字时代，它演播的影片有极好的画面质量，并且也能像音频CD盘那样随意访问。DVD的容量非常大，当前是CD-ROM容量的7倍多。以DVD的大容量、高质量，PC游戏将会变得更逼真，教育软件也会包括更多画面。紧接着这些开发而来的是，当这些内容进入Web站点之后，Internet和企业内联网上的信息流量将会达到一个新高峰。

如下几个要点可说明DVD与CD-ROM的不同：

① 标准的DVD每层可容纳4.7GB，单面双层的DVD量是8.5GB。

② DVD使用了称为MPEG的视频压缩格式，以实现高质量全屏画面显示。

③ 单层DVD能容纳2小时30分钟的影视节目，而双层的DVD能连续播放4个多小时。

5. 光-磁盘

光-磁（MO）盘驱动器使用激光来增强常规磁盘系统的能力。记录技术基本上还是磁技术，然而使用激光使磁记录头变细（从效果上看），从而可实现更大容量。MO盘上覆盖一种材料，它的磁化极性只在高温下才可改变。使用激光来加热盘面的一个细点，然后施加磁场；当细点冷却之后，它就有了磁场的N-S极性，以此方式来记录信息。因为磁化过程不引起盘上材料任何其他物理变化，故此过程可重复许多次。

读操作是一个纯光学过程。磁化方向可以用偏振光测出（比写操作功率要小得多）。取决于细点的磁场方向，由细点返回的偏振光将改变它的旋转度，依此可测出所记录的信息。

与CD光盘相比，MO盘的主要优点是盘的耐久性。向光盘重复写数据会导致介质的疲劳度，MO盘没有这个问题，多次重写操作之后MO盘仍是可用的。MO技术的另一个优点是，它的每MB成本比磁盘低得多。

4.6.3 磁带

磁带系统和磁盘系统一样采用相同的读和记录技术。介质是柔韧聚酯薄膜带，外涂磁性氧化物。磁带和磁带机与家用的磁带录音机相似。

磁带介质由少量的平行磁道组成。早期的磁带系统一般使用9个磁道，它一次存取一个字节，第9磁道上有一个附加的奇偶校验位。较新的磁带系统使用18或36个磁道，对应于一个数字的字或双字。和磁盘一样，磁带数据以相邻块进行读和写，这些块被称为物理记录。磁带上的块由一些称为记录内间隙的来分隔。

磁带驱动器是一种顺序存取的设备。如果磁带头定位记录为1，为了读取记录 *N*，必须依次读取1到 *N*-1个记录，每次一个。如果磁头目前定位于所需记录之后则必需快退，从前面开始读。和磁盘不同，磁带在运动时，只有读磁带或写磁带操作。

与磁带相反，磁盘驱动器被称为直接存取设备。磁盘驱动器不需要顺序地读取磁盘上所有的扇区来得到所需的扇区，它只需等待一个磁道上的相关扇区，并能连续存取任何一个磁道。

磁带是最早的辅助存储器，它作为低成本、低速的存储器仍有广泛的用途。

4.7 外部接口SCSI

外部设备和主机由于存在速度和信息格式不匹配的原因，不能直接进行数据交换，必须通过接口才行。下面主要介绍小型计算机系统接口（SCSI）。

4.7.1 接口的类型

I/O接口与外设的连接形式，围绕着外设的性质及操作设计。接口的一个主要特性是用串行还是并行方法。在并行接口中，连接I/O接口和外设的线有多条，同时传输多位，在数据总线上同时传输一个字的所有位。在串行接口中，只有一条线用于传输数据，每次传输一位。通常，并行接口用于高速外设，如磁带和磁盘。串行接口用于打印机和终端。

在下述情况下，I/O接口必须与外设对话。通常情况下，写操作的对话如下：

① I/O接口发送控制信号，请求发送数据。

② 外设响应请求。

③ I/O接口传输数据（传一个字或一块，取决于外设）。

④ 外设响应收到数据。

读操作的过程与此类似。

I/O接口操作的关键是内部缓冲器，它存储经过外设和系统其余部分的数据。缓冲器允许I/O接口调节系统总线与外部线上速度的不同。

4.7.2 点对点和多点配置

计算机系统中的I/O接口和外设的连接可用点对点或多点方式。点对点方式是在I/O接口和外设之间提供了一条专用线。在小系统（PC或工作站）中，一般点对点连接包括键盘、打印机和外部调制解调器。常用的例子有EIA-232规范。

日益重要的方式是多点外部接口，用于支持外部大量的存储设备（磁盘和磁带机）和多媒体设备（CD-ROM、视频和音频）。这些多点接口在外部总线上有效，它们显示了与第2章中讨论的总线相同类型的逻辑。

4.7.3 小型计算机系统接口（SCSI）

一个外设接口的成功的例子是 SCSI。SCSI 用做 CD-ROM 驱动器、音频设备及外部大容量存储设备的标准接口。SCSI 采用一个并行接口，可选择 8 位、16 位或 32 位数据线。

尽管实际上的设备是采用菊花链连接方式的，但 SCSI 配置通常称为 SCSI 总线。每个 SCSI 设备至少有两个连接器：一个用于输入，一个用于输出。所有设备链接在一起，一头接到主机。所有设备独立起作用，和与主机交换信息一样，可互相交换数据。例如，一个硬盘可以备份到磁带机上，而不用主机处理器参与。数据以信息包形式传输。

1. SCSI 标准的版本

最早的 SCSI 规范，现在称为 SCSI-1，在 20 世纪 80 年代开发成功。SCSI-1 提供 8 位数据线，并以 5MHz 时钟速度或 5MB/s 传输速度操作,SCSI-1 允许最多 7 个设备以菊花链形式连接到主机上。

1991 年出版了修改的规范 SCSI-2，最显著的变化是，数据线可选择地扩充到 16 或 32 位，时钟速度增加到 10MHz，最大数据传输速度为 20MB/s 或 40MB/s。

人们正致力于开发 SCSI-3 规范，它将支持更高的速度。

2. 信号和阶段

SCSI 总线上的所有数据交换在起始端和目标端进行。通常，主机系统是起始端，外设控制器是目标端，但有些设备可担任任一种角色。在任何情况下，总线上所有活动会出现在各个顺序阶段中。各阶段如下：

① 总线空闲：表示没有设备使用总线，总线可用。

② 仲裁：允许一个设备获得控制总线权，能启动或恢复 I/O 进程。

③ 选择：允许一个起始端选择一个目标端来执行一个功能，如读或写命令。

④ 重新选择：允许目标端重新连接起始端，恢复原先由起始端启动而被目标端挂起的操作。

⑤ 命令：允许目标端从起始端得到请求命令信息。

⑥ 数据：允许目标端请求数据传输，或从目标端到起始端（数据输入），或从起始端到目标端（数据输出）。

⑦ 状态：允许目标端请求从目标端发送到起始端的状态信息。

⑧ 消息：允许目标端请求传输一个或多个消息，或是从目标端到起始端（消息输入），或是从起始端到目标端（消息输出）。

图 4-25 表示了 SCSI 总线各阶段出现的次序。重新启动或打开电源，总线进入总线空闲阶段。然后是仲裁阶段，通常由一个设备获取控制权；如果仲裁失败，总线返回到总线空闭状态。当仲裁成功时，总线进入选择或重新选择阶段，分配起始和目标端进行交换。当两个设备确定后，进入一个或多个信息传输阶段（命令、数据、状态、消息）。最后的信息传输阶段通常是消息输入阶段，在此阶段中，向起始端传输断开连接或命令完成消息，接下去再次进入总线空闲阶段。

SCSI 的一个重要特点是重新选择能力。如果发送一个命令，但要经过一段时间来完成，则目标端释放总线，然后再重新连接起始端。例如，一个主机能发送一条命令到磁盘驱动器格式化一张磁盘，驱动器执行这个操作时无需占据总线。

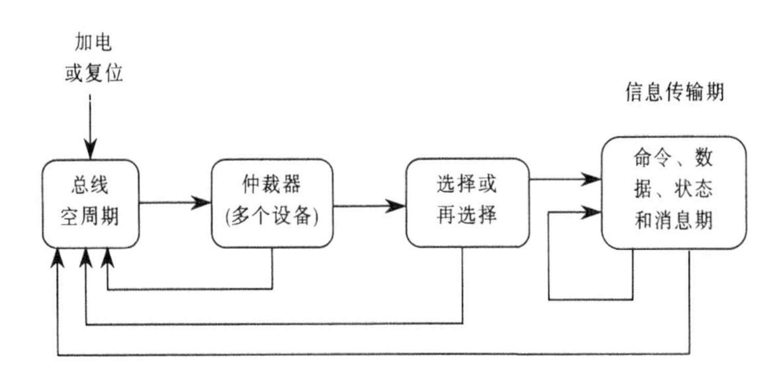

图 4-25　SCSI 总线处理流程

SCSI-1 规范定义的电缆信号为 18 条信号线、9 条控制线和 9 条数据线（8 条数据线和 1 条奇偶校验线）。控制线分别是：

① SY：由起始端或目标端设置，表示总线处于忙状态。

② EL：起始端用来选择目标端，以执行一条命令，或断开连接后由目标端重新选择起始端。I/O 信号在选择和重新选择时有区别。

③ C/D：目标端用来表示数据总线上的数据是控制信息（命令、状态或消息）还是数据信息。

④ I/O：目标端用来控制数据总线上数据移动的方向。

⑤ MSG：目标端用来向起始端表示正在传输的信息是消息。

⑥ REQ：目标端用来请求数据信息的传输。为了响应 REQ 信号，来自总线的数据或数据输出阶段把数据传输到总线上。

⑦ ACK：起始端用来响应目标端的 REQ 请求。ACK 信号表示在数据输出阶段，起始端正将信息传输到总线。在数据输入阶段，接收来自总线的数据。

⑧ ATN：起始端用来通知目标端，它有消息可传输。起始端在选择阶段或在目标端有总线控制权后，确定此信号。

⑨RST：用来使总线复位。

表 4-3 显示了总线信号和总线阶段的关系。对于 SCSI-2，有附加数据和奇偶校验线，还附加有 REQ/ACK 线。

表 4-3　总线信号和总线阶段的关系

总线阶段	A 缆信号					B 缆信号		
	C/D							DB(31-8)
	I/O							DB（P1）
			MSG	ACK	DB（7-0）			DB（P2）
	BSY	SEL	REQ	ATN	DB（P）	REQP	ACKB	DB（P3）
总线空间	无	无	无	无	无	无	无	无
仲裁	全部	获胜	无	无	SCSI 标识	无	无	无
选择	起始&目标	起始	无	起始	起始	无	无	无
重新选择	起始&目标	目标	目标	起始	目标	无	无	无
命令	目标	无	目标	起始	起始	无	无	无

续表

总线阶段	A缆信号					B缆信号		
数据输入	目标	无	目标	起始	目标	目标	起始	目标
数据输出	目标	无	目标	起始	起始	目标	起始	目标
状态	目标	无	目标	起始	目标	无	无	无
消息输入	目标	无	目标	起始	目标	无	无	无
消息输出	目标	无	目标	起始	起始	无	无	无

3．命令

SCSI 协议的核心是命令集，每条命令均由起始端发送，使目标端产生一些动作。命令包含从目标端检索数据（读）、发送数据到目标端（写）或一些适合特定外设的动作。在所有情况下，执行的命令包括一些或所有以下步骤：

① 其端获得命令信息，并对其进行译码。

② 数据传输到目标端，或从目标端传出（不是所有命令都执行）。

③ 产生和回送状态信息。

命令在由起始端提供的命令描述块（CDB）中定义。一旦在起始端和目标端间建立连接，起始端在数据总线将 CDB 传输到目标端，并开始执行命令。

图 4-26 表示了 CDB 的通用格式，它由下列域组成：

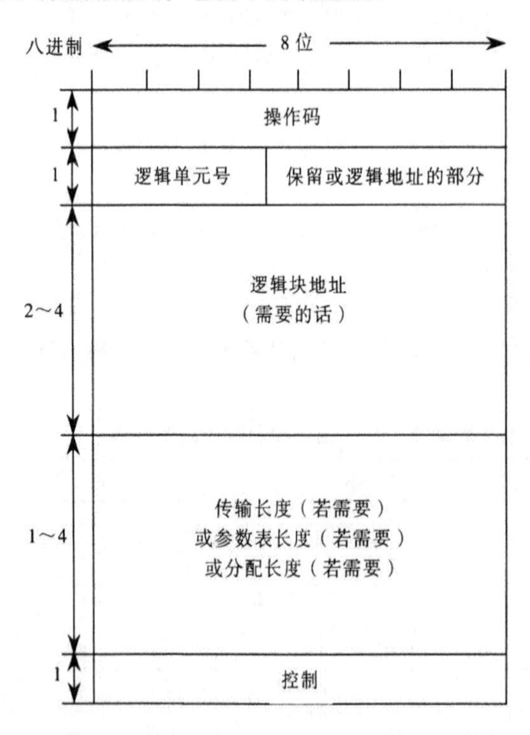

图 4-26 SCSI 命令格式

① 操作码：此代码指定了特殊的命令，也决定了 CDB 其余项的格式。

② 逻辑单元号：标识一个连接到目标端的物理设备或虚拟设备。逻辑单元号用来给共享控

制器的多个外设或磁盘上多个逻辑卷分配地址。

③ 逻辑块地址：对于读/写操作，CDB包括传输的逻辑起始地址。

④ 传输长度：对于读/写操作，此域指定传输数据的相邻逻辑块的数目。

⑤ 参数列表长度：指定在数据输出阶段传输字节数，此域通常用于发送到目标端的参数（例如，方式、诊断或记录参数）。

⑥ 分配长度：指定起始端为返回数据分配的最大字节数。

⑦ 控制：此域包括LINK和FLAG位，它控制连接的命令机构。如果LINK位设置，当前命令不能在总线空闲阶段结束，而要在它的命令阶段一开始连接后面的命令。如果FLAG位设置，并且命令成功完成，则目标端发送一个链接的命令完成信息，并回送一个与CDB中相同的标志位。通常，起始端使用FLAG位值为1，用来在链接命令中间产生中断。

SCSI规范定义了一个大范围的命令类型大多数用于具体的设备。SCSI-2标准包括以下设备类型的命令：

① 接存取设备。

② 顺序存取设备。

③ 打印机。

④ 处理器。

⑤ 写一次设备。

⑥ 只读光盘。

⑦ 扫描仪。

⑧ 光存储设备。

⑨ 媒体转换设备。

⑩ 通信设备。

SCSI命令集是这个规范的重点，它提供了一种标准方法用来处理连到个人计算机和工作站上的各种公共设备，并简化在主机系统中书写I/O程序的任务。

小　　结

外围设备用于计算机系统和外界进行信息交换，主要包括输入设备、输出设备、外存设备等。每一种设备，都是在它自己的设备控制器控制下进行工作，而设备控制器则通过适配器（接口）和主机相连，并受主机控制。

键盘是计算机常用的输入设备。在通用键盘上，普遍采用扫描方式产生键码。扫描式键盘分为硬件扫描键盘和软件扫描键盘。

显示设备是计算机系统重要的输出设备之一。不同的CRT显示标准所支持的最大分辨率和颜色数目是不同的。显示适配器作为CRT与CPU的接口，由刷新存储器、显示控制器、ROM BIOS三部分组成。先进的显示控制器具有图形加速能力。

磁盘、磁带属于磁表面存储器，特点是存储容量大，位价格低，记录信息永久保存，但存取速度较慢，因此在计算机系统中作为辅助大容量存储器使用。

磁表面存储器的主要技术指标有存储密度、存储容量、平均存取时间、数据传输速率。

光盘是近年发展起来的一种外存设备，是多媒体计算机不可缺少的设备。按读/写性质分，光盘有只读型光盘、一次写多次读型光盘和重写型光盘。

RAID 是一组物理磁盘驱动器，在操作系统下被视为一个单一的逻辑驱动器。数据分布在一组物理磁盘上。冗余磁盘容量用于存储奇偶校验信息，保证磁盘万一损坏时能恢复数据。RAID 方案分为 7 级（0～6 级）。

I/O 接口与外设的连接形式，围绕着外设的性质及操作设计。计算机系统中的 I/O 接口和外设的连接可用点对点或多点方式。

SCSI 用作 CD-ROM 驱动器、音频设备及外部大容量存储设备的标准接口。SCSI 采用一个并行接口，可选择 8 位、16 位或 32 位数据线。

习　　题

1. 选择题。

（1）计算机的外围设备是指（　　）。

A. 输入/输出设备　　B. 外存储器

C. 输入/输出设备及外存储器　　D. 除 CPU 和内存以外的其他设备

（2）下列设备中既是输入设备又是输出设备的是（　　）。

A. 鼠标　　B. 打印机

C. 硬盘　　D. 扫描仪

（3）I/O 接口位于（　　）。

A. 总线和设备之间　　B. CPU 和 I/O 设备之间

C. 主机和总线之间　　D. CPU 和主存储器之间

（4）CRT 的分辨率为 1 024×1 024 像素，像素的颜色数为 256，刷新存储器的容量为（　　）。

A. 512KB　　B. 1MB　　C. 256KB　　D. 2MB

2. 解释术语。

（1）接口

（2）分辨率、场频、帧频、像点（像素、像元）、灰度

（3）冗余磁盘阵列 RAID

3. 外部设备有哪些主要功能？可以分为哪些大类？各类中有哪些典型设备？

4. 举例说明一种实用的键码形成方法。

5. 简述光栅扫描成像原理。如果字符点阵 7×9 点阵，则每扫描一帧字符对同一缓存单元应访问多少次？

6. 简述 CRT 显示器由字符代码到字符点阵的转换过程。

7. 刷新存储器的重要性能指标是它的带宽。若显示工作方式采用分辨率为 1024×768 像素，颜色深度为 24 位，帧频（刷新速率）为 72Hz，求：

（1）刷新存储器的存储容量是多少？

（2）刷新存储器的带宽是多少？

8. 某 CRT 显示器作字符显示，字符点阵 5×7 点阵，字符横向间隔 2 点，行间间隔 4 点，分辨率

40列×25行。

（1）从工作原理上应设置哪几级为同步计数器？

（2）它们的分频关系如何？

（3）若要求帧频60Hz，则点频应为多少？

9. 某CRT显示器可显示128种ASCII字符，每帧可显示80字×25排；每个字符字形采用7×8点阵，即横向7点，字间间隔1点，纵向8点，排间间隔6点；帧频50Hz，采用逐行扫描方式。问：

（1）视频缓存容量有多大？

（2）字符发生器容量有多大？

（3）缓存中存放的是ASCII代码还是点阵信息？

（4）缓存地址与屏幕显示位置如何对应？

（5）设置哪些计数器以控制缓存访问与屏幕扫描之间的同步？他们的分频关系如何？

10. 若要构成一个16键的小键盘，其中有10个数字键0～9，启动、停止、温度、时间、置入、打印6个功能键。试为这些键分配相应的行列位置与编码，用逐行扫描法产生键码。画出有关硬件逻辑，编制扫描程序。

11. 若要将图形显示的分辨率从800×600像素提高到1024×1024像素，在适配卡上应采取哪些措施？

12. 若要将显示字符从7×9点阵放大为14×18点阵，请提出一种实现方案。

13. 若设备的优先级依次为CD-ROM、扫描仪、硬盘、磁带机、打印机，请用SCSI进行配置，画出配置图。

14. 某双面磁盘，每面有220道，已知磁盘转速r=4000转/分，数据传输率为185000B/s，求磁盘总容量。

15. 一个双面软盘，每面有40道，每道有9个扇区，每个扇区存储512B，请求出格式化容量。

16. 某磁盘存储器转速为3000转/分，共有4个记录面，每道记录信息为12288B，最小磁道直径为230mm，共有275道。问：

（1）磁盘存储器的存储容量是多少？

（2）最高位密度与最低位密度是多少？

（3）磁盘数据传输率是多少？

（4）平均等待时间是多少？

（5）给出一个磁盘地址格式方案。

17. 一台有3个盘片的磁盘组，共有4个记录面，转速为7200转/分，盘面有效记录区域外径为30cm，内径为20cm，记录位密度为110位/mm，磁道密度为8道/mm，磁道分16个扇区，每扇区512B，设磁头移动速度为2m/s。

（1）计算盘组的非格式化容量和格式化容量。

（2）计算该磁盘的数据传输率，平均寻道时间和平均旋转等待时间。

（3）若一个文件超出一个磁道的容量，余下部分是存于同一个盘面还是存于同一柱面上？并给出一个合理的磁盘地址方案。

18. 一台活动头磁盘机的盘片组共有20个可用的盘面，每个盘面直径18英寸，可供记录部分宽

5英寸，已知道密度为100道/英寸，位密度为1000位/英寸（量内道），并假定各磁道记录的信息位数相同。试问：

（1）盘片组总容量是多少兆位？

（2）若要求数据传输率为1MB/s，磁盘机转速每分钟应是多少转？

19. 什么是光盘？简述光盘的工作原理。

20. 思考题。

（1）有如下6种存储器：主存、高速缓存、寄存器组、光盘存储器、软磁盘和活动头硬磁盘存储器，要求：

① 按存储容量和存储周期排出顺序。

② 将有关存储器排列组成一个存储体系。

③ 指明它们之间交换信息的传输方式。

（2）若要将显示画面（字符型）自下而上地滚动，请提出一种实现方案。

（3）试推导磁盘存储器读/写一块信息所用总时间的公式。

第5章 输入/输出系统

重点内容

- 输入/输出系统概述；
- 程序查询方式及其接口；
- 程序中断方式及其接口；
- DMA 方式及其接口；
- 通道方式及其接口。

输入/输出系统是人机对话和人机交互的纽带和桥梁。由于输入/输出设备工作速度与计算机主机的工作速度极不匹配，为此，既要考虑到输入/输出设备工作的准确可靠，又要充分挖掘主机的工作效率。输入/输出系统提供一种控制计算机与外部交互的系统化方式，并向操作系统提供必要的信息，以使其能够有效地管理 I/O 动作。

现代计算机系统的外部设备种类繁多，各类外部设备不仅结构和工作原理不同，而且与主机的连接方式也是复杂多样的。因此，计算机的输入/输出子系统成为整个计算机系统中最具有多样性和复杂性的部分，本章将比较详细地介绍几种典型的输入/输出子系统的工作原理。

5.1 输入/输出系统概述

在计算机系统中 CPU 与除主机之外的其他部件之间传输数据的软硬件机构统称为输入/输出系统，简称 I/O 系统。计算机 I/O 系统的作用是把计算机系统外的数据接收到计算机主机中，同时将计算机系统处理后的数据传输到计算机系统外。

随着计算机应用的不断扩大与深入，输入/输出设备的种类日益增多，I/O 系统就越来越重要。输入/输出设备是通过接口部件和计算机主机相连接的，组织合理的 I/O 系统、配备先进的 I/O 技术及接口部件是充分发挥计算机系统性能必不可少的条件。

除了处理器和一组存储模块外，一个计算机系统的第 3 个关键部件是输入/输出（I/O）接口。每个接口连接系统总线，并控制一个或多个外围设备。

5.1.1 输入/输出接口

输入/输出接口是完成外围设备和主机相互连接的功能界面，种类繁多、功能各异的外围设备要想接入到系统总线，必须符合总线规定的物理、电气、功能、时间等特性，实现这些技术规范的功能部件就是由输入/输出接口来完成的，它包含了在外设与总线之间执行通信功能的逻辑。

主机和外设之间进行信息交换为什么一定要通过接口呢？原因如下：

① 各种外设使用不同的操作方法，将控制一定范围的设备的必要逻辑放入处理器内是不切实际的。

② 外设的数据传输速度一般比存储器或处理器慢得多，使用高速的系统总线直接与外设通信是不切实际的。

③ 外设经常使用与处理器不同的数据格式和字长度。

基于上述原因，必须使用 I/O 接口。I/O 接口有如下两大功能：

① 通过系统总线或中央交换器与处理器和存储器连接。

② 通过专用数据线与一个或多个外设连接。

5.1.2 接口的功能、基本组成和类型

1. 接口的功能

I/O 接口的主要功能划分成以下几种：

① 控制和定时。

② 处理器通信。

③ 设备通信。

④ 数据缓冲。

⑤ 检错。

在某段时间内，处理器执行对 I/O 操作的程序，与一个或几个外设进行通信，此时内部资源，如主存和系统总线等，要执行数据输入/输出的一系列操作功能。因此，I/O 接口的功能必须包含控制和定时，用以协调内部资源和外设间的信息交换。

例如，从外设到处理器的数据传输包含以下几个步骤：

① 处理器查询 I/O 接口，以检验连接设备的状态。

② I/O 接口回送设备状态。

③ 如果设备是可操作的，并准备传输，则处理器通过向 I/O 接口发出一条命令，请求数据传输。

④ I/O 接口获得来自外设的一个数据单元（例如，8 位或 16 位）。

⑤ 数据从 I/O 接口传输到处理器。

I/O 接口必须有能力从事与处理器和与外设间的通信，处理器通信包括：

① 命令译码：I/O 接口接受来自处理器的命令，这些命令一般作为信号发送到控制总线。例如，用于磁盘驱动器的 I/O 接口，能接受以下命令：Read Sector、Write Sector、Seek 磁道号和 Scan 记录标识。后两条命令中，每条都包含了发送到数据总线上的一个参数。

② 数据：数据是在处理器和 I/O 接口间经由数据总线来交换的。

③ 状态报告：由于外设很慢，所以，I/O 接口的状态很重要。例如，如果 I/O 接口被要求发送数据到处理器（Read），而处理器仍在处理先前的命令，对此请求未就绪。这种情况可用状态信号报告，常用的状态信号有忙（Busy）和就绪（Ready），也有报告各种出错情况的信号。

④ 像存储器中每个字有一个地址一样，每个 I/O 设备也有地址。因此，I/O 接口必须识别它所控制的外设的每个唯一的地址。

I/O 接口的基本功能是数据缓冲。由于主存或处理器的数据访问速度很高，而多数外设速度较低，所以主存的数据通常以高速发送到 I/O 接口，数据首先保存在 I/O 接口的缓冲器中，然后以外设的数据传输速度发送到外设。当反方向传输时，由于数据被缓冲，内存能以高速操作。因此，I/O 接口处理数据既能满足低速设备的要求，又能满足高速存储器的要求。

I/O 接口负责检错，并负责将差错信息报告给处理器。一类差错是设备机构和电路故障（例如，塞纸、磁道坏）。另一类差错是在信息从设备到 I/O 接口传输时，数据位发生变化。对于传输中的差错，需要用一些校验码进行检测。

2. 接口的基本组成

如上所述，接口中要分别传输数据信息、控制信息和状态信息，数据信息、控制信息和状态信息都通过数据总线来传输。大多数计算机都把外部设备的状态信息视为输入数据，而把控制信息看成输出数据，并在接口中分设各自相应的寄存器，赋以不同的端口地址，各种信息分时地使用数据总线传输到各自的寄存器中去。接口的基本组成及与主机、外设间的连接如图 5-1 所示。

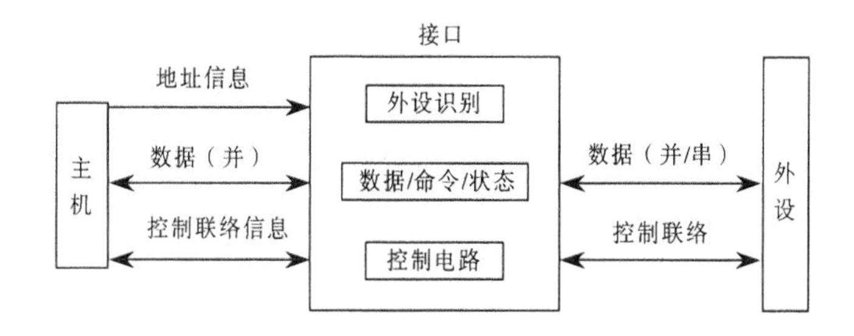

图 5-1　接口与主机、外设间的连接示意图

接口（Interface）与端口（Port）是两个不同的概念。端口是指接口电路中可以被 CPU 直接访问的寄存器，若干个端口加上相应的控制逻辑电路才组成接口。

通常，一个接口中包含有数据端口、命令端口和状态端口。存放数据信息的寄存器称为数据端口，存放控制命令的寄存器称为命令端口，存放状态信息的寄存器称为状态端口。CPU 通过输入指令可以从有关端口中读取信息，通过输出指令可以把信息写入有关端口。CPU 对不同端口的操作有所不同，有的端口只能写或只能读，有的端口既可以读又可以写。例如，对状态端口只能读，可将外设的状态标志送到 CPU 中去；对命令端口只能写，可将 CPU 的各种控制命令发送给外设。为了节省硬件，在有的接口电路中，状态信息和控制信息可以共用一个寄存器（端口），称为设备的控制/状态寄存器。

3. 接口的类型

输入/输出接口的分类可以从不同的角度来考虑。

（1）按数据传输方式分类

可分为串行接口和并行接口。这里所说的数据传输方式指的是外设和接口一侧的传输方式，而在主机和接口一侧，数据总是并行传输的（见图 5-1）。在并行接口中，外设和接口间的传输宽度是一个字节（或字）的所有位，所以传输速率高，但传输线的数目将随着传输数据宽度的增加而增加。在串行接口中，外设和接口间的数据是一位一位串行传输的，传输速率低，但只需一根数据线。在远程终端和计算机网络等设备离主机较远的场合下，用串行接口比较经济合算。

（2）按主机访问I/O设备的控制方式分类

可分为程序查询式接口、中断接口、DMA接口，以及更复杂一些的通道控制器、I/O处理机。

（3）按功能选择的灵活性分类

可分为可编程接口和不可编程接口。可编程接口的功能及操作方式是由程序来改变或选择的，用编程的手段可使一块接口芯片执行多种不同的功能。不可编程接口则不能由程序来改变其功能，只能用硬连线逻辑来实现不同的功能。

（4）按通用性分类

可分为通用接口和专用接口。通用接口是可供多种外设使用的标推接口，通用性强。专用接口是为某类外设或某种用途专门设计的。

（5）按输入/输出的信号分类

可分为数字接口和模拟接口。数字接口的输入/输出全为数字信号，以上列举的并行接口和串行接口都是数字接口。而模/数转换器和数/模转换器属于模拟接口。

5.1.3 外设的识别与端口寻址

为了能在众多的外设中寻找或挑选出要与主机进行信息交换的外设,就必须对外设进行编址。外设识别是通过地址总线和接口电路中的外设识别电路来实现的，I/O 端口地址就是主机与外设直接通信的地址，CPU可以通过端口发送命令、读取状态和传输数据。如何实现对这些端口的访问，这就是所谓的I/O端口的寻址方式。

1. 端口地址编址方式

I/O 端口寻址方式有两种，一种是存储器映射方式，即把端口地址与存储器地址统一编址；另一种是I/O映射方式，即把I/O端口地址与存储器地址分别进行独立的编址。

（1）独立编址

在这种编址方式中，内存地址空间和I/O端口地址空间是相对独立的，分别单独编址。比如，在8086中,其内存地址范围是从00000H～FFFFFH连续的lMB,其I/O端口的地址范围从0000H～FFFFH，它们互相独立，互不影响。CPU访问内存时，由内存读/写控制线控制；访问外设时，由I/O读/写控制线控制，所以在指令系统中必须设置专门的I/O指令。当CPU使用I/O指令时，其指令的地址字段直接或间接地指示出端口地址。这些端门地址被接口电路中的地址译码器接收并进行译码，符合者就是CPU所指定的外设寄存器，该外设寄存器将被CPU访问。

（2）统一编址

在这种编址方式中，I/O端口地址和内存单元的地址是统一编址的，把I/O接口中的端口作为内存单元一样进行访问，不设置专门的I/O指令。当CPU访问外设时，把分配给该外设的地址码（具体到该外设接口中的某一寄存器号）送到地址总线上，然后各外设接口中的地址译码器对地址码进行译码，如果符合即是CPU指定的外设寄存器。

由于将I/O端口看成内存单元，所以从原则上说，访问内存的指令均可访问外设，这给用户提供了极大的方便、但I/O端口占用了内存地址，相对减少了内存的可用范围。

2. 独立编址方式的端口访问

独立编址方式在Intel系列、Z80系列微机及大型计算机中得到广泛应用，Intel 80X86的I/O地址空间由2^{16}（64K）个独立编址的8位端口组成。两个连续的8位端口可作为16位端口处理；

4 个连续的 8 位端口可作为 32 位端口处理。因此，I/O 地址空间最多能提供 64K 个 8 位端口、32K 个 16 位端口、16K 个 32 位端口或总容量不超过 64KB 的不同端口的组合。

80x86 的专用 I/O 指令 IN 和 OUT 有直接寻址和间接寻址两种类型。直接寻址 I/O 端口的寻址范围为 0000～00FFH，至多为 256 个端口地址。这时程序可以指定：

① 编号 0～255 的 256 个 8 位端口；

② 编号 0、2、4、…、252、254 的 128 个 16 位端口；

③ 编号 0、4、8、…、248、252 的 64 个 32 位端口。

间接寻址由 DX 寄存器间接给出 I/O 端口地址。DX 寄存器长 16 位。所以最多可寻址 $2^{16}=64K$ 个端口地址，这时程序可指定：

① 编号 0～65535 的 65 536 个 8 位端口；

② 编号 0、2、4、…、65532、65534 的 32768 个 16 位端口；

③ 编号 0、4、8、…、65528、65532 的 16384 个 32 位端口。

CPU 一次可实现字节（8 位）、字（16 位）或双字（32 位）的数据传输。与存储器中的双字一样，32 位端口应对准可被 4 整除的偶地址；与存储器中的字一样，16 位端口应对准偶地址；8 位端口可定位在偶地址，也可定位在奇地址。

5.1.4　输入/输出信息传输控制方式

主机和外设之间的信息传输控制方式，经历了由低级到高级、由简单到复杂、由集中管理到各部件分散管理的发展过程，按其发展的先后次序和主机与外设并行工作的程度，可以分为 4 种。

1．程序查询方式

又称为异步传输方式，是一种程序直接控制方式，这是主机与外设间进行信息交换的最简单方式，输入和输出完全是通过 CPU 执行程序来完成的。一旦某一外设被选中并启动之后，主机将查询这个外设的某些状态位，看其是否准备就绪？若外设未准备就绪，主机将再次查询；若外设已准备就绪，则执行一次 I/O 操作。

这种方式控制简单，但外设和主机不能同时工作，各外设之间也不能同时工作，系统效率很低。因此，仅适用于外设的数目不多，对 I/O 处理的实时要求不那么高，CPU 的操作任务比较单一，并不很忙的情况。

2．程序中断方式

在主机启动外设后，无需等待查询，而是继续执行原来的程序；外设在做好输入/输出准备时，向主机发中断请求；主机接到请求后就暂时终止原来执行的程序，转去执行中断服务程序对外部请求进行处理；在中断处理完毕后返回原来的程序继续执行。显然，程序中断不仅适用于外部设备的输入/输出操作，也适用于对外界发生的随机事件的处理。

程序中断在信息交换方式中处于最重要的地位，它不仅允许主机和外设同时并行工作，并且允许一台主机管理多台外设，使它们同时工作。但是完成一次程序中断还需要许多辅助操作，当外设数目较多时，中断请求过分频繁，可能使 CPU 应接不暇；另外，对于一些高速外设，由于信息交换是成批的，如果处理不及时，可能会造成信息丢失，因此，它主要适用于中、低速外设。

3．直接存储器存取（DMA）方式

DMA 方式是在内存和外设之间开辟直接的数据通路，可以进行基本上不需要 CPU 介入的内存和外设之间的信息传输，这样不仅能保证 CPU 的高效率，而且能满足高速外设的需要。

DMA 方式只能进行简单的数据传输操作，在数据块传输的起始和结束时还需 CPU 及中断系统进行预处理和后处理。

4. I/O 通道控制方式

I/O 通道控制方式是 DMA 方式的进一步发展，在系统中设有通道控制部件，每个通道挂若干外设，主机在执行 I/O 操作时，只需启动有关通道，通道将执行通道程序，从而完成 I/O 操作。

通道是一个具有特殊功能的处理器，它能独立地执行通道程序，产生相应的控制信号，实现对外设的统一管理和外设与内存之间的数据传输。但它不是一个完全独立的处理器。它要在 CPU 的 I/O 指令指挥下才能启动、停止或改变工作状态，是从属于 CPU 的一个专用处理器。

一个通道执行输入/输出过程全部由通道按照通道程序自行处理，不论交换信息多少，只打扰 CPU 两次（启动和停止时）。因此，主机、外设和通道可以并行工作，而且一个通道可以控制多台不同类型的设备。

5.2 程序查询方式及其接口

程序查询方式又称为程序直接控制方式，由 CPU 执行一段输入/输出程序来实现内存与外设之间信息的传输。

5.2.1 程序查询方式

1. 程序查询的基本思想

根据外设的不同性质，这种传输方式又可分为无条件传输和程序查询方式两种。

在无条件传输方式中，I/O 端口总是准备好接收主机的输出数据，或总是准备好向主机输入数据，因而 CPU 无需查询外设的工作状态，而默认外设始终处于准备就绪状态。在 CPU 认为需要时，随时可直接利用 I/O 指令访问相应的 I/O 端口，实现与外设之间的数据交换。这种方式的优点是软、硬件结构都很简单，但要求时序配合精确，一般的外设难以满足要求。所以，只能用于简单开关量的输入/输出控制中，稍复杂一点的外设都不采用这种方式。

许多外设的工作状态是很难事先预知的，比如何时按键，打印机是否能接收新的打印输出信息等。当 CPU 与外设工作不同步时，很难确保 CPU 在执行输入操作时，外设一定是“准备好”的；而在执行输出操作时，外设一定是“缓冲器空”的。为了保证数据传输的正确进行，就要求 CPU 在程序中查询外设的工作状态。如果外设尚未准备就绪，CPU 就循环等待，只有当外设已做好准备，CPU 才能执行 I/O 指令进行数据传输，这就是程序查询方式。

2. 程序查询方式的工作流程

程序查询方式的工作过程大致有以下几个：

① 预置传输参数。在传输数据之前，由 CPU 执行一段初始化程序，预置传输参数。传输参数包括存取数据的内存缓冲区首地址和传输数据的个数。

② 向外设接口发出命令字。当 CPU 选中某台外设时，执行输出指令向外设接口发出命令字启动外设，为接收数据或发送数据做应有的操作准备。

③ 从外设接口取回状态字。CPU 执行输入指令，从外设接口中取回状态字并进行测试，判断数据传输是否可以进行。

④ 查询外设标志。CPU 不断查询状态标志。如果外设没有准备就绪，CPU 就踏步进行等待、一直到这个外设准备就绪，并发出“外设准备就绪”信号为止。

⑤ 传输数据。只有外设准备好，才能实现主机与外设间的一次数据传输。输入时，CPU 执行输入指令，从外设接口的数据缓冲寄存器中接收数据；输出时，CPU 执行输出指令，将数据写入外设接口的数据缓冲寄存器中。

⑥ 判断传输是否结束。如果传输个数计数器不为 0，则转第③步，继续传输，直到传输个数计数器为 0，表示传输结束。

程序查询方式的工作流程如图 5-2 所示。其程序查询的核心如图中虚线框部分所示，真正传输数据的操作由输入或输出指令完成。

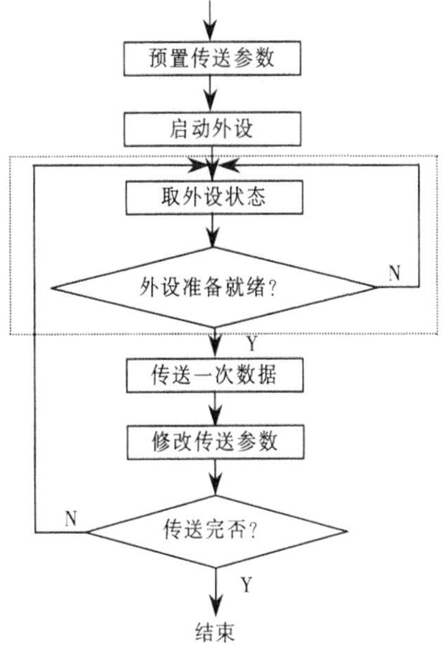

图 5-2　程序查询方式流程

5.2.2　程序查询方式接口

程序查询方式是最简单、经济的 I/O 方式，只需很少的硬件。通常接口中至少有两个寄存器，一个是数据缓冲寄存器，即数据端口，用来存放与 CPU 进行传输的数据信息；另一个是供 CPU 查询的设备状态寄存器，即状态端口，这个寄存器由多个标志位组成，其中最重要的是“外设准备就绪”标志（输入或输出设备的准备就绪标志可以不是同一位）。当 CPU 得到这位标志后就进行判断，以决定下一步是继续循环等待还是进行 I/O 传输。也有些计算机仅设置状态标志触发器，其作用与设备状态寄存器相同。

1. 输入接口

图 5-3 所示为查询式输入接口电路，图中 Ready 为准备好触发器，它对应于设备状态寄存器的 D_4 位。

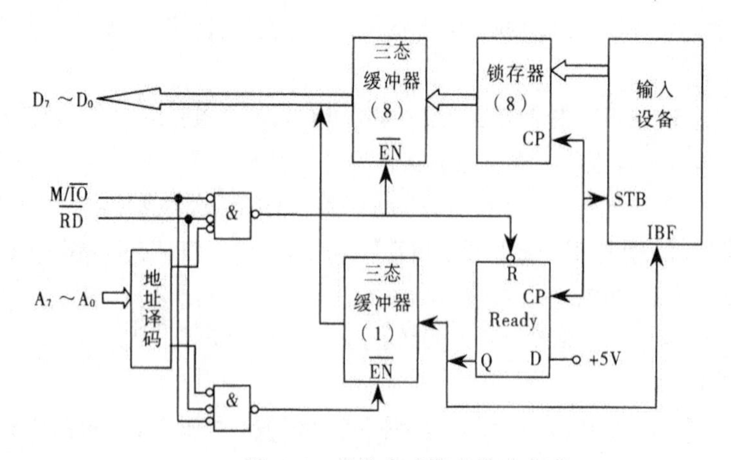

图 5-3　查询方式输入接口电路

在输入设备准备好数据时，发出一个选通信号（STB），一方面将数据送入锁存器，同时将 Ready 触发器置 1，以表示接口电路中已有数据（即准备就绪）。CPU 要从外设输入数据时，先执行输入指令读取状态字，如 Ready=1，再执行输入指令从锁存器中读取数据，同时把 Ready 触发器清 0。以准备从外设接收下一个数据；如 Ready=0，则踏步等待，继续读取状态字，直至 Ready=1 为止。

2. 输出接口

图 5-4 为查询式输出接口电路，图中 Busy 为忙触发器，可对应于设备状态寄存器的 D_7 位。

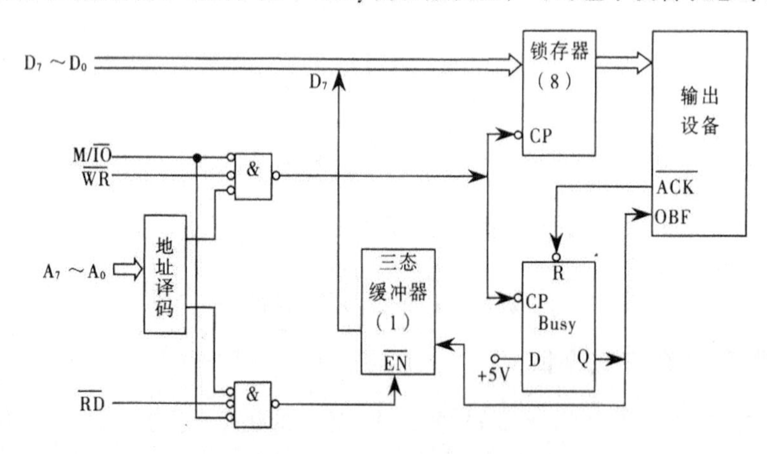

图 5-4　查询方式输出接口电路

输出时，CPU 首先执行输入指令读取状态字，如 Busy=1，表示接口的输出锁存器是满的，CPU 只能踏步等待，继续读取状态字，直至 Busy=0 为止；如 Busy=0，表示接口的输出锁存器是空的，允许 CPU 向外设发送数据。此时，CPU 执行输出指令，将数据送入锁存器，并将 Busy 触发器置“1”。当输出设备把 CPU 送来的数据真正输出之后，将发出一个 ACK 信号，使 Busy 触发器置“0”，以准备下一次传输。

若有多个外设需要用查询方式工作时，其工作流程如图 5-5 所示。此时 CPU 巡回检测各个外设，逐个进行查询，发现哪个外设准备就绪，就对该外设实施数据传输，然后再对下一外设查询，依次循环。在整个查询过程中，CPU 不能做别的事。如果某一外设刚好在查询过自己之后才处于就绪状态，那么它就必须等 CPU 查询完其他外设后再次查询自己时，才能等到 CPU 为它服务，这对于实时性要求较高的外设来说，就可能丢失数据。

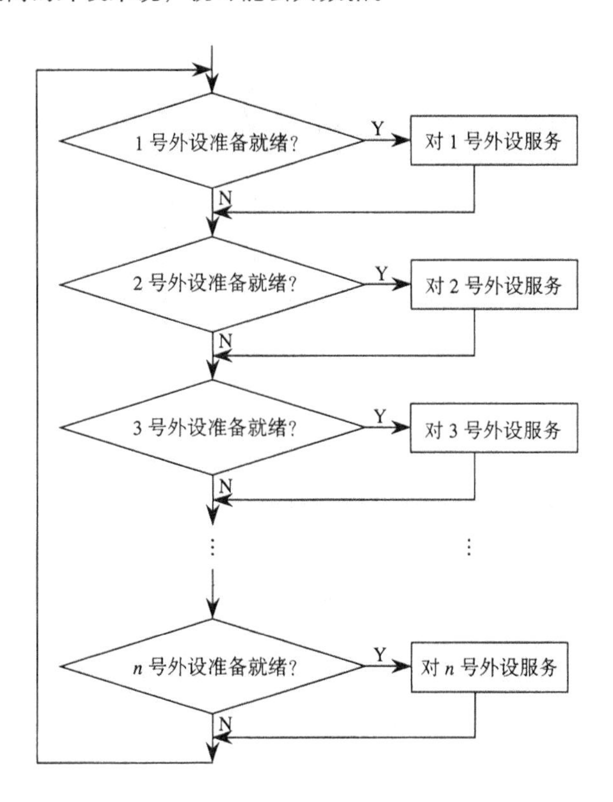

图 5-5　多个外设的查询工作流程

【例 5-1】在程序查询方式的输入/输出系统中，假设不考虑处理时间，每一个查询操作需要 100 个时钟周期，CPU 的时钟频率为 50MHz。现有鼠标和硬盘两个设备，而且 CPU 必须每秒对鼠标进行 30 次查询，硬盘以 32 位字长为单位传输数据，即每 32 位被 CPU 查询一次，传输率为 2MB/s。求 CPU 对这两个设备查询所花费的时间比率，由此可得出什么结论？

解：（1）CPU 每秒对鼠标进行 30 次查询，所需的时钟周期数为：

$$100\times30=3000$$

根据 CPU 的时钟频率为 50MHz，即每秒 50×10^6 个时钟周期，故对鼠标的查询占用 CPU 的时间比率为：

$$[3000/(50\times10^6)]\times100\%=0.006\%$$

可见，对鼠标的查询基本不影响 CPU 的性能。

（2）对于硬盘，每32 位被CPU查询一次，故每秒查询：

$$2MB/4B = 512\ K次$$

则每秒查询的时钟周期数为：

$$100\times512\times1024=52.4\times10^6$$

故对磁盘的查询占用 CPU的时间比率为

$$[(52.4\times10^6)/(50\times10^6)]\times100\%=105\%$$

可见，即使CPU将全部时间都用于对硬盘的查询也不能满足磁盘传输的要求，因此CPU一般不采用程序查询方式与磁盘交换信息。

5.3 程序中断方式及其接口

程序查询方式中，高速的 CPU 只能在循环中等待低速的外设完成任务后，才能进行其他工作，系统的效率低下。如果能在 CPU 发出命令后，即可去进行其他工作，而让外设完成任务后，再通知 CPU 进行下一个数据的传输，则可以很好地利用 CPU，进而提高系统的性能，这就引入了程序中断方式。

5.3.1 中断的基本概念

1. 中断的提出

程序查询方式虽然简单，但却存在着下列明显的缺点：

① 在查询过程中，CPU 长期处于踏步等待状态，使系统效率大大降低。

② CPU 在一段时间内只能和一台外设交换信息，其他设备不能同时工作。

③ 不能发现和处理预先无法估计的错误和异常情况。

为了提高输入/输出能力和 CPU 的效率，20 世纪 50 年代中期，程序中断方式被引进计算机系统。程序中断方式的思想是：CPU 在程序中安排好在某一时刻启动某一台外设，然后 CPU 继续执行原来程序，不需要像查询方式那样一直等待外设的准备就绪状态。一旦外设完成数据传输的准备工作（输入设备的数据准备好或输出设备的数据缓冲器为空）时，便主动向 CPU 发出一个中断请求，请求 CPU 为自己服务。在可以响应中断的条件下，CPU 暂时中止正在执行的主程序，转去执行中断服务程序为中断请求者服务，在中断服务程序中完成一次 CPU 与外设之间的数据传输，传输完成后，CPU 仍返回原来的程序，从断点处继续执行。图 5-6 给出了程序中断方式的示意图。

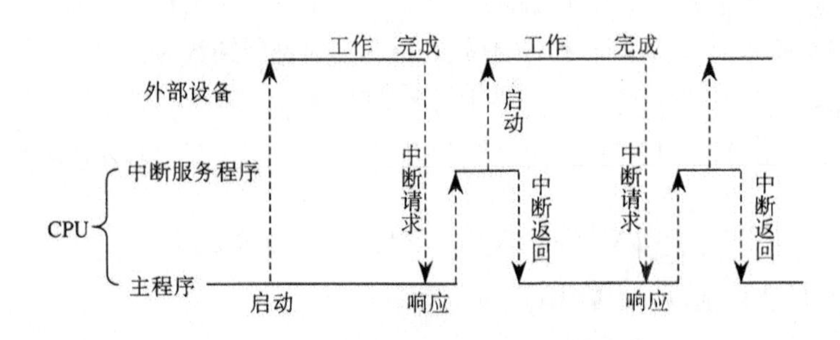

图 5-6 程序中断方式示意图

从图 5-6 中可以看到，中断方式在一定程度上实现了 CPU 和外设的并行工作，使 CPU 的效率得到充分的发挥。不仅如此，由于中断的引入，还能使多个外设并行工作，CPU 根据需要可以启动多个外设，被启动的外设分别同时独立地工作，一旦外设准备就绪，即可向 CPU 发出中断请求，CPU 可以根据预先安排好的优先顺序，按轻重缓急处理外设与自己的数据传输。另外，计算机在运行过程中可能会发生预料不到的异常事件，如运算出错、掉电、运算结果溢出等，由于中断的引入，使计算机可以捕捉到这些故障和错误，及时予以处理。所以，现代计算机都具有中断处理的能力。

从图 5-6 中还可以看到，中断的处理过程实际上是程序的切换过程，即从现行程序切换到中断服务程序，再从中断服务程序返回到现行程序。CPU 每次执行中断服务程序前总要保护断点、保护现场，执行完中断服务程序返回现行程序之前又要恢复现场、恢复断点。这些中断的辅助操作都将会限制数据传输的速度。

中断系统是计算机实现中断功能的软、硬件总称。一般在 CPU 中配置中断机构，在外设接口中配置中断控制器，在软件上设计相应的中断服务程序。

2. 中断的基本类型

（1）自愿中断和强迫中断

自愿中断又称程序自中断，它不是随机产生的中断，而是在程序中安排的有关指令，这些指令可以使机器进入中断处理的过程，例如指令系统中的软中断指令 INT n。

强迫中断是随机产生的中断，不是程序中事先安排好的。当这种中断产生后，由中断系统强迫计算机中止正在运行的程序并转入中断服务程序。

（2）内中断和外中断

内中断是指由于 CPU 内部硬件或软件原因引起的中断，如单步中断、溢出中断等。

外中断是指 CPU 以外的部件引起的中断。通常，外中断又可以分为不可屏蔽中断和可屏蔽中断两种。不可屏蔽中断优先级别较高，常用于应急处理，如掉电、内存读/写校验错等；而可屏蔽中断级别较低，常用于一般 I/O 设备的数据传输。

（3）向量中断和非向量中断

向量中断是指那些中断服务程序的入口地址是由中断事件自己提供的中断。中断事件在提出中断请求的同时，通过硬件向主机提供中断服务程序入口地址，即向量地址。

非向量中断的中断事件不能直接提供中断服务程序的入口地址。

（4）单重中断和多重中断

单重中断在 CPU 执行中断服务程序的过程中不能被再打断。

多重中断在执行某个中断服务程序的过程中，CPU 可去响应级别更高的中断请求，又称为中断嵌套。多重中断表征计算机中断功能的强弱，有的计算机能实现 8 级以上的多重中断。

5.3.2 中断请求和中断判优

1. 中断源和中断请求信号

中断源是指中断请求的来源，即引起计算机中断的事件。通常，一台计算机允许存在多个中断源。由于每个中断源向 CPU 发出中断请求的时间是随机的，为了记录中断事件并区分不同的中断源，可采用具有存储功能的触发器来记录中断源，这个触发器称为中断请求触发器（INTR）。当某一个中断源有中断请求时，其相应的中断请求触发器置成 1 状态，表示该中断源向 CPU 提出中断请求。

中断请求触发器可以分散在各个中断源中，也可以集中到中断接口电路中。在中断接口电路中，多个中断请求触发器构成一个中断请求寄存器。中断请求寄存器的每一位对应一个中断源，其内容称为中断字或中断码。中断字中为1的位就表示对应的中断源有中断请求。

2．中断请求信号的传输

中断源的中断请求信号如何传输到CPU，可有多种方式。

（1）独立请求线

每个中断源单独设置中断请求线，将中断请求信号直接送往CPU，如图5-7（a）所示。这种方式的特点是CPU在接到中断请求的同时也就知道中断源是谁、其中断服务程序的入口地址在哪里。这有利于实现向量中断，提高中断的响应速度；但是其硬件代价较大，且CPU所能连接的中断请求线的数目有限，难以扩充。

（2）公共请求线

多个中断源共用一根公共请求线，如图5-7（b）所示。这种方式的特点是在负载允许的情况下，中断源的数目可随意扩充；但CPU在接到中断请求后，必须通过软件或硬件的办法来识别中断源，然后再找出中断服务程序的入口地址。

（3）二维结构

综合前两种方式的优点，在中断源较多的系统中将中断请求线连成二维结构，如图5-7（c）所示。同一优先级别的中断源，采用一根公共的请求线；不同请求线上的中断源优先级别不同。

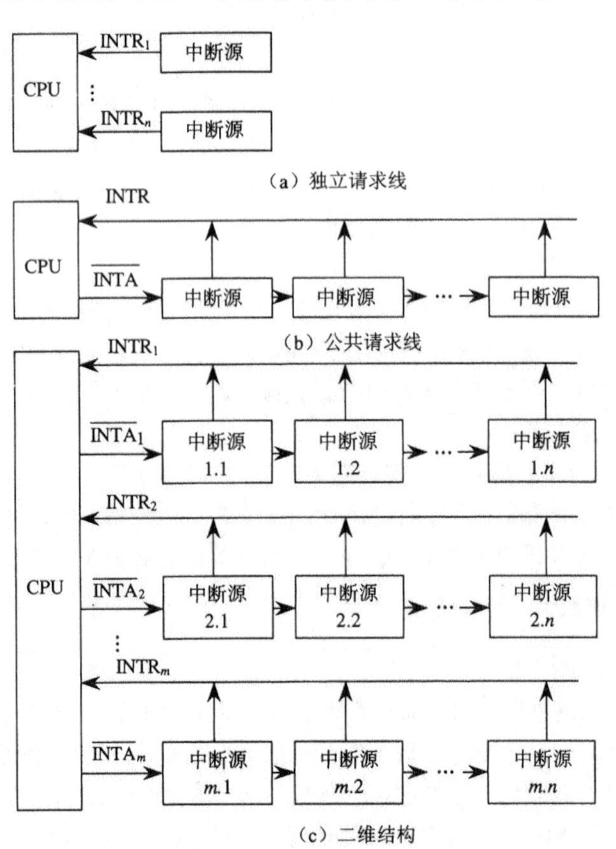

图5-7　中断请求信号的传输

3. 中断优先级与判优方法

当多个中断源同时发出中断请求时，CPU 在任何瞬间只能接受一个中断源的请求。究竟首先响应哪一个中断请求呢？通常，把全部中断源按中断的性质和处理的轻重缓急安排优先级，并进行排队。

确定中断优先级的原则是，对那些提出中断请求后需要立刻处理，否则就会造成严重后果的中断源规定最高的优先级；而对那些可以延迟响应和处理的中断源规定较低的优先级。如故障中断一般优先级较高，其次是简单中断，接着才是 I/O 设备中断。

每个中断源均有一个为其服务的中断服务程序，每个中断服务程序都有与之对应的优先级别。另外，CPU 正在执行的程序也有优先级。只有当某个中断源的优先级别高于 CPU 现在执行程序的优先级时，才能终止 CPU 执行现在的程序。

中断判优的方法可分为下列两种：软件判优法和硬件判优电路。所谓软件判优法，就是用程序来判别优先级，这是最简单的中断判优方法。它的优点是可灵活地修改中断源的优先级别，但查询、判优完全是靠程序实现的，不仅占用 CPU 时间，而且判优速度慢。

采用硬件判优电路实现中断优先级的判定可节省 CPU 时间、而且速度快，但是成本较高。

根据中断请求信号的传输方式不同，有不同的优先排队电路，常见的方案有，独立请求线的优先排队电路、公共请求线的优先排队电路等。这些排队电路的共同特点是，优先级别高的中断请求将自动封锁优先级别低的中断请求的处理。硬件排队电路一旦设计连接好之后，将无法改变其优先级别。

5.3.3　中断响应和中断处理

1. CPU 响应中断的条件

CPU 响应中断必须满足下列条件：

（1）CPU 接收到中断请求信号

首先中断源要发出中断请求，同时 CPU 还要接收到这个中断请求信号。

（2）CPU 允许中断

CPU 允许中断，即开中断。CPU 内部有一个中断允许触发器（EINT），只有当 EINT=l 时，CPU 才可以响应中断源的中断请求（中断允许）；如 EINT=0，CPU 处于不允许中断状态，即使中断源有中断请求、CPU 也不响应（中断关闭）。

通常，中断允许触发器由开中断指令来置位，由关中断指令或硬件自动使其复位。

（3）一条指令执行完毕

这是 CPU 响应中断请求的时间限制条件。一般情况下，CPU 在一条指令执行完毕且没有更紧迫的任务时才能响应中断请求。

2. 中断隐指令

CPU 响应中断之后，经过某些操作，转去执行中断服务程序。这些操作是由硬件直接实现的，把它称为中断隐指令。中断隐指令并不是指令系统中的一条真正的指令，它没有操作码，所以中断隐指令是一种不允许，也不可能被用户使用的特殊指令。其所完成的操作主要有：

（1）保存断点

为了保证在中断服务程序执行完毕能正确返回原来的程序，必须将原来程序的断点（即程序计数器 PC 的内容）保存起来。断点可以压入堆栈，也可以存入内存的特定单元中。

（2）暂不允许中断

暂不允许中断即关中断。在中断服务程序中，为了保护中断现场（即 CPU 的主要寄存器状态）期间不被新的中断所打断，必须要关中断，从而保证被中断的程序给中断服务程序执行完毕之后能接着正确地执行下去。

并不是所有的计算机都在中断隐指令中由硬件自动地关中断，也有些计算机的这一操作是由软件（中断服务程序）来实现的。

（3）引出中断服务程序

引出中断服务程序的实质就是取出中断服务程序的入口地址送程序计数器（PC）。对于向量中断和非向量中断，引出中断服务程序的方法是不相同的。

3. 中断周期

以上几个基本操作在不同的计算机系统中的处理方法是各异的。通常，在组合逻辑控制的计算机中，专门设置一个中断周期来完成中断隐指令的任务。在微程序控制的计算机中，则专门安排有一段微程序来完成中断隐指令的这些操作。

假设将断点存至内存的 0#单元，且采用硬件向量中断法寻找中断服务程序的入口地址，则在中断周期内需完成如下操作：

① 将特定地址 0 送至存储器地址寄存器，记做 0→MAR。

② 将 PC 的内容（断点）送至 MDR，记做（PC）→MDR。

③ 向内存发写命令，启动存储器做写操作，记做 Write。

④ 将 MDR 的内容通过数据总线写入到 MAR 所指示的内存单元（0#）中，记做 MDR→M（MAR）。

⑤ 向量地址形成部件的输出送至 PC，为取下一条指令做准备，记做向量地址→MAR。

⑥ 关中断，将中断允许触发器清 0，记做 0→EINT。

如果断点存入堆栈，只需将上述①改为堆栈指针 SP→MAR。

4. 进入中断服务程序

识别中断源的目的在于使 CPU 转入为该中断源专门设置的中断服务程序。解决这个问题的方法可以用软件，也可以用硬件，或用两者相结合的方法。

软件的方法前面已经提到，由中断隐指令控制进入一个中断总服务程序，在那里判优、寻找中断源并且转入相应的中断服务程序。这种方法方便、灵活，硬件极简单，但效率是比较低的。

下面着重讨论硬件向量中断法。当 CPU 响应某一中断请求时，硬件能自动形成并找出与该中断源对应的中断服务程序的入口地址。

向量中断的过程如图 5-8 所示。当中断源向 CPU 发出中断请求信号 INTR 之后，CPU 进行一定的判优处理。若决定响应这个中断请求，则向中断源发出中断响应信号 $\overline{INTA}$。中断源接到 $\overline{INTA}$ 信号后就通过自己的向量地址形成部件向 CPU 发送向量地址，CPU 接收该向量地址之后就可转入相应的中断服务程序。

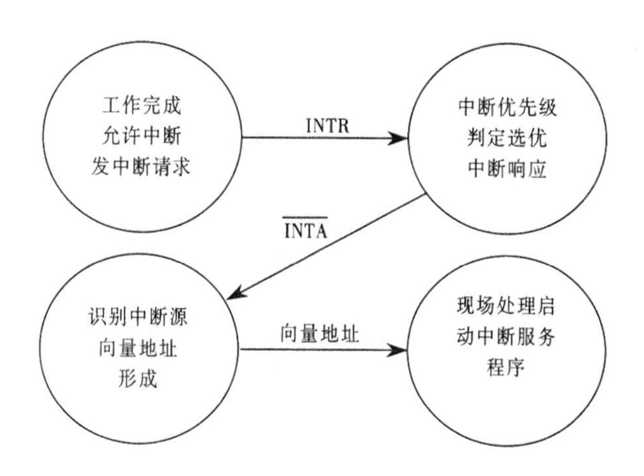

图 5-8　向量中断过程

向量地址通常有两种情况：

① 向量地址是中断服务程序的入口地址。如果向量地址就是中断服务程序的入口地址，则CPU 不需要再经过处理就可以进入相应的中断服务程序，Z-80 的中断方式 0 就是这种情况。各中断源在接口中由硬件电路形成一条含有中断服务程序入口地址的特殊指令（重新启动指令），从而转入相应的中断服务程序。

② 向量地址是中断向量表的指针。如果向量地址是中断向量表的指针，则向量地址指向一个中断向量表，从中断向量表的相应单元中再取出中断服务程序的入口地址，此时中断源给出的向量地址是中断服务程序入口地址的地址。目前，大多数微型计算机都采用这种方法，Intel8086 和 Z-80 的中断方式 2 都属于这种情况。

5. 中断现场的保护和恢复

中断现场指的是发生中断时 CPU 的主要状态，其中最重要的是断点，另外还有一些通用寄存器的状态。之所以需要保护和恢复现场的原因是因为 CPU 要先后执行两个完全不同的程序（现行程序和中断服务程序），必须进行两种程序运行状态的转换。一般来说，在中断隐指令中，CPU 硬件将自动保存断点，有些计算机还自动保存程序状态寄存器（PSW）的内容。但是，在许多应用中，要保证中断返回后原来的程序能正确地继续运行，仅保存这一、二个寄存器的内存是不够的。为此，在中断服务程序开始时，应由软件去保存那些硬件没有保存，而在中断服务程序中又可能用到的寄存器（如某些通用寄存器）的内容，在中断返回之前，这些内容还应该被恢复。

现场的保护和恢复方法不外乎有纯软件和软、硬件相结合两种。纯软件方法是在 CPU 响应中断后，用一系列传输指令把要保存的现场参数传输到内存某些单元中去，当中断服务程序结束后，再采用传输指令进行相反方向的传输。这种方法不需要硬件代价、但是占用了 CPU 的宝贵时间，速度较慢。现代计算机一般都先采用硬件方法来自动快速地保护和恢复部分重要的现场，其余寄存器的内容再由软件完成保护和恢复，这种方法的硬件支持是堆栈。

软、硬件保护现场往往是和向量中断结合在一起使用的。先把断点和程序状态字自动压入堆栈，这就是保护旧现场；接着根据中断源送来的中断向量自动取出中断服务程序入口地址和新的程序状态字，这就是建立新现场；最后由一些指令实现对必要的通用寄存器的保护。恢复现场则是保护现场的逆处理。

5.3.4 多重中断与中断屏蔽

1. 中断嵌套

中断嵌套过程如图 5-9 所示。中断嵌套的层次可以有多层，越在里层的中断请求越急迫，优先级越高，因此优先得到 CPU 的服务。

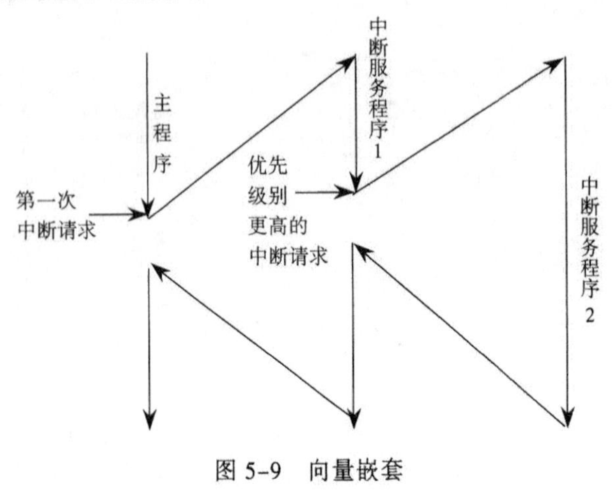

图 5-9 向量嵌套

要使计算机具有多重中断的能力，首先要能保护多个断点，而且先发生的中断请求的断点，先保护后恢复；后发生的中断请求的断点，后保护先恢复。堆栈的先进后出特点正好满足多重中断这一先后次序的需要。同时，在 CPU 进入某一中断服务程序之后，系统必须处于开中断状态，否则中断嵌套是不可能实现的。

2. 允许和禁止中断

允许中断还是禁止中断是用 CPU 中的中断允许触发器控制的，当中断允许触发器（EINT）被置 1，则允许中断；当中断允许触发器（EINT）被置 0，则禁止中断。

允许中断即开中断，下列情况应该开中断：

① 已响应中断请求转向中断服务程序，在保护完中断现场之后。

② 在中断服务程序执行完毕，即将返回被中断的程序之前。

禁止中断即关中断，下列情况应该关中断：

① 当响应某一级中断请求，不再允许被其他中断请求打断时。

② 在中断服务程序的保护和恢复现场之前。

3. 中断屏蔽

中断源发出中断请求之后，这个中断请求并不一定能真正送到 CPU 去，在有些情况下，可以用程序方式有选择地封锁部分中断，这就是中断屏蔽。如果给每个中断源都相应地配备一个中断屏蔽触发器（MASK），则每个中断请求信号在送往判优电路之前，还要受到屏蔽触发器的控制。当 MASK=1，表示对应中断源的请求被屏蔽，可见中断请求触发器和中断屏蔽触发器是成对出现的。在中断接口电路中，多个屏蔽触发器组成一个屏蔽寄存器，其内容称为屏蔽字或屏蔽码，由程序来设置。屏蔽字某一位的状态将成为本中断源能否真正发出中断请求信号的必要条件之一。这样，就可实现 CPU 对中断处理的控制，使中断能在系统中合理协调地进行。中断屏蔽寄存器的作用如图 5-10 所示。具体地说，用程序设置的方法将屏蔽寄存器中的某一位置 1，则若屏蔽寄存器中的某一位置 0，才允许对应的中断请求送往 CPU。

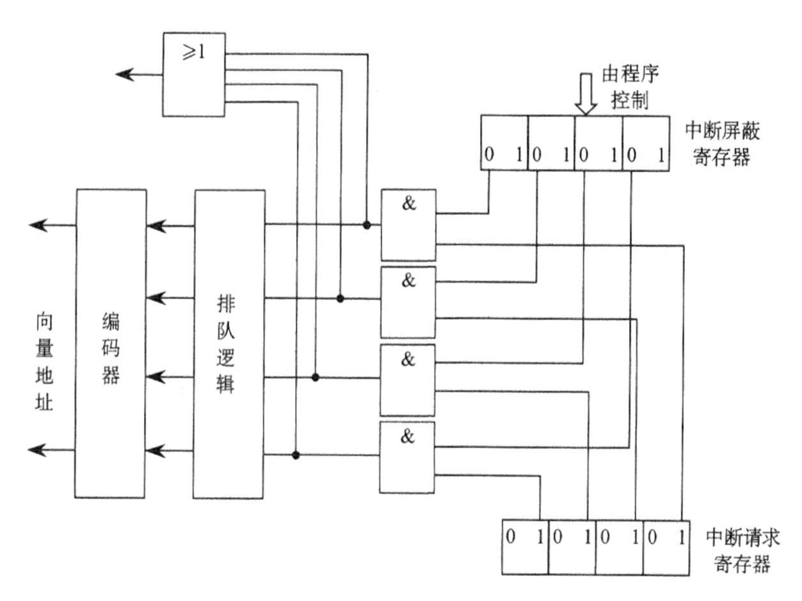

图 5-10　中断屏蔽寄存器的作用

5.3.5　中断全过程

这里所说的中断全过程指的是从中断源发出中断请求开始，CPU 响应这个请求，现行程序被中断，转至中断服务程序，直至中断服务程序执行完毕，CPU 再返回原来的程序继续执行的整个过程。

大体上可以把中断全过程分为 5 个阶段：

① 中断请求。

② 中断判优。

③ 中断响应。

④ 中断处理。

⑤ 中断返回。

其中中断处理就是执行中断服务程序。这是中断系统的核心。不同计算机系统的中断处理过程各具特色，但对多数计算机而言，其中断服务程序的流程如图 5-11 所示。

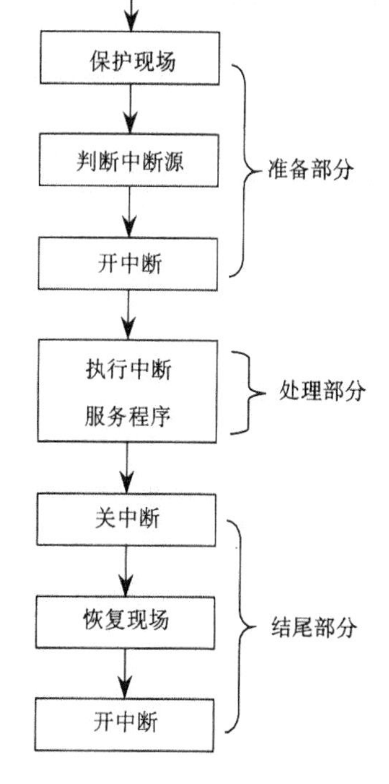

图 5-11　中断的全过程

从图中可以看出，中断的全过程大致分为 3 个部分：准备部分、处理部分和结尾部分。

准备部分的基本功能是保护现场，对于非向量中断方式则需要确定中断源，最后开放中断，允许更高级的中断请求打断低级的中断服务程序；处理部分是真正执行具体的为某个中断源服务的中断服务程序；结尾部分首先要关中断，以防止在恢复现场过程中被新的中断打断，接着恢复现场，然后开放中断，以便返回原来的程序后可响应其他的中断请求。

5.3.6　程序中断接口结构

具有中断能力的外设接口是由程序查询式接口再加上中断控制机构组成的。简化的中断式接口如图 5-12 所示。从其逻辑功能来看，这个接口不仅可以保证中断式传输，而且也可以提供程序查询式传输。

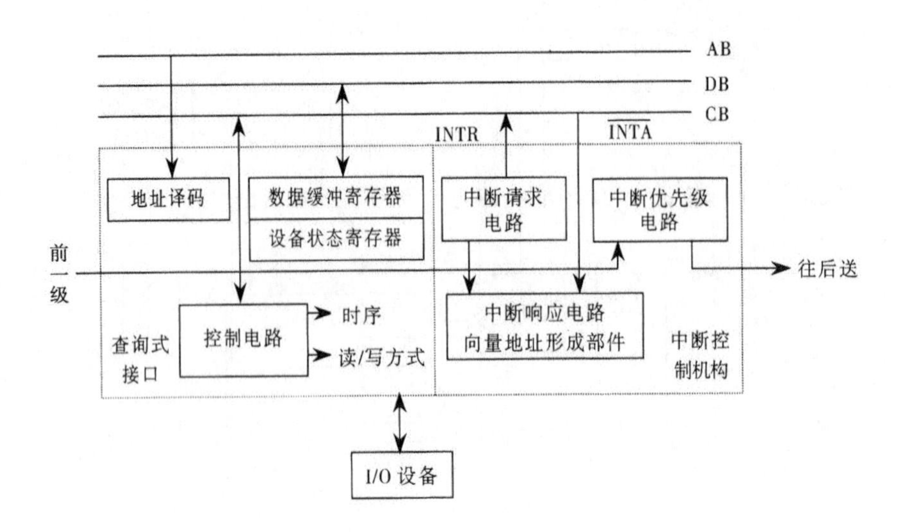

图 5-12　中断式接口电路

中断控制机构至少应包括下列几个部分：

① 中断请求电路。当中断源有请求且中断开放时，向 CPU 发中断请求信号。

② 中断优先级电路。保证优先级别最高的中断源首先获得 CPU 的服务。

③ 向量地址形成部件。用来产生向量中断时需要的向量地址，并且根据这个向量地址转向该中断源所对应的中断服务程序。

5.3.7　中断控制器

8259 中断控制器是一个集成电路芯片，它将中断接口与优先级判断等功能汇集于一身，常用于微型机系统。其内部结构如图 5-13 所示。

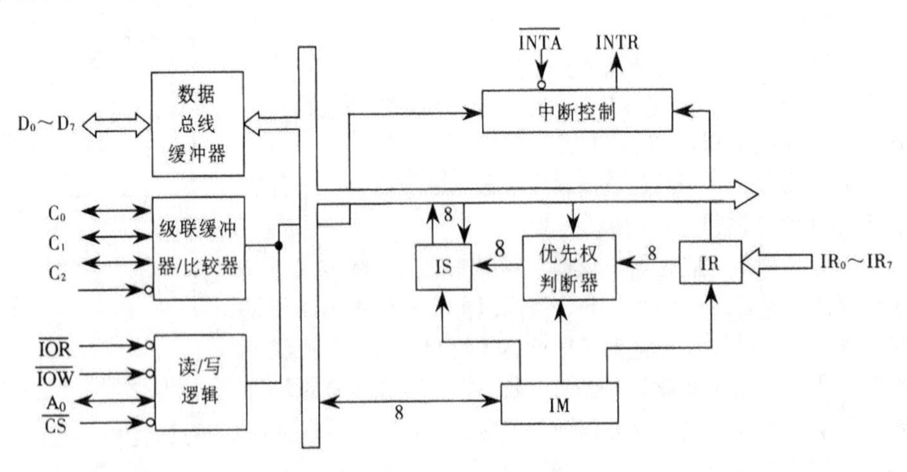

图 5-13　8259 中断控制器

8 位中断请求寄存器（IR）接受 8 个外部设备送来的中断请求，每一位对应一个设备。中断请求寄存器的各位送入优先权判断器，根据中断屏蔽寄存器（IM）各位的状态来决定最高优先级的中断请求，并将各位的状态送入中断状态寄存器（IS）。IS 保存着判优结果。由控制逻辑向 CPU

发出中断请求信号 INTR，并接受 CPU 的中断响应信号 $\overline{INTA}$。

数据缓冲器用于保存 CPU 内部总线与系统数据总线之间进行传输的数据。读/写逻辑决定数据传输的方向，其中 $\overline{IOR}$ 为读控制，$\overline{IOW}$ 为写控制，$\overline{CS}$ 为设备选择，A_0为 I/O 端口识别。

每个 8259 中断控制器最多能控制 8 个外部中断信号，但是可以将多个 8259 进行级联，以处理多达 64 个中断请求。在这种情况下允许有一个主中断控制器和多个从中断控制器，称为主从系统。主从控制器的级联是由级联总线 C_0、C_1、C_2实现的，并将从控制器的中断请求 INT 连入主控制器的某个 IR 端。当有从控制器的中断请求得到响应时，主控制器将被选中的 I/O 设备的设备地址经级联总线送往从控制器的级联缓冲器，并和从控制器申请中断的 I/O 设备地址相比较，被选中的设备所在的从控制器立即向数据总线发送中断服务程序地址。

8259 的中断优先级选择方式有 4 种：

① 完全嵌套方式：是一种固定优先级方式，连至 IR_0的设备优先级最高，IR_7的优先级最低。这种固定优先级方式对级别低的中断不利，在有些情况下最低级别的中断请求可能一直不能被处理。

② 轮换优先级方式 A：每个级别的中断保证有机会被处理，将给定的中断级别处理完后，立即把它放到最低级别的位置上去。

③ 轮换优先级方式 B：要求 CPU 可在任何时间规定最低优先级，然后顺序地规定其他 IR 线上的优先级。

④ 查询方式：由 CPU 访问 8259 的中断状态寄存器，一个状态字能表示出正在请求中断的最高优先级 IR 线，并能表示出中断请求是否有效。

8259 提供了两种屏蔽方式：

① 简单屏蔽方式：提供 8 位屏蔽字，每位对应着各自的 IR 线。被置位的任一位则禁止了对应 IR 线上的中断。

② 特殊屏蔽方式：允许 CPU 让来自低优先级的外设中断请求去中断高优先级的服务程序。当 8 位屏蔽位的某位置 0 时，例如屏蔽字为 11001111，说明 IR_4和 IR_5线上的中断请求可中断任何高级别的中断服务程序。

8259 中断控制器的不同工作方式是通过编程来实现的。CPU 送出一系列的初始化控制字和操作控制字来执行选定的操作。

【例 5-2】说明调用中断服务程序和调用子程序的区别。

解：调用中断服务程序和调用子程序的区别是：

① 中断服务程序与中断时 CPU 正在运行的程序是相互独立的，它们之间没有确定的关系。子程序调用时转入的子程序与 CPU 正在执行的程序段是同一程序的两部分。

② 除了软中断，通常中断产生都是随机的，而子程序调用是由 CALL 指令（子程序调用指令）引起的。

③ 中断服务程序的入口地址可以通过硬件向量法产生向量地址，再由向量地址找到入口地址。子程序调用的子程序入口地址是由 CALL 指令中的地址码给出的。

④ 调用中断服务程序和子程序都需保护程序断点，前者由中断隐指令完成，后者由 CALL 指令本身完成。

⑤ 处理中断服务程序时，对多个同时发生的中断需进行裁决，而调用子程序时一般没有这种操作。

⑥ 在中断服务程序和所调用的子程序中都有保护寄存器内容的操作。

【例 5-3】假设有一个数据采集系统，当输入数据准备好后发出 Ready 就绪信号，可向 CPU 送出 8 位数据。试设计一个中断方式的输入接口电路。要求画出逻辑框图并说明数据输入过程。

解：输入接口电路如图 5-14 所示。

图中 8 位寄存器是数据端口，用来存放数据采集系统准备好的数据，时钟信号为寄存器的打入信号。寄存器的输出经三态门至 CPU 的数据线。图中的中断请求触发器是 D 触发器，其数据端受 Ready 控制。图中的地址译码可对接口电路中数据端口（8 位寄存器）的地址进行译码，用于控制读数据（三态门控制端有效）和清 0 中断请求触发器。

数据输入过程如下：当数据采集系统已将数据送至 8 位寄存器时，发出 Ready 信号，该信号使中断请求触发器置 1，并向 CPU 发中断请求 INTR。CPU 在每条指令执行阶段结束前查询到此信号。如果响应中断，便执行中断服务程序，通过输入指令，在地址译码输出（低）、$\overline{RD}$（低）、$M/\overline{IO}$（低）的条件下，或门输出低，打开三态门，将 8 位数据读入 CPU，同时将中断请求触发器复位。

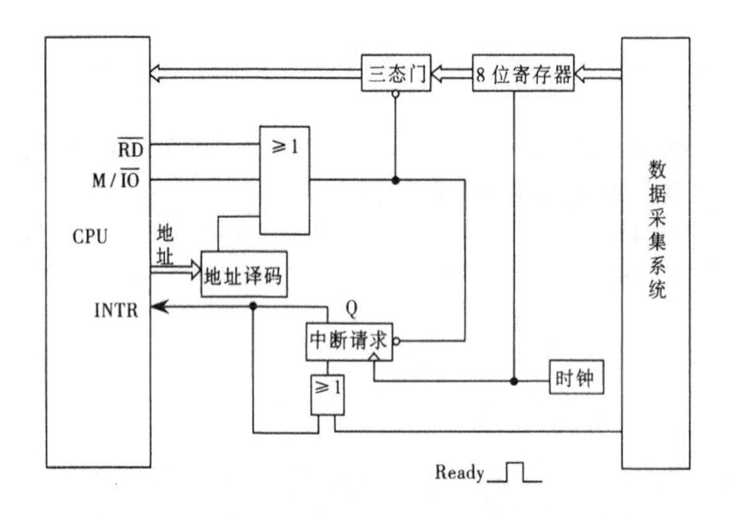

图 5-14　例 5-3 输入接口电路

5.4　DMA 方式及其接口

无论程序查询还是程序中断方式，主要的工作都是由 CPU 执行程序完成的，这需要花费 CPU 时间，因此不能实现高速外设与主机的信息交换。为了将 CPU 从控制外设进行数据交换的工作中解脱出来，就需要在外部设备和主存储器之间开辟直接的数据交换的通道，这就提出了直接存储器访问方式。

5.4.1　DMA 方式的基本概念

1. DMA 方式的特点

直接存储器访问（Direct Memory Access，DMA）方式是在外设和内存之间开辟一条“直接数据通道”，在不需要 CPU 干预也不需要软件介入的情况下在两者之间进行的高速数据传输方式。那么由谁对数据传输过程进行控制呢？实际上，在 DMA 传输方式中，对数据传输过程进行控制的硬件是 DMA 控制器。当外设需要进行数据传输时，通过 DMA 控制器向 CPU 提出 DMA 传输请求，CPU 响应之后将让出系统总线，由 DMA 控制器接管总线进行数据传输。

DMA 方式具有下列特点：

① 它使内存与 CPU 的固定联系脱钩。内存既可被 CPU 访问，又可被外设访问。

② 在数据块传输时，内存地址的确定、传输数据的计数等都用硬件电路直接实现。

③ 内存中要开辟专用缓冲区，及时供给和接收外设的数据。

④ DMA 传输速度快，CPU 和外设并行工作，提高了系统的效率。

⑤ DMA 在传输开始前要通过程序进行预处理，结束后要通过中断方式进行后处理。

2. DMA 和中断的区别

两者的重要区别如下：

① 中断方式是程序切换，需要保护和恢复现场；而 DMA 方式除了开始和结尾时，不占用 CPU 的任何资源。

② 对中断请求的响应只能发生在每条指令执行完毕时；而对 DMA 请求的响应可以发生在每个机器周期结束时。

③ 中断传输过程需要 CPU 的干预；而 DMA 传输过程不需要 CPU 的干预，故数据传输速率非常高，适合于高速外设的成组数据传输。

④ 中断方式具有对异常事件的处理能力、而 DMA 方式仅局限于完成传输信息块的 I/O 操作。

3. DMA 方式的应用

DMA 方式一般应用于内存与高速外设间的简单数据传输。高速外设如磁盘、磁带光盘等外存储器以及其他带有局部存储器的外设、通信设备等。

对磁盘的读/写是以数据块为单位进行的，一旦找到数据块起始位置，就将连续地读/写。找到数据块起始位置的时间是随机的，与之相应，接口何时具备数据传输条件也是随机的。由于磁盘读/写速度较快，在连续读/写过程中不允许 CPU 花费过多的时间。因此，从磁盘中读出数据或往磁盘中写入数据时，一般采用 DMA 方式传输，即直接将数据由内存经数据总线输出到磁盘接口，然后写入盘片；或将数据由盘片读出到磁盘接口，然后经数据总线写入内存。

当计算机系统通过通信设备与外部通信时，常以数据块为单位进行批量传输。开始通信后，常以较快的数据传输速度连续传输，因此，适于采用 DMA 方式。在不通信时，CPU 可以照常执行程序；在通信过程中仅需占用系统总线，系统开销很少。

在大批量数据采集系统中、也可以采用 DMA 方式。

许多计算机系统中选用动态存储器 DRAM，并用异步方式安排刷新周期。刷新请求的提出，对主机来说是随机的。DRAM 的刷新操作可视为存储器内部的数据批量传输，因此，也可采用 DMA 方式实现，将每次刷新请求当成 DMA 请求。CPU 在刷新周期中让出系统总线，按行地址（刷新地址）访问内存，实现各芯片中的一行刷新。利用系统的 DMA 机制实现动态刷新，简化了专门的动态刷新逻辑，提高了内存的利用率。

DMA 传输是直接依靠硬件实现的，可用于快速的数据直接传输。也正是由于这一点 DMA 方式本身不能处理复杂的事物。因此，在某些场合常综合应用 DMA 方式与程序中断方式，二者互为补充。

5.4.2 DMA 接口

DMA 接口相对于查询式接口和中断式接口来说比较复杂，习惯将 DMA 方式的接口电路称为 DMA 控制器。

1. DMA 控制器的功能

在 DMA 传输过程中，DMA 控制器将接管 CPU 的地址总线、数据总线和控制总线，CPU 的内存控制信号被禁止使用。而当 DMA 传输结束后，将恢复 CPU 的控制权利，并开始执行其操作。由此可见，DMA 控制器必须具有控制系统总线的能力，即能够像 CPU 一样输出地址信息，接收或发出控制信号，输入或输出数据信号。

DMA 控制器在外设与内存之间直接传输数据期间，完全代替 CPU 进行工作，它的主要功能有：

① 接受外设发出的 DMA 请求，并向 CPU 发出总线请求。

② 当 CPU 响应此总线请求，发出总线响应信号后，接管对总线的控制，进入 DMA 操作周期。

③ 确定传输数据的内存单元地址及传输长度，并能自动修改内存地址计数值和传输长度计数值。

④ 规定数据在内存与外设之间的传输方向，发出读/写或其他控制信号传输的操作。

⑤ 向 CPU 报告 DMA 操作的结束。

2. DMA 控制器的基本组成

图 5-15 所示为一个简单的 DMA 控制器框图。

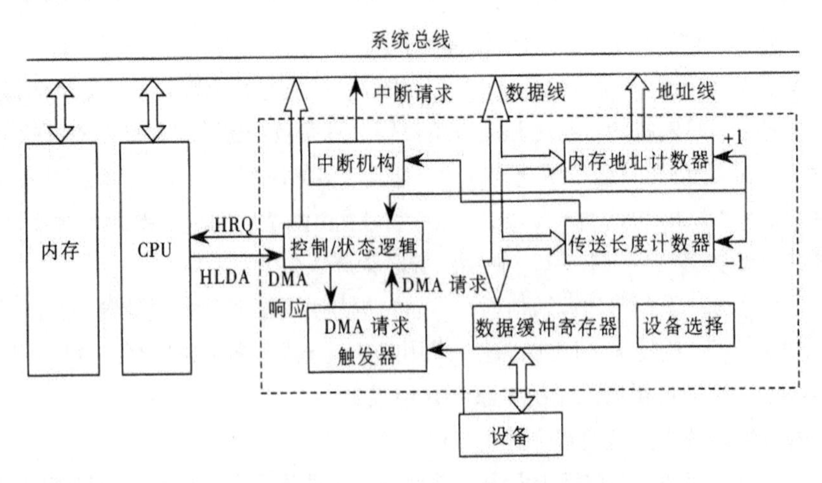

图 5-15 简单的 DMA 控制器

DMA 控制器由以下几部分组成：

（1）内存地址计数器

用来存放内存中要交换数据的地址。该计数器的初始值为内存缓冲区的首地址，当 DMA 传输时，每传输一个数据，将地址计数器加 1，从而以增量方式给出内存中要交换的一批数据的地址，直至这批数据传输完毕为止。

（2）传输长度计数器

用来记录传输数据块的长度，其初始值为传输数据的总字数或总字节数，每传输一个字或一个字节，计数器自动减 1，当其内容为 0 时表示数据已全部传输完毕。也有些 DMA 控制器中，初始时将字数或字节数求补之后送计数器，每传输一个字或一个字行，计数器加 1，当计数器溢出时，表示数据传输完毕。

（3）数据缓冲寄存器

用来暂存每次传输的数据。输入时，数据由外设（如磁盘）先送往数据缓冲寄存器，再通过数据总线送到内存。反之，输出时，数据由内存通过数据总线送到数据缓冲寄存器，然后再送到外设。

（4）DMA 请求触发器

每当外设准备好数据后给出一个控制信号，使 DMA 请求触发器置位。

（5）控制/状态逻辑

它由控制和时序电路以及状态标志等组成，用于指定传输方向，修改传输参数，并对 DMA 请求信号和 CPU 响应信号进行协调和同步。

（6）中断机构

当一个数据块传输完毕后触发中断机构，向 CPU 提出中断请求，CPU 将进行传输的结尾处理。

3. DMA 控制器的引出线

DMA 控制器必须有下列引出线。

（1）地址总线

在 DMA 方式下，呈输出状态，可对内存进行地址选择。在 CPU 控制下，呈输入状态，可对 DMA 控制器中的有关寄存器进行寻址。

（2）数据总线

在 DMA 方式下，用它进行数据传输；在 CPU 方式下，可对 DMA 控制器的有关寄存器进行编程。

（3）4 个控制数据传输方式的信号线

存储器读信号 $\overline{MEMR}$ 、存储器写信号 $\overline{MEMW}$ 、外设读信号 $\overline{IOR}$ 、外设写信号 $\overline{IOW}$ 。当数据从外设写入内存时，$\overline{MEMW}$ 和 $\overline{IOR}$ 同时有效；而当数据从内存读出送外设时，$\overline{MEMR}$ 和 $\overline{IOW}$ 将同时有效。

（4）DMA 控制器与外设之间的联络信号线

DMA 请求信号 DREQ（输入），是外设向 DMA 控制器提出 DMA 操作的申请信号。

DMA 响应信号 DACK（输出），是 DMA 控制器向提出 DMA 请求的外设表示的应答信号。

（5）DMA 控制器与 CPU 之间的联络信号线

总线请求 HRQ（输出），是 DMA 控制器向 CPU 要求让出总线的信号。

总线响应信号 HLDA（输入），是 CPU 向 DMA 控制器表示响应总线请求的信号。

4. DMA控制器的连接和传输

图5-16所示为DMA控制器与CPU及内存、外设之间的连接框图。在进行DMA操作之前应先对DMA控制器编程。比如，确定传输数据的内存起始地址、要传输的字节数以及传输方式，是由外设将数据写入内存还是从内存将数据读出送外设。下面以外设将一个数据块写入内存的操作为例，简述DMA控制器的操作过程。

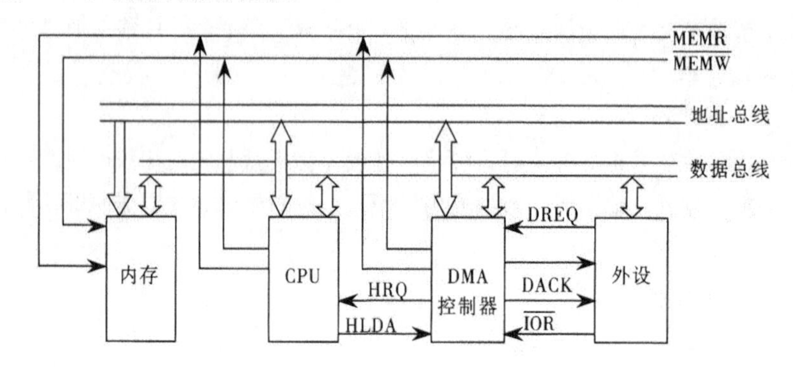

图5-16 DMA控制器的连接

① 首先由外设向DMA控制器发出请求信号DREQ。

② DMA控制器向CPU发出总线请求信号HRQ。

③ CPU向DMA控制器发出总线响应信号HLDA，此时，DMA控制器获取了总线的控制权。

④ DMA控制器向外设发出DMA响应信号DACK，表示DMA控制器已控制了总线，允许外设与内存交换数据。

⑤ DMA控制器按内存地址计数器的内容发出地址信号作为内存地址的选择，同时内存地址计数器的内容加1（或减1）。

⑥ DMA控制器发出$\overline{\text{IOR}}$信号到外设，将外设数据读入总线，同时发出$\overline{\text{MEMW}}$信号，将数据总线的数据写入地址总线选中的内存单元。

⑦ 传输长度计数器减1。

重复⑤、⑥、⑦步骤，直到字节计数器减到0为止，数据块的DMA传输方式工作宣告完成。这时，DMA控制器的HRQ降为低电平，总线控制权交还CPU。

5.4.3 DMA传输方法与传输过程

1. DMA传输方法

DMA控制器通常采用以下3种方法与CPU共享使用内存，如图5-17所示。

（1）CPU停止访问内存法

这是最简单的DMA方法。这种方法是用DMA请求信号迫使CPU让出总线控制权。CPU在现行机器周期执行完成之后，使其数据、地址总线处于三态，并输出总线批准信号，每次DMA请求获得批准，DMA控制器获得总线控制权以后，连续占用若干个取周期（总线周期）进行成组连续的数据传输，直至批量传输结束、DMA控制器才把总线控制权交回CPU。在DMA操作期间，CPU处于保持状态，停止访问内存，仅能进行一些与总线无关的内部操作。图5-17（a）是这种传输方法的时间图。这种方法只适用于高速外设的成组传输。

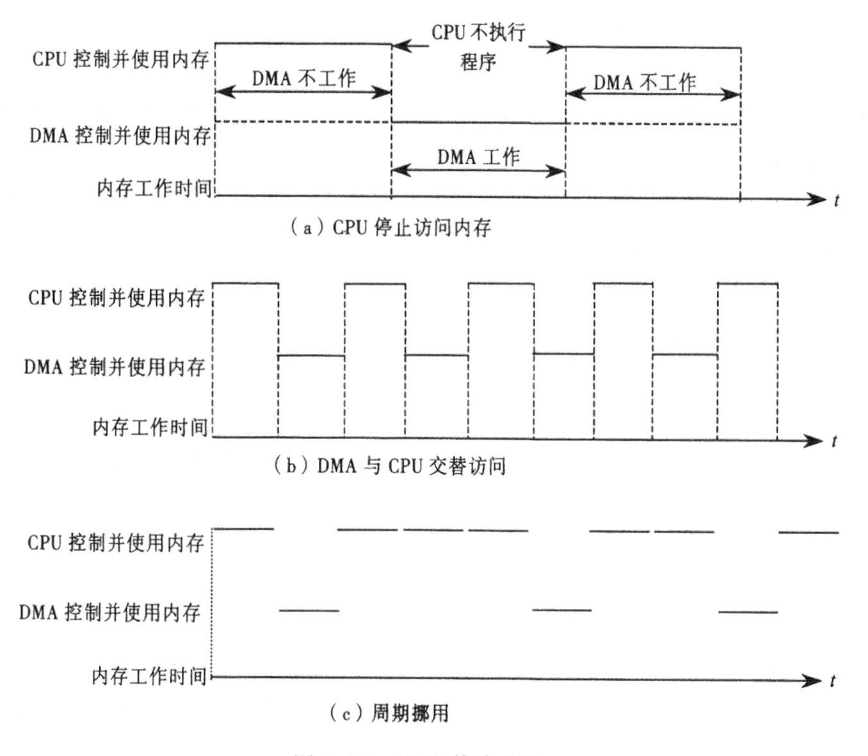

图 5-17　DMA 传输方法

当外设的数据传输速度接近于内存工作速度时，或者 CPU 除了等待 DMA 传输结束并无其他事可干（例如单用户状态下的个人计算机）时，常采用这种方法。它可以减少系统总线控制权的交换次数，有利于提高输入/输出的速度。

（2）DMA 与 CPU 交替访内

把原来的一个存取周期分成两个时间片，一片分给 CPU，一片分给 DMA，使 CPU 和 DMA 交替地访问内存。这种方法无需申请和归还总线，使总线控制权的转移几乎不需要什么时间，所以对 DMA 传输来讲效率是很高的，而且 CPU 既不停止现行程序的运行，也不进入保持状态，在 CPU 不知不觉中便进行了 DMA 传输。

这种方法需要内存在原来的存取周期内分为两个部件服务，如果要维持 CPU 的访存速度不变，就要求内存的工作速度提高一倍。另外，出于大多数外设的速度都不能与 CPU 相匹配，所以供 DMA 使用的时间片可能成为空操作，将会造成一些不必要的浪费。图 5-17（b）是这种方法的时间图。

（3）周期挪用法

也称为周期窃取法，是前两种方法的折中。当外设没有 DMA 请求时，CPU 按程序要求访问内存；一旦外设有 DMA 请求并获得 CPU 批准后，CPU 让出一个周期的总线控制权，由 DMA 控制器控制系统总线，挪用一个存取周期进行一次数据传输，传输一个字节或一个字；然后，DMA 控制器将总线控制权交回 CPU，CPU 继续进行自己的操作，等待下一个 DMA 请求的到来。重复上述过程，直至数据块传输完毕。

如果在同一时刻，发生 CPU 与 DMA 的访存冲突，那么优先保证 DMA 工作，而 CPU 等待一个存取周期。如图 5-17（c）所示。若 DMA 传输期间 CPU 无须访存，则周期挪用对 CPU 执行程序无任何影响。

当内存工作速度高出外设较多时，采用周期挪用法可以提高内存的利用率，对 CPU 的影响较小，因此，高速主机系统常采用这种方法。根据内存的存取周期与磁盘的数据传输率，可以计算出内存操作时间的分配情况，有多少时间需用于 DMA 传输（被挪用），有多少时间可用于 CPU 访存。这在一定程度上反映了系统的处理效率。

2. DMA 传输过程

DMA 的传输过程可分为 3 个阶段：DMA 传输的预处理、数据传输和传输后的结束处理。

（1）DMA 预处理

在 DMA 传输之前必须要做准备工作，即初始化。这是由 CPU 来完成的。CPU 首先执行几条 I/O 指令，用于测试外设的状态、向 DMA 控制器的有关寄存器置初值、设置传输方向、启动该外部设备等。

在这些工作完成之后，CPU 继续执行原来的程序，在外设准备好发送的数据（输入）或接收的数据已处理完毕（输出）时，外设向 DMA 控制器发 DMA 请求，再由 DMA 控制器向 CPU 发总线请求。

（2）数据传输

DMA 的数据传输可以以单字节（或字）为基本单位，也可以以数据块为基本单位。对于以数据块为单位的来说，DMA 控制器占用总线后的数据输入和输出操作都是通过循环来实现的，其传输过程如图 5-18 所示。

需要特别指出的是，图 5-18 所示的流程图不是由 CPU 执行程序实现的，而是由 DMA 控制器实现的。

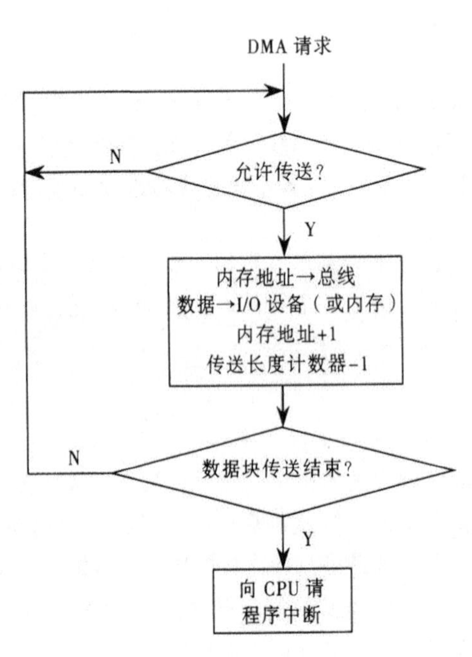

图 5-18　DMA 的数据传输过程

（3）DMA 后处理

当传输长度计数器计到 0 时，DMA 操作结束，DMA 控制器向 CPU 发中断请求，CPU 停止原来程序的执行转去执行中断服务程序进行 DMA 结束处理工作。

5.4.4　DMA 控制器与外设的接口

图 5-19 所示为微型机中软盘控制器的系统接口电路。以此为例对 DMA 控制器与外设之间的连接及工作过程进行分析说明。

CPU 和软盘控制器之间的接口电路包括 DMA 控制和总线控制两部分。8257DMA 控制器提供 4 个独立的 DMA 通路（CH_0、CH_1、CH_2、CH_3）。每个通路各有 2 个 16 位寄存器（DMA 地址寄存器、字节计数寄存器），它们必须在通路使用前加以预置。DMA 地址寄存器存放被寻址的主存首地址，字节计数寄存器存放本次 DMA 传输的字节数。此外还包含工作方式（读、写、校验）和状态寄存器。

DMA 传输前，CPU 对 8257 进行初始化，将数据在主存中的起始地址、数据字节个数、工作方式等参数送入 8257 相应的寄存器中。然后才允许软盘控制器向 8257 发出 DMA 传输请求信号 $\overline{DRQ}$。8257 接收到 $\overline{DRQ}$ 信号后，立即发 HRQ 信号给总线控制线路，请求总线控制权。CPU 在识别到 HRQ 信号，完成当前总线周期后，发出 HLDA 响应信号，并放弃总线控制权。此时 8257 向软盘控制器发出 DACK 回答信号，通知软盘控制器开始 DMA 传输，并发出读/写控制信号（$\overline{MEMR}$、$\overline{MEMW}$、$\overline{IOR}$、$\overline{IOW}$），以便软盘控制器从主存被寻址的单元读取一个字节或写入一个字节。

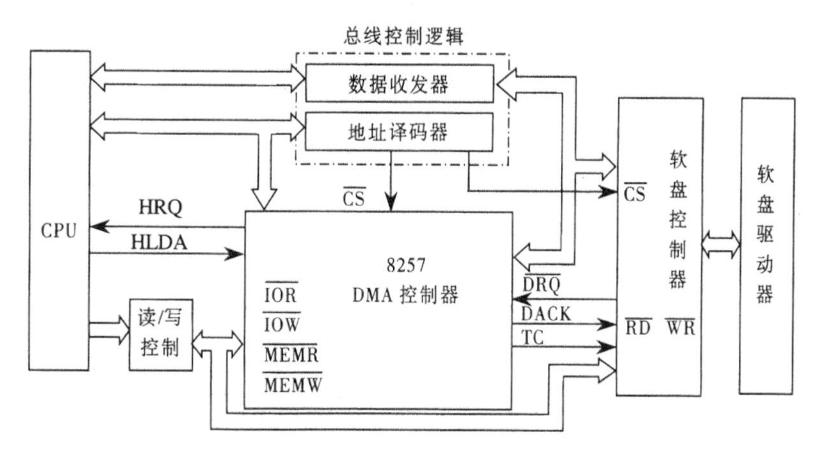

图 5-19　8257DMA 控制器与软盘的接口

只要软盘控制器保持对 DMA 的请求，8257 将保持对总线的控制，并顺序地重复传输，直到被指定的数据块传输完毕，此时 8257 给出终止信号（TC），通知软盘控制器，取消 DMA 请求，并使 HRQ 为无效，放弃总线控制权。

【例 5-4】一个 DMA 接口可采用周期窃取方式把字符传输到存储器，它支持的最大批量为 400B。若存取周期为 100ns，每处理一次中断需 5μs，现有的字符设备的传输率为 9600b/s。假设字符之间的传输是无间隙的，若忽略预处理所需的时间，试问采用 DMA 方式每秒因数据传输需占用处理器多少时间？如果完全采用中断方式，又需占处理器多少时间？

解：根据字符设备的传输率为 9600b/s，则每秒能传输：

$$9600/8=1200\text{B}，即 1200 个字符$$

若采用 DMA 方式，传输 1 200 个字符共需 1 200 个存取周期，考虑到每传 400 个字符需中断处理一次，因此 DMA 方式每秒因数据传输占用处理器的时间是：

$$0.1\mu s\times1200+5\mu s\times(1200/400)=135\mu s$$

若采用中断方式，每传输一个字符要申请一次中断请求，每秒因数据传输占用处理器的时间是：

$$5\mu s\times1200=6000\mu s$$

【例 5-5】设磁盘存储器转速为 3 000 转/分，分 8 个扇区，每扇区存储 1KB，主存与磁盘存储器传输的宽度为 16 位。假设一条指令最长执行时间是 25μs，是否可采用一条指令执行结束时响应 DMA 请求的方案，为什么？若不行，应采取什么方案？

解：磁盘的转速为 3000/60 = 50 r/s。

则磁盘每秒可传输 1KB × 8 × 50=400 KB 信息。

根据主存与磁盘存储器的数据传输宽度为 16 位，若采用 DMA 方式，每秒需有 200K（400KB/2B）次 DMA 请求，即每隔 5μs（1/200K）有一次 DMA 请求。如果按指令执行周期结束（25μs）响应 DMA 请求，必然会造成数据丢失，因此必须按每个存取周期结束响应 DMA 请求的方案。

5.5 通道方式及其接口

在 DMA 方式中，对外设的管理和一些操作的控制仍需要 CPU 承担，在大、中型计算机系统中，所连接的 I/O 设备数量多，输入/输出频繁，要求整体的速度快，CPU 对外设管理的负担也越来越繁重，I/O 通道方式就是为了解决这个问题而设计的。

5.5.1 通道的基本概念

通道方式增强了 DMA 控制器的功能，使它能独立地执行用通道命令编写的 I/O 控制程序，产生相应的控制信号送给由它管辖的设备控制器，从而完成复杂的 I/O 程序。也就是说，I/O 通道已具备了处理器的功能，只是它的指令系统是专门为 I/O 操作设计的，并在 CPU 的 I/O 指令指挥下，独立完成 I/O 功能。大、中型计算机系统配置通道后的典型结构如图 5-20 所示。

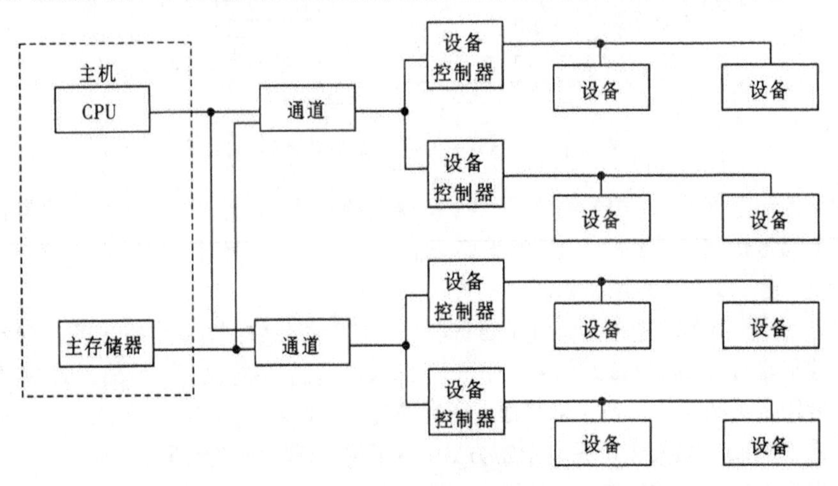

图 5-20 大、中型计算机系统的典型结构

1．通道控制方式与 DMA 方式的区别

通道控制方式是 DMA 方式的进一步发展，实质上，通道也是实现外设和内存之间直接交换数据的控制器。与 DMA 控制器相比，两者的主要区别在于：

① DMA 控制器是通过专门设计的硬件控制逻辑来实现对数据传输的控制；而通道是通过执行通道程序来实现对数据传输的控制，故通道具有更强的独立处理数据输入/输出的功能。

② DMA 控制器通常只能控制一台或少数几台同类设备；而一个通道则可以同时控制许多台同类或不同类的设备。

2．通道的功能

从图 5-20 中可以看出，主机可以接若干个通道，一个通道可以接若干个设备控制器，一个设备控制器又可以接一台或多台外部设备。因此，从逻辑结构上讲，具有 4 级连接：主机→通道→设备控制器→外部设备。

通道是一种高级的 I/O 控制部件，它在一定的硬件基础上利用软件手段实现对 I/O 的控制和传输，更多地免去了 CPU 的介入，从而使主机和外设的并行工作程度更高。当然，通道并不能完全脱离 CPU，它还要受到 CPU 的管理，比如启动、停止等，而且通道还应该向 CPU 报告自己的状态，以便 CPU 决定下一步的处理。

通道大致应具有以下几个方面的功能：

① 接受 CPU 的 I/O 指令，按指令要求与指定的外设进行联系。

② 从内存取出属于该通道程序的通道指令，经译码后向设备控制器和设备发送各种命令。

③ 实施内存和外设间的数据传输，如为内存或外设装配和拆卸信息，提供数据中间缓存以及指示数据存放的内存地址和传输的数据量。

④ 从外设获得设备的状态信息，形成并保存通道本身的状态信息，根据要求将这些状态信息送到内存的指定单元，供 CPU 使用。

⑤ 将外设的中断请求和通道本身的中断请求按次序及时报告 CPU。

3．设备控制器的功能

通道通过执行通道程序来控制设备控制器进行数据传输操作，并以通道状态字来接收设备控制器反馈回来的外部设备状态。因此，设备控制器就是通道对外部设备实现传输控制的执行机构。设备控制器的具体任务如下：

① 从通道接收控制信号，控制外部设备完成所要求的操作。

② 向通道反馈外部设备的状态。

③ 将外部设备的各种不同信号转换为通道能识别的标准信号。

5.5.2　通道的类型

按照输入/输出信息的传输方式，通道可分为 3 种类型。

（1）字节多路通道

字节多路通道是一种简单的共享通道，用于连接与管理多台低速设备、以字节交叉方式传输信息，其传输方式如图 5-21 所示。字节多路通道先选择设备 A、为其传输一个字节 A_1；然后选择设备 B、传输字节 B_1；再选择设备 C，传输字节 C_1。再交叉地传输 A_2、B_2、C_2、…，所以字节多路通道的功能好比一个多路开关，交叉（轮流）地接通各台设备。

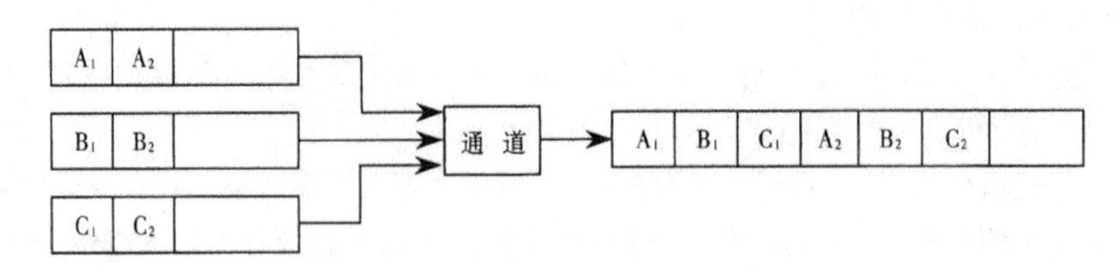

图 5-21　字节多路通道传输方式示意图

一个字节多路通道，包括多个按字节方式传输信息的子通道。每个子通道服务于一个设备控制器，每个子通道都可以独立地执行通道程序。各个子通道可以并行工作，但是，所有子通道的控制部分是公共的，各个子通道可以分时地使用。

通道不间断地、轮流地启动每个设备控制器，当通道为一个设备传输完一个字节后，就转去为另一个设备服务。当通道为某一设备传输时，其他设备可以并行地工作，准备需要传输的数据字节或处理收到的数据字节。这种轮流服务是建立在主机的速度比外设的速度高得多的基础之上的，它可以提高系统的工作效率。

通道在单位时间内传输的位数或字节数，叫做通道的数据传输率或流量。它标志了计算机系统中的系统吞吐量，也表明了通道对外设的控制能力和效率。在单位时间内允许传输的最大字节数或位数，叫做通道的最大数据传输率或通道极限流量，它是设计通道的最大依据。

（2）选择通道

对于高速设备，字节多路通道显然是不合适的。选择通道又称高速通道，在物理上它也可以连接多个设备，但这些设备不能同时工作，在一段时间内通道只能选择一台设备进行数据传输，此时该设备可以独占整个通道。因此，选择通道一次只能执行一个通道程序，只有当它与内存交换完信息后，才能再选择另一台外部设备并执行该设备的通道程序。如图 5-22 所示，选择通道先选择设备 A，成组连续地传输 A_1、A_2、…，当设备 A 传输完毕后，选择通道又选择通道 B，成组连续地传输 B_1、B_2、…，再选择设备 C，成组连续地传输 C_1、C_2、…。

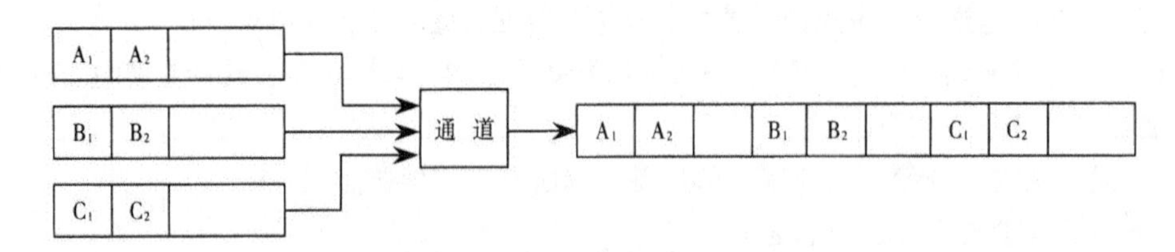

图 5-22　选择通道传输方式示意图

选择通道主要用于连接高速外设，如磁盘、磁带等，信息以成组方式高速传输。但是，在数据传输过程中还有一些辅助操作（如磁盘机的寻道等），此时会使通道处于等待状态，所以虽然选择通道具有很高的数据传输速率，但整个通道的利用率并不高。

（3）数组多路通道

数组多路通道是把字节多路通道和选择通道的特点结合起来的一种通道结构。它的基本思想是，当某设备进行数据传输时，通道只为该设备服务；当设备在执行辅助操作时，通道暂时断开与这个设备的连接，挂起该设备的通道程序，去为其他设备服务。

数组多路通道有多个子通道，既可以执行多路通道程序，即像字节多路通道那样，所有子通道分时共享总通道，又可以用选择通道那样的方式成组地传输数据；既具有多路并行操作的能力，又具有很高的数据传输速率，使通道的效率充分得到发挥。

3 种类型的通道组织在一起，可配置若干台不同种类、不同速度的 I/O 设备，使计算机的 I/O 组织更合理、功能更完善、管理更方便。图 5-23 所示为 IBM 4300 的通道组织结构。

5.5.3　通道工作过程

在采用通道的计算机系统中，输入/输出操作可分为两个层次：① 主 CPU 执行 I/O 指令生成输入/输出程序。② 通道执行所生成的程序，完成输入/输出。

在大、中型计算机中将运行操作系统称为“管态”，而将运行用户程序称为“目态”。I/O 指令属于主 CPU 的指令系统，由主 CPU 执行，但 I/O 指令并不直接负责输入/输出操作，只负责通道和外设的启动、停止、查询等操作。CPU 执行 I/O 指令将进入“管态”。在管态下由操作系统的设备管理程序负责生成输入/输出程序，交给通道运行以完成输入/输出工作，带有通道的计算机系统执行输入/输出操作的过程如图 5-24 所示。

① CPU 执行目态（用户）程序时，遇到输入/输出指令（这是一条带有参数的访管指令），便转入管态执行系统程序中的设备管理程序。

② 设备管理程序的主要目的是根据输入/输出指令提供的参数，自动生成输入/输出程序，并将编写好的程序首地址装入通道的程序计数器，然后 CPU 返回目态程序继续工作。

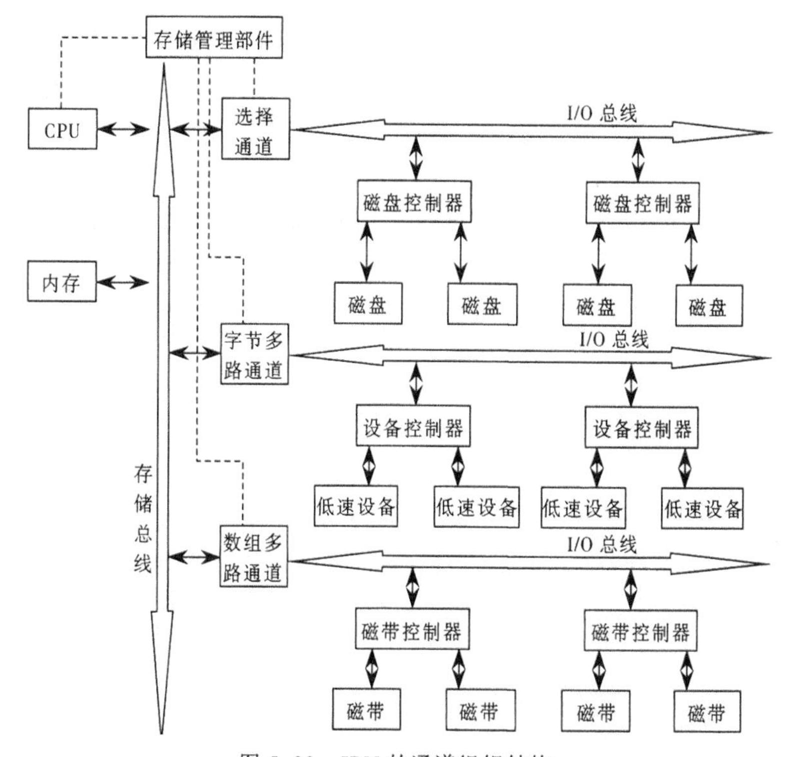

图 5-23　IBM 的通道组织结构

③ 通道执行生成的输入/输出程序，在程序的控制下完成整个 I/O 过程。待 I/O 过程结束，向 CPU 发出中断请求信号。

④ CPU 接到中断请求，进入中断处理程序，根据中断原因进行相应的处理，然后返回目态

程序，一次输入/输出过程至此结束。

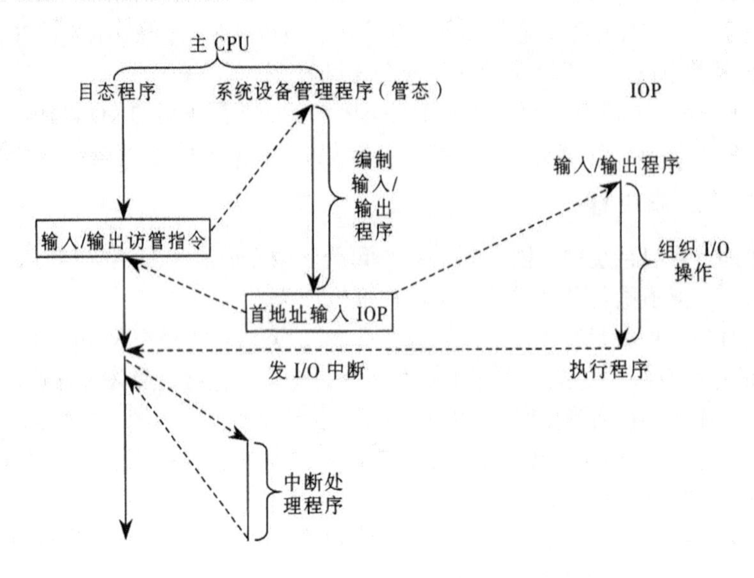

图 5-24 带有通道的计算机系统输入/输出过程示意图

小 结

输入/输出设备通过输入/输出接口连接到计算机主机。输入/输出接口的主要功能是识别外部设备、数据通信、数据缓冲以及一些必要的数据格式转换等。

根据输入/输出设备的不同特点和要求，CPU 与外围设备的数据交换方式有以下几种：① 程序查询方式；② 程序中断方式；③ 直接存储器访问（DMA）方式；④ 通道方式。其中第一种对 CPU 的资源浪费最大，而最后一种使 CPU 的效率得到最大发挥，但是需要更多的硬件支持。

程序中断方式是各类计算机中广泛使用的一种数据交换方式。当某一外设的数据准备就绪后，它“主动”向 CPU 发出请求信号，CPU 响应中断请求后，暂停运行主程序，自动转移到该设备的中断服务子程序，为该设备进行服务，结束时返回主程序。中断处理过程可以嵌套。

DMA 技术的出现，使得外围设备可以通过 DMA 控制器直接访问内存，与此同时，CPU 可以继续程序。DMA 方式采用以下 3 种方法：① 停止 CPU 访问内存；② 周期挪用；③ DMA 与 CPU 交替访问内存。

通道是一个特殊功能的处理器。它有自己的指令和程序专门负责数据输入/输出的传输控制，从而使 CPU 将“传输控制”的功能下放给通道，CPU 只负责“数据处理”功能。这样，通道与 CPU 分时使用内存，实现了 CPU 内部的数据处理与 I/O 设备的并行工作。

习 题

1．选择题。

（1）以下有关 I/O 接口功能和结构的叙述中，错误的是（　　）。

A．I/O 接口就是像显卡或网卡之类的一种外设控制逻辑

B．CPU 可以向 I/O 接口传输用来对设备进行控制的命令

C．CPU 可以从 I/O 接口取状态信息，以了解接口和外设的状态

D．主机侧传输的数据宽度与设备侧传输的数据宽度是一样的

（2）如果认为 CPU 等待设备的状态信号是处于非工作状态（即踏步状态），那么在下面几种主机与设备之间的数据传输种：（　　）主机与设备是串行工作的；（　　）主机与设备是并行工作的；（　　）主程序与设备是并行运行的。

A．程序查询方式　　B．程序中断方式

C．DMA 方式　　D．程序直接控制

（3）中断向量地址是（　　）。

A．子程序入口地址　　B．中断服务程序入口地址

C．中断服务程序入口地址指示器　　D．例行程序入口地址

（4）单级中断与多级中断的区别（　　）。

A．单级中断只能实现单中断，而多级中断可以实现多重中断

B．单级中断的硬件结构是一维中断，而多级中断的硬件结构是二维中断

C．单级中断，处理机只通过一根外部中断请求线接到它的外部设备系统；而多级中断，每一个 I/O 设备都有一根专用的外部中断请求线

D．单级中断只能处理一个中断，多级中断可以处理多个中断

（5）硬中断服务程序结束返回断点时，程序末尾要安排一条指令 IRET，它的作用是（　　）。

A．构成中断结束命令　　B．恢复断点信息并返回

C．转移 IRET 的下一条指令　　D．返回到断点处

（6）下述有关程序中断 I/O 方式的叙述中，错误的是（　　）。

A．外设中断请求时，实际上是请求 CPU 执行相应的程序来处理外设发生的相关事件

B．I/O 中断响应不可能发生在一条指令执行过程中

C．外设的数据是和 CPU 直接交换的

D．只要有未被屏蔽的中断请求发生，在一条指令结束后，就会进入中断响应周期

（7）下列叙述正确的是（　　）。

A．在 DMA 周期内，CPU 不能执行程序

B．中断发生时，CPU 首先执行入栈指令将程序计数器内容保护起来

C．DMA 传输方式中，DMA 控制器每传输一个数据就窃取一个指令周期

D．输入/输出操作的最终目的是要实现 CPU 与外设之间的数据传输

（8）采用“周期挪用”方式进行数据传输时，每传输一个数据要占用一个（　　）的时间。

A．指令周期　　B．机器周期

C．时钟周期　　D．存储周期

（9）在采用（　　）对设备进行编址的情况下，不需要专门的 I/O 指令。

A．统一编址法　　B．单独编址法　　C．两者都是　　D．两者都不是

（10）某终端通过 RS-232 串行通信接口与主机相连，采用起止式异步通信方式。若传输速率为 1200b/s，字符格式为：一位起始位、8 位数据位、无校验位、一位停止位。则传输一个字节所需时间约为（　　）。

A．6.7ms　　B．7.5ms　　C．8.3ms　　D．9.2ms

2. 解释术语。

（1）接口、端口、统一编址、独立编址

（2）直接程序传输方式

（3）程序中断、软中断、外中断、可屏蔽中断、向量中断、单级中断

（4）DMA 方式、周期挪用

（5）通道、字节多路通道、选择通道、数组多路通道

3. 比较通道、DMA、中断 3 种基本 I/O 方式的异同点。

4. 用多路 DMA 控制器控制光盘、软盘、打印机 3 个设备同时工作。光盘以 20μs 的间隔向控制器发 DMA 请求，软盘以 90μs 的间隔向控制器发 DMA 请求，打印机以 180μs 的间隔发 DMA 请求。请画出多路 DMA 控制器的工作时空图。

5. 画出二维中断结构判优逻辑电路，包括：① 主优先级判定电路（独立请求）；② 次优先级判定电路（链式查询）。在主优先级判定电路中应考虑 CPU 程序优先级。设 CPU 执行程序的优先级分为 4 级（CPU7～CPU4），这个级别保存在 PSW 寄存器中（7、6、5 三位）。例如 CPU5 时，其状态为 101。

6. 某机器 CPU 中有 16 个通用寄存器，运行某中断处理程序时仅用到其中 2 个寄存器，请问响应中断而进入该中断处理程序时是否要将通用寄存器内容保存到主存中去？需保存几个寄存器？

7. 一台机器有四路数据采集器，以直接程序传输方式实现数据的输入。请完成一列要求：

（1）设计接口，画出寄存器级粗框图。

（2）拟定相关的程序框图。

8. 某机连接 4 台 I/O 设备，序号由 0#～3#，允许多重申断。

（1）优先顺序为 0#～3#，分别拟定响应各设备请求后应送出的屏蔽字。

（2）若采取轮流优先策略，则屏蔽字应如何变化？

9. 某 I/O 设备的工作状态可抽象为空闲、忙、完成，CPU 发来清除命令使其进入空闲状态，启动命令使其进入“忙”状态，设备完成一次操作使其进入完成状态。若进入完成状态，且 CPU 没有对其屏蔽，则提出中断申请。试为此设计中断接口，画出逻辑图。

10. 某机用于数据采集，采集点 64 点，共占一个中断源，CPU 在响应中断后能编程访问各采集点，输入数据。试为此设计所需的中断接口，并说明 CPU 选择采集点的方法。

11. 某机连接 3 台 I/O 设备，优先顺序为：CRT 显示器、打印机、键盘。显示器在扫描回程开始时提出中断，主机输出显示信息。打印机在打印完一行时提出中断，主机输出打印信息。键盘在按键时产生中断，向主机输入键码。请为此设计中断系统：

（1）说明硬、软件组织的方案。

（2）画出有关的接口逻辑框图。

（3）拟出有关的程序流程。

12. 假设有一个 16 位和两个 8 位的微处理器连接到系统总线。给定下列条件：

（1）所有的微处理器具有所需的硬件特性，用来支持各种类型的数据传输：编程控制的 I/O、中断驱动的 I/O 和 DMA。

（2）所有的微处理器有 16 位的地址总线。

（3）有两块存储板，每块容量是 64KB，与总线相连。设计者希望尽可能地使用共享存储器。

（4）系统总线最大支持 4 根中断线和 1 根 DMA 线。

其他所需的假设条件都成立，要求：

（1）根据线数和类型给出系统总线规范。

（2）解释上述设备怎样连到系统总线上。

13. 一个 DMA 模块采用周期窃取方法把字符传输到存储器，设备的传输率是 9600B/s，处理器以 1×10^6 条指令/秒的速度获取指令（1 MIPS）。由于 DMA 模块，处理器将减慢多少？

14. 请分别列出存储映射 I/O 与独立 I/O 的优点和缺点。

15. 思考题。

（1）程序查询方式下，外设的数据直接和 CPU 交换吗？

（2）程序中断方式下，外设的数据直接和 CPU 交换吗？

第三篇　中央处理器

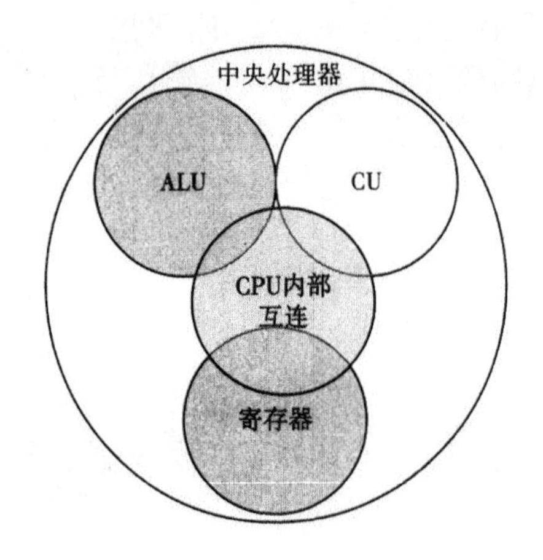

中央处理器是计算机的核心，本篇主要剖析 CPU 的功能和内部结构。

本篇主要内容：

- 运算方法；
- 指令系统；
- CPU 的功能；
- CPU 的结构。

第6章 信息的表示

重点内容

- 定点数的表示方法；
- 浮点数的表示方法；
- 文字信息的表示；
- 其他信息的表示。

在计算机中，信息用二进制数表示，因此我们必须考虑如何将各种信息转换成二进制数。对于数据信息，除了要将数值转换为二进制数表示外，还必须使用二进制数来表示小数点和符号，因此就产生了数据的定点数和浮点数表示法，以及数据的机器码（包括原码、补码等）表示形式。对于非数据信息，我们就需要考虑如何使用 0 和 1 对其进行编码的问题。

6.1 概　　述

直到在 16 世纪的某个时期，欧洲才采用了十进制数字（基数为 10）的计数体系（或称为数制）。而此前阿拉伯和印度已经使用十进制数近一千年了。今天，我们理所当然地认为，数字 243 代表的是 2 个 100 加上 4 个 10，再加上 3。虽然，0 表示什么都没有。但事实上，大家都知道 1 和 10 这两个数所代表的意义有着实质性的差别。

6.1.1 位置编码系统

位置编码系统（Position Numbering System）所包含的基本思想是，任意数字的值都可以通过表示成某个基数(或称为底，Radix)的乘幂形式。这种计数体系通常也称为权重编码系统(Weighted Numbering System)，因为数的每一个位置都是基数的幂次方。

位置编码系统中所使用的有效数字的数目等于系统的基数的大小。例如，在十进制体系中有 10 个数字 0～9，而在三进制体系（基数是 3）中的数字为 0、1、2。任何一种计数体系（数制）中的最大的合法数字均采用基数减 1。所以，在任何基（数）小于 9 的计数体系中，8 都是非法的数字。为了区别，不同的基采用下标的形式来表示，例如$(33)_{10}$，表示十进制 33（本书中没有下标的都假定为十进制数）。任意十进制数都可以严格地采用其他任意的整数基数制来表示。

【例 6-1】将 3 个十进制数表示为下列不同基数的幂指数形式。

解：$(243.51)_{10} = 2\times10^2+4\times10^1+3\times10^0+5\times10^{-1}+1\times10^{-2}$

$(23)_{10} = 2\times3^2+1\times3^1+2\times3^0 = (212)_3$

$(22)_{10} = 1\times2^4+0\times2^3+1\times2^2+1\times2^1+0\times2^0 =(10110)_2$

在计算机科学中，两个最重要的数制是二进制（基数为 2）和十六进制（基数为 16）。另外一个比较重要的数制是八进制（基数为 8）。二进制数只采用 0 和 1 两个数字，八进制计数体系采用 0～7 这 8 个数字，而十六进制计数体系除了 0～9 十个数字外，还使用 A、B、C、D、E 和 F 来表示数字 10～15。

6.1.2 数值在计算机中的表示

在选择计算机数值的表示方式时，应当全面考虑以下几个因素：

① 要表示数的类型，是要表示小数、整数、实数或复数，还是它们的某种组合。不同的数据类型所需要的表示方式是不同的。

② 可能遇到的数值范围。这将对计算机存储能力和处理能力提出相应的要求，一般来说，需要表示的数值范围越大，对存储和处理能力越高。

③ 数值精确度。数值精确度要求越高，则需要更多的二进制位来表示一个数值。这同样会受限于计算机的存储和处理能力。

④ 数据存储和处理所需要的硬件代价。这会对计算机的整体造价产生影响。

由于数据是存储在存储器中，而存储器只能存储二进制位串，因此，数据的计算机表示需要解决下面的问题：正负号的表示和小数点的表示。

计算机中常用的数据表示格式有两种，一是定点格式，二是浮点格式。一般来说，定点格式容许的数值范围有限，但要求的处理硬件比较简单；而浮点格式容许的数值范围很大，但要求的处理硬件比较复杂。定点指小数点的位置固定，为了处理方便，一般分为定点纯整数和纯小数。由于所需表示的数值取值范围相差悬殊，给存储和计算带来诸多不便，因此出现了浮点运算法。浮点表示法，即小数点的位置是浮动的。其思想来源于科学计数法。

总之，数值在计算机中的表示具有如下特点：

- 二进制表示。
- 数据的编码化。
- 正负号的数字化。
- 小数点位置的约定。
- 数据有模。

6.2 定点数的表示

所谓定点数，即约定机器中所有数据的小数点位置是固定不变的。由于约定在固定的位置，小数点就不再使用记号“.”来表示。从原理上讲，小数点位置固定在哪一位都可以，但是通常将数据表示成纯小数或纯整数。

在讨论数值编码中，经常要使用真值和机器数两个概念，下面给出解释：

- 真值：书写表示的数值，如+3、–5 等，这些数据由人识别。
- 机器数或机器码：数值在计算机中的编码表示，为二进制数串形式，供机器使用。

数值编码的内容就是在计算机中如何把真值映射为机器码。

6.2.1　原码表示法

在二进制数值系统中，可以仅用数字 0 和 1、负号和小数点表示任何一个数，但计算机存储和处理负号和小数点是不方便的。

很多情况需要正负数表示，仅使用无符号整数不能满足要求。为此，我们要使用几个其他约定。所有这些约定都涉及将字的最高位（最左位）作为符号位对待，若最左位是 0，则数是正的；若最左位是 1，则为负数。

采用一位符号位的最简单的表示法是原码表示法，又称为符号—幅值表示法。以一个 n 位数为例，最左位为符号位，其余 n–1 位为整数的幅值（绝对值）。例如：

$$+18 = 00010010$$

$$-18 = 10010010$$

一般情况下，对于定点整数，原码表示的定义是：

$$\begin{cases} x & (x \geqslant 0) \\ 2^n - x = 2^n + |x| & (x < 0) \end{cases}$$

对于定点小数：

$$\begin{cases} x & (x \geqslant 0) \\ 1 - x = 1 + |x| & (x < 0) \end{cases}$$

图 6-1 以 3 位定点整数原码为例，说明了原码和真值在数轴上的映射关系。3 位定点整数原码表示数的范围是-3～+3，其机器码为 000～111。

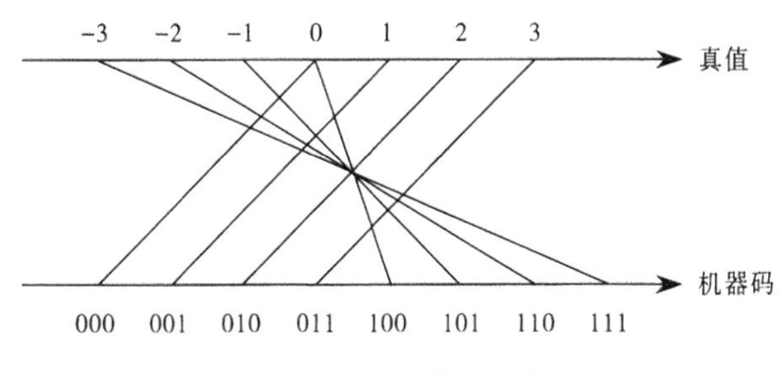

图 6-1　原码和真值之间的映射

根据原码的定义，其具有如下一些性质：

① 原码的最高位表示符号，0 为正，1 为负。

② 0 在原码表示中不唯一，有+0、–0 之分。

③ n 位原码总共有 2^n 种编码，共可表示 2^n–1 个数，因为 0 用了两个编码。

④ 负数的原码大于正数的原码。

⑤ 原码的实质是表示数值的绝对值，因此由真值转换为原码的方法是：将+写成 0，–写成 1，数值位不变。

原码表示法表示很直观，同时也便于实现乘、除法运算。但原码表示法有几个缺点，一个缺点是加减运算时既要考虑数的符号，又要考虑幅值，才能进行所要求的运算，处理较为复杂。另一缺点是，0 有两种表示：

$$+0 = 00000000$$

$$-0=10000000$$

这样很不方便，因为它比单一表示法增加了测试零（计算机经常完成的一种操作）的困难。因为这些缺点，原码表示法很少用于 ALU 中的整数表示，而更常用的方案是补码表示法。

6.2.2 补码表示法

补码表示法是计算机中应用最广泛的一种数据编码形式。与原码表示法类似的是，补码表示法也使用最高位作为符号位，从而很容易判断一个数是正还是负。其不同点在于其他位的解释方式。

在介绍补码之前，有必要先解释一下有模运算的概念。所谓有模运算是指在一定数值范围内进行的运算。例如，最常见的有模运算环境是钟表，因为钟表表盘上最大刻度是 12，任何运算结果都不会超过 12，超过 12 之后又成了 1。而我们常用的实数运算则属于无模运算。由于在计算机中采用有限的二进制位来表示数据，因此计算机中的所有运算都是有模运算。

在有模运算中，用模减一个数的结果称为该数的补数。对于有模运算来讲，减一个数等于加上该数对模的补数，补码就是按补数概念对数据进行编码的。即在补码表示法中，正数用本身来代表，而负数用其补数来代表。

对于定点整数，补码表示的定义是：

$$\begin{cases} x & (x \geqslant 0) \\ 2^{n+1}+x=2^{n+1}-|x| & (x<0) \end{cases}$$

对于定点小数，补码表示的定义是：

$$\begin{cases} x & (x \geqslant 0) \\ 2+x=2-|x| & (x<0) \end{cases}$$

下面给出一个补码的直观解释，我们以钟表对时为例说明补码的概念。假设现在的标准时间为 4 点整，而有一只表已经 7 点了，为了校准时间，可以采用两种方法：一是将时针退 7–4＝3 格；一是将时针向前拨 12–3＝9 格。这两种方法都能对准到 4 点，由此看出，减 3 和加 9 是等价的。就是说 9 是–3 对 12 的补码。

图 6–2 以 3 位定点整数补码为例，说明了补码和真值在数轴上的映射关系。3 位定点整数补码表示数的范围是–4～+3，其机器码为 000～111。

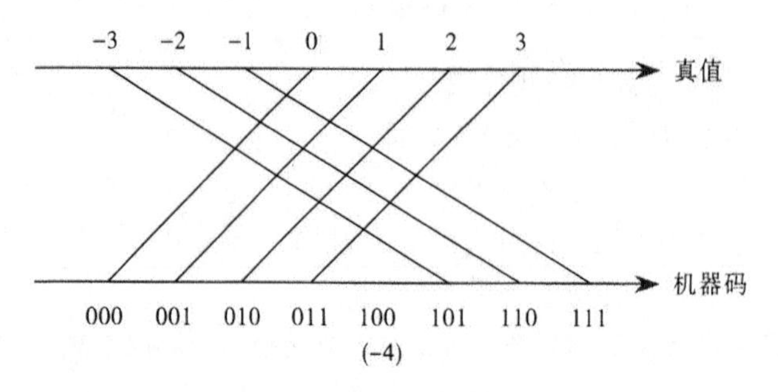

图 6–2 补码和真值之间的映射

根据补码定义，求负数的补码要减去|x|，这显然不方便。经常使用的求负数补码的方法是：符号位置 1，其余各位 0 变 1，1 变 0，然后在最末位上加 1；还有一个方法是从低位向高位找到第一个 1，这个 1 和右边各位的 0 保持不变，左边的各高位按位取反。

虽然补码表示法看似与人们的习惯有些别扭，但我们将会看到对于大多数重要的运算，加法和减法，它是极其方便的。正因为如此，几乎所有的处理器都是采用此法来表示整数。

下面总结一下补码的特性：

① 最高位表示符号，0 为正，1 为负。

② 0 的表示唯一，即编码为全 0 的情况。

③ 补码表示法比原码表示法多表示一个数据，即最小的负数。图 6-2 中的-4（100）就是一个实例。

④ 负数补码值大于正数补码值。

⑤ 补码算术右移时，要将符号位复制。

⑥ 补码算术左移时，末位补 0 即可。

⑦ 定点整数补码位数扩展时，要将符号位向左复制；定点小数补码进行位数扩展时，只需要在原机器码后补 0 即可。

【例 6-2】将十进制数 x（−127、−1、0、+1、+127）表示成二进制数及原码、补码值（使用 8 位二进制数）。

解：如表 6-1 所示。

表 6-1 例 6-2 表

十 进 制	二 进 制	原 码	补 码
−127	−01111111	11111111	10000001
−1	−00000001	10000001	11111111
0	00000000	10000000 00000000	00000000
+1	+00000001	00000001	00000001
+127	+01111111	01111111	01111111

6.3 浮点数的表示

使用定点表示法能表示以 0 为中心的一定范围的正、负的整数。通过重新假定小数点的位置，这种格式也能用来表示带有分数的数。但这种方法受到很大制约，它不能表示很大的整数，也不能表示很小的分数，即表示数的范围有限，这就引出了浮点数的表示方法。

6.3.1 原理

对于十进制数，人们解除这种制约的方法是使用科学计数法（Scientific Notation）。976 000 000 000 000 可表示成 9.76×10^{14}，而 0.000 000 000 000 0976 可表示成 9.76×10^{-14}。实际上我们所做的只是动态地移动十进制小数点到一个约定位置，并使用 10 的指数来保持对此小数点的跟踪。这就允许只使用少数几个数字来表示很大范围的数。

这样的方法也能用于二进制数。我们能以如下形式表示一个数：

$$\pm S\times B^{\pm E}$$

这样的数存储在一个二进制字的 3 个字段中：

- 符号：正或负。
- 有效数 S（Significant）。
- 指数 E（Exponent）。

基值 B 是隐含的并且不需存储，因为对所有数它都是相同的。

下面通过一个例子来解释一下为什么浮点表示法可扩大数表示的范围。

假设机器中的数由 8 位二进制数表示（包括符号位），在定点机中这 8 位全部用来表示有效数字（包括符号）；在浮点机中若阶符阶码占 3 位，数符尾数占 5 位。在此情况下，若只考虑正数值，定点机小数表示的数的范围是 0.0000000～0.1111111，相当于十进制数的 0～127/128，而浮点机所能表示的数的范围是 $2^{-3}\times 0.0001$～$2^{3}\times 0.1111$，相当于十进制数的 1/128～7.5。显然，都用 8 位，浮点机能表示的数的范围比定点机大得多。

但两种表示法所能表示数据的个数是一样的，都是 256 个。

图 6-3 表示了一个典型的 32 位浮点格式。最左位保存数的符号（0=正，1=负）。指数值存于位 1～位 8。所用的表示法称为偏移表示法。一个称为偏移的固定值，从字段中减去，才得到真正的指数。字的最后一部分是有效数，或称为尾数（Mantissa）。此例的基值被认为是 2。

图 6-3　典型的 32 位浮点格式

若不对浮点数的表示做出明确规定，同一个浮点数的表示就不是唯一的。例如 0.5 可以表示成 0.05×10^{1} 或 50×10^{-2} 等。为了提高数据的表示精度，当尾数的值不为 0 时，其绝对值应≥0.5，即后数域的最高有效位应为 1，否则要以修改阶码同时左右移小数点的办法，使其变成这一要求的表示形式，这称为浮点数的规格化（Normalized）表示。

当一个浮点数的尾数为 0，不论其阶码为何值，或者当阶码的值遇到比它能表示的最小值还小时，不管其尾数为何值，计算机都把该浮点数看成零值，称为机器零。

【例 6-3】假设由 S、E、M 三个域组成的一个 32 位二进制字所表示的非规格化浮点数 x，其真值表示为：

$$x=(-1)^{S}\times(1.M)\times 2^{E-128}$$

问：它所表示的规格化的最大正数、最小正数、最大负数、最小负数是什么？

解：

最大正数：

0	111 1111 1	111 1111 1111 1111 1111 1111

$$x=[1+(1-2^{-23})]\times 2^{127}$$

最小正数：

0	000 0000 0	000 0000 0000 0000 0000 0000

$$x=1.0\times 2^{-128}$$

最小负数：

1	111 1111 1	111 1111 1111 1111 1111 1111

$$x=-[1+(1-2^{-23})]\times 2^{127}$$

最大负数：

1	000 0000 0	000 0000 0000 0000 0000 0000

$x=-1.0\times 2^{-128}$

6.3.2　二进制浮点表示的 IEEE 标准

最重要的浮点表示法定义在 IEEE 754 标准中[IEEE85]。开发这个标准是为了便于程序从一类处理器移植到另一类处理器上，也为了促进研究更为复杂的数值运算程序。这个标准获得广泛的认可，并已用于当代所有各类处理器和算术协处理器中。

IEEE 标准定义了 32 位的单精度和 64 位的双精度两种浮点数格式，如图 6-4 所示。它们的指数字段分别是 8 位和 11 位，隐含的基值是 2。另外，标准还定义单、双两种扩展格式，但它们的精确格式是实现相关的。扩展格式包括扩展范围（在指数字段有更多的位）和扩展精度（在有效数字段有更多的位）。扩展格式经常将用于表示运算的中间结果，扩展精度的扩展格式可减少最终结果的误差；扩展范围的扩展格式可使计算过程中上溢的机会减少。另外一方面，对于单精度浮点数的扩展格式而言，可使它能呈现双精度格式的某些优点，而又不会导致计算时间过长。一般而言，通常是精度越高，时耗越长。表 6-2 总结了 4 种格式的特征。

0	1　　　8	9　　　31
符号位 S	偏移阶码 E	尾数 M

0	1　　　11	12　　　63
符号位 S	偏移阶码 E	尾数 M

图 6-4　IEEE 754 格式

表 6-2　IEEE 754 格式参数

参　　数	单 精 度	单精度扩展	双 精 度	双精度扩展
字宽（位数）	32	≥43	64	≥79
指数宽（位数）	8	≥11	11	≥15
指数偏移	127	未指定	1023	未指定
最大指数	127	≥1023	1023	≥16383
最小指数	−126	≤−1022	−1022	≤−16382
数的范围（基值 10）	$10^{-38}\sim10^{+38}$	未指定	$10^{-308}\sim10^{+308}$	未指定
有效数宽（位数）	23	≥31	52	≥63
指数数目	254	未指定	2046	未指定
分数数目	2^{23}	未指定	2^{53}	未指定
值的数目	1.98×2^{31}	未指定	1.99×2^{63}	未指定

以 32 位单精度浮点数为例，其偏移值为 127，尾数有一位隐藏位，一个规格化的 32 位浮点数 x 的值可表示为：

$$x=(-1)^S\times(1.M)\times2^{E-127}$$

需要注意的是，不是 IEEE 格式的所有位样式都以通常方式解释，某些位样式用来表示特殊值。全 0（0）和全 1（单精度是 255，双精度是 2047）这种极端指数值定义特殊值。数的分类如下：

① 对于指数值范围在1～254（单精度）和1～2046（双精度），表示了一个规格化的非零浮点数。指数是偏移的，故真正指数范围是-126～+127（单精度）和-1022～+1023（双精度）。一个规格化的数要求二进制小数点左边有一个1，这位是隐藏的，给出24位或53位有效位的有效数（标准中称为分数）。

② 0指数与0分数一起表示正零或负零，取决于它的符号位。正如我们曾提到的，有严格的0值表示式是有益的。

③ 全1指数与0分数一起表示正无穷大或负无穷大，取决于它的符号位。能有无穷大表示形式也是有用的。把上溢看成一个错误条件而停止程序执行，还是把它看成是一个∞值带入程序并继续处理，这样的裁决权留给用户。

④ 0指数与非0分数一起表示一个反规格化（Denormalized）数。这种情况下，二进制小数点左边的隐藏位是0并且真指数是-126或-1022。数的正负取决于它的符号位。

⑤ 全1指数与非0分数一起给出NaN值，它意味着不是一个数（Not a Number）。非数（NaN）用来通知各种例外情况。

6.4 文字信息的表示

现代计算机不仅处理数值领域的问题，而且处理大量非数值领域的问题，非数值信息没有数值大小的概念。这样一来，必然要引入文字、字母以及某些专用符号，以便表示文字语言、逻辑语言等信息。例如人机交换信息时使用英文字母、标点符号、十进制数以及诸如$、%、+等符号。然而数字计算机只能处理二进制数据，因此，上述信息应用到计算机中时，都必须编写成二进制格式的代码，也就是字符信息用数据表示，称为符号数据。

6.4.1 字符与字符串的表示

目前国际上普遍采用的一种字符系统是7单位的ASCII码（美国国家信息交换标准字符码），它包括10个十进制数码，26个英文字母和一定数量的专用符号，如$、%、+、=等，总共128个元素，因此二进制编码需要7位，加上一个偶校验位，共8位，刚好为一个字节。表6-3列出了7单位的ASCII码字符编码表。

ASCII码规定8个二进制位的最高一位为0，余下的7位可以给出128个编码，表示128个不同的字符。其中95个编码，对应着计算机终端能输入并且可以显示的95个字符．打印机设备也能打印这95个字符，如大小写各26个英文字母，0～9这10个数字符，通用的运算符和标点符号+、—、*、\、>、=、<等。

另外的33个字符，其编码值为0～31和127，则不对应任何一个可以显示或打印的实际字符，它们被用做控制码，控制计算机某些外围设备的工作特性和某些计算机软件的运行情况。

ASCII编码和128个字符的对应关系如表6-3所示。可以看出，十进制的8421码可以去掉位654而得到。

字符串是指连续的一串字符，通常方式下，它们占用主存中连续的多个字节，每个字节存一个字符。当主存字由2个或4个字节组成时，在同一个主存字中，既可按从低位字节向高位字节的顺序存放字符串内容，也可按从高位字节向低位字节的次序存放字符串内容。这两种存放方式都是常用方式，不同的计算机可以选用其中任何一种。

表 6-3　ASCII（美国标准信息交换码）字符编码表

位 654→ ↓3210	000	001	010	011	100	101	110	111
0000	NUL	DLE	SP	0	@	P		p
0001	SOH	DC1	!	1	A	Q	a	q
0010	STX	DC2	"	2	B	R	b	r
0011	ETX	DC3	#	3	C	S	c	s
0100	EOT	DC4	$	4	D	T	d	t
0101	ENQ	NAK	%	5	E	U	e	u
0110	ACK	SYN	&	6	F	V	f	v
0111	DEL	ETB	'	7	G	W	g	w
1000	BS	CAN	(	8	H	X	h	x
1001	HT	EM	)	9	I	Y	i	y
1010	LF	SUB	*	:	J	Z	j	z
1011	VT	ESC	+	;	K	[	k	{
1100	FF	FS	,	<	L	\	l	|
1101	CR	GS	-	=	M	]	m	}
1110	SO	RS	.	>	N	^	n	~
1111	SI	US	/	?	O	_	o	DEL

6.4.2　汉字的表示

1．汉字的输入编码

为了能直接使用西文标准键盘把汉字输入到计算机，就必须为汉字设计相应的输入编码方法。当前采用的方法主要有以下 3 类：

① 数字编码：常用的是国标区位码，用数字串代表一个汉字输入。区位码是将国家标准局公布的 6763 个两级汉字分为 94 个区，每个区分 94 位，实际上把汉字表示成二维数组，每个汉字在数组中的下标就是区位码。区码和位码各两位十进制数字，因此输入一个汉字需按键 4 次。例如“中”字位于第 54 区 48 位，区位码为 5448。

数字编码输入的优点是无重码，且输入码与内部编码的转换比较方便，缺点是代码难以记忆。

② 拼音码：拼音码是以汉语拼音为基础的输入方法。凡掌握汉语拼音的人，不需训练和记忆，即可使用。但汉字同音字太多，输入重码率很高，因此按拼音输入后还必须进行同音字选择，影响了输入速度。

③ 字形编码：字形编码是用汉字的形状来进行的编码。汉字总数虽多，但是由笔画组成，全部汉字的组成和笔画是有限的。因此，把汉字的笔画用字母或数字进行编码，按笔画的顺序依次输入，就能表示一个汉字。例如五笔字型编码是最有影响的一种字形编码方法。

除了上述 3 种编码方法之外，为了加快输入速度，在上述方法基础上，发展了词组输入、联想输入等多种快速输入方法。但是都利用了键盘进行“手动”输入。理想的输入方式是利用语音或图像识别技术“自动”将拼音或文本输入到计算机内，使计算机能认识汉字，听懂汉语，并将其自动转换为机内代码表示。目前这种理想已经成为现实。

2．汉字内码

汉字内码是用于汉字信息的存储、交换、检索等操作的机内代码，一般采用两个字节表示。英文字符的机内代码是 7 位的 ASCII 码，当用一个字节表示时，最高位为 0。为了与英文字符能相互区别，汉字机内代码中两个字节的最高位均规定为 1。例如汉字操作系统 CCDOS 中使用的汉字内码是一种最高位为 1 的两字节内码。

有些系统中字节的最高位用于奇偶校验位，这种情况下用 3 个字节表示汉字内码。

3．汉字字模码

字模码是用点阵表示的汉字字形代码，它是汉字的输出形式。

根据汉字输出的要求不同，点阵的多少也不同。简易型汉字为 16×16 点阵，提高型汉字为 24×24 点阵、32×32 点阵，甚至更高。因此字模点阵的信息量是很大的，所占存储空间也很大。以 16×16 点阵为例，每个汉字要占用 32B，国标两级汉字要占用 256KB 因此字模点阵只能用来构成汉字库，而不能用于机内存储。字库中存储了每个汉字的点阵代码。当显示输出或打印输出时才检索字库，输出字模点阵，得到字形。

注意，汉字的输入编码、汉字内码、字模码是计算机中用于输入、内部处理、输出 3 种不同用途的编码。

6.5 其他信息的表示

计算机处理的信息还包括语音、图像和图形等信息，这些信息在计算机中也必须用二进制的形式表示和处理，它们的表示在本质上同样是对信息进行二进制的编码表示问题。

6.5.1 语音的计算机表示

一般讲，语言具备文字和语音两种属性，常用的文字信息的计算机表示方法已经介绍了，而语音是人发出的一系列气流脉冲激励声带而产生不同频率振动的结果，是一种模拟信号，它是以连续波的形式传播的，不能直接进入计算机存储，语音的计算机表示要经过以下的步骤：

① 对声音进行采样。一般由麦克风、录音机等录音设备把语音信号变成频率、幅度连续变化的电流信号。它仍是一种模拟信号，不能被计算机接受，需要通过采样器每隔固定时间间隔对声音的模拟信号截取一个幅值，这个过程称为采样。采样结果得到与声音信号幅值相对应的一组离散数据值，它们包含了声音的频率、幅值等特征。

② 量化。用专门的模/数转换电路将每一个离散值换成一个 n 位二进制表示的数字量，这是计算机能接受的数据形式，进一步编码后，就可以以声音文件送入计算机，存储在硬盘上。当计算机播放语音信息时，把声音文件中的数字信号还原成模拟信号，通过音响设备输出。

6.5.2 位图图像的计算机表示

凡人类视觉系统所感知到的信息形式或人们心目中的有形想象统称为图像。例如一张彩色图片、一页书，甚至影像视频最终也是以图像形式存在。图像信息的处理是多媒体应用技术中十分重要的组成部分，亦是当前热门研究课题。在计算机技术中对图像有不同的表示、处理和显示方法，其中基本的形式是位图图像和图形，它们也是构成活动图像的基础。本小节只介绍位图图像。

由于计算机只能处理数字数据，所以把视觉形象转换为由点阵构成的用二进制表示的数字化图像，转化过程包含两个步骤：

① 抽样。将图像在二维空间上的画面分布到矩形点阵的网状结构中，阵列中的每一个点称为像素点，分别对应图像在阵列位置上的一个点，对每个点进行抽样，得到每个点的灰度值（亦称量度值）。显然，阵列中有图像信息的点与无图像信息处的点灰度值不同，即或是有图像信息的各点，因为色彩、明亮层次不同其灰度值也不同。如果每个像素点的灰度值只取 0、1 两个值，图像点阵只有黑白两种情况，称二值图像，如果允许像素点的灰度值越多，图像能表现的层次、色彩就越丰富，图像在计算机上的再现性能就越好。

② 量化。把灰度值转换成 n 位二进制表示的数值称为量化。

一幅视觉图像经过抽样与量化后，转化为由一个个离散点的二进制数组成的数字图像，这个图像称为位图图像，在实际中，图像的采集要用特殊的数字化设备，比如扫描仪，它对已有照片、图片进行扫描，扫入的图像经过上述两个步骤变成位图图像，就可以直接放入计算机存储起来了。

6.5.3　图形的计算机表示

印刷线路布置图往往会包含矩形、三角形、直线、螺旋线等形状，它完全可以用一个个离散点的二进制值表示成位图图像，但是对这类图像，计算机常使用另一种处理方法：图像采集设备输入图像后对图像依据某种标准进行分析、分解，提取出具有一定意义的独立的信息单位——图元，例如一段直线、一条曲线、一个矩形、一个圆、一个电路符号等，并设计一系列指令，用指令描述一个个的图元及各图元之间的联系，于是一幅原始图像以一组有序的指令形式存入计算机。当计算机要显示一幅存储的图像时，只需读取指令、逐条解释、执行指令，就将指令描述的图元重新组合成图像输出。因为图像不是直接用画面的每一个像素点来描述，而是用图元序列描述，图像的这种表示方式称为图形，或称矢量图形。

图形是一种抽象化的图像。图形输出显示后与位图图像是一样的，但位图图像的基本元素是像素点。计算机存储的是每个像素点的量化值，占用存储空间大。图形的基本元素是图元，使用图形指令描述图元，实际上图形指令只需要知道图元的几何特征，一般能经过数学公式计算得出图元。比如一个圆，只要知道半径和圆心，执行圆的图形指令时调用相应函数就能画出圆的图形。因为画图时计算机存储的是图形指令，所以占用存储空间比位图图像小许多，但是，图形显示时要经过数学计算，占用的时间比位图图像时间要长。

6.6　校　验　码

信号在物理信道上的传输过程中，由于线路本身电气特性产生的随机噪声（又称热噪声），会引起信号幅度、频率和相位的衰减或畸变，电信号在线路上反射造成的回音效应，相邻线路间的串扰以及各种外界因素（如闪电、开关跳闸、强电磁场变化等）会造成信号失真，从而出现数据传输错误。计算机系统必须能发现（检测）这种差错，并且能采取措施纠正它，这种用于对差错进行检测与校正的技术叫差错控制。差错控制中最常用的技术就是利用差错控制编码。数据信息在向信道上发送之前，先按照某种关系附加上一定的冗余位，构成传输码然后在信道上发送。接收端收到传输码元后，检查信息位和冗余位之间的关系，就可以发现传输过程中是否有差错发生。差错控制编码又可分为检错码（Error-Detecting Code）和纠错码（Error-Correcting Code）。

6.6.1 奇偶校验码

奇偶校验码是通过增加冗余位来使码字中 1 的个数保持为奇数或偶数的编码方法，是一种检错码。在实际使用时又可分为垂直奇偶校验、水平奇偶校验和水平垂直奇偶校验等几种。

（1）垂直奇偶校验

垂直奇偶校验又称纵向奇偶校验，它是将要发送的整个信息块分为定长 p 位的若干段（比如说 q 段），每段后面按 1 的个数为奇数或偶数的规律加上一位奇偶位，如图 6-5 所示。

发送顺序 ↑				
I_{11}	I_{12}	$\cdots$	I_{1q}	信息位
I_{21}	I_{22}	$\cdots$	I_{2q}	
$\cdots$	$\cdots$	$\cdots$	$\cdots$	
I_{p1}	I_{p2}	$\cdots$	I_{pq}	
r_1	r_2	$\cdots$	r_q	冗余位

图 6-5 垂直奇偶校验

图中 pq 位信息位按列每 p 位分成一段($I_{11}, I_{21}, \cdots, I_{p1}, I_{12}, I_{22}, \cdots, I_{p2}, \cdots, I_{1q}, I_{2q}, \cdots, I_{pq}$)，共 q 段，每段加上 1 位奇偶校验冗余位，即图中的 r_i ($i=1,2,\cdots,q$)。

编码规则为：

若用偶校验，则　　$r_i=I_{1i} \oplus I_{2i} \oplus \cdots \oplus I_{pi}\ (i=1,2,\cdots,q)$

若用奇校验，则　　$r_i=I_{1i} \oplus I_{2i} \oplus \cdots \oplus I_{pi} \oplus 1\ (i=1,2,\cdots,q)$

图中箭头给出了串行发送的顺序，即逐位先后次序为($I_{11}, I_{21}, \cdots, I_{p1}, r_1, I_{12}, I_{22}, \cdots, I_{p2}, r_2, \cdots, I_{1q}, I_{2q}, \cdots, I_{pq}, r_q$)。在编码和校验过程中，用硬件方法或软件方法很容易实现上述连续串加运算，而且可以边发送边产生冗余位；同样，在接收端也可边接收边进行校验后去掉校验位。

垂直奇偶校验方法的编码效率为 $R=p/(p+1)$。垂直奇偶校验能检测出每一列中的奇数位错。对于突发错误来说，奇数位错与偶数位错的发生概率相等，因为对差错的漏检率接近 1/2。

（2）水平奇偶校验

为了降低对突发错误的漏检率，可以采用水平奇偶校验方法。水平奇偶校验又称横向奇偶校验，它是对每个信息段的相应位进行横向编码，产生一个奇偶校验冗余位，如图 6-6 所示，编码规则为：

偶校验：$r_i=I_{i1} \oplus I_{i2} \oplus \cdots \oplus I_{iq}\ (i=1,2,\cdots,p)$

奇校验：$r_i=I_{i1} \oplus I_{i2} \oplus \cdots \oplus I_{iq} \oplus 1\ (i=1,2,\cdots,p)$

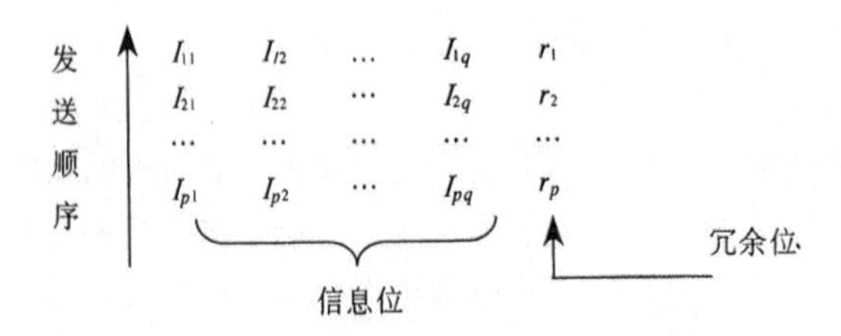

图 6-6 水平奇偶校验

（3）水平垂直奇偶校验

同时进行水平奇偶校验和垂直奇偶校验就构成水平垂直奇偶校验，又称纵横奇偶校验，如图 6-7 所示。若水平垂直都采用偶校验，则：

$r_{i,q+1}=I_{i1} \oplus I_{i2} \oplus \cdots \oplus I_{iq} \quad (i=1,2,\cdots,p)$

$r_{p+1,j}=I_{1j} \oplus I_{2j} \oplus \cdots \oplus I_{pj} \quad (j=1,2,\cdots,q)$

$r_{p+1,q+1}=I_{p+1,1} \oplus I_{p+2,2} \oplus \cdots \oplus I_{p+1,q}=I_{1,q+1} \oplus I_{2,q+2} \oplus \cdots \oplus I_{p,q+1}$

可见，水平垂直奇偶校验的编码效率为 $R=pq/[(p+1)(q+1)]$。

发送顺序 ↑				
I_{11}	I_{12}	…	I_{1q}	$r_{1,q+1}$
I_{21}	I_{22}	…	I_{2q}	$r_{2,q+1}$
…	…	…	…	…
I_{p1}	I_{p2}	…	I_{pq}	$r_{p,q+1}$
$r_{p+1,1}$	$r_{p+1,2}$	…	$r_{p+1,q}$	$r_{p+1,q+1}$

图 6-7　水平垂直奇偶校验

水平垂直奇偶校验能检测出 3 位或 3 位以下的错误（因为此时至少在某一行或列上有一位错）、奇数位错、突发长度 $\leqslant p+1$ 的突发错以及很大一部分偶数位错。测量表明，这种方法的编码可使误码率降至原误码率的百分之一到万分之一。

水平垂直奇偶校验不仅可以检错，还可以用来纠正部分差错。例如数据块中仅存在 1 位错误时，便能确定错误的位置，从而可以纠正它。

6.6.2　循环冗余码

以奇偶校验码为代表的简单差错控制编码，虽然简单，但漏检率太高。在计算机网络和数据通信中应用最为广泛的检错码是一种漏检率低且便于实现的循环冗余码（Cyclic Redundancy Code，CRC），CRC 也称多项式码。这是因为任何一个由二进制数位串组成的代码，都可以唯一的与一个只含有 0 和 1 两个系数的多项式建立一一对应关系。例如，代码 1010111 对应的多项式为 $X^6+X^4+X^2+X+1$，同样多项式 $X^5+X^3+X^2+X+1$ 对应的代码为 101111。

CRC 码在发送端编码和接收端校验时，都可以利用事先约定的生成多项式 $G(X)$来得到。k 位要发送的信息位可对应于一个$(k-1)$次多项式 $K(X)$，r 位冗余位对应于一个$(r-1)$次多项式 $R(X)$。由 k 位信息位后再加上 r 位冗余位组成的 $n=k+r$ 位码字则对应于一个$(n-1)$次多项式 $T(X)=X^r \times K(X)+R(X)$。例如：

信息位 1010001 对应为：$K(X)=X^6+X^4+1$。

冗余位 1101 对应为：$R(X)=X^3+X^2+1$。

码字 10100011101 对应为：$T(X)=X^4 \times K(X)+R(X)=X^{10}+X^8+X^4+X^3+X^2+1$。

由信息位产生冗余位的编码过程，就是已知 $K(X)$求 $R(X)$的过程，在 CRC 码中，可以通过找到一个特定的 r 次多项式 $G(X)$(最高项 X^r 的系数为 1)来实现。用 $G(X)$去除 $X^r \times K(X)$得到的余式就是 $R(X)$。这里需要特别强调的是，这些多项式中的“+”都是模 2 加（即异或运算）。此外这里的除法过程中用到的减法也是模 2 减法，它和模 2 加一样也是异或运算，即不考虑借位的减法。

在进行多项式除法时，只要部分余数的首位为 1 便可上商 1，否则上商 0。此后按模 2 减法求得余数，此余数即为冗余位，将其添加在信息位后便构成 CRC 码字。仍以上例中的 $K(X)=X^6+X^4+1$ 为例（即信息位为 1010001），若取 $r=4$，$G(X)=X^4+X^2+X+1$，则 $X^4 \times K(X)=X^{10}+X^8+X^4$（对应的代码为 10100010000），其由模 2 除法求余式 $R(X)$的过程所示如下：

```
              1 0 0 1 1 1 1
1 0 1 1 1 ╱ 1 0 1 0 0 0 1 0 0 0 0
            1 0 1 1 1
            ─────────────
                  1 1 0 1 0
                  1 0 1 1 1
                  ─────────────
                    1 1 0 1 0
                    1 0 1 1 1
                    ─────────────
                      1 1 0 1 0
                      1 0 1 1 1
                      ─────────────
                        1 1 0 1 0
                        1 0 1 1 1
                        ─────────────
                          1 1 0 1
```

这里最后的余数 1101 就是冗余位，而 $R(X)=X^3+X^2+1$。

由于 $R(X)$是 $G(X)$除 $X^r\times K(X)$的余式，那么必然有：

$$X^r K(X)=G(X)\times Q(X)+R(X)$$

其中 $Q(X)$为商式。根据模 2 运算规则 $R(X)+R(X)=0$ 的特点，可将上式改记为：

$$[X^r\times K(X)+R(X)]/G(X)=Q(X)$$

即 $T(X)/G(X)=Q(X)$。

由此可见，信道上发送的码字多项式 $T(X)=X^r\times K(X)+R(X)$，若传输过程无差错，则接收方收到的码字多项式应能被 $G(X)$整除。这是因为

$$T(X)=X^r\times K(X)+R(X)=G(X)\times Q(X)+R(X)+R(X)=G(X)\times Q(X)$$

如果传输中有差错，比如要传输码字 10100011101，由于噪声干扰，在接收端变成了 10100011011，这相当于在码字上面串加了差错模式 00000000110。差错模式中 1 的位置对应于变化了的信息位的位置。差错模式对应的多项式记为 $E(X)$，如上例 $E(X)=X^2+X$。有差错时接收端收到的不再是 $T(X)$，而是 $T(X)$与 $E(X)$的模 2 加，即：

$$[T(X)+E(X)]/G(X)=T(X)/G(X)+E(X)/G(X)$$

由此可见，若 $E(X)/G(X)$不等于 0，则这种差错就能检测出来；否则 $E(X)/G(X)=0$，由于码字多项式仍能被 $G(X)$整除，就发生漏检。

按上述方法产生的循环码有如下性质。

【性质 1】若 $G(X)$含有 $x+1$ 的因子，则能检测出所有奇数错。

证明：用反证法，由已知条件 $G(X)=(X+1)G'(X)$。

若 $E(X)/G(X)=0$，则 $E(X)=G(X)\times Q(X)=(X+1)G'(X)\times Q(X)$。

这里 $E(X)$是奇数位错的差错模式多项式，必含有奇数个项。由于奇数个 1 模 2 加仍为 1，所以 $E(1)=1$。

另一方面，用 1 代入上式有：

$$E(1)=(1+1)G'(1)\times Q(1)=0\times G'(1)\times Q(1)=0$$

推出矛盾。所以 $E(X)/G(X)\neq 0$，即此种差错是可以检测出来。

【性质 2】若 $G(X)$中不含有 x 的因子，或者换句话讲，$G(X)$中含有常数项 1，那么能检测出所有突发长度≤r的突发错。

证明：对于这种差错：

$$E(X)=X^i+\cdots+X^j=X^j(X^{i-j}+\cdots+1)$$

其中 $i-j\leqslant r-1$。由于 $G(X)$是 r 次多项式（最高项系数为 1），且不含 x 的因子，那么肯定不能整除小于 r 次的多项式 $X^{i-j}+\cdots+1$，也不能整除 $E(X)$。即 $E(X)/G(X)\neq 0$，或者说此种差错是可检测的。

【性质 3】若 $G(X)$中不含有 x 的因子，而且对任何 $0<e\leqslant n-1$ 的 e，除不尽 X^e+1，则能检测出所有的双错。

证明：双错模式对应的差错多项式为：

$$E(X)=X^i+X^j=X^j(X^{i-j}+1)$$

这里 $0<i\leqslant n-1$，由已知条件可见 $E(X)/G(X)\neq 0$。证毕。

若定义一个多项式 $G(X)$的周期 e 为使 $G(X)$能除尽公式的最小正整数，那么此性质的条件可改述为 $G(X)$中不含有 x 的因子，而且周期 $e\geqslant n$。

【性质 4】若 $G(X)$中不含有 x 的因子，则对突发长度为 $r+1$ 的突发错误的漏检率为 $2^{-(r-1)}$。

证明：突发长度为 $r+1$ 的突发错误对应的差错多项式为：

$$E(X)=X^i+\cdots+X^j=X^j(X^{i-j}+\cdots+1)=X^j(X^r+\cdots+1)$$

这里 $X^r+\cdots+1$ 是 r 次多项式，$G(X)$也是 r 次多项式，能除尽它的唯一可能是 $X^r+\cdots+1$ 就等于 $G(X)$。只有在这种情况下，$E(X)/G(X)$余式等于 0，差错检测不出，多项式 $X^r+\cdots+1$ 中间有 $r-1$ 项，每项系数都可以是 0 或者 1，即有 $2^{(r-1)}$种不同的突发长度为 $r+1$ 的突发错误，检测不出的只有一种，故漏检率为 $1/2^{(r-1)}=2^{-(r-1)}$。

【性质 5】若 $G(X)$中不含有 x 的因子，则对突发长度 b 大于 $r+1$ 的突发错误的漏检率为 2^{-r}。

综合这些性质可知：若适当选取 $G(X)$，使其含有$(x+1)$因子，常数项不为 0，且周期大于 n，那么，由此 $G(X)$作为生成多项式产生的 CRC 码可检测出所有的双错、奇数位错和突发长度小于等于 r 的突发错以及$(1-2^{-(r-1)})$的突发长度为 $r+1$ 的突发错和$(1-2^{-r})$的突发长度大于 $r+1$ 的突发错误。例如，若取 $r=16$，则能检测出所有双错、奇数位错、突发长度小于等于 16 的突发错以及 99.997%的突发长度为 17 的突发错误和 99.998%的突发长度大于等于 18 的突发错。

人们已经找到了许多周期足够大的标准生成多项式。例如：

$$\text{CRC-12}=X^{12}+X^{11}+X^3+X^2+X^1+1$$

$$\text{CRC-16}=X^{16}+X^{15}+X^2+1$$

$$\text{CRC-CCITT}=X^{16}+X^{12}+X^5+1$$

CRC 可以用硬件或软件很容易的实现。

6.6.3 海明码

海明码是由 R.Hamming 在 1950 年首次提出的，它是一种可以纠正一位差错的编码。

可以借用简单奇偶校验码的生成原理来说明海明码的构造方法。若 $k(=n-1)$位信息 $a_{n-1}a_{n-2}\cdots a_1$ 加上一位偶校验位 a_0，构成一个 n 位的码字 $a_{n-1}a_{n-2}\cdots a_1a_0$，则在接收端检验时，可按关系式 $S=a_{n-1}+a_{n-2}+\cdots+a_1+a_0$来计算。若求得 $S=0$，则表示无错；若 $S=1$，则有错。上式可称为监督关系式，S称为校正因子。

在奇偶校验情况下，只有一个监督关系式和一个校正因子，其取值只有 0 和 1 两种情况，分别代表无错和有错两种结果，还不能指出差错所在地位置。不难设想，若增加冗余位，也即相应的增加了监督关系式和校正因子，就能区分更多的情况。如果有两个校正因子 S_1 和 S_0，则 S_1S_0 取值就有 00、01、10 或 11 共 4 种可能的组合，也即能区分 4 种不同的情况。若其中一种取值用于表示无错（如 00），则另外 3 种（01、10、11）便可以用来指出不同情况的差错，从而可以进一步区分是哪一位错。

设信息位为 k 位，增加 r 位冗余位，构成一个 $n=k+r$ 位的码字。若希望用 r 个监督关系式产生的 r 个校正因子来区分出错和在码字中的几个不同位置的一位错，则要求满足以下关系式：

$$2^r \geqslant n+1 \text{ 或 } 2^r \geqslant k+r+1$$

以 $k=4$ 为例来说明，则要求满足上述不等式，必须 $r \geqslant 3$。假设取 $r=3$，则 $n=k+r=7$，则在 4 位信息位 $a_6a_5a_4a_3$ 后面加上 3 位冗余位 $a_2a_1a_0$，构成 7 位码字 $a_6a_5a_4a_3a_2a_1a_0$，其中 a_2、a_1 和 a_0 分别由 4 位信息位中的某几位串加得到，在校验时，a_2、a_1 和 a_0 就分别和这些位串加构成 3 个不同的监督关系式。在不出错时，这 3 个关系式的值 S_2、S_1 和 S_0 全为“0”。若 a_2 错，则 $S_2=1$，则 $S_1=S_0=0$；若 a_1 错，则 $S_1=1$，而 $S_2=S_0=0$；若 a_0 错，则 $S_0=1$，而 $S_2=S_2=0$。S_2、S_1 和 S_0 的其他 4 种编码值可用来区分 a_3，a_4，a_5，a_6 中的一位错，其对应关系如表 6-4 所示。

表 6-4　错码位置说明

$S_2S_1S_0$	000	001	010	100	011	101	110	111
错码位置	无错	a_0	a_1	a_2	a_3	a_4	a_5	a_6

由表可见，a_2、a_4、a_5 或 a_6 的一位错都应使 $S_2=1$，由此可知关系监督式：

$$S_2=a_2 \oplus a_4 \oplus a_5 \oplus a_6$$

同理可得：

$$S_1=a_1 \oplus a_3 \oplus a_5 \oplus a_6$$
$$S_0=a_0 \oplus a_3 \oplus a_4 \oplus a_6$$

在发送端编码时，信息位 a_3、a_4、a_5、a_6 的取值取决于输入信号，它们在具体的应用中有确定的值。冗余位 a_2、a_1 和 a_0 的值按监督关系式来确定，使上述 3 式中的 S_2、S_1 和 S_0 取值为 0，即：

$$a_2 \oplus a_4 \oplus a_5 \oplus a_6=0$$
$$a_1 \oplus a_3 \oplus a_5 \oplus a_6=0$$
$$a_0 \oplus a_3 \oplus a_4 \oplus a_6=0$$

由此可求得：

$$a_2=a_4 \oplus a_5 \oplus a_6$$
$$a_1= a_3 \oplus a_5 \oplus a_6$$
$$a_0=a_3 \oplus a_4 \oplus a_6$$

已知信息位后按上述 3 式即可算出各冗余位。

在接收端收到每个码字后，按监督关系式算出 S_2、S_1 和 S_0，若它们全为 0，则无错；若不全为 0，在一位错的情况下可查表 6-4 来判定是哪一位错，从而纠正。例如，码字 0010101 传输中发生一位错，在接收端收到的为 0011101，代入监督关系式可算出 $S_2=0$、$S_1=1$ 和 $S_0=1$，查表可知 $S_2S_1S_0=011$ 对应于 a_3 错，因而将 0011101 纠正为 0010101。

小　　结

计算机中的信息用二进制表示。机器数是数值数据在机器中的表示，根据小数点的位置是否浮动，可以分为定点数和浮点数。

一个定点数由符号位和数值域两部分组成。按小数点位置不同，定点数有纯小数和纯整数两种表示方法。数的真值变成机器码的方法有原码表示法、补码表示法等。

按 IEEE 754 标准，一个浮点数由符号位 S、阶码 E、尾数 M 这 3 个域组成。其中阶码 E 的值等于指数的真值 e 加上一个固定偏移位。

字符信息属于符号数据，是处理非数值领域的问题，国际上采用的字符系统是 7 单位的 ASCII 码。

直接使用西文标准键盘输入汉字，进行处理，并显示打印汉字，是一项重大成就。为此要解决汉字的输入编码、汉字内码、字模码等几种不同用途的编码。

声音、图像和图形等信息使用计算机进行存储和处理，必须将其转换为二进制代码形式。在这个过程中，可能要用到数据的离散化和数字化。

为了提高信息的可靠性，计算机中使用校验码来检错和纠错。奇偶校验码是最简单的一种检错码，可以检查出一位或奇数位错误。海明码是一种多重奇偶校验码，具有纠错能力。CRC 码是目前广泛使用的一种纠错码，可以纠错一位。

习　　题

1. 选择题。

（1）下列数中最大的数是（　　）。

A. $(10011001)_2$　　B. $(227)_8$　　C. $(98)_{16}$　　D. $(152)_{10}$

（2）在机器数中，（　　）的零的表示形式是唯一的。

A. 原码　　B. 补码　　C. 反码　　D. 原码和反码

（3）计算机系统中采用补码运算的目的是为了（　　）。

A. 与手工运算方式保持一致　　B. 提高运算速度

C. 简化计算机的设计　　D. 提高运算的精度

（4）定点 8 位字长的字，采用的补码形式表示 8 位二进制整数，可表示的数范围为（　　）。

A. $-127\sim+127$　　B. $-2^{-127}\sim+2^{-127}$　　C. $2^{-127}\sim2^{+127}$　　D. $-128\sim+127$

2. 解释术语。

（1）定点数、浮点数

（2）IEEE 754

（3）BCD 码、海明码、CRC 码

3. 比较原码和补码表示法，说明各自的优缺点。

4. 试述浮点数规格化的目的、方法。

5. 用 8 位和 16 位二进制数写出下列各数的原码、补码表示：

（1）$-35/64$　（2）28　（3）-127　（4）用小数表示的-1　（5）用整数表示的-1

6．设字长为 8，定点小数的原码表示范围和补码表示范围分别为多少？

7．与定点表示法相比，使用浮点表示法能表示更多的值吗？

8．以 IEEE 32 位浮点数格式表示如下的数：

（1）–5　（2）–1.5　（3）384　（4）1/16　（5）–1/32

9．试计算采用 24×24 点阵字形的一个汉字字模码占多少字节？若存储 7 000 个这样的汉字，则汉字库需要多少字节的存储容量？

10．声音信号为什么不能直接被计算机接受？需要通过哪几个步骤转变成二进制信号？

11．思考题。

（1）数据表示形式为什么要区分定点数和浮点数？

（2）为什么在补码表示法中 0 的表示是唯一的？

（3）为什么浮点表示法存在国际标准而定点表示法没有？

第7章 运算方法和运算器

重点内容

- 定点算术运算;
- 浮点算术运算;
- 逻辑运算;
- 算术/逻辑单元（ALU）。

本章主要介绍了使用机器码进行定点数、浮点数运算方法，以及与之相对应的运算器的结构。使读者对 CPU 中的运算器的功能及实现方法有一个全面的了解。

7.1 定点加减法运算

要进行加减法运算首先面临的一个问题就是编码的选择问题，是选择原码还是补码？若使用原码，则实现同号数相加或异号数相减时，使用加法运算即可；进行异号数相加或同号数相减时，需要进行如下步骤：

① 先比较两个数绝对值的大小。

② 用绝对值大的数减去绝对值小的数。

③ 结果的符号取绝对值大的符号。

综上所述，用原码进行加减运算时，数值部分和符号部分要分别处理，操作不方便。因此，计算机中广泛采用补码进行定点加减运算。其优势在于，符号同数值一同运算，一次运算同时获得结果的符号和数值；此外，使用补码可使减法运算变为加法运算，这样，运算器里只需要一个加法器就可以了。

7.1.1 补码加法

上一章我们已介绍了数的补码表示法，负数用补码表示后，就可以和正数一样来处理。这样，运算器里只需要一个加法器就可以了，不必为了负数的加法运算，再配一个减法器。

补码加法的要求是：运算前 X 和 Y 分别用补码形式表示，运算后得到 $X+Y$ 的补码形式，即由$[X]_{补}$、$[Y]_{补}$求$[X+Y]_{补}$。

补码加法按照如下公式进行运算：

$$[X+Y]_{补}=[X]_{补}+[Y]_{补}$$

公式的正确性可简单证明如下：

证明：以定点小数为例：

$$[X]_{补}+[Y]_{补}=2+X+2+Y=2+(X+Y)=[X+Y]_{补} \quad (\text{MOD } 2)$$

4 位定点整数补码加法运算的具体实例如图 7-1 所示。

```
(+2) + (+3) = (+5)        (-7) + (+5) = (-2)
      0010                      1001
      0011                      0101
   ----------                ----------
   0101 = +5                 1110 = -2
```

图 7-1　定点加法运算实例

7.1.2　补码减法

与补码加法类似，补码减法的要求是：运算前 X 和 Y 分别用补码形式表示，运算后得到 $X-Y$ 的补码形式，即由$[X]_补$、$[Y]_补$求$[X-Y]_补$。

补码减法按照如下公式进行运算：

$$[X-Y]_补=[X]_补+[-Y]_补=[X]_补-[Y]_补$$

通过上式就可以说明，补码减法也被转换成了补码加法，这样就只需要加法器即可完成加减法运算。公式的正确性可简单证明如下：

证明：以定点小数为例：

根据补码加法公式，有$[X]_补+[-X]_补=[X-X]_补=0$，因此，有$[-X]_补=-[X]_补$

这样就有$[X-Y]_补=[X+(-Y)]_补=[X]_补+[-Y]_补=[X]_补-[Y]_补$

补码的减法公式还要解决一个问题，即如何由$[Y]_补$求$[-Y]_补$，根据补码定义可知，求一个数相反数的补码只需连符号在内依次按位取反，末位加 1 即可。

4 位定点整数补码减法运算的具体实例如图 7-2 所示。

```
(+3) - (-2) = (+5)        (+3) - (+4) = (-1)
      0011                      0011
      0010                      1100
   ----------                ----------
   0101 = +5                 1111 = -1
```

图 7-2　定点减法运算实例

综上所述，补码加减运算的规则可总结如下：

- 参加运算的操作数用补码表示。
- 补码的符号位与数值位同时进行加运算。
- 若做加，则两数补码直接相加；若做减，将减数补码连同符号位一起按位取反，末位加 1，然后再与被减数相加。
- 运算结果即为和/差的补码。

7.1.3　溢出

首先，我们来看图 7-3 的运算：

```
(+5) + (+4) = (+9)        (-7) + (-6) = (-13)
      0101                      1001
      0100                      1010
   ----------                ----------
   1001 = -7                 0011 = +3
```

图 7-3　加减法运算溢出

上述的两个运算很明显发生了错误，之所以发生错误，是因为运算结果产生了溢出。所谓溢出是指运算结果超过了机器数能表示的范围。两个正数相加，结果大于机器所能表示的最大正数，称为上溢。而两个负数相加，结果小于机器所能表示的最小负数，称为下溢。在图 7-3 中，4 位补码表示数的范围是-8～+7，而+9 和-13 均已经超出了这个范围，因而发生了溢出，第一个算式发生了上溢，而第二个算式发生了下溢。

为了保证计算的正确性，我们必须要对溢出进行检测。判断“溢出”是否发生，可采用两种检测方法。第一种方法是采用双符号位法（见图 7-4），这称为“变形补码”或“模 4 补码”。采用变形补码后，任何正数，两个符号位都是 0，任何负数，两个符号位都是 1，两个数相加后，其结果的符号位出现 01 或 10 两种组合时，表示发生溢出。而最高符号位永远表示结果的正确符号。

(+0.1100) + (+0.1000)		(−0.1100) + (−0.1000)	
00.1100		11.0100	
00.1000	溢出	11.1000	溢出
01.0100		10.1100	

图 7-4　使用双符号位判断运算溢出

第二种溢出检测方法是采用单符号位法。当最高有效位产生进位而符号位无进位时，产生上溢；当最高有效位无进位而符号位有进位时，产生下溢。故溢出逻辑表达式为$V = C_f \oplus C_0$。其中C_f为符号位产生的进位，C_0为最高有效位产生的进位。此逻辑表达式也可用异或门实现。

在定点机中，当运算结果发生溢出时，计算机通过逻辑电路自动检查出这种溢出，并进行中断处理。

7.1.4　基本的加/减法器

基本加减法器的结构如图 7-5 所示。该加/减法器可完成二进制补码的加、减法运算，并可使用单符号位来判断运算是否溢出。

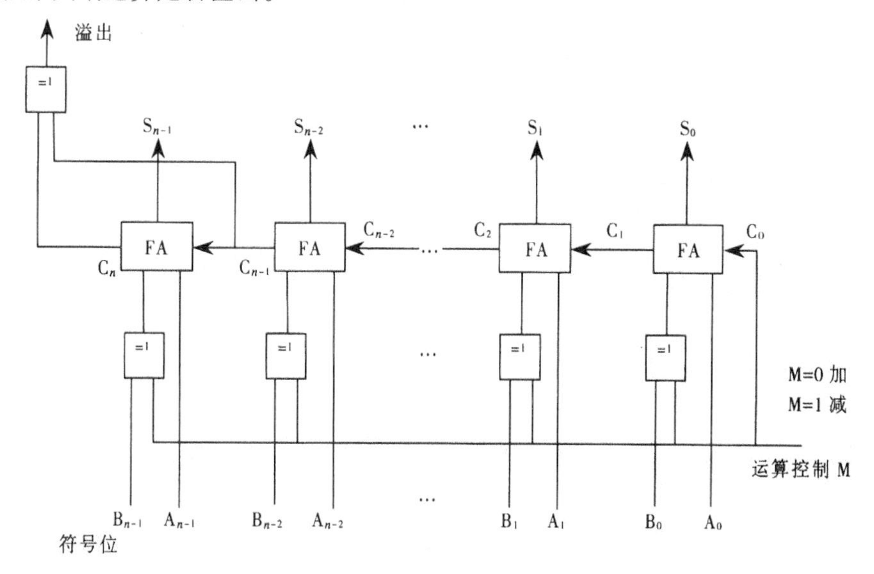

图 7-5　基本的加减法器

图中，FA 为一位全加器，M 为运算控制，M=0 时做补码加法运算；M=1 时做补码减法运算。

S_0为运算结果的最低位；S_{n-2}为运算结果的最高数值位；S_{n-1}为运算结果的符号位。可以看到，图7-5采用的是单符号位法判断溢出的，溢出标志$V = C_n \oplus C_{n-1}$。

7.2 定点乘法运算

与加法和减法相比，无论是以硬件还是以软件来完成，乘除法都是一个复杂的操作。目前，计算机中乘除法的主要实现方式有：

① 软件实现，指令系统中无乘除法指令。这种方式经常用在乘法使用很少的计算机中，如一些功能简单的单片机就不设置乘法指令，而采用子程序的方式实现乘法。这种方式的优点是无需额外硬件支持，但缺点是乘除法运算速度慢。

② 在加/减法器的基础上，增加左移、右移位及其他一些逻辑线路实现乘法，指令系统中设置乘除法指令。微型或小型计算机普遍采用这种方式，因为这种方式只需增加很少的硬件即可实现较为快速的乘除法。

③ 设置专用的高速阵列乘除运算器，指令系统中设置乘除法指令。大、中型计算机系统采用的方式，这类系统往往对乘法运算的性能要求很高，必须用专门的阵列运算器才可满足对性能的要求。这种方法能获得最佳的运算性能，但同时造价也是最高的。

7.2.1 原码乘法

与加减法不同，乘法运算主要是针对两个数的绝对值，而符号位的处理相对简单，只需通过一个异或逻辑即可实现。因此，在乘法运算中，原码比补码更容易实现，只需将原码的最高符号位去掉即可得到一个数的绝对值。

我们先讨论对绝对值，即对无符号数的乘法运算。图7-6给出了两个无符号数做乘法的手工运算方法。

```
       1011    被乘数（11）
   ×   1101    乘数（13）
   --------
       1011
      0000     部分积
     1011
    1011
   --------
   10001111    积（143）
```

图7-6 无符号二进制乘法

由图7-6所示的手工乘法过程，可得到如下几点重要结论：

① 乘法涉及部分积的生成，乘数的每一位对应一个部分积。然后，部分积相加得到最后的乘积。

② 部分积是容易确定的。当乘数的位是0，其部分积也是0；当乘数的位是1，其部分积是被乘数。

③ 部分积通过求和而得到最后乘积。为此，后面的部分积总要比它前面的部分积左移一个位置。

④ 两个n位二进制整数的乘法导致其积为$2n$位长。

使用基本的加/减法器实现上述过程存在一定的难度。一方面，加法器一次只能实现两个操作数相加；另一方面，加法器一般只有n位，无法完成$2n$位数同时相加。但我们可以改变一下使操作更有效。首先，可以边产生部分积边做加法，而不是等到最后再相加。这就取消了存储所有部分积的需求；只需要少数几个寄存器。其次，我们能节省某些部分积的生成时间，对于乘数的每个1，需要加和移位两个操作；但对于每个0，则只需要移位操作。

这样我们就得到了一种基于加/减法器实现乘法的方法：将被乘数左移一位与部分积相加变为部分积与被乘数相加后右移一位，将k个部分积同时相加转换为k次“累加与右移”，即每一步只求一位乘数所对应的新部分积，并与原部分积做一次累加，然后右移一次，这样操作重复k次，得到最后的乘积。由于这种方法使用原码最容易实现，因此被称为原码一位乘法。

图 7-7 表示了一种采用此方式的实现方案。乘数和被乘数分别装入两个寄存器（Q 和 M）。还需要第三个寄存器，寄存器 A，初始设置为 0。还需要一个 1 位寄存器 C，初始值为 0，用于保存加法可能产生的进位。

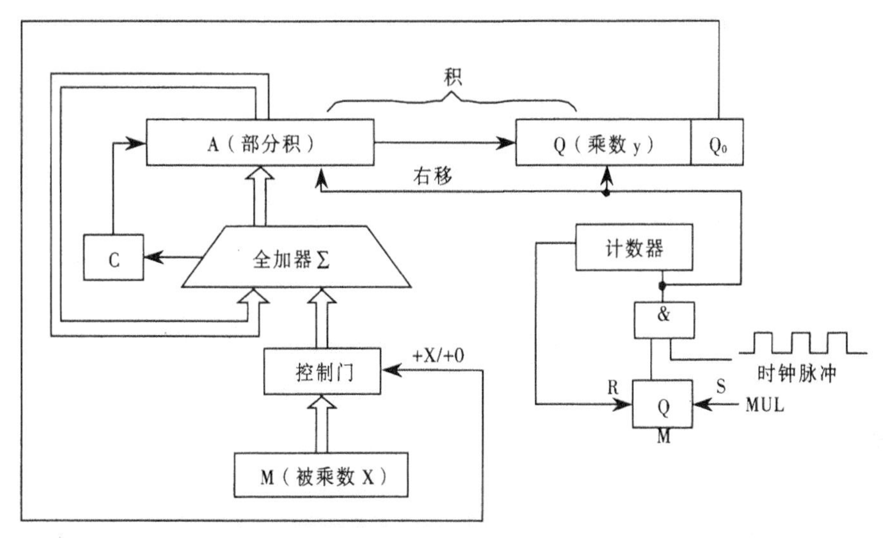

图 7-7　无符号二进制乘法实现硬件

乘法器的操作如下：控制逻辑每次读乘数的一位。若 Q_0 是 1，则被乘数与 A 寄存器相加并将结果存于 A 寄存器。然后，C、A 和 Q 各寄存器的所有位向右移一位，于是 C 位进入 A_{n-1}，A_0 进入 Q_{n-1}，而 Q_0 丢失。若 Q_0 是 0，则只需移位，无需完成加法。对原始的乘数每一位重复上述过程。产生的 $2n$ 位积存于 A 和 Q 寄存器。这种操作的流程图如图 7-8 所示。

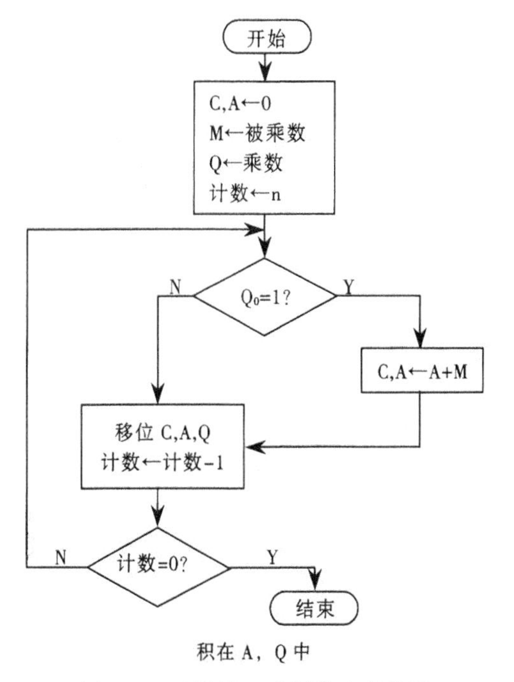

图 7-8　无符号二进制乘法流程图

【例 7-1】$X=2$（0010），$Y=3$（0011），用原码一位乘法方法求 $X \times Y$。

部分积	Q_0	说明
0000		运算开始
0010 0001 0	1	$+X$ 右移
0011 0 0001 10	1	$+X$ 右移
0001 10 0000 110	0	+0 右移
0000 110 0000 0110	0	+0 右移

$X \times Y=0000\ 0110=6$

7.2.2 补码一位乘

我们已经看到，补码表示的数能将它们看做是无符号数来完成加减法运算，但这种策略不能用于乘法。如将 11（1011）乘以 13（1101）得到 143（10001111）。若我们将其解释为补码数，则是−5（1011）乘以−3（1101）得到的却是−113（10001111）。

解决这种问题的一个最普遍的方法是布思（Booth）算法，图 7-9 给出了该算法的框图。乘数和被乘数分别放入 Q 和 M 寄存器内。这里也有一个 1 位寄存器，逻辑上位于 Q 寄存器最低位 Q_0 的右边，并命名为 Q_{-1}。乘法的结果将出现在 A 和 Q 寄存器中。A 和 Q_{-1} 初始化为 0。与前述相同，控制逻辑也是每次扫描乘数的一位。只不过检查某一位时，它右边的一位也同时被检查。若两位相同（1−1 或 0−0），则 A、Q 和 Q_{-1} 寄存器的所有位向右移一位。若两位不同，根据两位是 0−1 或 1−0，则被乘数被加到 A 寄存器或由 A 寄存器减去，加减之后再右移。无论哪种情况，右移是这样进行的：A 的最左位，即 A_{n-1} 位，不仅要移入 A_{n-2}，而且还要保留在 A_{n-1} 中。这要求保留 A 和 Q 中的符号。这称为一种算术移位（Arithmetic Shift），因为它保留了符号位。

【例 7-2】$X=-5$（1011），$Y=-3$（1101），用 Booth 算法求 $X \times Y$。

解：$[-X]_{补}=0101$

部分积	$Q_0\ Q_{-1}$	说明
0000		运算开始，初始 $Q_{-1}=0$
0101 0010 1	1 0	$+[-X]_{补}$ 算术右移
1101 1 1110 11	0 1	$+[X]_{补}$ 算术右移
0011 11 0001 111	1 0	$+[-X]_{补}$ 算术右移
0000 1111	1 1	直接算术右移

$[X \times Y]_{补}=0000\ 1111=+15$

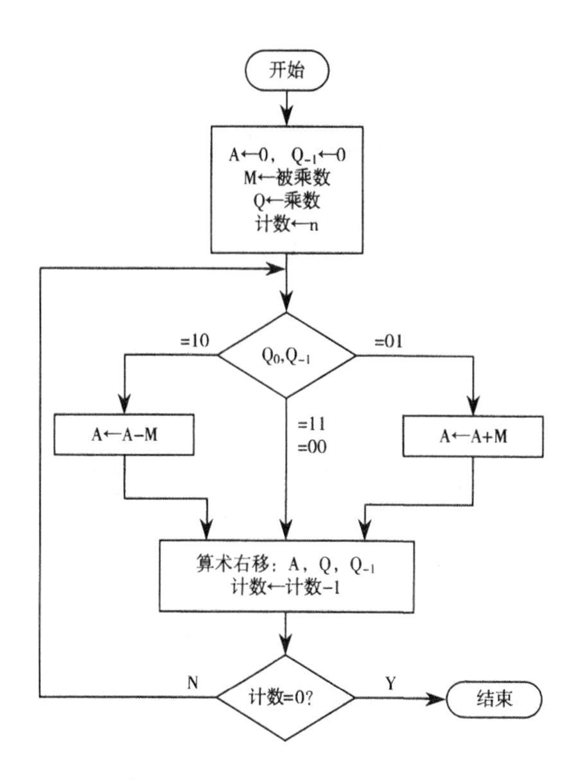

图 7-9　补码乘法的 Booth 算法

7.2.3　快速乘法

通过上述讨论可知，无论是原码一位乘法还是 Booth 算法，实现两个 n 位数相乘，都需要移位、相加减 n（或 $n-1$）次，这将带来很大的延迟，不利于高速乘法运算。

为了提高乘法的运算速度，可以采用多种方法，其中最容易实现的是将一位乘改为两位乘。一位乘的方法是每次部分积右移一位，而两位乘每次部分积右移两位，这样运算速度可提高一倍。下面以原码两位乘为例，做相关解释。

使用原码一位乘法，每次按照乘数的一位状态决定运算操作，若乘数有 k 位，则需 k 次累加与右移。为了提高乘法的运算速度，可采用两位乘法，即每次根据连续两位乘数决定本次操作，这样 k 位数的乘法一般只需要 $k/2$ 次操作。两位乘数共有 4 种状态，对应这 4 种状态的乘数和部分积的关系如表 7-1 所示。

表 7-1　原码两位乘中乘数和部分积关系

乘数 $Q_{n-1}Q_n$	新的部分积
00	等于原部分积右移两位
01	等于原部分积加被乘数后右移两位
10	等于原部分积加 2 倍被乘数后右移两位
11	等于原部分积加 3 倍被乘数后右移两位

表中2倍被乘数可通过将被乘数左移一位实现，而3倍被乘数的获得可以分两步来完成，利用3=4−1，第一步先完成减1倍被乘数的操作，第二步完成加4倍被乘数的操作。而加4倍被乘数的操作实际上是由比11高的两位乘数代替完成的，可以看做是在高两位乘数上加1。这个1可暂时存在C_j触发器中。机器完成置1，C_j即意味着对高两位乘数加1，也即要求高两位乘数代替本两位乘数 11 来完成加 4 倍被乘数的操作。由此可得原码两位乘的运算规则如表 7–2 所示。

表7–2 原码两位乘运算规则

乘数判断位 $Q_{n-1}Q_n$	标志位 C_j	操 作 内 容
00	0	$z\to2,|y|\to2$,C_j保持0
01	0	$z+|x|\to2$, $|y|\to2$,C_j保持0
10	0	$z+2|x|\to2$, $|y|\to2$,C_j保持0
11	0	$z-|x|\to2$, $|y|\to2$, C_j 置1
00	1	$z+|x|\to2$, $|y|\to2$, C_j 置0
01	1	$z+2|x|\to2$, $|y|\to2$, C_j 置0
10	1	$z-|x|\to2$, $|y|\to2$, C_j保持1
11	1	$z\to2,|y|\to2$,C_j保持1

表中z表示原有部分积，$|x|$表示被乘数的绝对值，$|y|$表示乘数的绝对值，$\to2$表示右移两位，当做$-|x|$运算时，一般采用加$[-|x|]_{补}$来实现。这样，参与原码两位乘运算的操作数是绝对值的补码，因此运算中右移两位的操作也必须按补码右移规则完成。尤其应注意的是，乘法过程中可能要加2倍被乘数，即$+[2|x|]_{补}$，使部分积的绝对值大于 2。为此，只有对部分积取三位符号位，且以最高符号位作为真正的符号位，才能保证运算过程正确无误。

此外，为了统一用两位乘数和一位C_j共同配合管理全部操作，与原码一位乘法不同的是，需在乘数（当乘数位数为偶数时）的最高位前增加两个0。这样，当乘数最高两个有效位出现11时，C_j需置1，再与所添补的两个0结合呈001状态，以完成加$|x|$的操作（此步不必移位）。

与原码两位乘类似，也可实现补码两位乘，这里就不再赘述了。虽然两位乘可以将运算速度提高一倍，但仍不能满足高速乘法运算的要求。一种最朴素的想法是将两位乘再推广为三位乘、四位乘等，但这种方法是不实际的。因为三位以上的乘法需要的硬件复杂度过高，与性能的提升不成比例，几乎没有计算机使用三位乘。若要达到高性能的乘法运算，目前普遍采用阵列乘法器。

阵列乘法器是资源的重复设置，依靠器件的数量去换取运算速度，尽管器件的数量大，但结构十分规整，易于大规模集成线路实现。现以5位乘5位不带符号的阵列乘法器为例来说明并行阵列乘法器的基本原理。图7–10所示为5位×5位阵列乘法器的逻辑电路图，其中FA是一位全加器，FA的斜线方向为进位输出，竖线方向为和输出。

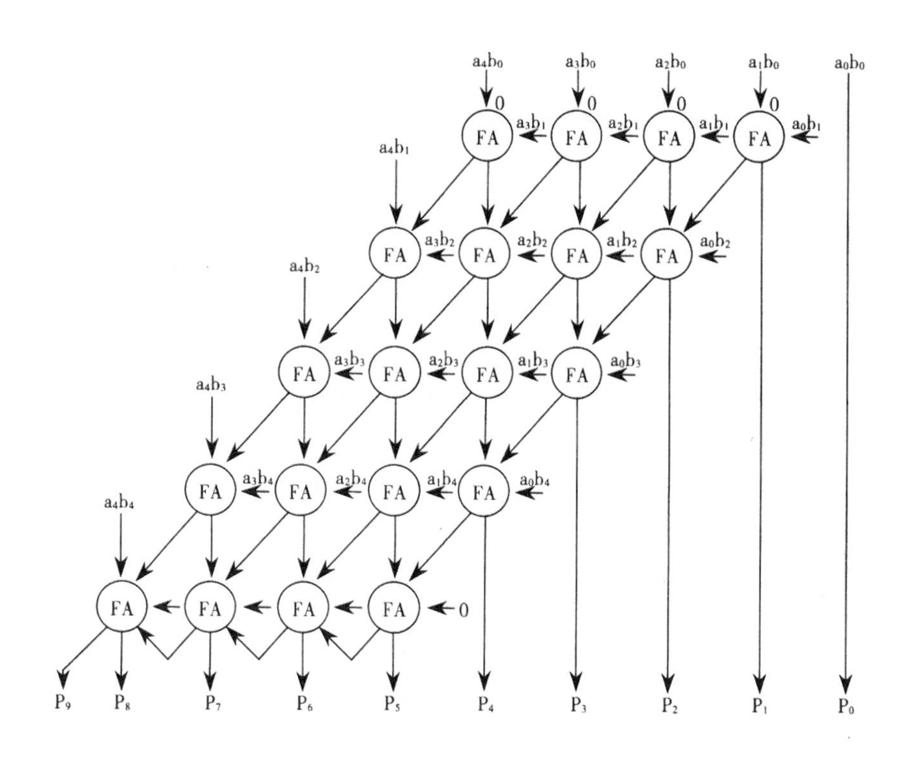

图 7-10 阵列乘法器

7.3 定点除法运算

7.3.1 恢复余数除法

除法要比乘法更复杂，但也是基于同样的通用原则。同前述一样，算法的基础是纸和笔的演算方法，并且操作涉及到重复的移位和加或减。

图 7-11 表示的是一个无符号二进制整数长除的例子。首先，从左到右检查被除数的位，直到被检查的位所表示的数大于或等于除数；这被称为除数能去“除”此数。直到这个事件出现之前，一串 0 放入商中，从左到右。当事件出现时，一个 1 放入商并且由此部分被除数中减去除数。结果被称为部分余（Partial Remainder），由此开始除法呈现一种循环样式。在每一循环中，被除数的其他位续加到部分余上，直到结果大于或等于除数。同前，除数由这个数中减去并产生新的部分余。此过程继续下去，直到被除数的所有位都被用完。

除法在计算机中的实现和手工除法有一些区别，由于除法是乘法的逆运算，在计算机中乘法可以通过累加、右移实现，因此除法可通过左移、减来实现。再有，由于除法本身的特性，定点小数除法使用较多，我们后面的讨论也主要以定点小数为主。在定点小数除法中有如下要求：除数≠0；|被除数|<|除数|，这样可以保证运算结果，即商和余数，还保持是定点小数。

```
              00001110   商
除数  1011 ) 10011101   被除数
              1011
部分余        10001
               1011
                1100
                1011
                  11     余数
```

图 7-11 无符号二进制整数除法

事实上，机器的运算过程和人毕竟不同，人会心算，一看就知道够不够减。但机器却不会心算，必须先做减法，若余数为正，才知道够减；若余数为负，才知道不够减。不够减时必须恢复原来的余数，以便再继续往下运算，这种方法称为恢复余数法。

恢复余数法的基本运算规则是，进行每一步运算时，不论是否够减，都将被除数（或余数）减去除数，若所得符号位为 0（即为正数）表明够减，上商 1，左移一位再做下一步运算；若余数符号位为 1（即为负数）表明不够减，因此上商 0，由于已做减法，因此要把除数加回去（恢复余数），然后余数左移一位再做下一步运算。

要恢复原来的余数，只要当前的余数加上除数即可。但由于要恢复余数，使除法进行过程的步数不固定，控制比较复杂。再有，恢复余数时，要多做一次加除数运算，延长了执行时间。因此，在实际计算机设计中常采用不恢复余数法，又称加减交替法。其特点是运算过程中不必恢复余数，步数固定，控制简单。

7.3.2 不恢复余数除法

在介绍不恢复余数法之前，先来回顾一下恢复余数法的运算过程。在恢复余数法中，当某次减除数操作使得余数为负时，应商 0，并加除数以恢复余数，然后再左移一位减除数，若用 R 表示某次的余数，B 表示除数，那么上述过程可表述为：

$$2(R+B)-B=2R+B$$

上式表明，当余数为负数时，商 0，余数直接左移一位加除数，这样就可以不需要恢复余数了。由于这种方法在运算过程中，根据商的值交替使用加法和减法，也被称为“加减交替法”。

加减交替法的规则是：当余数为正时，商 1，余数左移一位，减除数；当余数为负时，商 0，余数左移一位，加除数。

下面总结一下使用加减交替法实现定点小数除法的步骤：

① 判断除数是否为 0。

② 判断被除数是否大于除数。

③ 根据每一步余数的符号，判断下次运算是做加法还是减法。

④ 最后的运算结果，余数要进行右移。

除法运算一般来讲，被除数最大可以取 $2n$ 位，除数为 n 位，商也取 n 位。

图 7-12 是实现原码加减交替除法运算的基本硬件配置框图。

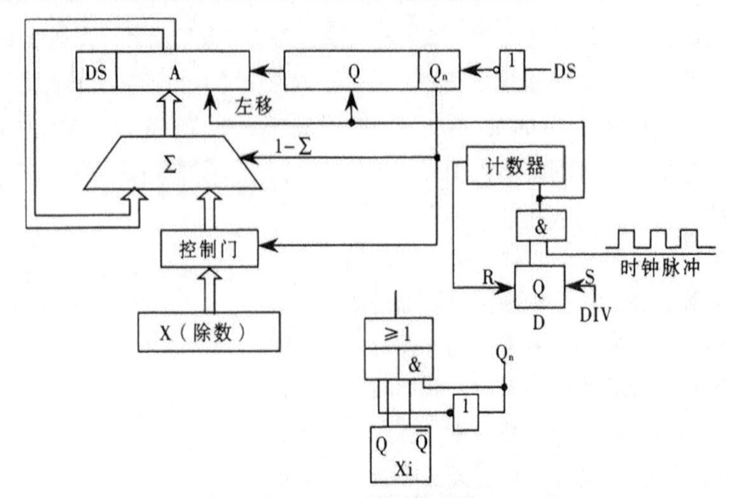

图 7-12 原码除法器

图中 A、X、Q 均为 $n+1$ 位寄存器，其中 A 存放被除数的原码，X 存放除数的原码。移位和加控制逻辑受 Q 的末位 Q_n 控制（$Q_n=1$ 做减法，$Q_n=0$ 做加法），计数器 C 用于控制逐位相除的次数 n，G_D 为除法标记，V 为溢出标记，S 为商符。

图 7-13 为原码加减交替除法控制流程图。

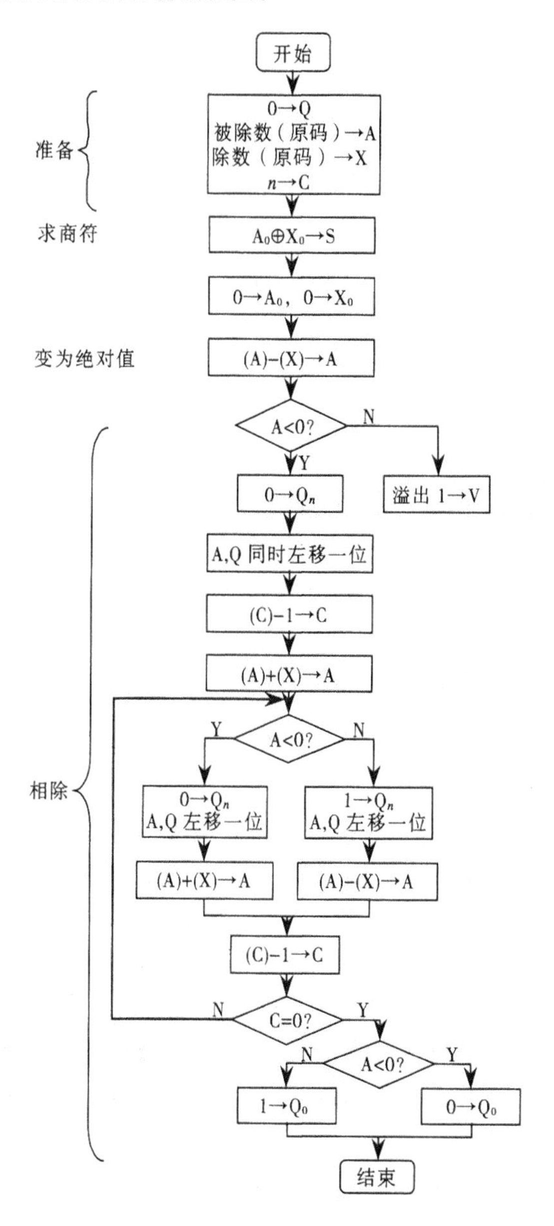

图 7-13　原码加减交替除法流程

除法开始前，Q 寄存器被清 0，准备接收商，被除数的原码放在 A 中，除数的原码放在 X 中，计数器 C 中存放除数的位数 n。除法开始后，首先通过异或运算求出商符，并存于 S。接着将被除数和除数变为绝对值，然后开始用第一次上商判断是否溢出。若溢出，则置溢出标记 V 为 1，停止运算，进行中断处理，重新选择比例因子；若无溢出，则先上商，接着 A、Q 同时左移一位，然后再根据上一次商值的状态，决定是加还是减除数，这样重复 n 次后，再上最后一次商（共上商 $n+1$ 次），即得运算结果。

【例 7-3】$x=0.101001$，$y=0.111$，求 x/y。

解：$[-y]_{补}=1.001$

被除数 x	0.101001		
减 y	1.001		
余数为负	1.110001	<0	$q_0=0$
移位	1.10001		
加 y	0.111		
余数为正	0.01101	>0	$q_1=1$
移位	0.1101		
减 y	1.001		
余数为负	1.1111	<0	$q_2=0$
移位	1.111		
加 y	0.111		
余数为正	0.110	>0	$q_3=1$

故得

$$商\ q=q_0.q_1q_2q_3=0.101$$
$$余数\ r=0.000110$$

7.3.3 补码不恢复余数除法

与补码乘法类似，也可以用补码完成除法操作。补码除法也分恢复余数法和加减交替法，后者用得较多，在此只讨论加减交替法。

补码除法其符号位和数值部分是一起参加运算的，因此在算法上不像原码除法那样直观，主要需解决 3 个问题：第一，如何确定商值；第二，如何形成商符；第三，如何获得新的余数。

欲确定商值，必须先比较被除数和除数的大小，然后才能求得商值。补码除法的操作数均为补码，其符号又是任意的，因此要比较被除数$[x]_{补}$和除数$[y]_{补}$的大小就不能简单地用$[x]_{补}$减去$[y]_{补}$。实质上比较$[x]_{补}$和$[y]_{补}$的大小就是比较它们所对应的绝对值的大小。同样在求商的过程中，比较余数$[R_i]_{补}$与除数$[y]_{补}$的大小，也是比较它们所对应的绝对值。这种比较的算法可归纳为以下两点：

① 当被除数与除数同号时，做减法，若得到的余数与除数同号，表示“够减”，否则表示“不够减”。

② 当被除数与除数异号时，做加法，若得到的余数与除数异号，表示“够减”，否则表示“不够减”。

此算法如表 7-3 所示。

表 7-3 被除数和除数的大小比较

比较$[x]_{补}$与$[y]_{补}$的符号	求余数	比较 $[R_i]_{补}$与$[y]_{补}$的符号
同号	$[x]_{补}-[y]_{补}$	同号，表示“够减”
异号	$[x]_{补}+[y]_{补}$	异号，表示“够减”

补码除法的商也是用补码表示的，如果我们约定商的末位用“恒置 1”的舍入规则，那么除末位商外，其余各位的商值对正商和负商而言，上商规则是不同的。因为在负商的情况下，除末位商以外，其余任何一位的商与真值都正好相反。因此，上商的算法可归纳为以下两点：

① 如果$[x]_{补}$与$[y]_{补}$同号，商为正，则“够减”时上商“1”。“不够减”时上商“0”（按原码规则上商）。

② 如果$[x]_{补}$与$[y]_{补}$异号，商为负，则“够减”时上商“0”，“不够减”时上商“1”（按反码规则上商）。

结合比较规则与上商规则，使可得商值的确定办法，如表 7-4 所示。

表 7-4　补码除法上商规则

$[x]_{补}$与$[y]_{补}$	商	$[R]_{补}$与$[y]_{补}$	商　值
同号	正	同号，表示“够减”	1
		异号，表示“不够减”	0
异号	负	异号，表示“够减”	0
		同号，表示“不够减”	1

进一步简化，商值可直接由表 7-5 确定。

表 7-5　补码除法上商简化规则

$[x]_{补}$与$[y]_{补}$	商　值
同号	1
异号	0

下面讨论商符的形成。在补码除法中，商符是在求商的过程中自动形成的。在小数定点除法中，被除数的绝对值必须小于除数的绝对值，否则商大于 1 而溢出。因此，当$[x]_{补}$与$[y]_{补}$同号时，$[x]_{补}-[y]_{补}$所得的余数$[R_0]_{补}$与$[y]_{补}$异号，商上 0，恰好与商的符号（正）一致；当$[x]_{补}$与$[y]_{补}$异号时，$[x]_{补}+[y]_{补}$所得的余数$[R_0]_{补}$与$[y]_{补}$同号，商上 1，这也与商的符号（负）一致。可见，商符是在求商值过程中自动形成的。

此外，商的符号还可用来判断商是否溢出。例如，当$[x]_{补}$与$[y]_{补}$同号时，若$[R_0]_{补}$与$[y]_{补}$同号，上商 1，即溢出。当$[x]_{补}$与$[y]_{补}$异号时，若$[R_0]_{补}$与$[y]_{补}$异号，上商 0，即溢出。

当然，对于小数补码运算，商等于-1 应该是允许的，但这需要特殊处理，为简化问题，这里不予考虑。

新余数$[R_{i+1}]_{补}$的获得方法与原码加减交替法极相似，其算法规则为：当$[R_0]_{补}$与$[y]_{补}$同号时，商上 1，新余数$[R_{i+1}]_{补}=2[R_i]_{补}-[y]_{补}=2[R_i]_{补}+[-y]_{补}$；当$[R_0]_{补}$与$[y]_{补}$异号时，商上 0，新余数$[R_{i+1}]_{补}=2[R_i]_{补}+[y]_{补}$。将此规则列于表 7-6。

表 7-6　获得余数规则

$[R]_{补}$与$[y]_{补}$	商	新余数$[R_{i+1}]_{补}$
同号	1	$[R_{i+1}]_{补}=2[R_i]_{补}+[-y]_{补}$
异号	0	$[R_{i+1}]_{补}=2[R_i]_{补}+[y]_{补}$

如果对商的精度没有特殊要求，一般可采用“末位恒置 1”法，这种方法操作简单，易于实现，而且最大误差仅为 2^{-n}。

补码加减交替法所需的硬件配置基本上与原码加减交替法所需的硬件配置相似。图 7-14 为补码加减交替法的控制流程。

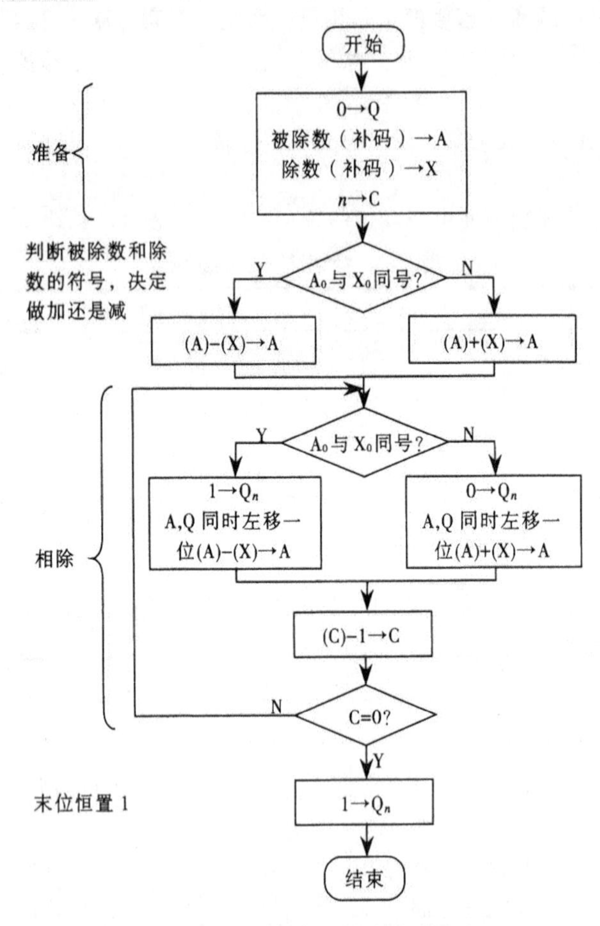

图 7-14 补码加减交替除法流程

除法开始前，Q 寄存器被清 0，准备接收商，被除数的补码在 A 中，除数的补码在 x 中，计数器 C 中存放除数的位数 M。除法开始后，首先根据两操作数的符号确定是作加法还是减法，加（或减）操作后，即上第一次商（商符），然后 A、Q 同时左移一位，再根据商值的状态决定加或减除数，这样重复 n 次后，再上一次末位商 1（恒置 1 法），即得运算结果。

在图 7-14 中还要补充说明几点：

① 图中未画出补码除法溢出判断的内容。

② 按流程图所示，多做一次加（或减）法，其实末位恒置 1 前，只需移位不必做加（或减）法。

③ 与原码除一样，图中均未指出对 0 进行检测，实际上在除法运算前，先检测被除数和除数是否为 0，若被除数为 0，结果即为 0；若除数为 0，结果为无穷大，这两种情况都无需继续作除法运算。

④ 为了节省时间，上商和移位操作可以同时进行。

7.3.4 快速除法

与快速乘法类似，要实现除法运算速度的提高也可以采用两位除的方法，但目前最广泛的方式还是使用阵列除法器。

阵列除法器的原理和基本组成和阵列乘法器类似。阵列除法器有多种形式，如不恢复余数阵列除法器、补码阵列除法器等。这里以无符号数（或原码）不恢复余数阵列除法器为例，简单说明这类除法器的原理。

图 7-15 为一个 4 位除 4 位的无符号数不恢复余数阵列除法器。图 7-15（a）是除法阵列中使用的可控加法/减法（CAS）单元的逻辑电路图。它有 4 个输出端和 4 个输入端。当输入线 P=0 时，CAS 做加法运算；当 P=1 时，CAS 做减法运算。在此除法阵列中，每一行所执行的操作究竟是加法还是减法，取决于前一行输出的符号与被除数的符号是否一致。当出现不够减时，部分余数相对于被除数来说要改变符号。这时应该产生一个商位 0，除数首先沿对角线右移，然后加到下一行的部分余数上。当部分余数不改变它的符号时，即产生商位 1，下一行的操作应该是减法。

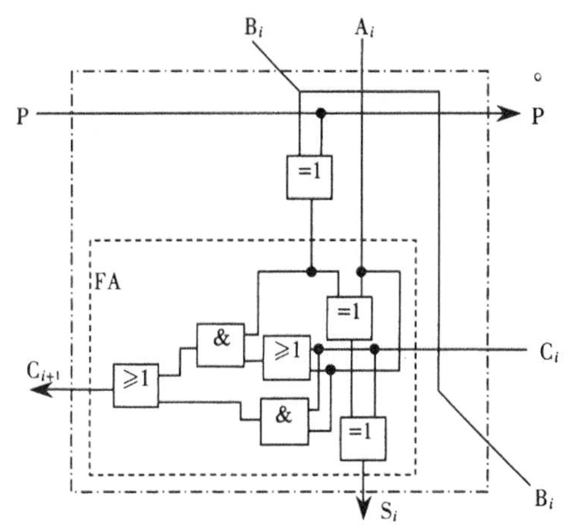

（a）可控加法/减法（CAS）单元的逻辑图

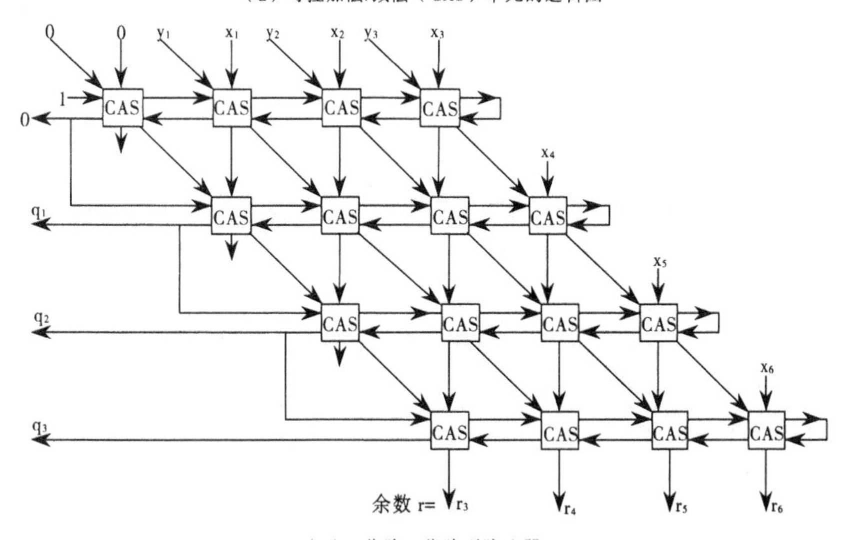

（b）4 位除 4 位阵列除法器

图 7-15 阵列除法器

7.4 逻辑运算

计算机中除了进行加、减、乘、除等基本算术运算以外，还可对两个或一个逻辑数进行逻辑运算。所谓逻辑数，是指不带符号的二进制数。利用逻辑运算可以进行两个数的比较，或者从某个数中选取某几位操作。例如，当利用计算机做过程控制时，我们可以利用逻辑运算对一组输入的开关量做出判断，以确定哪些开关是闭合的，哪些开关是断开的。总之，在非数值应用的广大领域中，逻辑运算是非常有用的。

计算机中的逻辑运算，主要是指逻辑非、逻辑加、逻辑乘、逻辑异或等基本运算。

7.4.1 基本逻辑运算

1. “与”运算（AND Logic）

“与”运算又称逻辑乘，其逻辑函数表示式可写为 $F = A \cdot B$ 或简写为 $F = AB$ 。“与”逻辑的一般定义是：当决定一事件发生的所有条件均具备时，事件才发生；否则，事件不发生。

2. “或”运算（OR Logic）

“或”运算又称逻辑加，其逻辑函数表示式可写为 $F = A + B$ 。“或”逻辑的一般定义是：当决定一事件发生的所有条件有一个条件具备时，事件便发生；只有当条件全不具备时，事件才不发生。

3. “非”运算（NOT Logic）

“非”运算即反相运算（Inverters），“非”运算可以用表达式表示为 $F = \overline{A}$ 。“非”逻辑的运算规则为：$A=0$ 时，$F=1$；当 $A=1$ 时，$F=0$。

基本逻辑运算的运算规则如表 7-7 所示。

表 7-7 基本逻辑运算

A	B	A AND B	A OR B	NOT A
0	0	0	0	1
0	1	0	1	1
1	0	0	1	0
1	1	1	1	0

7.4.2 复合逻辑运算

在逻辑运算中，除了与、或、非 3 种基本运算外，广泛使用的还有与非、或非、同或、异或等运算。这些逻辑关系都是由“与”、“或”、“非” 3 种基本逻辑关系组合得到的，故称为复合逻辑。

1. “与非”逻辑（NAND Logic）

“与非”逻辑是由“与”和“非”两种逻辑复合形成的。其逻辑功能可描述为：只有当输入全为 1 时，输出才为 0。

“与非”逻辑的表达式为 $F = \overline{A \cdot B}$ 。

2. “或非”逻辑（NOR Logic）

“或非”逻辑是由“或”逻辑和“非”逻辑复合形成的。其逻辑功能描述为：只要有 1 个输入为 1 时，输出即为 0；只有所有输入均为 0 时，输出方为 1。

“或非”逻辑的表达式为 $F=\overline{A+B}$。

3. “异或”逻辑（XOR Logic）

“异或”逻辑的表达式为 $F=A\oplus B=\overline{A}B+A\overline{B}$

“异或”运算可描述为：2 个输入不同时，输出为 1；2 个输入相同时，输出为 0。由于其与二进制数的加法规则一致，故“异或”运算也称为模 2 加运算。

4. “同或”逻辑（Exclusive-NOR Logic 或 XNOR Logic）

“同或”逻辑的表达式为 $F=A\odot B=AB+\overline{A}\overline{B}$。

“同或”运算可描述为：2 个输入相同时，输出为 1；2 个输入不同时，输出为 0。

可以将上述运算规则总结成如表 7-8 所示。

表 7-8　复合逻辑运算

A	B	A NAND B	A NOR B	A XOR B	A XNOR B
0	0	1	1	0	1
0	1	1	0	1	0
1	0	1	0	1	0
1	1	0	0	0	1

7.5　算术/逻辑单元（ALU）

算术/逻辑单元（ALU）是计算机实际完成数据算术运算和逻辑运算的部分，计算机系统的其他部件，控制器、寄存器、存储器、I/O，主要是为 ALU 处理带入数据和取回运算结果。在某种意义上可以说，当研究 ALU 时，我们已到达计算机的核心或本质。

7.5.1　ALU 的组成

为了实现算术/逻辑多功能运算，则必须对全加器的功能进行扩展，具体方法是：先不将输入的 A_i、B_i 和下一位的进位数 C_i 直接进行全加，而是将 A_i 和 B_i 先组合成由控制参数 S_0、S_1、S_2、S_3 控制的组合函数 X_i 和 Y_i，如图 7-16 所示，然后再将 X_i，Y_i 和下一位进位数通过全加器进行全加。这样，不同的控制参数可以得到不同的组合函数，因而能够实现多种算术运算和逻辑运算。

下面以 74181 为例说明 ALU 的结构。74181 是一个 4 位算术/逻辑运算单元，其方框图如图 7-17 所示。图中除了 S_0～S_3 这 4 个控制端外，还有一个控制端 M，它是用来控制 ALU 是进行算术运算还是进行逻辑运算的。当 $M=0$ 时，进行算术操作；当 $M=1$ 时，进行逻辑操作。

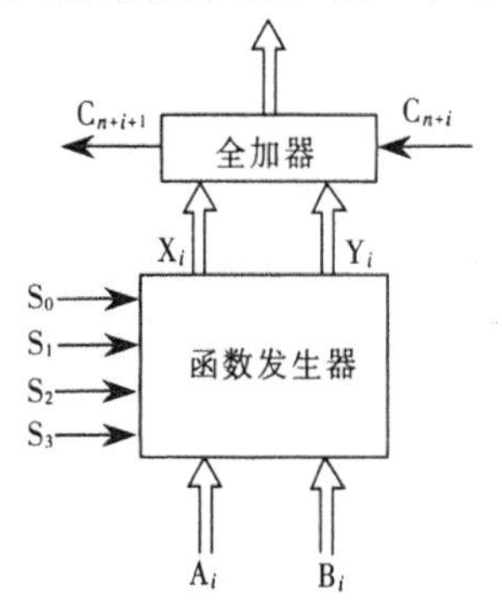

图 7-16　ALU 的逻辑结构

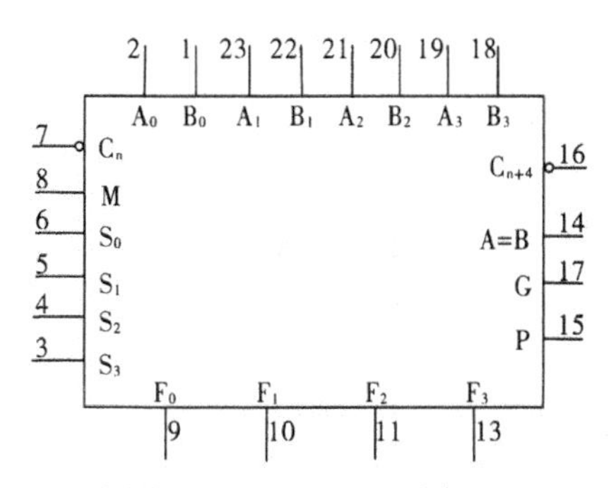

图 7-17　74181 ALU 方框图

控制参数 S_0、S_1、S_2、S_3分别控制输入 A_i和 B_i，产生 X_i和 Y_i的函数。其中 Y_i是受 S_0、S_1控制的 A_i和 B_i的组合函数，而 X_i是受 S_2、S_3控制的 A_i和 B_i的组合函数，其函数关系如表 7-9 所示。

表 7-9 控制参数与输入量

S_0 S_1	Y_i	S_2 S_3	X_i
0 0	$\overline{A_i}$	0 0	1
0 1	$\overline{A_i}B_i$	0 1	$\overline{A_i}+\overline{B_i}$
1 0	$\overline{A_i}\,\overline{B_i}$	1 0	$\overline{A_i}+B_i$
1 1	0	1 1	$\overline{A_i}$

7.5.2 先行进位的实现

通过将多个一位全加器串联在一起，可形成多位的行波进位加法器，进而构成多位 ALU。但是这种 ALU 有一个问题，串行进位，它的运算时间很长。假如加法器由 n 位全加器构成，每一位的进位延迟时间为 20ns，那么最坏情况下，进位信号从最低位传递到最高位而最后输出稳定，至少需要 $n\times 20$ns，这在高速计算中显然是不利的。因此，我们必须要解决多位 ALU 的串行进位问题。

根据表 7-7 的函数关系，可列出 X_i和 Y_i的逻辑表达式：

$$X_i=\overline{S_2}\,\overline{S_3}+\overline{S_2}S_3(\overline{A_i}+\overline{B_i})+S_2\overline{S_3}(\overline{A_i}+B_i)+S_2S_3\overline{A_i}$$

$$Y_i=\overline{S_0}\,\overline{S_1}\,\overline{A_i}+\overline{S_0}S_1\overline{A_i}B_i+S_0\overline{S_1}\,\overline{A_i}\,\overline{B_i}$$

进一步化简可得：

$$X_i=\overline{S_3A_iB_i+S_2A_i\overline{B_i}}$$

$$Y_i=\overline{A_i+S_0B_i+S_1\overline{B_i}}$$

$$X_iY_i=Y_i \qquad X_i+Y_i=X_i$$

代入一位全加器的逻辑表达式：

$$F_i=X_i\oplus Y_i\oplus C_{n+i}$$
$$C_{n+i+1}=X_iY_i+Y_iC_{n+i}+X_iC_{n+i}$$

可得一位 ALU 得逻辑表达式如下：

$$X_i=\overline{S_3A_iB_i+S_2A_i\overline{B_i}}$$

$$Y_i=\overline{A_i+S_0B_i+S_1\overline{B_i}}$$

$$F_i=X_i\oplus Y_i\oplus C_{n+i}$$
$$C_{n+i+1}=Y_i+X_iC_{n+i}$$

根据上述公式，一个 4 位 ALU 的进位关系如下：

第 0 位向第 1 位的进位公式为：

$$C_{n+1}=Y_0+X_0C_n$$

第 1 位向第 2 位的进位公式为：

$$C_{n+2}=Y_1+X_1C_{n+1}=Y_1+Y_0X_1+X_0X_1C_n$$

第 2 位向第 3 位的进位公式为：

$$C_{n+3} = Y_2 + X_2C_{n+2} = Y_2 + Y_1X_1 + Y_0X_1X_2 + X_0X_1X_2C_n$$

第 3 位的进位输出（即整个 4 位 ALU 得输出）公式为：

$$C_{n+4} = Y_3 + X_3C_{n+3} = Y_3 + Y_2X_3 + Y_1X_2X_3 + Y_0X_1X_2X_3 + X_0X_1X_2X_3C_n$$

逻辑表达式表明，这是一个先行进位逻辑。换句话说，第 0 位的进位输入 C_n 可以直接传输到最高进位上去，因而可以实现高速运算。

由于制造工艺的限制，单片 ALU 的位数不可能太多。当需要组成更多位数的 ALU 时，可以使用多片 ALU。为此还需要一个配合电路，称为先行进位发生器（CLA）。下面对其原理进行介绍。

我们仍以 74181 为例，上述 74181 的进位公式可改写为：

$$C_{n+4} = G + PC_n$$

其中：

$$G = Y_3 + Y_2X_3 + Y_1X_2X_3 + Y_0X_1X_2X_3$$

$$P = X_0X_1X_2X_3$$

G 称为进位发生输出，P 称为进位传输输出。如果将 4 片 74181 的 P、G 输出端送入到与之配套使用的先行进位部件 74182，则可实现第二级的先行进位，即组与组之间的先行进位。

其中：

$$G^* = G_3 + G_2P_3 + G_1P_1P_2 + G_0P_1P_2P_3$$

$$P^* = P_0P_1P_2P_3$$

G^* 称为成组进位发生输出，P^* 称为成组进位传输输出。

图 7-18 示出了用 4 位 ALU 级联组成的 16 位 ALU 逻辑方框图。在这个电路中使用了 4 个 74181ALU 和 1 个 74182 器件。很显然，整个 ALU 实现了全先行进位逻辑，从而使全字长 ALU 的运算时间大大缩短。

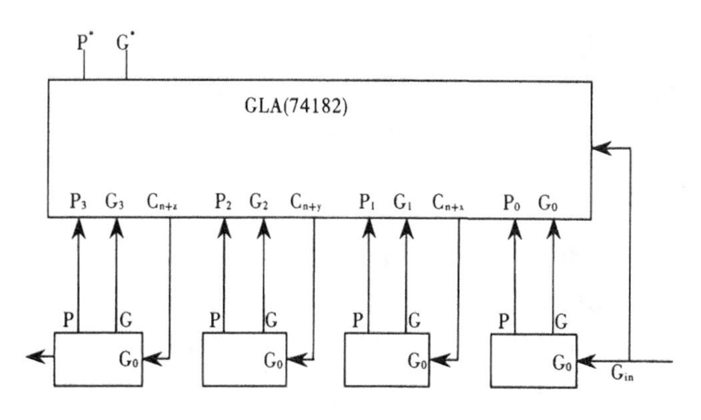

图 7-18　多片 ALU 级联组成 16 位 ALU

7.6　定点运算器的组成

运算器是进行数据处理的器件，它的核心部分是 ALU，除此之外还包括有存放数据的寄存器、传输数据的内部总线 IB 以及进行数据选择的多路选择器。在实际应用中，由于对计算机速度、性能、用途、价格等方面的要求不同，使得运算器逻辑组织差异很大。这些差异可归纳为以下几个方面：

（1）数据宽度

数据宽度表示运算器一次可以并行处理的二进制位数。显然数据宽度是计算机性能及复杂程度的重要标志。通常依据数据宽度将计算机分为8位机、16位机、32位机等。

（2）表示方式

数据表示方式有定点和浮点两种方式。浮点运算除了尾数的运算外，还有阶的运算。显然浮点运算器要比定点运算器复杂得多。据此常将计算机分为定点机和浮点机。此外数据的表示是二进制还是二—十进制，其运算器的组织也是不同的。

（3）运算方法

一种运算可以用多种方法实现，不同的运算方法当然有不同的逻辑组织。例如乘法运算就有原码一位乘法、原码两位乘法、补码乘法（Booth 一位乘）、补码两位乘法（Booth 两位乘）、阵列乘法等，其相应的逻辑结构也存在很大差异。

（4）内总线结构

运算器内部结构有单总线、双总线和三总线3种形式。总线形式不同，运算器的内部结构也就不同，使得运算的并行性也不同。

（5）指令功能

指令是计算机系统硬件的界面。计算机设计者根据速度、性能、用途等方面的要求，决定计算机指令系统的功能，从而决定了运算器的结构。指令的功能表现在两个方面，一是操作码，例如一台机器是否设置乘除指令，会使运算器的结构大不相同。如果有乘除指令，当然有相应的硬件线路支持乘除指令的实现；如果不设乘除指令，完成乘除指令就需要通过程序来实现，硬件上只要有并行加法器就行了。运算器自然要简单得多，速度当然也就慢得多。指令功能的另一方面表现在地址码格式。也就是说一个指令中包含有几个操作数字段。若操作数字段只有一个，另一操作数通常用累加器隐含，即累加器为必然的操作对象，这样的运算器结构就相对简单。若指令中包含有2个或3个操作数字段，运算器的结构也会复杂些。

7.6.1 内部总线

内部总线是指 CPU 内部连接各寄存器及运算部件之间的总线。在内部结构比较简单的 CPU 中，只设置一组数据传输总线，用来连接 CPU 内的 ALU、阵列乘除器、寄存器、多路开关、三态缓冲器等逻辑部件。由于内部总线主要为运算器服务，而运算器的设计，主要是围绕着 ALU 和寄存器同数据总线之间如何传输操作数和运算结果而进行的，因此内部总线也被称为 ALU 总线。在较复杂的 CPU 中，为了提高工作速度，可能设置几组总线，除了数据总线外，还设有专门传输地址信息的地址总线。目前，内部总线的组织大体有3种结构形式。

1. 单总线结构的运算器

单总线结构的运算器如图 7-19（a）所示。由于所有部件都接到同一总线上，所以数据可以在任何两个寄存器之间，或者在任一个寄存器和 ALU 之间传输。如果具有阵列乘法器或除法器，那么它们所处的位置应与 ALU 相当。

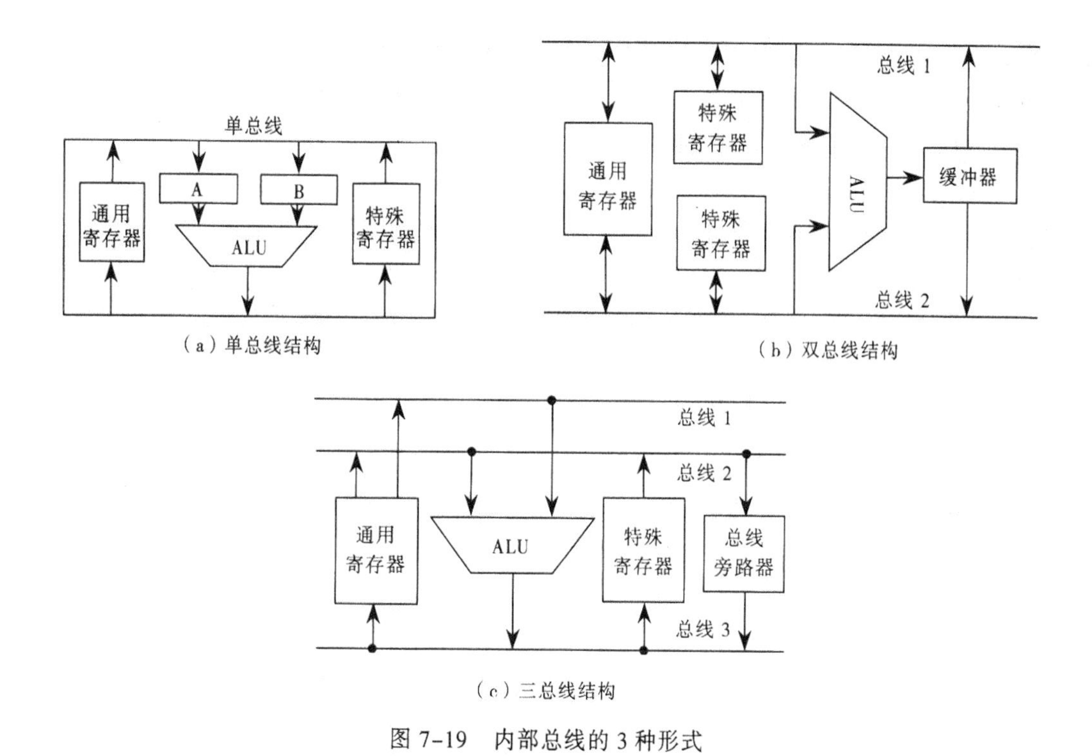

图 7-19　内部总线的 3 种形式

对这种结构的运算器来说，在同一时间内，只能有一个操作数放在单总线上。为了把两个操作数输入到 ALU，需要分两次来做，而且还需要 A、B 两个缓冲寄存器。例如执行一个加法操作时，第一个操作数先放入 A 缓冲寄存器，然后再把第二个操作数放入 B 缓冲寄存器。只有两个操作数同时出现在 ALU 的两个输入端，ALU 才执行加法。当加法结果出现在单总线上时，由于输入数已保存在缓冲寄存器中，它并不会打扰输入数。

然后，再做第三个传输动作，以便把加法的“和”选通到目的寄存器中。由此可见，这种结构的主要缺点是操作速度较慢。

虽然在这种结构中输入数据和操作结果需要 3 次串行的选通操作，但它并不会对每种指令都增加很多执行时间。例如，如果有一个输入数是从存储器来的，且运算结果又送回存储器，那么限制数据传输速度的主要因素是存储器访问时间。只有在对全都是 CPU 寄存器中的两个操作数进行操作时，单总线结构的运算器才会造成一定的时间损失。但是由于它只控制一条总线，故控制电路比较简单。

2．双总线结构的运算器

双总线结构的运算器如图 7-19（b）所示。在这种结构中，两个操作数同时加到 ALU 进行运算，只需要一次操作控制，而且马上就可以得到运算结果。图中，两条总线各自把其数据送至 ALU 的输入端。特殊寄存器分成两组，它们分别与一条总线交换数据。这样，通用寄存器中的数就可以进入到任一组特殊寄存器中去，从而使数据传输更为灵活。

ALU 的输出不能直接加到总线上去。这是因为，当形成操作结果的输出时，两条总线都被输入数占据，因而必须在 ALU 输出端设置缓冲寄存器。为此，操作的控制要分两步来完成：第一步，在 ALU 的两个输入端输入操作数，形成结果并送入缓冲寄存器；第二步，把结果送入目的寄存器。

假如在总线 1、2 和 ALU 输入端之间再各加一个输入缓冲寄存器，并把两个输入数先放至这两个缓冲寄存器，那么，ALU 输出端就可以直接把操作结果送至总线 1 或总线 2 上去。

3. 三总线结构的运算器

三总线结构的运算器如图 7-19（c）所示。在三总线结构中，ALU 的两个输入端分别由两条总线供给，而 ALU 的输出则与第三条总线相连。这样，算术逻辑操作就可以在一步的控制之内完成。由于 ALU 本身有时间延迟，所以打入输出结果的选通脉冲必须考虑到包括这个延迟。另外，设置了一个总线旁路器。如果一个操作数不需要修改，而直接从总线 2 传输到总线 3，那么可以通过控制总线旁路器把数据传出；如果一个操作数传输时需要修改，那么就借助于 ALU。很显然，三总线结构的运算器的特点是操作时间快。

7.6.2 带有累加器的简单运算器

除了与内部总路线关系密切外，运算器的组成结构还与指令的设置及指令操作数的个数密切相关，图 7-20 是一个功能简单的运算器结构。

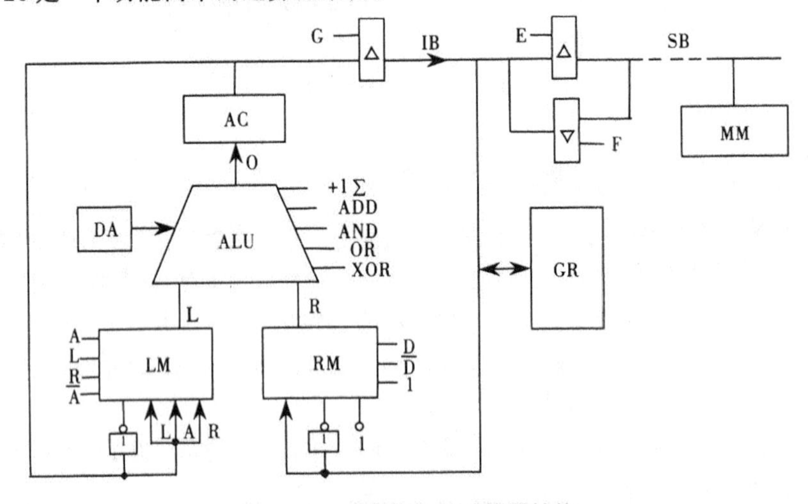

图 7-20 功能简单的运算器结构

图 7-20 的核心部件是算术逻辑单元（ALU），它可执行的逻辑运算有与、或、异或，可执行的算术运算只是加法。ALU 左面的 DA 是进行二—十进制调整的逻辑部件。ALU 的下方是左、右两个输入多路器 LM 和 RM，分别决定向 ALU 的左右输入端输入什么数据。多路器实际上是一个与或门逻辑，左多路器 LM 可将来自 AC 的数据直送、左移一位、右移一位或取反，分别用 LM(A)、LM(L)、LM(R)、LM ($\overline{A}$) 表示，右多路器 RM 可将数据直送、取反或送全 1，分别用 RM(D)、RM ($\overline{D}$) 、RM(1)表示。ALU 的上面是累加器 AC。

AC 存储 ALU 的运算结果，同时为 ALU 的左输入端提供数据。在三态门 D 导通的情况下为单一内总线 IB，可将运算结果送到通用寄存器 GR 或 ALU 的右多路器 RM。图 7-20 的最右边是通用寄存器组 GR，它包含有若干各个通用寄存器。内部总线 IB 通过三态门 E、F 与系统总线 SB 连接。这个运算器有如下特点：

① 该运算器包括一个累加器 AC(Accumulator)，AC 位于运算器的输出端和一个输入端之间。这种结构意味着累加器 AC 是运算器 ALU 必然的操作数和运算结果的必然存放处，也就是如果是

进行加、减、与、或等需要两个操作数的运算，累加器 AC 是其中的一个操作数。如果进行加一，减一，取反，移位等只有一个操作数的运算，这个操作数就来自于 AC。同时运算结果也存放在 AC 中。

② 从 ALU 的总线结构看，运算器右输入端与 ALU 内部总线 IB 相连，内部总线又与通用寄存器 GR 和系统总线 SB 相连。运算器的另一个输入端只与累加器 AC 的输出端相连，可以看成是一专用总线。ALU 输出端只连着 AC，而 AC 的输出端在三态门 D 导通的情况下与内部总线 IB 连接。在 D 断开的情况下，只与 ALU 的左输入端连接。因此这种结构的运算器在 D 导通的情况下为单总线结构，在 D 断开的情况下可看作是一个双总线结构。其中一个为专用总线，连接着 AC 与 ALU 的左输入端。

③ 这种运算器功能简单。在指令一级上只能完成加、减、与、或、非、异或、左移、右移、加一、减一、传输等简单运算，不能直接进行乘除运算，要完成乘除运算必须由程序实现。

7.6.3 单总线移位乘除运算器

图 7-21 所示是另一种较为常见的运算器结构。

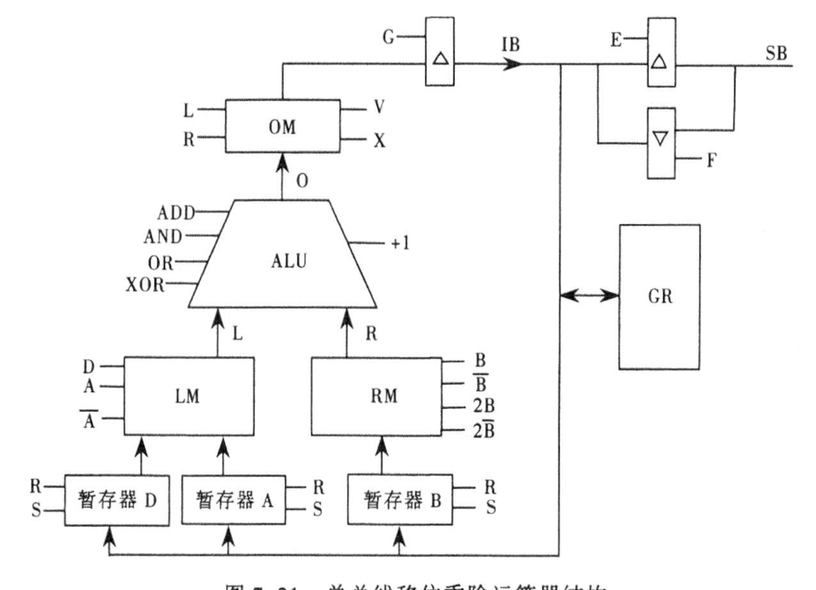

图 7-21 单总线移位乘除运算器结构

图 7-21 中的 ALU 可进行加、减、与、或、异或等运算。运算器 ALU 的两个输入端分别连接左右两个多路器 LM、RM。左多路器 LM 可选择将 D 暂存器或 A 暂存器的内容或 A 各位的非 $\overline{A}$ 加到 ALU 左输入端。其控制信号分别表示为 LM(D)、LM(A)、LM $(\overline{A})$ 。右移多路器 RM 可选择将暂存器的内容(B)，二倍 B 的内容 2(B)或 B 各位的非 $(\overline{B})$ 及各位的非的两倍 2 $(\overline{B})$ 加在 ALU 的右输入端，其控制信号分别表示位 RM(B)、RM(2B)、RM $(\overline{B})$ 、RM $(\overline{2B})$ 。

暂存器 D 用来向 ALU 左输入端提供操作数，主要用于完成乘除运算。乘法开始前将 D 清零，乘法结束后存放积的高位。除法开始前需先将被除数高位存于 D 中，除法结束后 D 中内容为余数。

暂存器 A 向 ALU 的左输入端提供数据。在加法运算中用来暂存加数，在减法运算中暂存被减数，在乘法运算开始前存放乘数，乘运算结束后保存积的低位部分。除法运算前 A 中存放被除数低位，除法结束后，A 中保留商。在其他双操作运算如与、或、异或运算中存放操作数。在加

一、减一指令，求非、求补、左右移位指令等单操作数指令运算中存放操作数。暂存器 A 具有左、右移位的功能。

暂存器 B 向 ALU 的右输入端提供操作数。在加、减、乘、除运算中分别暂存加数、减数、被乘数和除数。在与、或、异或等其他双操作数运算中存放另一操作数。暂存器 D、A、B 都具有清零功能 R（Reset）和置全 1 功能 S（Set）。

图 7-21 中上方的输出多路器 OM 用来将 ALU 的运算结果进行移位，可选择左移一位、右移一位、直送和高半字与低半字交换 4 种功能中的一种并分别用字母 L、R、V、X 表示。多路器 OM 的输出经三态门 G 连接内部总线 IB。图的右面位通用寄存器组 GR，运算器内部总线 IB 为单总线结构。最右端的两个三态门 E、F 控制将内总线 IB 与系统总线连接。

与图 7-20 所示的功能简单的运算器结构相比，图 7-21 所示的运算器有如下几个特点：

① 该运算器不含有累加器 AC。它属于典型的双操作数指令结构运算器。可选择任意两个操作数进行运算。不像图 7-20 所示，一个操作数只能是 AC。

② 该运算器内部总线为单总线结构。因此在 ALU 的左右输入端设置了有寄存功能的暂存器 D、A、B，因此一次双操作数运算必须分三步进行。第一步将一个操作数送 ALU 一端暂存，第二步将另一操作数送往 ALU 另一端的暂存器，第三步执行运算结果。这样确保内部单总线 IB 在任意时刻只传输一个数据。

③ 由硬件通过加、右移实现乘法运算，通过左移、减实现除法运算。使得实现乘除运算的速度比图 7-20 所示的简单运算器靠软件实现乘除运算的速度大幅度提高。

7.6.4 三总线阵列乘除运算器

图 7-22 所示为一种档次较高的运算器结构。该运算器采用三总线及阵列乘除，使得运算的速度，特别是乘除运算的速度大幅度提高。

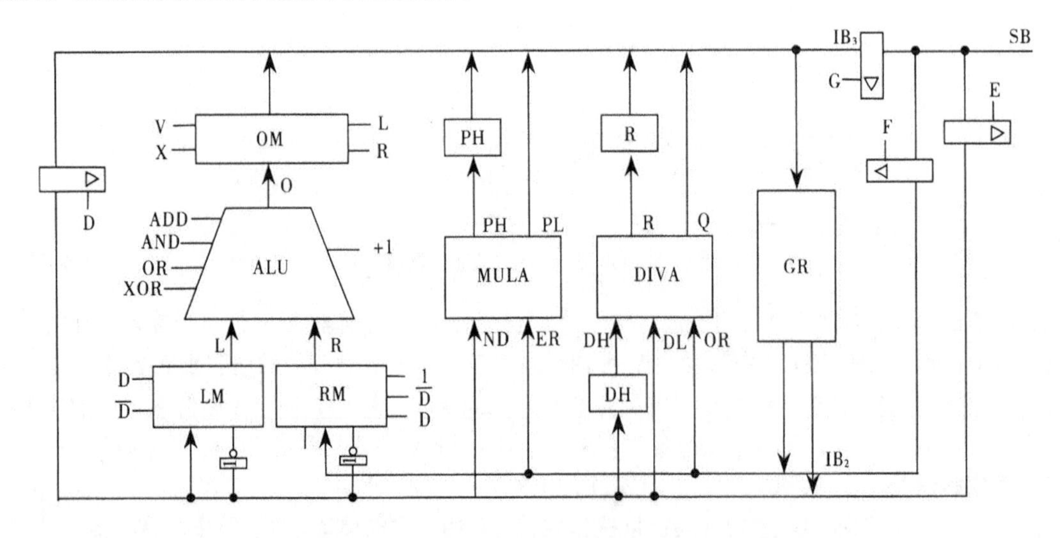

图 7-22 一种三总线阵列乘除法运算器结构

图 7-22 中最左边是进行加、减、求补、加一、减一、左右移位、逻辑与、或、非、异或等操作的运算器部件，包括一个 ALU、左、右两个输入多路器 LM 和 RM、一个输出多路器 OM。左多路可选择将总线上的数据，或数据的非送至 ALU 的左输入端，分别用 LM(D)和 LM($\overline{D}$)表示。右

输入多路器可选择将总线上的数据，或数据的非，或全 1 送至 ALU 的右输入端，分别用 RM（D），RM($\overline{D}$)，RM(1)表示，输出多路器可选择将 ALU 的输出左移一位，右移一位，直送或高低字交换后送上内部总线 IB，分别用 OM(L)、OM(R)、OM(V)、OM(X)表示。

ALU 的右面是进行阵列乘的部件 MULA。MULA 的左、右两个输入端 ND 与 ER 分别连接 IB1 和 IB2，以获得被乘数和乘数。由于两个 n 位数相乘其积应为 $2n$ 位。因此，输出端设立一寄存器 PH，用以暂时存放乘积的高半部。$2n$ 位的乘积需要分两次通过 IB3 传输。

阵列乘部件 MULA 的右面是阵列除部件 DIVA。除数由内部总线 IB2 送至 DIVA 的 OR 端，被除数的高半部先由 IB1 送到被除数高位暂存器 DH 存放，然后再由 IB1 将被除数低半部送至 DIVA 的 DL 端。阵列除的商先经 IB3 传输，余数暂时保存于余数寄存器 R，而后由 IB3 传输。

图中最右面是通用寄存器组 GR，寄存器的输入端连接 IB3，寄存器的输出可选择送上 IB1 或 IB2。系统数据总线 SB，经三态门 E、F、G 分别与内总线 IB1、IB2、IB3 相连，使运算器可经三态门 E、F、G 从系统总线取得数据或向系统总线送出数据。另外三态门 D 控制连接 IB1 与 IB3，使 IB1 上的数据可不经任何操作直接经三态门 D 送到 IB3，完成寄存器之间，或寄存器与存储器（或外设）之间的数据传输。

这种运算器的结构特点是：

① 无累加器。运算器可由通用寄存器，存储器，或由外设端口任意选择两个操作数，在指令结构上属二地址指令或三地址指令结构。

② 在总线结构上属三总线。两个操作数，一个运算结果通过不同的总线传输。各类操作可一步完成，使运算速度得到提高。在阵列乘部件中由于乘积为双倍字长，故设立暂存器 PH 保存乘积的高字，使得乘积的高低字通过 IB3 分两次传输。同样理由在除法中被除数可为双倍字长，故设立暂存器 DH 保存被除数的高字，使被除数分两次通过 IB1 传输。除法的结果有商和余数，各为一个字长。故在阵列除的输出端设立余数暂存器 R，暂时保存余数，使商和余数分两次通过 IB3 传输。

③ 运算器中设立了阵列乘、除部件，极大地提高了乘、除的运算速度，是 3 种结构中并行程度最高，速度最快的。其代价是资源重复设置，硬件成本高。

7.7　浮点运算和浮点运算器

在第 6 章的介绍中知道，浮点数是由定点数的组合表示出来的，阶码是定点整数，尾数是定点小数。所以，浮点运算也是在定点数的基础上实现的。为保证唯一性和最长的有效数字，对浮点数运算，要求参加运算的数据和运算结果必须是规格化的，下面的浮点运算方法均是基于该前提的。

7.7.1　浮点加/减法

浮点运算中，加、减法要比乘、除法更复杂，因为它需要对齐。加、减法有 4 个基本阶段：

① 0 操作数检查。

② 比较阶码并完成对阶。

③ 尾数加减。

④ 规格化结果。

图 7-23 是一个典型的浮点加法流程图。

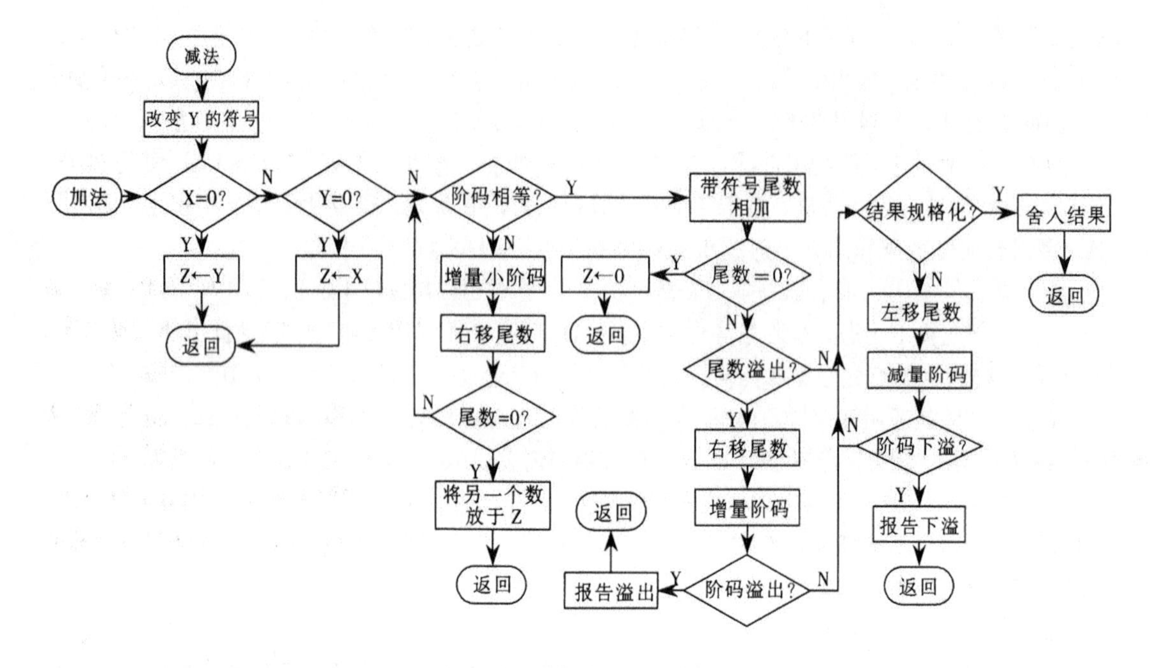

图 7-23 浮点加法和减法

第一阶段为 0 操作数检查，因为加法和减法除了改变符号外基本上是相同的，所以有一个操作数是 0，那么另一个操作数就是结果。

下一步是使两个操作数的指数相同。两浮点数进行加减，首先要看两数的阶码是否相同，即小数点位置是否对齐。若两数阶码相同，表示小数点是对齐的，就可以进行尾数的加减运算；反之，若两数阶码不同，表示小数点位置没有对齐，此时必须使两数的阶码相同，这个过程叫做对阶。

要实现对阶，可以右移较小的数（增加它的指数）或左移较大的数（减少它的指数）。无论哪种操作都会导致数字丢失。一般来说，右移较小的数而丢失的数字，所造成的影响要相对小些。因此，对阶操作规定使尾数右移，尾数右移后使阶码做相应增加，其数值保持不变。很显然，一个增加后的阶码与另一个阶码相等，所增加的阶码一定是小阶。因此在对阶时，总是使小阶向大阶看齐，即小阶的尾数向右移位（相当于小数点左移），每右移一位，其阶码加 1，直到两数的阶码相等为止，右移的位数等于阶差。

接着，两个尾数相加，包括它们的符号。因为符号可能不同，结果有可能是 0。这里也可能尾数上溢出 1 个数字，若是这样，则尾数要右移，指数增 1。作为此结果也可能指数又出现上溢，此时应暂停此操作并报告。

下一阶段是规格化结果。左移尾数直到最高有效数字为非零。每次左移都引起指数相应减量，这种情况有可能出现指数下溢。最后，必须对结果进行舍入，然后报告结果。我们将舍入讨论推迟到乘除法讨论之后再进行。

【例 7-4】 设 $x=2^{010}\times 0.11011011$，$y=2^{100}\times(-0.10101100)$，求 $x+y$。

解：假设阶码、尾数均用补码表示，阶码采用双符号位，尾数采用单符号位，则它们的浮点表示分别为：

x=00010　0.11011011

y=00100　1.01010100

（1）对阶

x 的阶码小，应使 x 的尾数右移 2 位，x 的阶码加 2

$x=00100\quad 0.00110110(11)$

其中（11）表示 x 的尾数右移 2 位后移出的最低两位数。

（2）尾数求和

$0.00110110(11)+1.01010100=1.10001010(11)$

（3）规格化处理

尾数运算结果的符号位与最高数值位为同值，应执行左规处理，结果为 1.00010101(1)，阶码为 00 011。

（4）舍入处理

采用 0 舍 1 入法处理，则应进 1，结果为 1.00010110。

（5）判断溢出

阶码符号位为 00，不溢出，故得最终结果为：

$$x+y=2^{011}\times(-0.11101010)$$

7.7.2　浮点乘/除法

浮点乘、除法要比加、减法简单，由如下讨论可以看出。

我们首先考虑乘法。无论哪个操作数是 0。乘积即为 0。下一步是指数相加。若指数是偏移值指数形式，指数的和将会有双倍的偏值，故应从和中减去一个偏移，如图 7-24 所示。可能会出现指数上溢或下溢，此时应结束算法并报告。

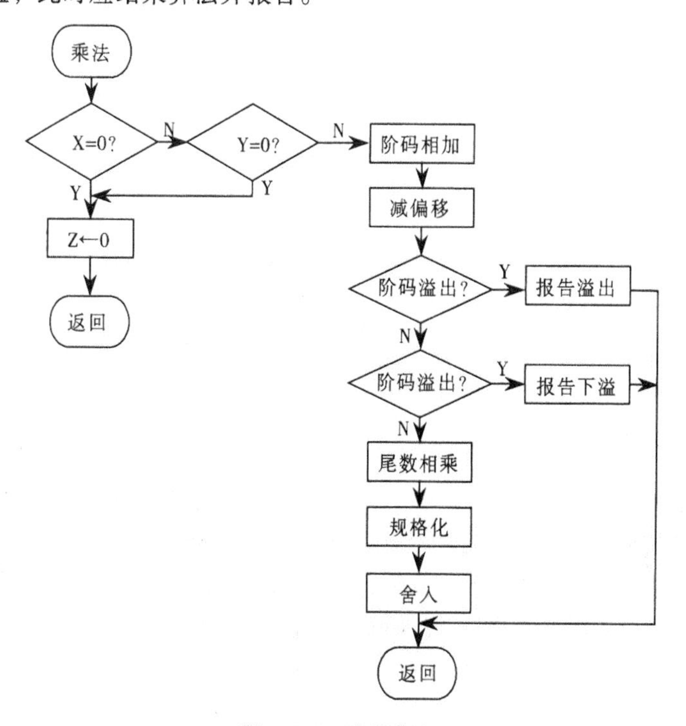

图 7-24　浮点乘法

若积的指数在一个恰当的范围内，则下一步应是有效数相乘，包括它们的符号一起考虑。有效数相乘与整数乘法的完成方式相同。积的长度将是被乘数和乘数的长度的两倍，多余的位将在舍入期间丢失掉。

得出乘积之后，下一步则是结果的规格化和舍入处理，同加、减法所做的一样。注意，规格化可能导致指数下溢出现。

最后考虑除法流程图。第一步是测试 0。若除数是 0，或报告出错，或认为是一个无穷大的数，取决于具体的实现。若被除数是 0，则结果是 0。下一步是被除数的指数减除数的指数。如指数是偏移值指数形式，这个过程把偏移去掉了，故必须再加上偏移值，如图 7-25 所示。然后对指数上溢或下溢进行测试。

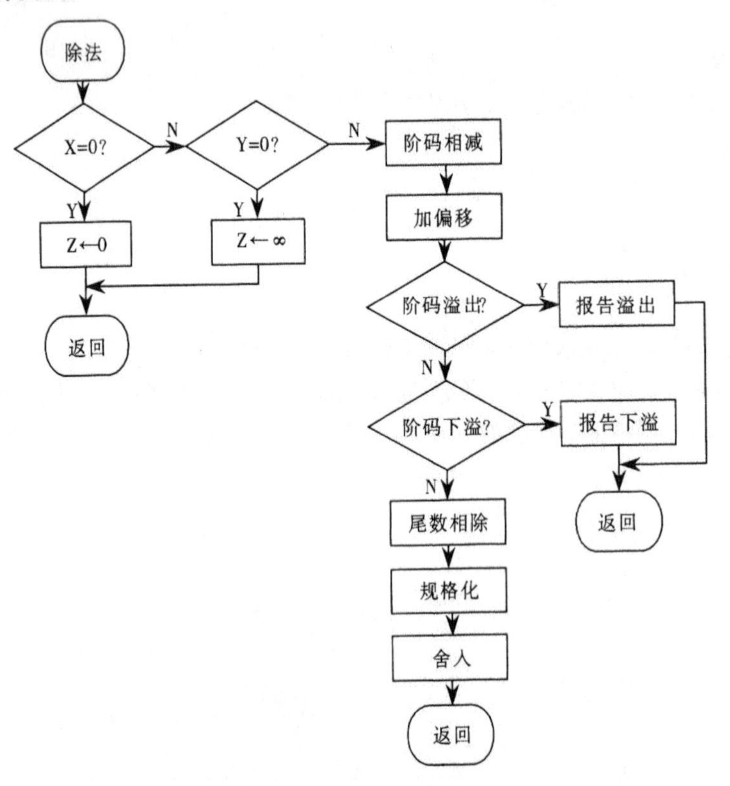

图 7-25　浮点除法

下一步是尾数相除。然后进行规格化和舍入处理。

7.7.3　舍入处理

影响结果精度的另一细节是舍入策略（Rounding Policy）。对有效数操作的结果通常存入更长的寄存器中。当结果回到浮点格式时，必须要排除掉多余的位。

已开发出几种技术用于舍入处理。实际上，IEEE 标准已列出 4 种可供选择的方法：

- 就近舍入（Round To Nearest）：结果被舍入成最近的可表示的数。
- 朝+∞舍入（Round Toward +∞）：结果向正无穷大方向取舍。
- 朝-∞舍入（Round Toward -∞）：结果向负无穷大方向取舍。
- 朝 0 舍入（Round Toward 0）：结果朝 0 取舍。

下面依次考察这些策略。就近舍入是标准列出的默认舍入方式，并将定义最靠近此超过精度结果的可表示值递交；若两个可表示的值是同等的靠近，则最低有效数位是 0 的那个值被递交。

例如，超出可保存的23位的多余位是10010，则多余位的值超过了最低可表示位值的一半。这种情况下，正确的答案是最低可表示位加 1，即进到下一个可表示的数。现在，考虑多余位是01111。这种情况下，多余位的值小于最低可表示位值的一半。正确的答案是简单去掉多余位（截短），这具有舍到下一个可表示数的效果。

标准亦解决了多余位是 10000…这种特殊情况。此时结果位于两个可表示数值的正中间。一种可选的方法是截短，因为该操作最简单。但这个简单方法的缺点是，它会给一个计算序列带来小的但可累积的偏差效应。另一种可选方法是，基于一随机数来决定是舍还是入，于是平均而言无偏差积累效应。反对这种方法的意见是，它不能产生一个可预期的确定的结果。IEEE 采取的方法是强迫结果是偶数，若计算结果是严格位于两个可表示数的正中间，则结果的最低可表示位当前是 1，则值向上入；若当前是 0，则值向下舍。

另两个可选方法是朝正或负的无穷大方向舍入。它们在实现一种称为间隔算法（Interval Arithmetic）的技术中是有用的。间隔算法的含意是，在一系列浮点运算结束时，由于硬件的限制必定导致舍入，使得我们不能知道严格的答案。若我们对系列中每个运算做两次，一次取入，一次取舍，则结果一定保持在正确答案的上、下边界之间。如果上、下边界的范围足够窄，则得到了一个足够精确的结果。如果不是这样，则至少我们能知道并能完成附加的分析。

标准指派的最后一种技术是朝 0 舍入。它实际上是简单的截短，不管多余位。这确实是最简单的技术。然而，被截短值的幅值总是小于或等于更精确原值的幅值，这会在计算中产生一致的向下偏差。这是比我们讨论过的任何偏差都更为严重的偏差，因为这种偏差对任何产生非零多余位的运算都有影响。

7.7.4 浮点运算器

根据计算机进行浮点运算得频繁程度，以及对运算速度的要求，可选择下列几种方式实现浮点运算。

（1）软件实现

根据浮点加、减、乘、除的算法流程图，编写浮点四则运算子程序供用户调用这种方法适用于只有定点运算器的计算机中，即用定点运算器实现浮点运算功能，一些结构比较简单的计算机像单片机、单板机、微控制器经常采用这种方法，虽然浮点运算速度慢，但硬件结构简单，价格低廉。

（2）设置浮点运算选件

用户可根据自己的要求自由选择浮点运算部件。如应用广泛的 PC，一般只配备 80X86CPU，仅有定点运算器，可以通过调用子程序完成浮点运算，若配备浮点运算选件 80X87 协处理器，则浮点运算由浮点指令指挥浮点协处理器完成，加快浮点运算速度。

（3）使用一套运算器

使用一套运算器，既用来完成浮点运算，也用来执行定点运算。中、大型机中经常采用这种方法。

（4）浮点流水运算部件

根据浮点运算步骤，分别设置专门硬件完成某一特定的运算。如对于浮点加减，可设置4套硬件，分别完成求价差、对阶、尾数求和、规格化等操作，形成流水作业，这种方法虽然硬件成本高，但浮点运算速度明显提高，在不惜代价追求速度的场合，常采用这种方法。

根据浮点四则运算的规则，浮点运算器应包括阶码运算器和尾数运算器两部分。阶码运算器是一个定点整数运算器，能完成加减运算时的阶码比较，乘除运算时阶码相加减，对阶及规格化的阶码±1 操作，结构相对简单。尾数求和运算器是一个定点小数运算器，能完成加减运算时尾数求和，以及乘除运算时尾数的乘除，另外还应有快速移位功能，以完成对阶及规格化操作，因此结构相对复杂。

下面以80X87浮点运算器为例，说明一个一般浮点运算器的特点和内部结构。

80X87是美国Intel公司为处理浮点数等数据的算术运算和多种函数计算而设计生产的专用算术运算处理器。由于它们的算术运算是配合80X86CPU进行的，所以又称为协处理器，其具有如下特点：

① 以异步方式与80386并行工作，80X87相当于386的一个I/O部件，本身有它自己的指令，但不能单独使用，它只能作为主 CPU 的协处理器才能运算。因为真正的读/写主存的工作不是80X87完成，而是由80386执行的。如果80386从主存读取的指令是80X87浮点运算指令，则它们以输出的方式把该指令送到80X87，80X87接受后进行译码并执行浮点运算。80X87进行运算期间，80386可取下一条其他指令予以执行，因而实现了并行工作。如果在80X87执行浮点运算指令过程中80386又取来了一条80X87指令，则80X87以给出“忙”的标志信号加以拒绝，使80386暂停向80X87发送命令。只有待80X87完成浮点运算而取消“忙”的标志信号以后，80386才可以进行一次发送操作。

② 可处理包括二进制浮点数、二进制整数和压缩十进制数串3大类7种数据，其中浮点数的格式符合IEEE 754标准。7种数据类型在寄存器中表示如图7-26所示。

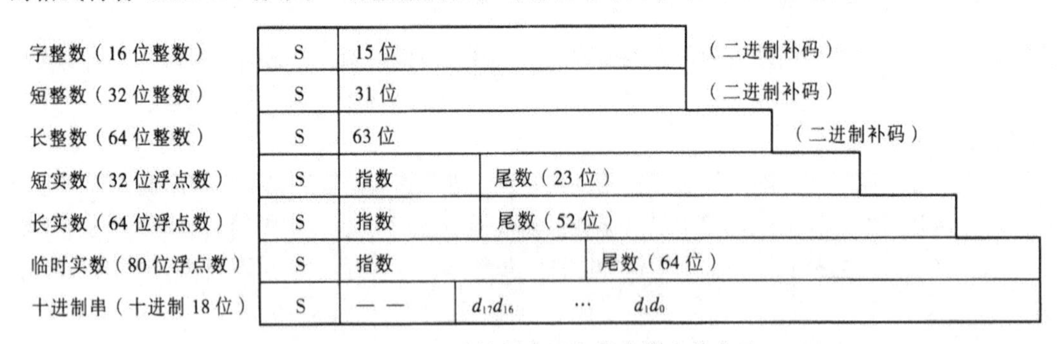

图7-26 7种数据类型在寄存器中的表示

此处S为一位符号位，0代表正，1代表负。三种浮点数阶码的基值均为2。阶码值用移码表示，尾数用原码表示。浮点数有32位、64位、80位3种。80X87从存储器取数和向存储器写数时，均用80位的临时实数和其他6种数据类型执行自动转换。全部数据在80X87中均以80位临时数据的形式表示。因此80X87具有80位字长的内部结构，并有8个80位字长以“先进后出”方式管理的寄存器组，又称寄存器堆栈。

图7-27所示为80X87的内部结构逻辑框图。由图看出，它不仅仅是一个浮点运算器，还包

括了执行数据运算所需要的全部控制硬件。就运算部分讲，有处理浮点数指数部分的部件和处理尾数部分的部件，还有加速移位操作的移位器路线，它们通过指数总线和小数总线与 8 个 80 位字长的寄存器堆栈相连接。这些寄存器按“先进后出”方式工作，此时栈顶被用做累加器；也可以按寄存器的编号直接访问任何一个寄存器。

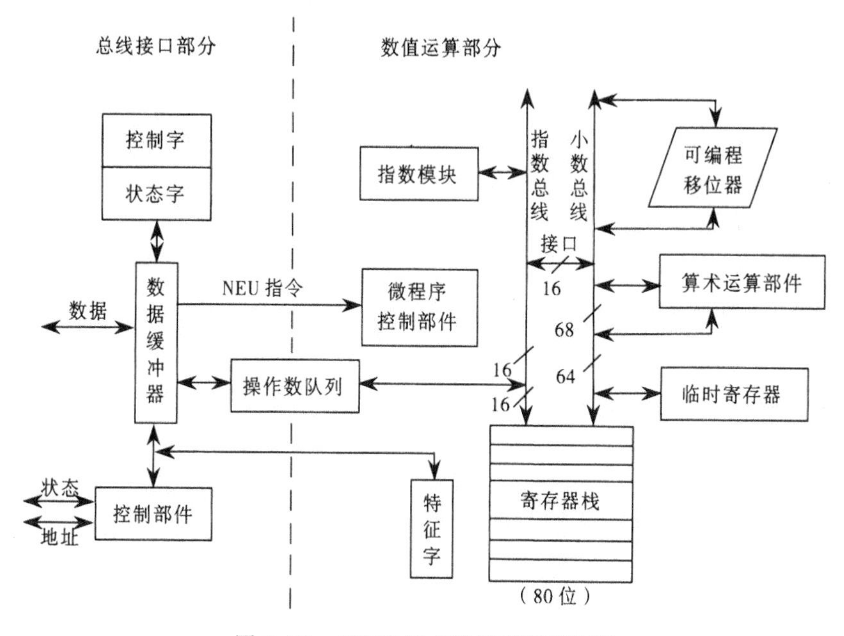

图 7-27　80X87 浮点计算器逻辑框图

为了保证操作的正确执行，80X87 内部还设置了 3 个各为 16 位字长的寄存器，即特征寄存器、控制寄存器和状态寄存器。

特征寄存器用两位表示寄存器堆栈中每个寄存器的状态，即特征值为 00～11 的 4 种组合来表明相应的寄存器有正确数据、数据为 0、数据非法、无数据 4 种情况。

控制字寄存器用于控制 80X87 的内部操作。状态字寄存器用于表示 80X87 的结果处理情况，例如当“忙”标志为 1 时，表示正在执行一条浮点运算指令，为 0 则表示 80X87 空闲。状态寄存器的低 6 位指出异常错误的 6 种类型，与控制寄存器低 6 位相对应。当对应的控制寄存器位为 0（未屏蔽）而状态寄存器位为 1 时，因发生某种异常错误而产生中断请求。

小　　结

由于补码的模除性质，定点机器数的加减法运算通常通过补码实现，补码的加减运算规则使得计算机中的减法转化成加法来实现，方便了硬件的设计。

定点数的乘法运算可以采用原码或补码实现，包括原码一位乘法、补码 Booth 乘法等串行乘法算法。定点数的除法运算也可以采用原码或补码实现，包括原码恢复余数法、原码加减交替法、补码加减交替法等除法算法。

浮点数是由定点数的组合表示出来的，所以浮点运算也是在定点机器数的基础上实现的。浮点运算器由阶码运算部件和尾数运算部件两部分构成。

为了使运算器提高速度和简化控制，采用了先行进位、阵列乘除法、流水线等并行技术措施。

定点运算器和浮点运算器的结构复杂程度有所不同。早期微型机中浮点运算器放在 CPU 芯片外部，随着高密度集成电路技术的发展，现已移至 CPU 内部。

习　题

1．选择题。

（1）运算器虽有许多部件组成，但核心部分是（　　）。

A．数据总线　　B．算术逻辑单元

C．多路开关　　D．通用寄存器

（2）在定点二进制运算其中，减法运算一般通过（　　）来实现。

A．原码运算的二进制减法器　　B．补码运算的二进制减法器

C．补码运算的十进制加法器　　D．补码运算的二进制加法器

（3）4 片 74181ALU 和 1 片 74182CLA 器件相配合，具有如下进位传递功能（　　）。

A．行波进位　　B．组内先行进位，组间先行进位

C．组内先行进位，组间行波进位　　D．组内行波进位，组间先行进位

（4）下列说法中正确的是（　　）。

A．采用变形补码进行加减法运算可以避免溢出

B．只有定点数运算才有可能溢出，浮点运算不会溢出

C．只有带符号数的运算才有可能溢出

D．只有将两个正数相加时才有可能溢出

（5）在定点数运算中产生溢出的原因是（　　）。

A．运算过程中最高位产生了进位或借位

B．参加运算的操作超出了机器的表示范围

C．运算的结果的操作数超出了机器的表示范围

D．寄存器的位数太少，不得不舍弃最低有效位

（6）下溢指的是（　　）。

A．运算结果的绝对值小于机器所能表示的最小绝对值

B．运算结果小于机器所能表示的最小负数

C．运算结果小于机器所能表示的最小正数

D．运算结果的最低有效位产生的错误

（7）下面关于浮点运算器的描述中正确的是（　　）。

A．浮点运算器可使用两个独立的定点运算部件实现

B．阶码部件需要实现加、减、乘、除 4 种运算

C．阶码部件只进行阶码相加、相减和比较操作

D．尾数部件只进行乘法和除法运算

2. 解释术语。
   （1）行波进位、先行进位
   （2）ALU
   （3）内部总线
   （4）舍入
3. 简述定点运算中溢出处理方法。
4. 简述浮点运算中溢出处理方法。
5. 使用补码计算 $x+y$ 和 $x-y$，同时指出结果是否溢出。
   （1）$x=0.11011$　$y=0.00011$
   （2）$x=0.11011$　$y=-0.10101$
   （3）$x=-0.10110$　$y=-0.00001$
6. 设有两个十进制数：$x=-0.875\times2^1$，$y=0.625\times2^2$，将 x、y 表示为 32 位 IEEE754 格式，并计算 $x+y$ 和 $x-y$。
7. 利用 74181 和 74182 器件设计如下 3 种方案的 64 位 ALU：（1）行波进位；（2）二级行波 CLA；（3）三级 CLA。试比较 3 种方案的速度与集成电路片数。
8. 余 3 码编码的十进制加法规则如下：两个一位十进制数的余 3 码相加，如结果无进位，则从和数中减去 3（加 1101）；如结果有进位，则从和数中加上 3（加上 0011），即得和数的余 3 码。试设计余 3 码编码的十进制加法器单元电路。
9. 思考题。
   （1）逻辑运算和算术运算的本质区别是什么？
   （2）如何加快浮点运算的速度？

第8章 指令系统

重点内容

- 指令系统的发展与性能要求;
- 机器指令的设计要素;
- 指令格式;
- 操作数类型和操作类型;
- 指令和数据的寻址方式;
- RISC 技术。

计算机指令系统设计得是否合理，直接关系到计算机硬件系统的结构，也关系到程序设计的支持程度和效率。计算机设计人员和计算机编程人员看到机器的分界面是机器指令集。以设计者的观点看，机器指令集提出了对 CPU 的功能需求。以计算机编程人员的观点看，使用机器语言（实际以汇编语言为主）的用户必须通晓机器直接支持的寄存器和存储器结构、数据类型以及 ALU 的功能。

8.1 指令系统的发展与性能要求

计算机的程序是由一系列的机器指令组成的，指令就是要计算机执行某种操作的命令。从计算机组成的层次结构来说，计算机的指令有微指令、机器指令和宏指令之分。微指令是微程序级的命令，它属于硬件；宏指令是由若干条机器指令组成的软件指令，它属于软件；而机器指令则介于微指令与宏指令之间，通常简称为指令。每一条指令可完成一个独立的算术运算或逻辑运算操作。

本章所讨论的指令，是机器指令。一台计算机中所有机器指令的集合，称为这台计算机的指令系统。指令系统是表征一台计算机性能的重要因素，它的格式与功能不仅直接影响到机器的硬件结构，而且也直接影响到系统软件和机器的适用范围。

8.1.1 指令系统的发展

20 世纪 50 年代，由于受器件限制，计算机的硬件结构比较简单，所支持的指令系统只有定点加减、逻辑运算、数据传输、转移等十几至几十条指令。20 世纪 60 年代后期，随着集成电路的出现，硬件功能不断增强，指令系统越来越丰富，除以上基本指令外，还设置了乘除运算、浮点运算、十进制运算、字符串处理等指令，指令数目多达一二百条，寻址方式也趋多样化。

随着集成电路的发展和计算机应用领域的不断扩大，20 世纪 60 年代后期开始出现系列计算机。所谓系列计算机，是指基本指令系统相同、基本体系结构相同的一系列计算机。如 Pentium

系列就是当前流行的一种个人机系列。一个系列往往有多种型号，但由于推出时间不同，采用器件不同，它们在结构和性能上有所差异。通常是新机种在性能和价格方面比旧机种优越。系列机解决了各机种的软件兼容问题，其必要条件是同一系列的各机种有共同的指令集，而且新推出的机种指令系统一定包含所有旧机种的全部指令。因此旧机种上运行的各种软件可以不加任何修改便在新机种上运行，大大减少了软件开发费用。

20世纪70年代末期，计算机硬件结构随着VLSI技术的飞速发展而越来越复杂化，大多数计算机的指令系统多达几百条。称这些计算机为复杂指令系统计算机，简称CISC。但是如此庞大的指令系统不但使计算机的研制周期变长，难以保证正确性，不易调试维护，而且由于采用了大量使用频率很低的复杂指令而造成硬件资源浪费。为此人们又提出了便于VLSI技术实现的精简指令系统计算机，简称RISC。

8.1.2 指令系统的性能要求

指令系统的性能如何，决定了计算机的基本功能。因而指令系统的设计是计算机系统设计中的一个核心问题，它不仅与计算机的硬件结构紧密相关，而且直接关系到用户的使用需要。一个完善的指令系统应满足如下4方面的要求：

（1）完备性

完备性是指用汇编语言编写各种程序时，指令系统直接提供的指令足够使用，而不必用软件来实现。完备性要求指令系统丰富、功能齐全、使用方便。

一台计算机中最基本、必不可少的指令是不多的。许多指令可用最基本的指令编程来实现。例如，乘除运算指令、浮点运算指令可直接用硬件来实现，也可用基本指令编写的程序来实现。采用硬件指令的目的是提高程序执行速度，便于用户编写程序。

（2）有效性

有效性是指利用该指令系统所编写的程序能够高效率地运行。高效率主要表现在程序占据存储空间小、执行速度快。一般来说，一个功能更强、更完善的指令系统，必定有更好的有效性。

（3）规整性

规整性包括指令系统的对称性、匀齐性、指令格式和数据格式的一致性。对称性是指在指令系统中所有的寄存器和存储器单元都可同等对待，所有的指令都可使用各种寻址方式；匀齐性是指一种操作性质的指令可以支持各种数据类型，如算术运算指令可支持字节、字、双字整数的运算，十进制数运算和单、双精度浮点数运算等；指令格式和数据格式的一致性是指，指令长度和数据长度有一定的关系，以方便处理和存取。例如指令长度和数据长度通常是字节长度的整数倍。

（4）兼容性

系列机各机种之间具有相同的基本结构和共同的基本指令集，因而指令系统是兼容的，即各机种上基本软件可以通用。但由于不同机种推出的时间不同，在结构和性能上有差异，做到所有软件都完全兼容是不可能的，只能做到“向上兼容”，即低档机上运行的软件可以在高档机上运行。

8.1.3 低级语言与硬件结构的关系

计算机的程序，就是人们把需要用计算机解决的问题变换成计算机能够识别的一串指令或语句。编写程序的过程，称为程序设计，而程序设计所使用的工具则是计算机语言。

计算机语言有高级语言和低级语言之分。高级语言如 C、FORTRAN 等，其语句和用法与具体机器的指令系统无关。低级语言分机器语言（二进制语言）和汇编语言（符号语言），这两种语言都是面向机器的语言，它们和具体机器的指令系统密切相关，机器语言用指令代码编写程序，而符号语言用指令助记符来编写程序。

计算机能够直接识别和执行的唯一语言是二进制机器语言，但是人们用它来编写程序很不方便。另一方面，人们采用符号语言或高级语言编写程序，虽然对人提供了方便，但是机器却不懂这些语言。为此，必须借助汇编程序或编译程序，把符号语言或高级语言翻译成二进制码组成的机器语言。

汇编语言依赖于计算机的硬件结构和指令系统。不同的机器有不同的指令，所以用汇编语言编写的程序不能在其他类型的机器上运行。

高级语言与计算机的硬件结构及指令系统无关，在编写程序方面比汇编语言优越。但是高级语言程序"看不见"机器的硬件结构，因而不能用它来编写直接访问机器硬件资源（如某个寄存器或存储器单元）的系统软件或设备控制软件。为了克服这一缺陷，一些高级语言（如 C、FORTARAN 等）提供了与汇编语言之间的调用接口。用汇编语言编写的程序，可作为高级语言的一个外部过程或函数，利用堆栈来传递参数或参数的地址。两者的源程序通过编译或汇编生成目标文件后，利用连接程序把它们连接成可执行文件便可运行。采用这种方法，用高级语言编写程序时，若用到硬件资源，则可用汇编程序来实现。

8.2　机器指令的设计要素

CPU 的操作被它执行的指令所确定。这些指令被称为机器指令（Machine Instruction）或计算机指令。CPU 可完成的各类功能反映在为 CPU 定义的各类指令中。CPU 执行的各种不同指令的集合称为 CPU 的指令集（Instruction Set）。

8.2.1　机器指令格式

每条机器指令必定包含 CPU 执行所需的信息。机器指令设计的要素主要有：

（1）操作码（Operation Code）

指定将要完成的操作类型（如 ADD、MOV 等），这些二进制代码常简称为 Opcode。

（2）源操作数地址（Source Operand Reference）

操作会涉及一个或多个源操作数，它指明从哪里得到源操作数。

（3）目的操作数地址（Result Operand Reference）

它指明操作结果被存放的地方。

（4）下一条指令的地址（Next Instruction Reference）

告诉 CPU 这条指令执行完成后到哪儿去取下一个指令。大多数情况下，将要执行的下一条指令紧跟在当前指令之后，此时指令中没有显式引用。当需要显式引用时，则指令中必须提供主存或虚拟存储器的地址。

源操作数和目的操作数一般存放在以下 3 个位置：

① 主存或虚存。与下一条指令的引用一样，必须提供主存或虚存的地址。

② CPU 寄存器。除极少数例外，一个 CPU 总有一个或多个能被机器指令所访问的寄存器。如只有一个寄存器，对它的引用可以是隐式的；若不止一个寄存器，则每个寄存器要指定一个唯一的编号，指令提供所需寄存器的寄存器号。

③ I/O 设备。需要 I/O 操作的指令必须指定 I/O 模块或设备的地址。

根据上述要素，可以设计出计算机的机器指令格式。机器指令格式，是机器指令用二进制代码表示的结构形式，通常由操作码字段和地址码字段组成。操作码字段表征指令的操作特性与功能，而地址码字段通常指定参与操作的操作数的地址。因此，一条指令的结构可用如下形式来表示：

操作码字段	地址码字段

机器指令格式设计的主要目标有：

- 节省程序的存储空间。
- 指令格式要尽量规整，减少硬件译码的复杂程度。
- 优化后不能降低指令的执行速度。

在计算机内部，指令由一个二进制位串表示。无论是一般用户还是编程人员，都难以与机器指令二进制表示法直接打交道。于是，普遍使用的是机器指令符号表示法(Symbol Representation)。

操作码被缩写成助记符（ Memonic ）来表示。普通的例子是：

- ADD：加。
- SUB：减。
- MPY：乘。
- DIV：除。
- LOAD：由存储器装入。
- STOR：存到存储器。

操作数也可用符号表示。例如，指令：

```
ADD R,Y
```

它将存储器 Y 位置中的数据值加到寄存器 R 内容上。在这个例子中，Y 是存储器某位置的地址，R 指的是一个具体寄存器。注意，操作是对位置的内容来完成的，而不是对它的地址。

8.2.2 操作码设计

计算机指令最主要的元素是操作码 (Opcode)，它指明即将完成的操作、源操作数和目的操作数的引用方式，以及通常隐式指明下一个指令的引用方式。操作码指定的操作，一般有如下类型：算术和逻辑运算；在两个寄存器、寄存器和存储器或两个存储器位置之间传输数据；I/O 操作；控制操作。

不同的指令用操作码字段的不同编码来表示，每一种编码代表一种指令。例如，操作码 001 可以规定为加法操作；操作码 010 可以规定为减法操作；而操作码 110 可以规定为取数操作等。CPU 中的专门电路用来解释每个操作码，因此机器就能执行操作码所表示的操作。

组成操作码字段的位数一般取决于计算机指令系统的规模。较大的指令系统就需要更多的位数来表示每条特定的指令。例如，一个指令系统只有 8 条指令，则有 3 位操作码就够了（ $2^3=8$ ）。如果有 32 条指令，那么就需要 5 位操作码（ $2^5=32$ ）。一般来说，一个包含 n 位的操作码最多能够表示 2^n 条指令。

对于一个机器的指令系统，在指令字中操作码字段和地址码字段长度通常是固定的。在单片机中，由于指令字较短，为了充分利用指令字长度，指令字的操作码字段和地址码字段是不固定的，即不同类型的指令有不同的划分，以便尽可能用较短的指令字长来表示越来越多的操作种类，并在越来越大的存储空间中寻址。

操作码的表示方法通常有3种：固定长度操作码、Huffman编码法和扩展编码法。

一般处理机的指令条数通常为几十条至几百条，用一个字节（8位）表示，非常规整，硬件译码也很简单。IBM公司生产的大中型计算机中，许多RISC计算机都采用这种编码方法。但固定长操作码的主要缺点是，浪费了许多信息量，即操作码的总长度增加。典型情况下，操作码的总长度要增加40%左右。

Huffman编码法是1952年由Huffman首先提出的一种编码方法。开始主要用于电报报文的编码。如26个英文字母中，e、t等的使用频率最高，用短码表示；q、x等的使用频率很低，用长码表示。这样，可以缩短整个报文的长度，减少报文的传输时间。Huffman编码法也可以用在其他许多地方。如存储空间压缩、时间压缩等。

要采用Huffman编码法表示操作码，必须先知道各种指令在程序中出现的概率，这通常可以通过对已有典型程序进行统计得到。

采用Huffman编码法能够使操作码的平均长度最短，信息的冗余量最小。然而，这种编码方法所形成的操作码很不规整。这样，既不利于硬件的译码，也不利于软件的编译。另外，它也很难与地址码配合，形成有规则长度的指令编码。

在许多计算机中，采用了一种折中的方法，称为扩展编码法。这种方法是由固定长操作码与Huffman编码法相结合形成的。关于这种方法的实现方式，通过下一小节的例8-1加以说明。

表8-1列出了美国Burroughs公司生产的B-1700计算机系统，分别采用8位定长操作码、4-6-10扩展操作码和全Huffman编码时，整个操作系统所用指令的操作码的总长度。从表中可以看出，改进操作码的编码方式可以节省大量的程序存储空间。

表8-1　B-1700计算机操作码编码方式比较

操作码编码方式	整个操作系统所用指令的操作码总位数	改进的百分比
8位定长操作码	301248	0
4-6-10扩展操作码	184966	39%
全Huffman编码	172346	43%

8.2.3　地址码设计

一条指令需要的最大地址数是多少？算术和逻辑指令要求的操作数最多。所有算术和逻辑运算是一元的（一个操作数）或是二元的（两个操作数）运算。于是将最多需要两个地址来访问操作数。运算的结果必须被存储，这就需要第三个地址。最后，完成一条指令后必须取得下一条指令，这又需要指令地址。

所以，指令共需要含有4个地址段：两个操作数，一个结果，以及下一指令地址。实际上，四地址的指令极少。大多数CPU使用的是以下一指令地址为隐含的（由程序计数器得到）单地址、双地址或三地址的变体。

三地址的指令格式不普通，因为指令格式要容纳3个地址段，指令格式相对要长。用双地址指令完成一次二元运算，那么一个地址必须承担双重功能，既用做操作数地址又用做操作结果存放地址。

最简单的还是单地址指令。为使它能工作，第二个地址必须是隐含的。这在早先机器中是很普遍的，其隐含地址是被称为累加器（AC）的 CPU 寄存器。累加器含有一个操作数并且用来保存运算结果。

对于某些指令还可能有“零地址”格式。零地址指令可用于被称为堆栈（Stack）的专门的存储器组织中。堆栈位于一个已知位置，并且经常是堆栈顶部的两个元素位于 CPU 寄存器中。于是，零地址指令能访问栈顶两个元素。

每条指令的地址数目是基本的设计决策。每条指令中的地址数目越少，则指令的长度越短，指令也更原始（不需要复杂的 CPU）。另一方面，它又会使程序总的指令条数更多，而导致执行时间更长，程序也更长更复杂。

另外，在单地址指令和多地址指令之间存在一个重要分界点。对单地址指令，程序员通常只有一个通用寄存器（即累加器）可利用。对多地址指令，普遍具有多个通用寄存器可用，使得某些运算只在寄存器上即可完成。因为寄存器访问要比存储器访问快得多，从而使执行加快。为了灵活性和使用多寄存器的能力，大多数当代计算机采用了双地址和三地址指令的混合方式。

涉及每条指令地址数目选择的设计权衡，被其他因素复杂化了。还有一个地址是引用到存储器位置还是寄存器的设计考虑。因为寄存器的数目总是不太多，故寄存器引用只需要少数几位即可。还有，一个机器会有各种寻址方式，为指定这些方式也要占用指令的一位或几位。所以，大多数 CPU 设计支持有多种指令格式。

下面将各种具有不同数目地址码字段的指令总结如下：

① 零地址指令的指令字中只有操作码，而没有地址码。例如，停机指令就不需要地址码，因为停机操作不需要操作数。

② 一地址指令常称为单操作数指令。通常，这种指令是以运算器中累加寄存器 AC 中的数据为被操作数，指令字的地址码字段所指明的数为操作数，操作结果又放回累加寄存器 AC 中，而累加寄存器中原来的数随即被冲掉，其数学含义为：

$$(AC)\ OP\ (A) \rightarrow AC$$

其中：OP 表示操作性质，如加、减、乘、除等。

(AC)表示累加寄存器 AC 中的数。

(A)表示内存中地址为 A 的存储单元中的数，或者是运算器中地址为 A 的通用寄存器中的数。

→表示把操作（运算）结果传输到指定的地方。

注意：地址码字段 A 指明的是操作数的地址，而不是操作数本身。

③ 二地址指令常称为双操作数指令，它有两个地址码字段 A1 和 A2，分别指明参与操作的两个数在内存中或运算器中通用寄存器的地址，其中地址 A1 兼做存放操作结果的地址。其数学含义为：

$$(A1)\ OP\ (A2) \rightarrow A1$$

④ 三地址指令字中有三个操作数地址 A1，A2 和 A3 其数学含义为：

$$(A1)\ OP\ (A2) \rightarrow A3$$

其中：A1 为被操作数地址，也称为源操作数地址。

A2 为操作数地址，也称为终点操作数地址。

A3 为存放操作结果的地址。

同样，A1、A2、A3 可以是内存中的单元地址，也可以是运算器中通用寄存器的地址。

在二地址指令格式中，从操作数的物理位置来说，又可归结为 3 种类型。

（1）访问内存的指令格式

称这类指令为存储器—存储器（SS）型指令。这种指令操作时都是涉及内存单元，即参与操作的数都放在内存里。从内存某单元中取操作数，操作结果存放至内存另一单元中，因此机器执行这种指令需要多次访问内存。

（2）访问寄存器的指令格式

称这类指令为寄存器—寄存器（RR）型指令。机器执行这类指令过程中，需要多个通用寄存器或个别专用寄存器，从寄存器中取操作数，把操作结果放到另一寄存器。机器执行寄存器—寄存器型指令的速度很快，因为执行这类指令，不需要访问内存。

（3）寄存器-存储器（RS）型指令

执行此类指令时，既要访问内存单元，又要访问寄存器。

在 CISC 计算机中，一个指令系统中指令字的长度和指令中的地址结构并不是单一的，往往采用多种格式混合使用，这样可以增强指令的功能。

【例 8-1】 指令字长为 16 位，其中 4 位为基本操作码字段 OP，另外 3 个 4 位长的地址字段 A_1、A_2、A_3。4 位基本操作码若全部用于三地址指令，则只有 16 条指令。现在对指令的操作码进行等长（等于地址码长度）扩展。要求，三地址指令 15 条，二地址指令 15 条，一地址指令 15 条，零地址指令 16 条。

解：扩展方法如图 8-1 所示。

	OP	A_1	A_2	A_3	
4 位操作码	0000	A_1	A_2	A_3	15 条三地址指令
	0001	A_1	A_2	A_3	
	⋮	⋮	⋮	⋮	
	1110	A_1	A_2	A_3	
8 位操作码	1111	0000	A_2	A_3	15 条二地址指令
	1111	0001	A_2	A_3	
	⋮	⋮	⋮	⋮	
	1111	1110	A_2	A_3	
12 位操作码	1111	1111	0000	A_3	15 条一地址指令
	1111	1111	0001	A_3	
	⋮	⋮	⋮	⋮	
	1111	1111	1110	A_3	
16 位操作码	1111	1111	1111	0000	16 条零地址指令
	1111	1111	1111	0001	
	⋮	⋮	⋮	⋮	
	1111	1111	1111	1111	

图 8-1 一种扩展操作码的安排示意图

8.2.4 指令集设计

计算机设计的一个最具影响的方面是指令集的设计。指令集的设计是一件很复杂的事情，因为它影响计算机系统的诸多方面。指令集定义了 CPU 应完成的多数功能，于是它对 CPU 的实现有很大的影响，指令集也是程序员控制 CPU 的方式。于是，设计指令集时必须考虑程序员的要求。

在指令集设计的最根本出发点中，最重要的方面包括有：

① 操作指令表（Operation Repertoire）：应提供多少和什么样的操作以及操作的复杂程度。

② 数据类型（Data Types）：所支持的数据类型。

③ 指令格式（Instruction Format）：指令的（位）长度、地址数目、各个字段的大小等。

④ 寄存器（Registers）：能被指令访问的 CPU 寄存器数目以及它们的用途。

⑤ 寻址方式（Addressing Mode）：指定操作数地址的产生方式。

这些出发点是紧密相关的，设计指令集时必须一起考虑。

例如 BASIC 高级语言的指令：

$$X=X+Y$$

这条语句将存于 Y 的值加到存于 X 的值并将结果放入 X 中。用机器指令如何完成它？假定 X 和 Y 变量相应于位置 513 和 514。假定有一简单指令集，这个操作能以如下 3 条指令完成：

① 将存储器位置 513 的内容装入一个寄存器。

② 把存储器位置 514 的内容加到上述寄存器。

③ 将此寄存器内容存入存储器的 513 位置中。

正如所见，一条单一的 BASIC 指令可需要 3 条机器指令。这是高级语言和机器语言之间的典型关系。高级语言使用变量，以简明的代数形式来表达操作。而机器语言是对寄存器操作的基本形式来表达操作。

以这个简单例子给出的启示，考虑一个具体的计算机中必须包括的指令类型。计算机应有允许用户表达任何数据处理任务的一组指令。另一方面是考虑高级语言的编程能力。任何以高级语言编写的程序，都必须转换成机器语言才能执行。于是，机器指令的集合必须充分，足以表达任何高级语言的指令形式。以这些考虑，我们可将指令分类成以下 4 类：

① 数据处理：算术和逻辑指令。

② 数据存储：存储器指令。

③ 数据传输：I/O 指令。

④ 控制：测试和转移指令。

算术指令提供了处理数值型数据的计算能力。逻辑（布尔）指令是对字中的位进行操作，这些位不再看成是数值位，因此提供了处理用户打算使用的任何其他数据类型的能力。这些操作主要是对 CPU 寄存器中数据执行的。因此，必须有在存储器和寄存器之间传输数据的指令。需要有 I/O 指令将程序和数据传输到存储器并将计算结果返给用户。测试指令用于测试数据字的值或计算的状况。转移指令则用于依据判定分支到另一组指令上去。

不同机器的指令系统是各不相同的。从指令的操作码功能来考虑，一个较完善的指令系统，应当包括数据传输类指令、算术运算类指令、逻辑运算类指令、程序控制类指令、输入/输出类指令、字符串类指令、系统控制类指令。

1. 数据传输指令

数据传输指令主要包括取数指令、存数指令、传输指令、成组传输指令、字节交换指令、清累加器指令、堆栈操作指令等，这类指令主要用来实现主存和寄存器之间，或寄存器和寄存器之间的数据传输。例如，通用寄存器 R 中的数存入主存，通用寄存器 R 中的数送到另一通用寄存器 R；从主存中取数至通用寄存器 R；累加寄存器清零或主存单元清零等。

2. 算术运算指令

这类指令包括二进制定点加、减、乘、除指令，浮点加、减、乘、除指令，求反、求补指令，算术移位指令，算术比较指令，十进制加、减运算指令等。这类指令主要用于定点或浮点的算术运算，大型机中有向量运算指令，直接对整个向量或阵列进行求和、求积运算。

3. 逻辑运算指令

这类指令包括逻辑加、逻辑乘、按位加、逻辑移位等指令，主要用于无符号数的位操作、代码的转换、判断及运算。

移位指令用来对寄存器的内容实现左移、右移或循环移位。左移时，若寄存器的数看成算术数，符号位不动，其他位左移，低位补零，右移时则高位补零，这种移位称为算术移位，移位时，若寄存器的数为逻辑数，则左移或右移时，所有位一起移位，这种移位称为逻辑移位。

4. 程序控制指令

程序控制指令也称转移指令。计算机在执行程序时，通常情况下按指令计数器的现行地址顺序取指令。但有时会遇到特殊情况；机器执行到某条指令时，出现了几种不同结果，这时机器必须执行一条转移指令，根据不同结果进行转移，从而改变程序原来执行的顺序。这种转移指令称为条件转移指令。转移条件有进位标志（C）、结果为零标志（Z）、结果为负标志（N）、结果溢出标志（V）和结果奇偶标志（P）等。

除各种条件转移指令外，还有无条件转移指令、转子程序指令、返回主程序指令，中断返回指令等。

转移指令的转移地址一般采用直接寻址和相对寻址方式来确定。若用直接寻址方式，则称为绝对转移，转移地址由指令地址码部分直接给出。若采用相对寻址方式，则称为相对转移，转移地址为当前指令地址（PC 的值）和指令地址部分给出的偏移量相加之和。

5. 输入/输出指令

输入/输出指令主要用来启动外围设备，检查测试外围设备的工作状态，并实现外部设备和 CPU 之间，或外围设备与外围设备之间的信息传输。

各种不同机器的输入/输出指令差别很大。例如，有的机器指令系统中含有输入/输出指令，而有的机器指令系统中没有设置输入/输出指令。这是因为后一种情况下外部设备的寄存器和存储器单元统一编址。CPU 可以和访问内存一样地去访问外部设备。换句话说，可以使用取数、存数指令来代替输入/输出指令。

6. 字符串处理指令

字符串处理指令是一种非数值处理指令，一般包括字符串传输、字符串转换（把一种编码的字符串转换成另一种编码的字符串）、字符串比较、字符串查找（查找字符串中某一子串）、字符串抽取（提取某一子串）、字符串替换（把某一字符串用另一字符串替换）等。这类指令在文字编辑中对大量字符串进行处理。

7. 特权指令

特权指令是指具有特殊权限的指令。由于特权指令的权限最大，若使用不当，会破坏系统和其他用户信息。因此这类指令只用于操作系统或其他系统软件，一般不直接提供给用户使用。

在多用户、多任务的计算机系统中特权指令必不可少。它主要用于系统资源的分配和管理，包括改变系统工作方式，检测用户的访问权限，修改虚拟存储器管理的段表、页表，完成任务的创建和切换等。

8. 其他指令

除以上各类指令外，还有状态寄存器置位、复位指令、测试指令、暂停指令、空操作指令以及其他一些系统控制用的特殊指令。

8.2.5　指令字长

一个指令字中包含二进制代码的位数，称为指令字长。而机器字长是指计算机能直接处理的二进制数据的位数，它决定了计算机的运算精度。机器字长通常与主存单元的位数一致。指令字长等于机器字长度的指令，称为单字长指令；指令字长等于半个机器字长度的指令，称为半字长指令；指令字长等于两个机器字长度的指令，称为双字长指令。例如，IBM370 系列，它的指令格式有 16 位（半字）的，有 32 位（单字）的，还有 48 位（一个半字）的。在 Pentium 系列机中，指令格式也是可变的：有 8 位、16 位、32 位、64 位不等。

使用多字长指令的目的，在于提供足够的地址位来解决访问内存任何单元的寻址问题。但是使用多字长指令的一个主要缺点是必须两次或多次访问内存以取出一整条指令，这就降低了 CPU 的运算速度，同时又占用了更多的存储空间。

在一个指令系统中，如果各种指令字长是相等的，称为等长指令字结构，它们可以都是单字长指令或半字长指令。这种指令字结构简单，且指令字长是不变的。如果各种指令字长随指令功能而异，比如有的指令是单字长指令，有的指令是双字长指令，就称为变长指令字结构。这种指令字结构灵活，能充分利用指令长度，但指令的控制较复杂。

【例 8-2】指令格式如下，其中 OP 为操作码，试分析指令格式的特点。

解：① 单字长二地址指令。

② 操作码字段 OP 可指定 2^7=128 条指令。

③ 源寄存器和目标寄存器都是通用寄存器（可分别指定 16 个），所以是 RR 型指令，两个操作数均在寄存器中。

④ 这种指令结构常用于算术逻辑运算类指令。

【例 8-3】指令格式如下，其中 OP 为操作码，试分析指令格式的特点。

15　　OP	10　　——	7　　源寄存器　　4	3　　变址寄存器　　0
位移量（16 位）			

解：① 双字长二地址指令，用于访问存储器。

② 操作码字段 OP 可指定 2^6=64 条指令。

③ 一个操作数在源寄存器（共 16 个）中，另一个操作数在存储器中（由变址的寄存器和位移量决定），所以是 RS 型指令。

8.3 指令和操作数的寻址方式

存储器既可用来存放数据，又可用来存放指令。因此，当某个操作数或某条指令存放在某个存储单元时，其存储单元的编号，就是该操作数或指令在存储器中的地址。

在存储器中，操作数或指令字写入或读出的方式，有地址指定方式、相联存储方式和堆栈存取方式。几乎所有的计算机在内存中都采用地址指定方式，当采用地址指定方式时，形成操作数或指令地址的方式，称为寻址方式。寻址方式分为两类，即指令寻址方式和数据寻址方式，前者比较简单，后者比较复杂。值得注意的是，在传统方式设计的计算机中，内存中指令的寻址与数据的寻址是交替进行的。

8.3.1 指令的寻址方式

指令的寻址方式有两种，一种是顺序寻址方式，另一种是跳跃寻址方式。

1．顺序寻址方式

由于指令地址在内存中按顺序安排，当执行一段程序时，通常是一条指令接一条指令的顺序进行。也就是说，从存储器取出第一条指令，然后执行这条指令；接着从存储器取出第二条指令，再执行第二条指令；接着再取出第三条指令……这种程序顺序执行的过程，称为指令的顺序寻址方式。为此，必须使用程序计数器（又称指令指针寄存器）PC 来计数指令的顺序号，该顺序号就是指令在内存中的地址。图 8-2 所示为指令顺序寻址方式的示意图。

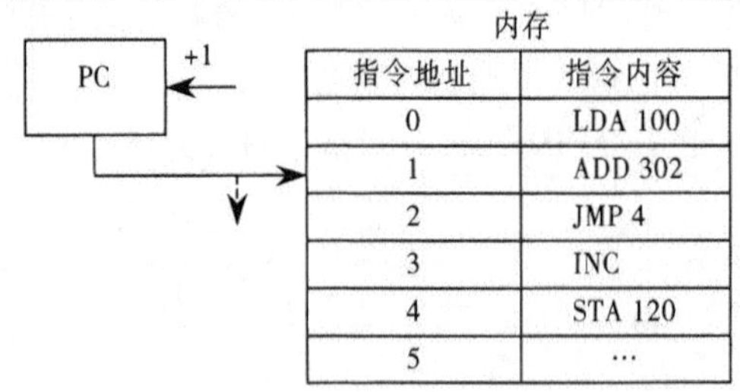

图 8-2 指令的顺序寻址方式

2．跳跃寻址方式

当程序转移执行的顺序时，指令的寻址就采取跳跃寻址方式。所谓跳跃，是指下条指令的地址码不是由程序计数器给出，而是由本条指令给出。图 8-3 所示为指令跳跃寻址方式的示意图。注意，程序跳跃后，按新的指令地址开始顺序执行。因此，指令计数器的内容也必须相应改变，以便及时跟踪新的指令地址。

采用指令跳跃寻址方式，可以实现程序转移或构成循环程序，从而能缩短程序长度，或将某些程序作为公共程序引用。指令系统中的各种条件转移或无条件转移指令，就是为了实现指令的跳跃寻址而设置的。

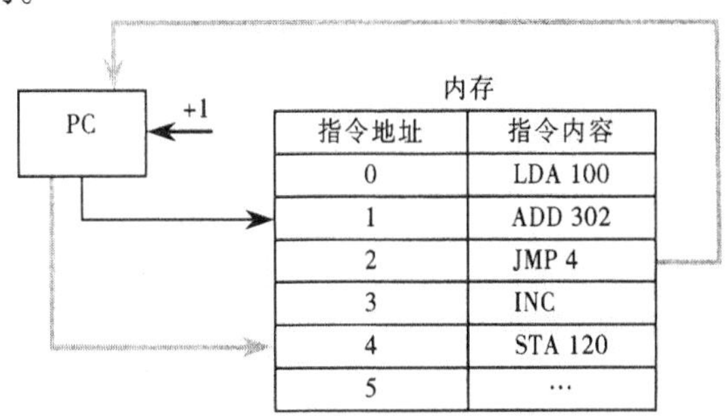

图 8-3 指令的跳跃寻址方式

8.3.2 操作数寻址方式

形成操作数的有效地址的方法称为操作数的寻址方式。

由于指令中操作数字段的地址码是由形式地址和寻址方式特征位等组合形成，因此，一般来说，指令中所给出的地址码，并不是操作数的有效地址（EA）。

形式地址 A 也称偏移量，它是指令字结构中给定的地址量。寻址方式特征位，此处由间址位和变址位组成。如果这条指令无间址和变址的要求，那么形式地址就是操作数的有效地址。如果指令中指明要变址或间址变换，那么形式地址就不是操作数的有效地址，而要经过指定方式的变换，才能形成有效地址。因此，寻址过程就是把操作数的形式地址变换为操作数的有效地址的过程。

由于大型机、小型机、微型机和单片机结构不同，从而形成了各种不同的操作数寻址方式。下面介绍一些比较典型而常用的寻址方式。

1. 隐含寻址

这种类型的指令，不是明显地给出操作数的地址，而是在指令中隐含着操作数的地址。例如，单地址的指令格式，就不是明显地在地址字段中指出第二操作数的地址，而是规定累加寄存器 AC 作为第二操作数地址。指令格式明显指出的仅是第一操作数的地址 A。因此，累加寄存器 AC 对单地址指令格式来说是隐含地址。

隐含寻址在指令字中减少了一个地址，因此，这种寻址方式的指令有利于缩短指令字长。

2. 立即寻址

指令的地址字段指出的不是操作数的地址，而是操作数本身，这种寻址方式称为立即寻址。即：操

$$操作数=A$$

立即寻址方式的特点是指令执行时间很短，因为它不需要访问内存取数，从而节省了访问内存的时间。

3. 直接寻址

直接寻址是一种基本的寻址方法，其特点是，在指令格式的地址字段中直接指出操作数在内存的地址 A。由于操作数的地址直接给出而不需要经过某种变换，所以称这种寻址方式为直接寻址方式。即：

$$EA=A$$

图 8-4 所示是直接寻址方式的示意图。

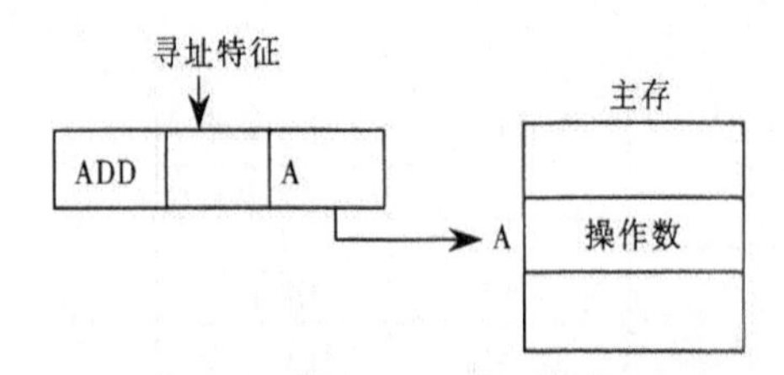

图 8-4　直接寻址

它的优点是，寻找操作数比较简单，不需要专门计算操作数的地址，在指令的执行阶段对主存只访问一次。它缺点是，A 的位数限制了指令的寻址范围，而且必须修改 A 的值，才能修改操作数的地址。

4．间接寻址

间接寻址是相对于直接寻址而言的，在间接寻址的情况下，指令地址字段中的形式地址 A 不是操作数的真正地址，而是操作数有效地址所在的存储单元地址。即：

$$EA=(A)$$

图 8-5 所示为间接寻址方式的示意图。

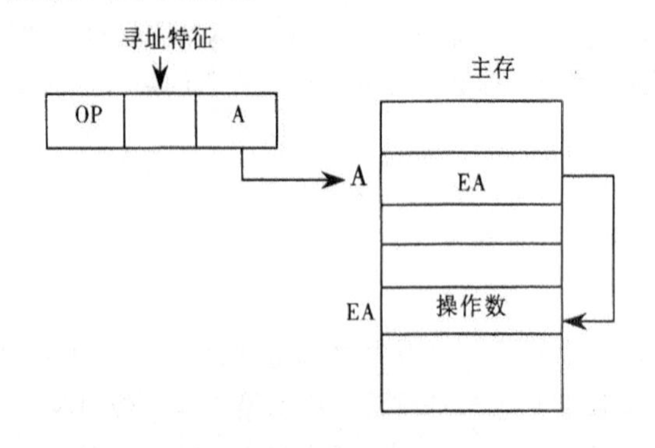

图 8-5　间接寻址

间接寻址与直接寻址相比的优点是，扩大了操作数的寻址范围。它的缺点是，在指令的执行阶段需要访问主存两次（一次间接）或多次（多次间接），使指令执行时间延长。

5．寄存器寻址

当操作数不放在内存中，而是放在 CPU 的通用寄存器中时，可采用寄存器寻址方式。显然，此时指令中给出的操作数地址不是内存的地址单元号，而是通用寄存器的编号。即：

$$EA=R$$

图 8-6 所示为寄存器寻址方式的示意图。

一般，寄存器的地址字段的长度是 3 或 4 位，故能访问的通用寄存器个数为 8 或 16 个。寄存器寻址的优点是，指令中仅需要一个较小的地址字段；不需要存储器访问，对于 CPU 内部的寄存器的存取时间远小于主存存取时间。寄存器寻址的缺点是，地址空间很有限。哪些值应保留在寄存器中，哪些值应存在存储器中，这由程序员决定。现在的 CPU 都使用多个通用寄存器，如何有效地使用它们就成为汇编语言编程人员（例如，编译器的编写者）的工作。

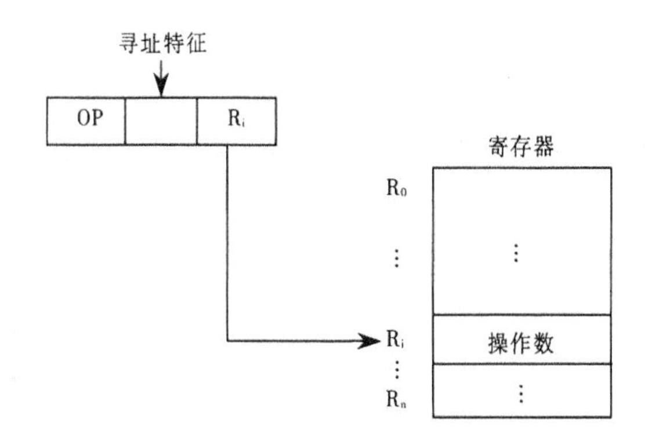

图 8-6 寄存器寻址

6. 寄存器间接寻址

寄存器间接寻址方式与寄存器寻址方式的区别在于，指令格式中的寄存器内容不是操作数，而是操作数的地址，该地址指明的操作数在内存中。即：

$$EA=(R)$$

图 8-7 所示为寄存器寻址方式的示意图。

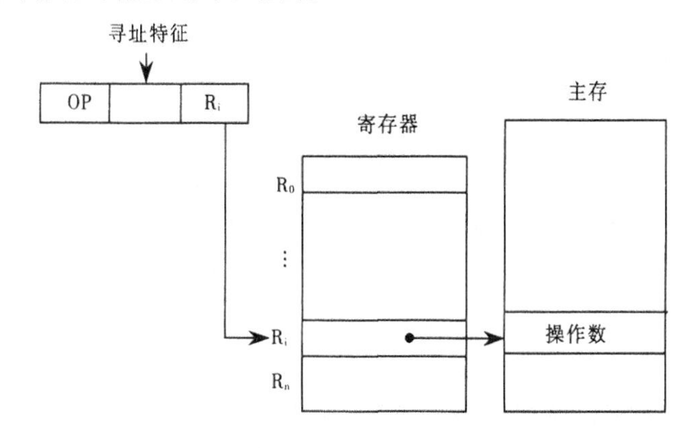

图 8-7 寄存器间接寻址

寄存器间接寻址的优点和不足基本上同于间接寻址。二者的地址空间限制（有限的地址范围）都通过将地址字段指向一个容有全长地址的位置后就被克服了。另外，寄存器间接寻址比间接寻址少一次存储器访问。

7. 相对寻址

相对寻址是把程序计数器PC的内容加上指令格式中的形式地址A而形成操作数的有效地址。程序计数器的内容就是当前指令的地址。相对寻址，就是相对于当前的指令地址而言。采用相对寻址方式的好处是程序员无需用指令的绝对地址编程，因而所编程序可以放在内存任何地方。即：

$$EA=(PC)+A$$

图 8-8 所示为相对寻址的示意图。

形式地址A通常称为偏移量，其值可正可负，相对于当前指令地址进行浮动，因此，无论程序在主存的哪段区域，都可以正确运行。

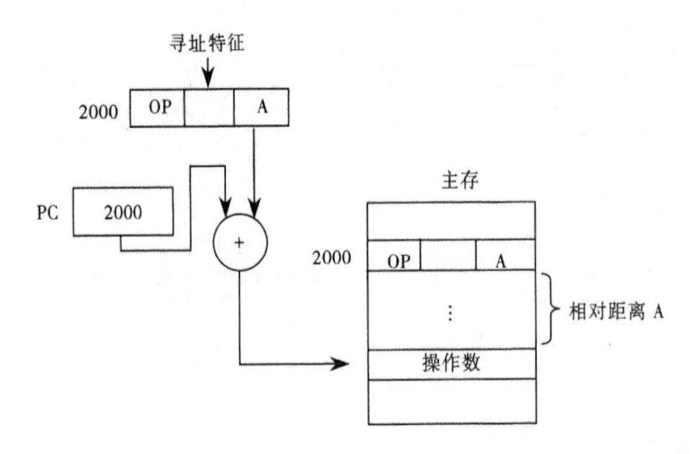

图 8-8　相对寻址

8. 基址寻址

在基址寻址方式中将 CPU 中基址寄存器 BR 的内容，加上指令格式中的形式地址而形成操作数的有效地址。即：

$$EA=(BR)+A$$

图 8-9 所示为基址寻址的示意图。

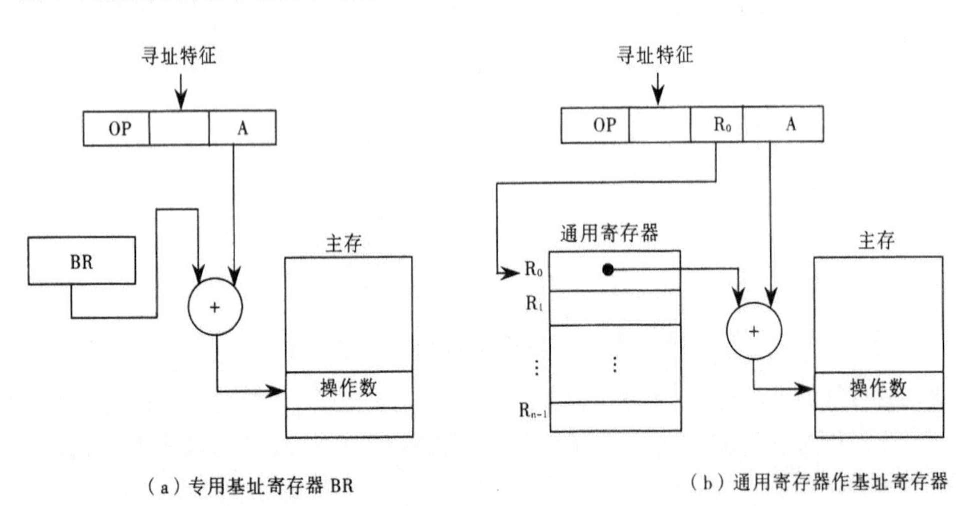

（a）专用基址寄存器 BR　　（b）通用寄存器作基址寄存器

图 8-9　基址寻址

基址寻址方式的优点是可以扩大寻址能力。因为同形式地址相比，基址寄存器的位数可以设置得很长，从而可以在较大的存储空间中寻址。

9. 变址寻址

变址寻址方式与基址寻址方式计算有效地址的方法很相似，它把 CPU 中某个变址寄存器 IX 的内容与偏移量 A 相加来形成操作数有效地址。即：

$$EA=(IX)+A$$

图 8-10 所示为变址寻址的示意图。

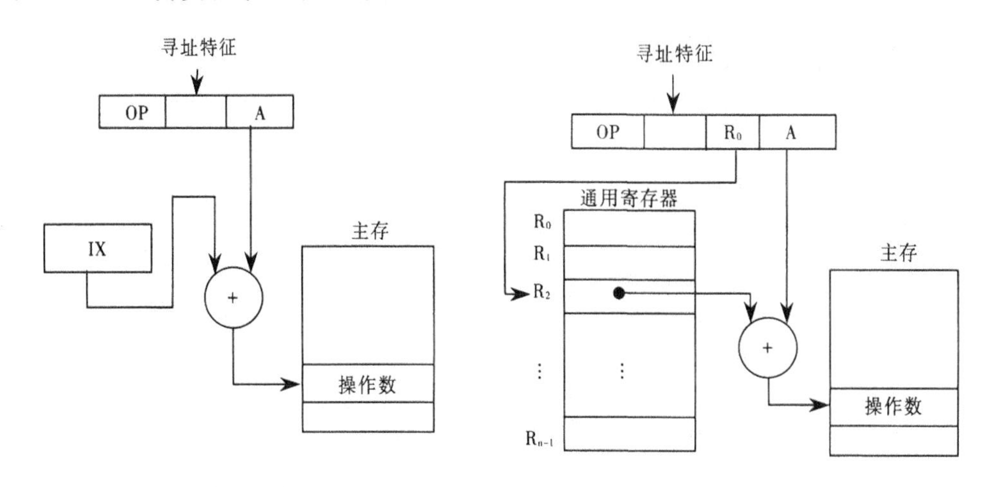

（a）专用变址寄存器 IX　　（b） 通用寄存器作为变址寄存器

图 8-10　变址寻址

使用变址寻址方式的目的不在于扩大寻址空间，而在于实现程序块的规律变化。为此，必须使变址寄存器的内容实现有规律的变化（如自增 1，自减 1，乘比例系数）而不改变指令本身，从而使有效地址按变址寄存器的内容实现有规律的变化，这个特点可用于处理数组问题。

变址寻址还可以和其他寻址方式结合使用。例如变址寻址和基址寻址合用，此时有效地址 EA 等于指令字中的形式地址 A 和变址寄存器 IX 的内容（IX）以及基址寄存器 BX 中的内容（BX）相加之和。即：

$$EA=A+(IX)+(BX)$$

变址寻址还可以和间址合用，形成先变址后间址或先间址后变址等寻址方式。

【例 8-4】设相对寻址的转移指令占 3 个字节，第一字节为操作码，第二、三字节为相对位移量（补码表示），而且数据在存储器中采用以低字节地址为字地址的存放方式。每当 CPU 从存储器取出一个字节时，即自动完成(PC)+ 1 → PC。

若 PC 当前值为 240（十进制），要求转移到 200（十进制），则转移指令的第二、三字节的机器代码是什么？

解：PC 当前值为 240，该指令取出后 PC 值为 243，要求转移到 200，即相对位移量为 200 – 243 = – 43，转换成补码为 D5H。由于数据在存储器中采用以低字节地址为字地址的存放方式，故该转移指令的第二字节为 D5H，第三字节为 FFH。

10．堆栈寻址

在堆栈寻址的指令字中没有形式地址码字段，它是一种零地址指令。堆栈寻址要求计算机中设有堆栈。堆栈既可用寄存器组（称为硬堆栈）来实现，也可利用主存的一部分空间做堆栈（称为软堆栈）。堆栈的运行方式为先进后出或先进先出两种，先进后出型堆栈的操作数只能从一个口进行读或写。

以软堆栈为例，可用堆栈指针（Stack Point，SP）指出栈顶地址，也可用 CPU 中一个或两个寄存器作为 SP。操作数只能从栈顶地址指示的存储单元存或取。可见堆栈寻址也可视为一种隐含寻址，其操作数的地址总被隐含在 SP 中。堆栈寻址就其本质也可视为寄存器间址，因 SP 可视为寄存器，它存放着操作数的有效地址。图 8-11 所示为压栈（PUSH A）的寻址过程，图 8-12 所示为出栈（POP A）的寻址过程。

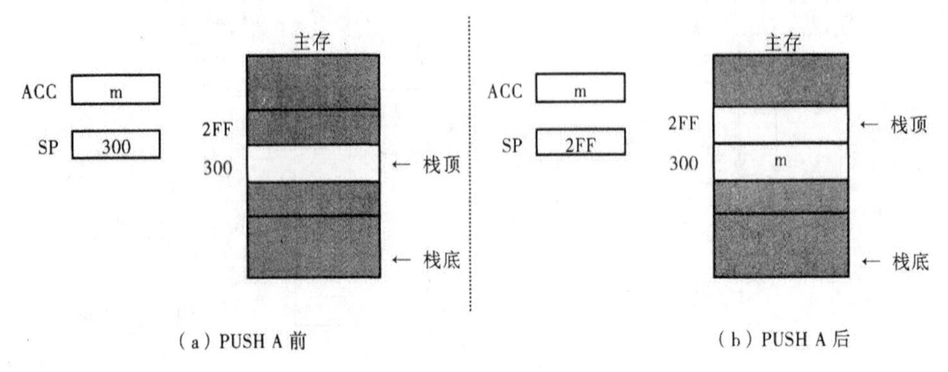

图 8-11　压栈（PUSH A）的寻址过程

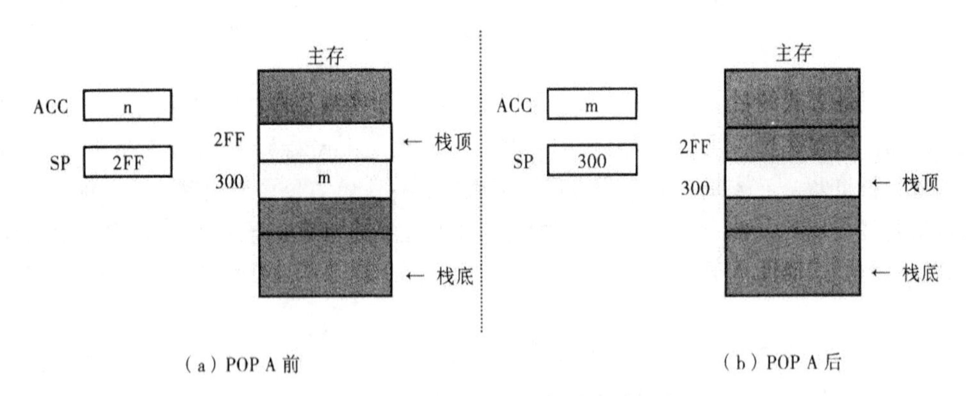

图 8-12　出栈（POP A）的寻址过程

由于 SP 始终指示着栈顶地址，因此不论是执行进栈（PUSH），还是出栈（POP），SP 的内容都需发生变化。若栈底地址大于栈顶地址，则每次进栈(SP)- Δ →SP，每次出栈(SP)+ Δ →SP。Δ 取值与内存编址方式有关。若按字编址，则 Δ 取 1（见图 8-11、图 8-12），若按字节编址，则需根据存储字长是几个字节构成才能确定 Δ，例如字长为 16 位，则 Δ =2，字长为 32 位，Δ =4。

由于当前计算机种类繁多，各类机器的寻址方式有各自特点，还有些机器的寻址方式可能本书并未提到，故读者在使用时需自行分析，以利于编程。

从高级语言角度考虑问题，机器指令的寻址方式对用户无关紧要，但一旦采用汇编语言编程，用户只有了解掌握该机的寻址方式，才能正确编程，否则程序将无法正常运行。如果读者参与机器的指令系统设计，则了解寻址方式对确定机器指令格式是不可缺少的。从另一角度来看，倘若透彻了解了机器指令的寻址方式，将会使读者进一步加深对机器内信息流程及整机工作概念的理解。

【例 8-5】一条双字长直接寻址的子程序调用指令，其第一个字为操作码和寻址特征，第二个字为地址码 5000H。假设 PC 当前值为 2000H，SP 的内容为 0100H，栈顶内容为 2746H，存储器按字节编址，而且进栈操作是先(SP)- Δ→SP，后存入数据。试回答下列几种情况下，PC、SP 及栈顶内容各为多少？

① CALL 指令被读取前和被执行后。

② 子程序返回后。

解：① CALL 指令被读取前，PC＝2000H、SP＝0100H，栈顶内容为 2746H。CALL 指令被执行后，由于存储器按字节编址，CALL 指令共占 4B，故程序断点 2004H 进栈，此时 SP=(SP)－2=00FEH，栈顶内容为 2004H，PC 被更新为子程序入口地址 5000H。

② 子程序返回后，程序断点出栈，PC＝2004H，SP 被修改为 0100H，栈顶内容为 2746H。

【例 8-6】一种二地址 RS 型指令的结构如下：

6位		4位	1位	2位	16位
OP	——	通用寄存器	I	X	偏移量 A

其中 I 为间接寻址表示位，X 为寻址模式位，A 为偏移量字段，通过 I、X、A 的组合，可构成表 8-2 所示的寻址方式，请写出 6 种寻址方式的名称。

表 8-2 例 8-7 的寻址方式

寻址方式	I	X	有效地址 EA 的算法	说明
①	0	00	EA=A	—
②	0	01	EA=(PC) ± A	PC 为程序计数器
③	0	10	$EA=(R_2) \pm A$	R_2 为变址寄存器
④	1	11	$EA=(R_3)$	—
⑤	1	00	EA=(A)	—
⑥	0	11	$EA=(R_1) \pm A$	R_1 为基址寄存器

解：① 直接寻址。　　② 相对寻址。

③ 变址寻址。　　④ 寄存器间接寻址。

⑤ 间接寻址。　　⑥ 基址寻址。

【例 8-7】设某机配有基址寄存器和变址寄存器，采用一地址格式的指令系统，允许直接和间接寻址，且指令字长、机器字长和存储字长均为 16 位。

① 若采用单字长指令，共能完成 105 种操作，则指令可直接寻址的范围是多少？一次间址的寻址范围是多少？画出其指令格式并说明各字段的含义。

② 若存储字长不变，可采用什么方法直接访问容量为 16MB 的主存？

解：① 在单字长指令中，根据能完成 105 种操作，取操作码 7 位。因允许直接和间接寻址，且有基址寄存器和变址寄存器，故取 2 位寻址特征位，其指令格式如下：

7	2	7
OP	M	AD

其中 OP 为操作码，可完成 105 种操作；M 为寻址特征，可反映 4 种寻址方式；AD 为形式地址。这种指令格式可直接寻址 $2^7 = 128$，一次间址的寻址范围是 $2^{16} = 65\,536$。

② 容量为 16MB 的存储器，正好与存储字长为 16 位的 8M 存储器容量相等，即 16MB=8M×16 位。

欲使指令直接访问 16MB 的主存，可采用双字长指令，其操作码和寻址特征位均不变，其格式如下：

7	2	7
OP	M	AD_1
AD_2		

其中形式地址为 AD_1AD_2，共 7+16=23 位。2^{23}=8M，即可直接访问主存的任一位置。

【例 8-8】某模型机共有 64 种操作，操作码位数固定，且具有以下特点：

① 采用一地址或二地址格式。

② 有寄存器寻址、直接寻址和相对寻址（位移量为 −128～+127）3 种寻址方式。

③ 有 16 个通用寄存器，算术运算和逻辑运算的操作数均在寄存器中，结果也在寄存器中。

④ 取数/存数指令在通用寄存器和存储器之间传输数据。

⑤ 存储器容量为 1MB，按字节编址。

要求设计算术运算和逻辑运算指令、取数/存数指令和相对转移指令的格式，并简述理由。

解：① 算术运算和逻辑运算指令格式为"寄存器–寄存器"型，取单字长 16 位。

6	2	4	4
OP	M	R_i	R_j

其中，OP 为操作码，6 位，可实现 64 种操作；M 为寻址模式，2 位，可反映寄存器寻址、直接寻址、相对寻址；R_i 和 R_j 各取 4 位，指出源操作数和目的操作数的寄存器（共 16 个）编号。

② 取数/存数指令格式为"寄存器–存储器"型，取双字长 32 位，格式如下：

6	2	4	4
OP	M	R_i	A_1
A_2			

其中，OP 为操作码，6 位不变；M 为寻址模式，2 位不变；R_i为 4 位，源操作数地址（存数指令）或目的操作数地址（取数指令）；A_1和 A_2共 20 位为存储器地址，可直接访问按字节编址的 1MB 存储器。

③ 相对转移指令为一地址格式，取单字长 16 位，格式如下：

6	2	8
OP	M	A

其中，OP 为操作码，6 位不变；M 为寻址模式，2 位不变；A 为位移量 8 位，对应位移量为 −128～+127。

【例 8-9】某机主存容量为 4M×16 位，且存储字长等于指令字长，若该机指令系统能完成 97 种操作，操作码位数固定，且具有直接、间接、变址、基址、相对、立即等 6 种寻址方式。

① 画出一地址指令格式并指出各字段的作用。

② 该指令直接寻址的最大范围。

③ 一次间址和多次间址的寻址范围。

④ 立即数的范围（十进制数表示）。

⑤ 相对寻址的位移量（十进制数表示）。

⑥ 上述 6 种寻址方式的指令哪一种执行时间最短？哪一种最长？哪一种便于用户编制处理数组问题的程序？哪一种便于程序浮动？为什么？

⑦ 如何修改指令格式，使指令的直接寻址范围可扩大到 4M？

⑧ 为使一条转移指令能转移到主存的任一位置，可采取什么措施？

解：① 一地址指令格式如下：

OP	M	A

OP 操作码字段，共 7 位，可反映 97 种操作；M 寻址方式特征字段，共 3 位，可反映 6 种寻址方式；A 形式地址字段，共 16 - 7 - 3 = 6 位。

② 直接寻址的最大范围为 $2^6 = 64$。

③ 由于存储字长为 16 位，故一次间址的寻址范围为 2^{16}。若多次间址，需用存储字的最高位来区别是否继续间接寻址，故寻址范围为 2^{15}。

④ 立即数的范围是 - 32～+ 31（有符号数），或 0～63（无符号数）。

⑤ 相对寻址的位移量为 - 32～+ 31。

⑥ 上述 6 种寻址方式中，因立即数由指令直接给出，故立即寻址的指令执行时间最短。间接寻址在指令的执行阶段要多次访存（一次间接寻址要两次访存，多次间接寻址要多次访存），故执行时间最长。变址寻址由于变址寄存器的内容由用户给定，而且在程序的执行过程中允许用户修改，而其形式地址始终不变，故变址寻址的指令便于用户编制处理数组问题的程序。相对寻址操作数的有效地址只与当前指令地址相差一定的位移量，与直接寻址相比，更有利于程序浮动。

⑦ 若指令的格式改为双字指令，即：

<table>
<tr><td>OP</td><td>M</td><td>A₁</td></tr>
<tr><td colspan="3">A₂</td></tr>
</table>

其中 OP 占 7 位，M 占 3 位，A_1 占 6 位，A_2 占 16 位，即指令的地址字段共 16 + 6 = 22 位，则指令的直接寻址范围可扩大到 4M。

⑧ 为使一条转移指令能转移到主存的任一位置，寻址范围需达到 4M，除了采用⑦所示的格式外，还可配置 22 位的基址寄存器或 22 位的变址寄存器，使 EA = (BR) + A（BR 为 22 位的基址寄存器）或 EA = (IX)+ A（IX 为 22 位的变址寄存器），便可访问 4M 存储空间。还可以通过 16 位的基址寄存器左移 6 位再和形式地址 A 相加，也可达到同样的效果。

8.4 RISC 技术

RISC 是精简指令系统计算机的英文缩写，即 Reduced Instruction Set Computer，与其对应的是 CISC，即复杂指令系统计算机（Complex Instruction Set Computer）。

8.4.1 RISC 的产生和发展

计算机发展至今，机器的功能越来越强，硬件结构越来越复杂。尤其是随着集成电路技术的发展及计算机应用领域的不断扩大，计算机系统的软件价格相对而言在不断提高。为了节省开销，人们希望已开发的软件能被继承、兼容，这就希望新机种的指令系统和寻址方式一定能包含旧机种所有的指令和寻址方式。通过向上兼容不仅可降低新机种的开发周期和代价，还可吸引更多的新、老用户，于是出现了同类型的系列机。在系列机的发展过程中，致使同一系列计算机指令系统变得越来越复杂，某些机器的指令系统竟可包含几百条指令。

例如 DEC 公司的 VAX-11/780 有 16 种寻址方式，9 种数据格式，303 条指令。又如 32 位的 68020 微机指令种类比 6800 多两倍，寻址方式多 11 种，达 18 种之多，指令长度从一个字（16 位）发展到 16 个字。这类机器被叫作复杂指令系统计算机，简称 CISC。

通常对指令系统的改进都是围绕着缩小与高级语言语义的差异和有利于操作系统的优化而进行的。由于编写编译器的人们其任务是为每一条高级语言的语句编制一系列的机器指令，而如果机器指令能类似于高级语言的语句，显然编写编译器的任务就变得十分简单了。于是人们产生了用增加复杂指令的办法来缩短与语义的差距。后来又发现，倘若编译器过多依赖复杂指令，同样会出现新的矛盾。例如对减少机器代码、降低指令执行周期数以及为提高流水性能而优化生成代码等都是非常不利的。尤其当指令过于复杂时，机器的设计周期会很长、资金耗费会更大。如 Intel 80386 32 位机器耗资达 1.5 亿美元，开发时间长达三年多，结果正确性还很难保证，维护也很困难。最值得一提的例子是，1975 年 IBM 公司投资 10 亿美元研制的高速机器 FS 机，最终以“复杂结构不宜构成高速计算机”的结论，宣告研制失败。

为了解决这些问题，20 世纪 70 年代中期，人们开始进一步分析研究 CISC，发现一个 80-20 规律，即典型程序中 80%的语句仅仅使用处理机中 20%的指令，而且这些指令都是属于简单指令，如取数、加、转移等。这一点告诫人们，付出再大的代价增添复杂指令，也仅有 20%的使用概率，而且当执行频度高的简单指令时，因复杂指令的存在，致使执行速度也无法提高。

人们从 80-20 规律中得到启示，能否仅仅用最常用的 20%的简单指令，重新组合不常用的 80%的指令功能呢？这便引发出 RISC 技术。

1975 年 IBM 公司 John Cocke 提出了精简指令系统的设想，1982 年美国加州伯克莱大学的研究人员，专门研究了如何有效利用 VLSIC（超大规模集成电路）的有效空间。RISC 由于设计的指令条数有限，相对而言，它只需用较小的芯片空间便可制作逻辑控制电路，更多的芯片空间可用来增强处理机的性能或使其功能多样化。他们用大部分芯片空间做成寄存器，并用它们作为暂时数据存储的快速存储区，从而有效地降低了 RISC 机器在调用子程序时所需付出的时间。他们研制的 RISC I（后来又出现 RISC II），采用 VLSI CPU 芯片上的晶体管数量达 44 000 个，线宽为 3μm，字长为 32 位，其中有 128 个寄存器（而用户只能见到 32 个），仅有 31 条指令，两种寻址方式，访存指令只有两条，即取数（LOAD）和存数（STORE）。其指令系统极为简单，但它们的功能已超过 VAX-11/780 和 M68000，其速度比 VAX-11/780 快了一倍。

与此同时，美国斯坦福大学 RISC 研究的课题是 MIPS（Micro Processor Without Interlocking Pipeline Stages），即“消除流水线各段互锁的微处理器”。他们把 IBM 公司对优化编译程序的研究与伯克莱大学对 VLSI 有效空间利用的思想结合在一起，最终的研究成果后来转化为 MIPS 公司 RX000 的系列产品。IBM 公司又继其 IBM801 型机 IBM RT/PC 后，于 1990 年推出了著名的

IBM RS/6000 系列产品。伯克莱大学的研究成果，最后发展成 Sun 微系统公司的 RISC 芯片，称为 SPARC（Scalable Processor ARChitecture）。

到目前为止，RISC 体系结构的芯片可以说已经历了三代：第一代以 32 位数据通路为代表，支持 Cache，软件支持较少，性能与 CISC 体系结构的产品相当，如 RISC I、MIPS、IBM801 等；第二代产品提高了集成度，增加了对多处理机系统的支持，提高了时钟频率，建立了完善的存储管理体系，软件支持系统也逐渐完善。它们已具有单指令流水线，可同时执行多条指令，每个时钟周期发出一条指令（有关流水线的概念详见 10.6 节）。如 MIPS 公司的 R3000 处理器，时钟频率为 25MHz 和 33MHz，集成度达 11.5 万个晶体管，字长为 32 位。第三代 RISC 产品为 64 位微处理器，采用了巨型计算机或大型计算机的设计技术——超级流水线（Super Pipelining）技术和超标量（Superscalar）技术，提高了指令级的并行处理能力，每个时钟周期发出两条或三条指令，使 RISC 处理器的整体性能更好。如 MIPS 的 R4000 处理器采用 50MHz 和 75MHz 的外部时钟频率，内部时钟频率达 100MHz 和 150 MHz，芯片集成度高达 110 万个晶体管，字长 64 位，并有 16KB 的片内 Cache。它有 R4000PC、R4000SC 和 R4000MC 三种版本，对应不同的时钟频率，分别提供给台式系统、高性能服务器和多处理器环境下使用。

8.4.2　RISC 的主要特征

由上述分析可知，RISC 技术是用 20%的简单指令的组合来实现不常用的 80%的那些指令功能，但这不意味着 RISC 技术就是简单地精简其指令集。在提高性能方面，RISC 技术还采取了许多有效措施，最有效的办法就是减少指令的执行周期数。

计算机执行程序所需的时间 P 可用下式表述：

$$P=I\times C\times T$$

其中 I 是高级语言程序编译后在机器上运行的机器指令数，C 为执行每条机器指令所需的平均机器周期，T 是每个机器周期的执行时间。

表 8-3 列出了第二代 RISC 机与 CISC 机的 I、C、T 统计，其中 I、T 为比值，C 为实际周期数。

表 8-3　RISC/CISC 的 I、C、T 统计比较

	I	C	T
RISC	1.2～1.4	1.3～1.7	<1
CISC	1	4～10	1

由于 RISC 指令比较简单,用这些简单指令编制出的子程序来代替 CISC 机中比较复杂的指令，因此 RISC 中的 I 比 CISC 多 20%～40%。但 RISC 的大多数指令仅用一个机器周期完成，C 的值比 CISC 小得多。而且 RISC 结构简单，完成一个操作所经过的数据通路较短，使 T 值也大大下降。因此总折算结果，RISC 的性能仍优于 CISC 约 2～5 倍。

由于计算机的硬件和软件在逻辑上的等效性，使得指令系统的精简成为可能。曾有人在 1956 年证明，只要用一条“把主存中指定地址的内容同累加器中的内容求差，把结果留在累加器中并存入主存原来地址中”的指令，就可以编出通用程序。

又有人提出，只要用一条“条件传输（CMOVE）”指令就可以做出一台计算机。并在 1982 年某大学做出了一台 8 位的 CMOVE 系统结构样机，叫做 SIC（单指令计算机）。而且，指令系统所精简的部分可以通过其他部件以及软件（编译程序）的功能来替代，因此，实现 RISC 技术是完全可能的。

1. RISC 的主要特点

通过对 RISC 各种产品的分析，可归纳出 RISC 机应具有如下一些特点：

① 选取使用频率较高的一些简单指令以及一些很有用但又不复杂的指令，让复杂指令的功能由频度高的简单指令的组合来实现。

② 指令长度固定，指令格式种类少，寻址方式种类少。

③ 只有取数/存数（LOAD/STORE）指令访问存储器，其余指令的操作都在寄存器内完成。

④ 采用流水线技术，大部分指令在一个时钟周期内完成。采用超标量和超流水线技术，可使每条指令的平均执行时间小于一个时钟周期。

⑤ 控制器采用组合逻辑控制，不用微程序控制。

⑥ CPU 中有多个通用寄存器。

⑦ 采用优化的编译程序。

值得注意的是，商品化的 RISC 机通常不会是纯 RISC 机，故上述这些特点不是所有 RISC 机全部具备的。

下面以 RISC II 为例，着重分析其指令种类和指令格式。

2. RISC II 指令系统举例

（1）指令种类

RISC II 共有 39 条指令，分为 4 类：

- 寄存器—寄存器操作：移位、逻辑、算术（整数）运算等 12 条。
- 取/存数指令：取/存字节、半字、字等 16 条。
- 控制转移指令：条件转移、调用/返回等 6 条。
- 其他：存取程序状态字 PSW 和程序计数器等 5 条。

在 RISC II 机中，有一些常用指令未被选中，但用上述这些指令并在硬件系统的辅助下，足以实现其他一些指令的功能。例如该机约定 R_0 寄存器内容恒为 0，这样加法指令可替代寄存器间的传输指令，即：

$(Rs)+(R_0)\rightarrow Rd$，替代了 $Rs\rightarrow Rd$。

加法指令还可替代清除寄存器指令，即：

$(R_0)+(R_0)\rightarrow Rd$，替代了 $0\rightarrow Rd$。

减法指令可替代取负数指令，即：

$(R_0)-(Rs)\rightarrow Rd$，替代了 Rd 寄存器内容取负。

此外，该机可用立即数作为一个操作数，这样当立即数取 1 时，再用加法（或减法）指令就可替代寄存器内容增 1（减 1）指令，即：

$(Rs)+1\rightarrow Rd$

当立即数取-1 时，异或指令可替代求反码指令，即：

$Rs \quad (1)\rightarrow Rd$

（2）指令格式

RISC 机的指令格式比较简单，寻址方式也比较少，如 RISC II 其指令格式有两种：短立即数格式和长立即数格式。指令字长固定为 32 位，指令字中每个字段都有固定位置，如图 8-13 所示。

31　25	24	23　19	18　14	13	12　5	4　0
OP	S	DEST	rs_1	0		rs_2

（a）第二源操作数在寄存器中的短立即数格式

31　25	24	23　19	18　14	13	12　5	4　0
OP	S	DEST	rs_1	1	imm_{13}	

（b）第二源操作数为 imm_{13} 的短立即数格式

31　25	24	23　19	18　14	13	12　5	4　0
OP	S	DEST	imm_{19}			

（c）长立即数格式

图 8-13　RISC II 指令格式

短立即数格式指令主要用于算术逻辑运算，其中第 31～25 位为操作码：两个操作数一个在 rs_1 中，另一个操作数的来源由指令的第 13 位决定。当其为 0 时，第二个操作数在寄存器中（只用第 0～4 位）；当其为 1 时，第二个操作数为 13 位的立即数 imm_{13}。运算结果存放在 DEST 所指示的寄存器中（共 32 个）。指令字中的第 24 位 S 用来表示是否需要根据运算结果置状态位，S=1 表示置状态位。RISC II 机有 4 个状态位，即零标志位 Z，负标志位 N，溢出标志位 V，进位标志位 C。

指令中的 DEST 字段在条件转移指令中，用第 22～19 位作为转移条件，第 23 位无用。对于图 8-13（b）所示的短立即数指令格式，其 imm_{13} 即为相对转移位移量。

长立即数指令格式主要用于相对转移指令，此时 19 位的立即数 imm_{19} 指出转移指令的相对位移量，与 13 位相比，可扩大相对于 PC 的转移距离。

对于 LOAD 指令，可根据计算所得的有效地址，从存储器中读取数据并送入 DEST 字段中指示的目的寄存器中。如短立即数指令有效地址为：

$$(rs_1)+(rs_2)$$

或为：

$$(rs_1)+imm_{13}$$

对于 STORE 指令，是将 DEST 字段指示的源寄存器中的数，取出并存入存储器中，有效地址的计算与 LOAD 指令相同。

3. RISC 指令系统的扩充

从实用角度出发，商品化的 RISC 机，因用途不同还可扩充一些指令，例如：

① 浮点指令，用于科学计算的 RISC 机，为提高机器速度，增设浮点指令。

② 特权指令，为便于操作系统管理机器，为防止用户破坏机器的运行环境，设置特权指令。

③ 读后置数指令，完成读—修改—写操作，用于寄存器与存储单元交换数据等。

④ 一些简单的专用指令。如某些指令用得较多，实现起来又比较复杂，若用子程序来实现，占用较多的时间，则可考虑设置一条指令来缩短子程序执行时间。

8.4.3 RISC 和 CISC 的比较

与 CISC 机相比，RISC 机的主要优点可归纳如下：

1. 充分利用 VLSI 芯片的面积

CISC 机的控制器大多采用微程序控制，其控制存储器在 CPU 芯片内所占的面积为 50%以上（如 Motorola 公司的 MC68020 占 68%）。而 RISC 机控制器采用组合逻辑控制，其硬布线逻辑只占 CPU 芯片面积的 10%左右。可见它可将空出的面积供其他功能部件用，例如用于增加大量的通用寄存器（如 Sun 微系统公司的 SPARC 有 100 多个通用寄存器），或将存储管理部件也集成到 CPU 芯片内（如 MIPS 公司的 R2000/R3000）。以上两种芯片的集成度分别小于 10 万个和 20 万个晶体管。

随着半导体工艺技术的提高，集成度可达 100 万至几百万个晶体管，此时无论是 CISC 还是 RISC 都将多个功能部件集成在一个芯片内。但此时 RISC 已占领了市场，尤其在工作站领域占有明显的优势。

2. 提高计算机运算速度

RISC 机能提高运算速度，主要反映在以下 5 个方面：

① RISC 机的指令数、寻址方式和指令格式种类较少，而且指令的编码很有规律，因此 RISC 的指令译码比 CISC 快。

② RISC 机内通用寄存器多，减少了访存次数，可加快运行速度。

③ RISC 机采用寄存器窗口重叠技术，程序嵌套时不必将寄存器内容保存到存储器中，故又提高了执行速度。

④ RISC 机采用组合逻辑控制，比采用微程序控制的 CISC 机的延迟小，缩短了 CPU 的周期。

⑤ RISC 机选用精简指令系统，适合于流水线工作，大多数指令在一个时钟周期内完成。

3. 便于设计，可降低成本，提高可靠性

RISC 机指令系统简单，故机器设计周期短，如美国加州伯克莱大学的 RISC Ⅰ机从设计到芯片试制成功只用了十几个月，而 Intel 80386 处理器（CISC）的开发花了三年半时间。

RISC 机逻辑简单，设计出错可能性小，有错时也容易发现，可靠性高。

4. 有效支持高级语言程序

RISC 机靠优化编译来更有效地支持高级语言程序。由于 RISC 指令少，寻址方式少，使编译程序容易选择更有效的指令和寻址方式。而且由于 RISC 机的通用寄存器多，可尽量安排寄存器的操作，使编译程序的代码优化效率提高。如 IBM 的研究人员发现，IBM 801（RISC 机）产生的代码大小是 IBMS/370（CISC 机）的 90%。

有些 RISC 机（如 Sun 公司的 SPARC）采用寄存器窗口重叠技术，使过程间的参数传输加快，且不必保存与恢复现场，能直接支持调用子程序和过程的高级语言程序。

此外，从指令系统兼容性看，CISC 大多能实现软件兼容，即高档机包括了低档机的全部指令，并可加以扩充。但 RISC 机简化了指令系统，指令数量少，格式也不同于老机器，因此大多数 RISC 机不能与老机器兼容。

PowerPC 是 IBM、Apple、Motorola 三家公司于 1991 年联合，用 Motorola 的芯片制造经验、Apple 的微机软件支持、IBM 的体系结构及其世界计算机市场霸主的地位，向长期被 Intel 占据的微处理器市场挑战而开发的 RISC 产品。

PowerPC 中的 PC 意为 Powerful Chip，其中 Power 基于 20 世纪 80 年代后期，IBM 在其 801 小

型机的基础上开发的工作站和服务器中的Power体系，意为Performance Optimization With Enhanced RISC（性能优化的增强型RISC）。PowerPC具有高超的性能、价廉、易仿真CISC指令集、可运行大量的现代CISC计算机应用软件，即集工作站的卓越性能、PC机的低成本及运行众多的软件等优点于一身。此外，PowerPC扩展性强，可覆盖PDA（个人数字助理）到多处理、超并行的中大型机，用单芯片提供整个解决方案。

多年来计算机体系结构和组织发展的趋势是增加CPU的复杂性，即使用更多的寻址方式及更加专门的寄存器等。RISC的出现，象征着与这种趋势根本决裂，自然地引起了RISC与CISC的争端。随着技术不断发展，RISC与CISC还不能说是截然不同的两大体系，很难对它们做出明确的评价。最近几年，RISC与CISC的争端已减少了很多。原因在于这两种技术已逐渐融合。特别是芯片集成度和硬件速度的增大，RISC系统也越来越复杂。与此同时，在努力挖掘最大性能的过程中，CISC的设计已集中到和RISC相关联的主题上来，例如增加通用寄存器数以及更加强调指令流水线设计，所以很难去评价它们的优越性了。

RISC技术发展很快，有关RISC体系结构、RISC流水、RISC编译系统、RISC和CISC和VLIW（Very Long Instruction Word，超长指令字）技术的融合等方面的资料不少。读者若想深入了解，请查阅有关文献。

小　结

指令系统是计算机硬件系统的语言系统，表征了一台计算机最基本的硬件功能，为程序设计人员呈现了计算机的主要属性，它的格式与功能不仅直接影响到机器的硬件结构，而且也影响到系统软件。

在设计指令时要考虑的要素有操作码、源操作数地址、目的操作数地址和下一条指令的地址的安排。

指令格式是指令字用二进制代码表示的结构形式，通常由操作码字段和地址码字段组成。操作码字段表征指令的操作特性与功能，而地址码字段指示操作数的地址。目前多采用二地址、单地址、零地址混合方式的指令格式。指令字长度分为单字长、半字长、双字长3种形式。

寻址方式包括指令寻址和数据寻址。指令寻址方式有顺序寻址和跳跃寻址两种，由指令计数器来跟踪。在数据寻址方式中，操作数可放在专用寄存器、通用寄存器、内存和指令中。数据寻址方式有隐含寻址、立即寻址、直接寻址、间接寻址、寄存器寻址、寄存器间接寻址、相对寻址、基址寻址、变址寻址等多种。按操作数的物理位置的不同，有RR型和RS型。前者比后者执行的速度快。堆栈是一种特殊的数据寻址方式，采用“先进后出”原理。按结构不同，分为寄存器堆栈和存储器堆栈。

指令系统的设计应满足完备性、有效性、规整性和兼容性4个方面的要求。一个较完善的指令系统，应当包括数据传输类指令、算术运算类指令、逻辑运算类指令、程序控制类指令、输入/输出类指令、字符串类指令、系统控制类指令。

针对CISC指令系统庞大的指令集及其存在的问题，RISC指令以它简洁、高效的特点得到了快速发展。它的最大特点是：① 指令条数少；② 指令长度固定，指令格式和寻址方式种类少；③ 只有取数/存数指令访问存储器，其余指令的操作均在寄存器之间进行。

习　　题

1．选择题。

（1）指令系统中采用不同寻址方式的目的主要是（　　）。

A．实现存储程序和程序控制

B．缩短指令长度，扩大寻址空间，提高编程灵活性

C．可以直接访问外存

D．提供扩展操作码的可能并降低指令编码难度

（2）扩展操作码是（　　）。

A．操作码字段以外的辅助操作字段的代码

B．指令格式中不同字段设置的操作码

C．一种指令优化技术，即让操作码的长度随地址数的减少而增加，不同地址数的指令可以具有不同的操作码长度。

D．指扩大操作码字段的位数

（3）单地址指令中为了完成两个数的算术运算，除地址码指明的一个操作数外，另一个数常需采用（　　）。

A．堆栈存储方式　　B．立即寻址方式

C．隐含寻址方式　　D．间接寻址方式

（4）对某个寄存器中操作数的寻址方式称为（　　）寻址。

A．直接　　B．间接

C．寄存器　　D．寄存器间接

（5）寄存器间接寻址方式中，操作数处在（　　）。

A．通用寄存器　　B．主存单元

C．程序计数器　　D．堆栈

（6）程序控制类指令的功能是（　　）。

A．进行算术运算和逻辑运算

B．进行主存与 CPU 之间的数据传输

C．进行 CPU 与 I/O 设备之间的数据传输

D．改变程序执行的顺序

（7）指令的寻址方式有顺序和跳跃两种方式，采用跳跃寻址方式，可以实现（　　）。

A．堆栈寻址　　B．程序的条件转移

C．程序的无条件转移　　D．程序的条件转移或无条件转移

（8）下面描述汇编语言特性的句子中概念上有错误的句子是（　　）。

A．对程序员的训练来说，需要硬件知识

B．汇编语言对机器的依赖性高

C．汇编语言的源程序通常比高级语言源程序短小

D．汇编语言编写的程序执行速度比高级语言快

（9）下列几项中，不符合 RISC 指令系统的特点是（　　）。

A. 指令长度固定，指令种类少

B. 寻址方式种类尽量减少，指令功能尽可能强

C. 增加寄存器的数目，以尽量减少访存次数

D. 选取使用频率最高的一些简单指令，以及很有用但不复杂的指令

2. 解释术语。

（1）机器指令、指令系统

（2）系列机

（3）寻址方式

（4）CISC、RISC

3. 指令格式如下，其中 OP 为操作码，试分析指令格式的特点。

15　　　　10	7	4 3	0
OP	——	目标寄存器	源寄存器

4. 根据操作数所在位置，指出其寻址方式（填空）：

（1）操作数在寄存器中，为（A）寻址方式。

（2）操作数地址在寄存器，为（B）寻址方式。

（3）操作数在指令中，为（C）寻址方式。

（4）操作数地址（主存）在指令中，为（D）寻址方式。

（5）操作数的地址为某一寄存器内容与位移量之和，可以是（E、F、G）寻址方式。

5. 某机主存容量为 4M×16 位，且存储字长等于指令字长，若该机指令系统可完成 108 种操作，操作码位数固定，且具有直接、间接、变址、基址、相对、立即等 6 种寻址方式，试回答：

（1）画出一地址指令格式并指出各字段的作用。

（2）该指令直接寻址的最大范围。

（3）一次间址和多次间址的寻址范围。

（4）立即数的范围（十进制表示）。

（5）相对寻址的位移量（十进制表示）。

（6）上述 6 种寻址方式的指令哪一种执行时间最短？哪一种最长？为什么？那一种便于程序浮动？哪一种最适合处理数组问题？

6. 某机器共能完成 78 种操作，若指令字长为 16 位，试问一地址格式的指令地址码可取几位？若想使指令寻址范围扩大到 2^{16}，可采用什么办法？举出 3 种不同例子加以说明。

7. 某机字长 16 位，存储器直接寻址空间为 128 字，变址时的位移量为-64～+63，16 个通用寄存器均可作为变址寄存器。采用扩展操作码技术，设计一套指令系统格式，满足下列寻址类型的要求：

（1）直接寻址的二地址指令 3 条。

（2）变址寻址的一地址指令 6 条。

（3）寄存器寻址的二地址指令 8 条。

（4）直接寻址的一地址指令 12 条。

（5）零地址指令 32 条。

试问还有多少种代码未用？若安排寄存器寻址的一地址指令，还能容纳多少条？

8. 某机指令字长 16 位，每个操作数的地址码为 6 位，设操作码长度固定，指令分为零地址、一地址和二地址 3 种格式。若零地址指令有 M 种，一地址指令有 N 种，则二地址指令最多有几种？若操作码位数可变，则二地址指令最多允许有几种？

9. 什么是 RISC？简述它的主要特点。

10. 试比较 RISC 和 CISC。

11. 思考题。

（1）为什么说指令系统与机器的主要功能以及与硬件结构之间存在着密切关系？

（2）计算机的指令系统中设置寻址方式的作用是什么？寻址方式的设置对计算机性能有何影响？

第9章 CPU的结构与功能

重点内容

- 处理器组织；
- 寄存器组织；
- 控制器；
- 指令周期；
- 时序产生器；
- 指令流水。

计算机的基本功能是执行程序，计算机的核心组成部分是CPU，由运算器和控制器组成。控制器根据指令指挥和协调计算机各部件有条不紊地工作，由操作控制器和时序控制器组成。根据CPU的基本功能设计CPU内部的基本部件和结构。

9.1 CPU的组织

计算机系统的基本组成主要包括3个部分：中央处理器（CPU）、存储器和I/O系统，它们之间通过总线连接起来。运算器和控制器共同构成CPU，它是计算机系统的核心。计算机接通电源后，如果没有程序，不会工作，程序必须编译成计算机所能识别的机器指令后，装入内存，才可以由计算机来自动完成取指令、译码和执行指令等任务。计算机中就是由CPU来完成这项工作的。

9.1.1 CPU的功能

计算机的核心部分是中央处理单元，简称CPU。CPU对整个计算机系统的运行是极其重要的，它具有如下的基本功能：

① 指令控制：程序的顺序控制，称为指令控制。由于程序是一个指令序列，这些指令的相互顺序不能任意颠倒，严格按程序规定的顺序进行，因此，保证机器按顺序执行程序是CPU的首要任务。

② 操作控制：一条指令的功能往往是由若干个操作信号的组合来实现的，因此，CPU管理并产生由内存取出的每条指令的操作信号，把各种操作信号送往相应的部件，从而控制这些部件按指令的要求进行操作。

③ 时间控制：对各种操作实施时间上的定时，称为时间控制。因为在计算机中，各种指令的操作信号均受到时间的严格定时。另一方面，一条指令的整个执行过程也受到时间的严格定时。只有这样，计算机才能有条不紊地自动工作。

④ 数据加工：所谓数据加工，就是对数据进行算术运算和逻辑运算处理。完成数据的加工

处理，是 CPU 的根本任务，因为，原始信息只有经过加工处理后才能对人们有用。

总之，CPU 必须具有控制程序的顺序执行（指令控制），产生完成每条指令所需的控制命令（操作控制），对各种操作加以时间上的控制（时间控制），对数据进行算术运算和逻辑运算（数据加工）以及处理中断等功能。要完成这些功能，除了前面提到的算术逻辑单元（ALU）外，还需要有控制器和小容量的内部存储器——寄存器。控制器负责控制数据和指令移入/移出 CPU 并控制 ALU 的操作。寄存器则是用于在指令执行期间暂时保存指令和数据。

9.1.2 CPU 的基本组成

传统的 CPU 由运算器、控制单元和寄存器三大部分组成。随着高密度集成电路技术的发展，早期放在 CPU 芯片外部的一些逻辑功能部件，如浮点运算器、Cache 等纷纷移入 CPU 内部，因而使 CPU 的内部组成越来越复杂。

控制器由程序计数器、指令寄存器、指令译码器、时序产生器和操作控制器组成，它是发布命令的“决策机构”，即完成协调和指挥整个计算机系统的操作。它的主要功能有：

① 从内存中取出一条指令，并指出下一条指令在内存中的位置。

② 对指令进行译码或测试，并产生相应的操作控制信号，以便启动规定的动作。

③ 指挥并控制 CPU、内存和输入/输出设备之间数据流动的方向。

运算器由算术逻辑单元（ALU）、累加寄存器（或通用寄存器）、数据缓冲寄存器和状态条件寄存器组成，它是数据加工处理部件。相对控制器而言，运算器接受控制器的命令而进行动作，即运算器所进行的全部操作都是由控制器发出的控制信号来指挥的，所以它是执行部件。运算器有两个主要功能：

① 执行所有的算术运算。

② 执行所有的逻辑运算，并进行逻辑测试，如零值测试或两个值的比较。

图 9-1 所示为一个简化的 CPU 视图。

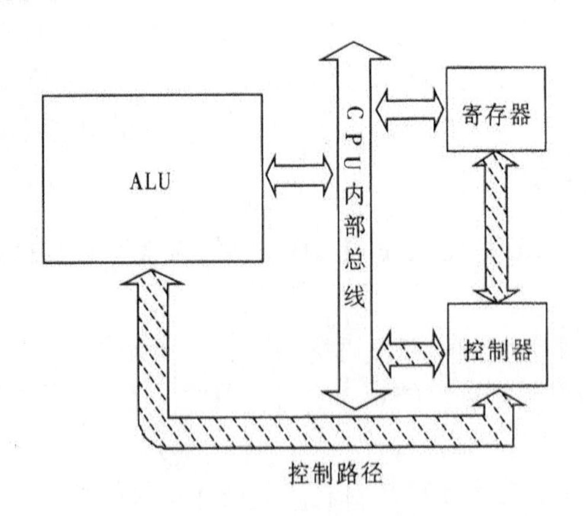

图 9-1 简化的 CPU 视图

9.2 寄存器组织

CPU 中的寄存器按功能可分为如下两类：

- 用户可见寄存器（User-Visible Register）：允许机器语言或汇编语言的编程人员通过优化寄存器的使用而减少对主存的访问。

- 控制和状态寄存器（Control And Status Register）：用来控制 CPU 的操作并被特权的操作系统程序用于控制程序的执行。

这两类寄存器并没有一个明确的区分，但为了清楚起见，在下面的讨论中我们使用这种划分方式。

9.2.1　用户可见寄存器

用户可见寄存器是指可通过机器语言方式访问的寄存器。在传统的计算机设计中，只有一个通用寄存器，即累加器 AC。而当代 CPU 设计都提供了一定数量的用户可见寄存器，而不再是单一的累加器。这些用户可见寄存器可分类为：① 通用。② 数据。③ 地址。④ 条件代码。

通用寄存器（General Purpose Register）可被程序员指派各种用途。有时，它们在指令集中的使用是正交于操作的，即任何通用寄存器能为任何操作码容纳操作数。这提供了真正通用的意义。然而，常常不是这样的，而是有某些限制。例如，可能有专用于浮点操作的通用寄存器。

数据寄存器仅可用于保持数据而不能用于操作数地址的计算。

地址寄存器可以是自身有某些通用性，或是专用于某种具体的寻址方式。

条件代码（Condition Codes）寄存器，也被称为程序状态字（Program Status Word，PSW），它们至少是部分用户可见的。CPU 硬件设置这些条件位作为操作的结果。例如，一个算术运算可能产生一个正的、负的、零或溢出的结果。除结果本身存于寄存器或存储器之外，一个条件代码也相应被设置。这些代码可被后面的条件转移指令所测试。

9.2.2　控制和状态寄存器

有一类寄存器在 CPU 中起着控制操作的作用。它们中的大多数是用户不可见的，某些对于控制或操作系统模式下执行的机器指令是可见的。

对于指令执行，有 4 种寄存器是至关重要的：

① 程序计数器（PC）：含有待取指令的地址。

② 指令寄存器（IR）：含有最近取来的指令。

③ 存储地址寄存器（MAR）：含有存储器位置的地址。

④ 存储缓冲寄存器（MBR）：也称为存储数据寄存器（MDR），含有将被写入存储器的数据字或最近读出的字。

程序计数器容纳一条指令的地址。一般是在每次取指令之后，程序计数器的内容即被 CPU 自动更改（由于指令大部分是顺序执行，因此大部分时候执行+1 操作），故它总是指向将被执行的下一条指令。转移或跳步指令亦修改 PC 的内容。因此程序计数器的结构应当是具有寄存信息和计数两种功能的结构。

取来的指令装入指令寄存器，在那里操作码和操作数被分析。

与存储器的数据交换使用 MAR 和 MBR。在总线组织的系统中，MAR 直接与地址总线相连，MBR 直接与数据总线相连。然后，用户可见寄存器再与 MBR 交换数据。

刚才提到的 4 个寄存器用于 CPU 和存储器之间的数据传输。在 CPU 内，数据必须提交给 ALU 来处理。ALU 可对 MBR 和用户可见寄存器直接存取。相应地也可在 ALU 的边界上有另外的缓冲寄存器，这些寄存器能作为 ALU 的输入和输出，并可与 MBR 和用户可见寄存器交换数据。

除上述 4 种寄存器外，CPU 设计都包括程序状态字（PSW）的一个或一组寄存器。PSW 一般含有条件代码加上其他状态信息。普遍包括如下字段或标志：

- 符号（Sign）：容纳最后算术运算结果的符号位。
- 零（Zero）：当结果是零时被置位。
- 进位（Carry）：若操作导致最高位有向上的进位（加法）或借位（减法）时被置位。用于多字算术运算。
- 等于（Equal）：若逻辑比较的结果是相等，则置位。
- 溢出（Overflow）：用于指示算术溢出。
- 中断允许/禁止：用于允许或禁止中断。
- 监督（Supervisor）：指出 CPU 是执行监督模式还是在用户模式。某些特权的指令只能在监督模式中执行，某些存储器区域也只能在监督模式中被访问。

可在具体 CPU 设计中找到其他有关状态和控制的寄存器。设计控制和状态寄存器组织时有几个因素需考虑。一个关键的考虑是操作系统支持。某些类型的控制信息是专门为操作系统使用的。若 CPU 设计者对将要使用的操作系统有基本的了解，则寄存器组织可被扩展，而为此操作系统定制。另一关键的考虑是控制信息在寄存器和存储器之间的分配。普遍是将存储器最前面（最低地址）的几百或几千个字用于控制目的。设计者必须确定多少控制信息应在寄存器中，多少应在存储器中。通常要在成本和速度之间进行权衡考虑。

通常把许多寄存器之间传输信息的通路称为数据通路。

作为对前两节的总结，这里可以给出一个简单 CPU 的内部组成及数据通路图，如图 9-2 所示。在这个模型中，包含上述全部的控制和状态寄存器，但其只有一个通用寄存器，即累加器 AC。通过这个简单 CPU 模型，可以很清楚地看到 CPU 的几个组成部分，即 ALU、控制器、时序产生器、指令译码器、控制和状态寄存器以及通用寄存器。

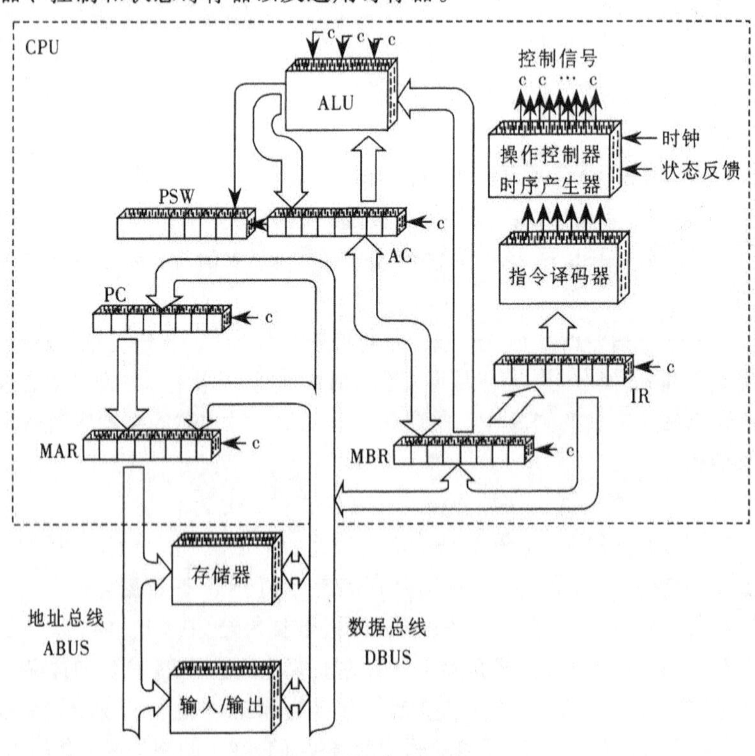

图 9-2 简单 CPU 模型

9.2.3 操作控制器和时序控制器

CPU 中的每一类寄存器完成一种特定的功能。然而信息怎样才能在各寄存器之间传输呢？也就是说，数据的流动是由什么部件控制的呢？

通常把许多寄存器之间传输信息的通路也称为数据通路。信息从什么地方开始，中间经过哪个寄存器或三态门，最后传输到哪个寄存器，都要加以控制。在各寄存器之间建立数据通路的任务，是由称为操作控制器的部件来完成的。操作控制器的功能就是根据指令操作码和时序信号，产生各种操作控制信号，以便正确地选择数据通路，把有关数据传入到一个寄存器，从而完成取指令和执行指令的控制。

根据设计方法不同，操作控制器可分为时序逻辑型和存储逻辑型两种。第一种称为硬布线控制器，它是采用时序逻辑技术来实现的，它的优点是速度快，缺点是结构不规整，设计、调试、维护较困难；第二种称为微程序控制器，它是采用存储逻辑来实现的，优点是设计规整，调试、维护、扩充指令方便。本书重点介绍微程序控制器。

操作控制器产生的控制信号必须定时，为此必须有时序产生器。因为计算机高速地进行工作，每一个动作的时间是非常严格的，不能太早也不能太迟。时序产生器的作用，就是对各种操作信号实施时间上的控制。

CPU 中除了上述组成部分外，还有中断系统、总线接口等其他功能部件。

9.3 控制器组织

控制器的功能是，从存储器中取指令，对指令译码产生控制信号并控制计算机系统各部件有序地执行，从而实现指令的功能。为了实现控制器的这些功能，需要配备相应的器件。

9.3.1 控制器的基本组成

计算机与其他电子器件相比，最大的区别在于，其他电子器件只能完成预先设计的一种或若干种有限的功能，而计算机所能实现的功能可以说是无限的，这些无限的功能来自于计算机的软件。软件是由指令组成的，因此计算机系统的核心部件——控制器必须包含能对指令进行分析处理的一套硬件设施，这些硬件主要有：

（1）指令寄存器（IR）

用来存放由内存取出的指令，在指令执行过程中指令一直保存在 IR 中。指令是控制工作的依据，IR 内容的改变就意味着一条新指令的开始。

（2）程序计数器（PC）

用来存放即将执行的指令地址，具有计数器的功能，PC 的值是程序执行位置的体现。当程序开始执行时，PC 内装有程序的起始位置的体现。当程序顺序执行时，每执行一条指令 PC 增加一个量，这个量等于指令所含的字节数（这就是为什么称为程序计数器的原因）。当程序转移时，转移指令执行的最终结果就是要改变 PC 的值，此 PC 值就是转去的地址，以此实现转移。在有些机器中 PC 也被称为指令指针（Instruction Pointer，IP）。

（3）时序部件

用于产生计算机系统所需的各种时序（定时）信号，计算机中的各种控制信号都有很强的定时性。指令告诉计算机做什么，由时序线路确定什么时候去做。时序线路由脉冲源、启停线路负责时钟信号的通断。时序形成线路负责生成周期信号，节拍信号和节拍脉冲信号。

（4）程序状态字寄存器（PSW）

PSW用来存放两类信息：一类是体现当前指令执行结果的各种状态信息。例如有无进位（CF位）、有无溢出（OF）、结果正负（SF）、结果是否为零（ZF位）、奇偶标志（PF位）等；另一类是存放控制信息，例如允许中断（IF位）、跟踪标志（TF位）等。有些机器中将PSW称为标志寄存器（Flag Register，FR）。实际上不同的机器其状况信息的内容和名称并不完全相同。

（5）微操作形成部件

根据IR的内容（指令）、PSW的内容（状态信息）以及时序线路3方面的内容，由微操作控制形成部件产生控制整个计算机系统所需要的各种控制信号（也称微命令或微操作），操作形成方式有组合逻辑和微程序两种方式，其形成部件的结构也大不相同。根据微操作的形成方式可将控制器分为组合逻辑控制器（或硬布线控制器）和微程序控制器两大类。

9.3.2 指令执行的基本过程

程序是预先编好存放于内存的，这是“程序存储”的概念。将程序一条指令接一条指令地取出来放在控制器内分析并执行，这是“程序控制”的概念。因此程序执行的基本过程就是一个不断取指令，执行指令的过程。

指令执行过程中，只有取指令和执行指令两部分是最基本的指令执行过程，若指令涉及的操作数存放于内存还包括有取操作数阶段。

（1）取指令阶段

取指令阶段对所有指令都是相同的，它是将程序计数器（PC）的内容作为地址去读内存，将该单元的内容即指令读出送往指令寄存器（IR）。同时PC的内容自增，指向下一条指令，也就是说取指令是一次内存的读操作。

（2）取操作数阶段

取操作数仅针对操作数存放在内存的情况。由于寻址方式的不同（直接、间接、基址、相对、变址等），取操作数的过程也大不相同，取操作数是一次或多次内存的读操作，还可能包括操作数地址的计算（如变址、基址、相对等）。

（3）执行指令阶段

执行指令是根据指令操作码对操作数实施各种算术、逻辑及移位操作。对于结果地址在内存的，还应包括一次内存的写操作。对于转移指令或子程序调用及返回等指令，应对PC的内容进行更新。

9.3.3 控制器的时序系统

在日常生活中，人们学习、工作和休息都有一个严格的作息时间。CPU中也有一个类似“作息时间”的东西，它称为时序信号。计算机所以能够准确、迅速、有条不紊地工作，正是因为在CPU中有一个时序信号产生器。机器一旦被启动，即CPU开始取指令并在执行指令时，控制器就利用时钟脉冲的顺序和不同的脉冲间隔，有条理、有节奏地指挥机器的操作，规定在这个脉冲到来时做什么，在其他脉冲到来时又做什么，给计算机各部分提供工作所需的时间标志。

计算机的协调动作需要时间标志，而时间标志则是用时序信号来体现的。一般来说，控制器发出的各种控制信号都是时间因素（时序信号）和空间因素（部件位置）的函数。时序系统的作用就在于将各种控制信号严格定时，使多个控制信号在时间上相互配合完成某一功能。

1. 组合逻辑控制器的时序系统

控制器组成有组合逻辑方式和微程序方式，相应地其时序系统也有区别。组合逻辑控制器中，将时序信号分为指令周期、CPU 周期、节拍周期和节拍脉冲，其相互关系如图 9-3 所示。

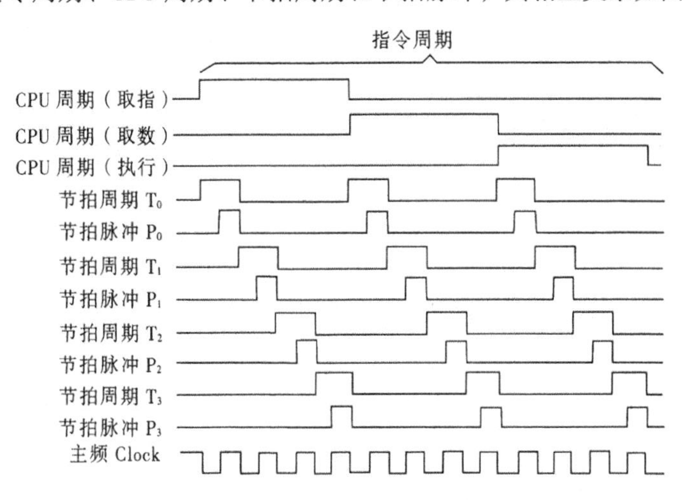

图 9-3　组合逻辑控制器的时序关系

（1）指令周期

顾名思义，指令周期就是执行一条指令所需的时间，从取指令开始到结束。由于指令的功能不同、难易不同，所需的执行时间也不同。例如有的指令不需取操作数，而有的指令操作数在内存。而且因寻址方式不同花费的取数时间也不同。又如在指令执行的阶段，有的指令操作很简单（如空操作指令 NOP），而有的就很复杂（如乘除指令 MUL、DIV），因此指令周期是随指令不同而变化的，不是一个固定值。因此一般不将它作为时序的一级。

（2）CPU 周期

CPU 周期是根据指令执行的基本过程划分的。根据指令执行的各个阶段将一个指令周期划分为取指令周期、取操作数周期和执行周期，3 个 CPU 周期。CPU 周期也常称为机器周期。有些计算机 CPU 周期的长短定义为一次内存的存取周期，例如取指周期、取数周期都是一次内存的读操作，而执行周期可能会是一次内存的写操作，无论读写操作，都必然是一次系统总线的传输操作，因此也常称为总线周期，即在这种情况下，CPU 周期=内存存取周期=总线周期。

另有一些计算机系统的 CPU 周期是根据需要而定的。由于寻址方式不同，取操作数周期可长可短，可能包括不止一个内存存取周期。另外，由于指令功能不同，执行周期也可长可短，在这种情况下，CPU 周期不是一个常量，与内存存取周期和总线周期也就不存在等量关系。

（3）节拍周期

节拍周期是完成 CPU 内部一些最基本操作所需的时间。例如数据通过 ALU 完成一次逻辑运算的时间，或者数据从一个寄存器传到另一个寄存器并可靠建立的时间，在任何一个计算机系统中，节拍周期都是一个常量。在 CPU 周期固定的计算机系统中，每个 CPU 周期包含的节拍周期数是固定的，在 CPU 周期不固定的计算机系统中，每个 CPU 周期包含的节拍周期数是不固定的，但为整数。

（4）节拍脉冲

有些计算机系统中节拍脉冲与节拍周期是一一对应的。当节拍周期确定后，节拍脉冲的频率便唯一地确定了。节拍脉冲通常作为触发器的打入脉冲与节拍周期相配合完成一次数据传输。在这些计算机系统中，节拍脉冲的频率就是脉冲源的频率，即机器的主频。但另有一些机器的节拍脉冲周期包含若干个节拍脉冲，在一个节拍脉冲周期中实现的操作也就要多一些。

从图 9-3 可看到 CPU 周期之间，节拍周期之间，没有重叠交叉也没有间隙，它们都是由系统时钟分频变化得到的。

图 9-3 中一个指令周期包含有 3 个 CPU 周期（不取操作数的指令只有 2 个 CPU 周期）每个 CPU 周期又包含有 4 个节拍周期（有些计算机系统 CPU 周期的长度并不固定，而是根据需要确定节拍周期的个数）。图 9-3 重在说明指令周期、CPU 周期、节拍周期和节拍脉冲之间的相互关系。更确切地说应当是一个简化的关系，并非计算机实际的时序关系。

2. 微程序控制器的时序系统

与组合逻辑控制器的时序系统相比，微程序控制器的时序系统要简单得多，在微程序控制方式中，是将一条机器指令转化为一段有微指令组成的微程序。微指令的读取和执行所用的时间定义为微程序控制器的基本时序单位，称为“微周期”。也就是说，在微程序控制方式中，只有指令微周期，没有 CPU 周期。

一个指令周期由若干个微周期组成。微周期包括读取微指令和执行微指令，其中读取微指令所需时间取决于控制存储器（CM）的读出时间，而执行微指令所需的时间大致与组合逻辑控制器时序中的节拍周期相同，是以 CPU 内部寄存器到寄存器之间的数据传输，或 ALU 的一次运算所需的时间为基准。由于多数控制存储器的读出时间较长（与组合电路的延迟相比较），微程序控制方式的执行速度要低于组合逻辑控制器。

【例 9-1】什么是指令周期、机器周期和时钟周期？三者有何关系？

解：指令周期是 CPU 取出并执行一条指令所需的全部时间，即完成一条指令的时间。机器周期是所有指令执行过程中的一个基准时间，通常以存取周期作为机器周期。时钟周期是机器主频的倒数，也可称为节拍，它是控制计算机操作的最小单位时间。

一个指令周期包含若干个机器周期，一个机器周期又包含若干个时钟周期，每个指令周期内的机器周期数可以不等，每个机器周期内的时钟周期数也可以不等。

【例 9-2】能不能说机器的主频越快，机器的速度就越快？为什么？

解：不能说机器的主频越快，机器的速度就越快。因为机器的速度不仅与主频有关，还与机器周期中所含的时钟周期数以及指令周期中所含的机器周期数有关。同样主频的机器，由于机器周期所含时钟周期数不同，机器的速度也不同。机器周期中所含时钟周期数少的机器，速度更快。

此外，机器的速度还和其他很多因素有关，如主存的速度、机器是否配有 Cache、总线的数据传输率、硬盘的速度以及机器是否采用流水技术等。机器速度还可以用 MIPS（每秒执行百万条指令数）和 CPI（执行一条指令所需的时钟周期数）来衡量。

【例 9-3】设某机主频为 8MHz，每个机器周期平均含 2 个时钟周期，每条指令的指令周期平均有 2.5 个机器周期，试问该机的平均指令执行速度为多少 MIPS？若机器主频不变，但每个机器周期平均含 4 个时钟周期，每条指令的指令周期平均有 5 个机器周期，则该机的平均指令执行速度又是多少 MIPS？由此可得出什么结论？

解：根据主频为 8MHz，得时钟周期为 1/8 = 0.125μs，机器周期为 0.125×2 = 0.25μs，指令周期为 0.25×2.5 = 0.625μs。

① 平均指令执行速度为 1/0.625 = 1.6MIPS。

② 若机器主频不变，机器周期含 4 个时钟周期，每条指令平均含 5 个机器周期，则指令周期为 0.125×4×5 = 2.5μs，故平均指令执行速度为 1/2.5 = 0.4MIPS。

③ 可见机器的速度并不完全取决于主频。

9.3.4　控制器的基本控制方式

计算机的基本工作原理是由指令实现控制。指令的操作不仅涉及 CPU 内部，还涉及内存和 I/O 接口。另外，指令的繁简程度不同，所需要的执行时间也有很大差异。如何根据具体情况实施不同的控制，就是控制方式所需要解决的问题。根据是否有统一的时钟，控制方式可分为同步控制方式、异步控制方式和准同步控制方式。

1. 同步控制方式

所谓同步控制方式，就是系统有一个统一的时钟，所有的控制信号均来自这个统一的时钟信号。前面谈到的指令周期、CPU 周期、节拍周期和节拍脉冲均来自统一的脉冲源，它们构成了组合逻辑控制器中的同步控制时序系统。

根据指令周期、CPU 周期和节拍周期的长度固定与否，同步控制方式又可分为以下几种：

（1）定长指令周期

即所有的指令执行时间都相等。若指令的繁简差异很大，规定统一的指令周期，无疑会造成太多的时间浪费，因此，定长指令周期的方式很少被采用。

（2）定长 CPU 周期

这种方式中各 CPU 周期都相等，一般都等于内存的存取周期。而指令周期不固定，等于整个 CPU 周期。由于寻址方式不同（直接、间接、变址等），需要访问内存的次数也不同，则根据其访问内存的目的，建立相应的 CPU 周期，访问几次内存就有几次 CPU 周期。这种方式的指令系统一般不设复杂的指令，寻址方式也比较单一。定长 CPU 周期的优点是控制比较简单，常为那些指令相差不大的简单指令系统计算机所采用。但由于各种指令的难易程度不可能完全相同，因此按照较复杂的指令确定的 CPU 周期，执行较简单的指令会造成一些时间的浪费。

（3）变长 CPU 周期、定长节拍周期

这种方式的指令周期长度不固定，而且 CPU 周期也不固定，含有的节拍周期根据需要而定，与内存存取周期和总线周期没有什么固定关系。这种方式根据指令的具体要求和执行步骤，确定安排哪几个 CPU 周期，以及每个 CPU 周期中安排多少个节拍周期和节拍脉冲，可谓是一种量体裁衣的方式，不会造成时间浪费，对指令系统的设计也没有什么过多的要求。但时序系统的控制比较复杂，要根据不同情况确定每个 CPU 周期的节拍数。

（4）折中方式

这种方式实际上是上面两种方式的一个折中。它是根据指令的难易程度定出有限的几种 CPU 周期长度。能基本上满足各种复杂程度不等的指令的要求，它不像定长 CPU 周期那样要求指令系统中各种指令的难易程度相差不能太大。与变长 CPU 周期、定长节拍周期方式相比，时序系统的控制又不太复杂，这种方式也是计算机系统经常采用的方式。

以上谈到的同步控制的几种方式，均是指组合逻辑控制器，在微程序控制方式中，其时序只有指令周期和微周期。一条指令的指令周期由若干条微指令的微周期组成，微指令是根据指令需要确定的。因此，微程序控制方式与变长 CPU 周期、定长节拍周期类似，是一种量体裁衣的控制方式，但其时序控制却要简单得多。

CPU 内部操作均采用同步控制，其原因是同一芯片的材料相同，工作速度相同，片内传输线短，又有共同的脉冲源，采用同步控制是理所当然的。

2. 异步控制方式

异步控制方式中没有统一的时钟信号，各部件按自身固有的速度工作，通过应答方式进行联络，常见的应答信号有准备好 Ready 或等待 Wait 等，异步控制相对于同步要复杂。指令的执行不可避免地要涉及对内存的操作和对 I/O 设备的操作，它们属于计算机系统的其他部件。组成存储芯片和 I/O 设备接口的材料可能与 CPU 不同，信号传输的距离相对较远，会有传输延迟，必须按异步方式进行协调。

CPU 内部的操作采用同步方式，CPU 与内存和 I/O 设备的操作采用异步方式，这就带来一个同步方式和异步方式如何过渡、如何衔接的问题。也就是说，当内存或 I/O 设备的 Ready 信号到达 CPU 时，不可能恰好为 CPU 脉冲源的整周期或节拍的整周期，解决方法也是一种折中方案，即准同步方式。

3. 联合控制方式

联合控制方式又称为准同步方式，是介于同步异步中间的一种折中，或者说是异步方式的同步化。在准同步方式中，CPU 并不是在任何时刻立即对来自内存和 I/O 接口的应答信号做出反应，而是在一个节拍周期的结束（下一个节拍周期的开始）。也就是说，当 CPU 进行内存的读/写操作或进行 I/O 设备的数据传输时，是按同步方式插入一个节拍周期或几个节拍周期，直到内存或 I/O 设备的应答信号到达为止。准同步方式是 CPU 进行内存的读/写操作和 I/O 数据传输操作通常采用的方式，较好地解决了同步与异步的衔接问题。

9.4 时序产生器组织

前面已分析了指令周期中需要的一些典型时序。时序信号产生器的功能即是用逻辑电路来实现这些时序。

各种计算机的时序信号产生电路是不尽相同的。一般来说，大、中型计算机的时序电路比较复杂，而小、微型机的时序电路比较简单，这是因为前者涉及的操作较多，后者涉及的操作较少。另一方面，从设计操作控制器的方法来讲，硬布线控制器的时序电路比较复杂，而微程序控制器的时序电路比较简单。然而不管是哪一类，时序信号产生器最基本的构成是一样的。

9.4.1 组合逻辑控制器的时序产生器

组合逻辑控制器的时序产生器是由晶体振荡器（脉冲源）、启停控制线路、节拍脉冲信号发生器、节拍周期信号发生器和 CPU 周期信号发生器组成，如图 9-4 所示。

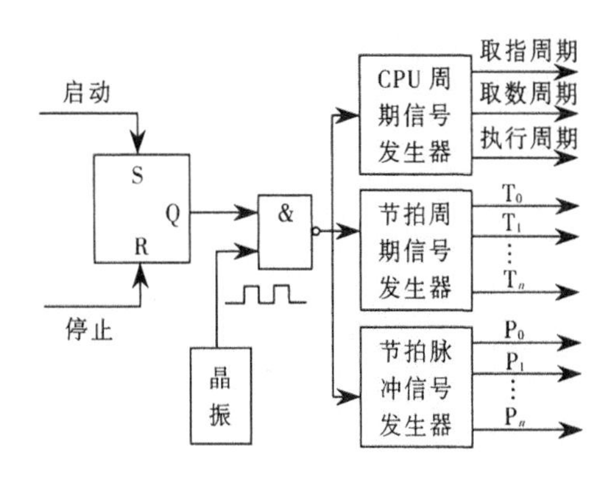

图 9-4　组合逻辑控制器的时序产生器框图

晶体振荡器是整个时序系统的脉冲源，一位触发器和一个与非门构成简单的启停线路（实际线路要比与非门的复杂些，应具有阻塞功能，以确保在启动，停止时不会把半个脉冲信号放出去）。

① 节拍脉冲信号发生器：节拍脉冲信号发生器用于产生节拍脉冲 P_0、P_1、P_2、P_3（参考图 9-3）。

② 节拍周期信号发生器：节拍周期信号发生器可由循环移位寄存器构成，也可由计数器和译码器组成，输出节拍周期信号 T_0、T_1、T_2、T_3。

③ CPU 周期信号发生器：CPU 周期信号一般设置单独的触发器表示，有几个 CPU 周期就设置几个触发器。例如，若某计算机系统没有取指令，取操作数和执行 3 个 CPU 周期，便设立 3 个触发器分别表示之。每个 CPU 周期状态的建立条件由控制器的微操作形成部件产生相应的建立信号，例如 1→FIC 信号，表示建立取指令状态，1→FDC 信号表示建立取操作数周期状态，1→EXEC 信号表示建立执行周期状态。CPU 周期状态的建立时刻是在上一个 CPU 状态周期的最后一个节拍周期信号（或节拍脉冲信号）的下降沿建立。

9.4.2　微程序控制器的时序产生器

图 9-5 所示为微程序控制器中使用的时序信号产生器的结构图，它由时钟源、环形脉冲发生器、节拍脉冲和读/写时序译码逻辑、启停控制逻辑等部分组成。

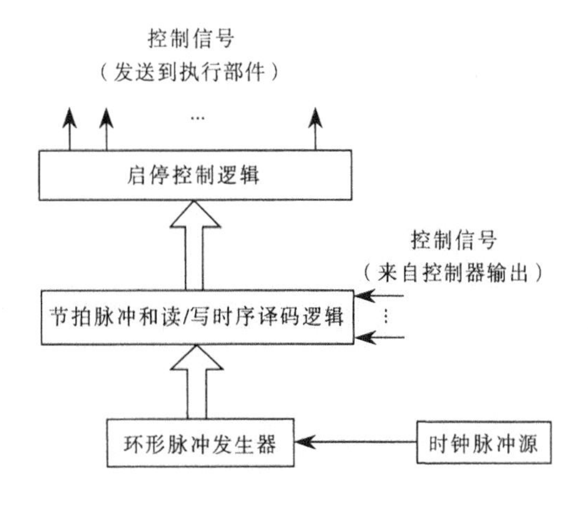

图 9-5　微程序控制器时序信号产生器

（1）时钟源

时钟源用来为环形脉冲发生器提供频率稳定且电平匹配的方波时钟脉冲信号。它通常由石英晶体振荡器和与非门组成的正反馈振荡电路组成，其输出送至环形脉冲发生器。

（2）环形脉冲发生器

环形脉冲发生器的作用是产生一组有序的间隔相等或不等的脉冲序列，以便通过译码电路来产生最后所需的节拍脉冲。为了在节拍脉冲上不带干扰毛刺，环形脉冲发生器通常采用循环移位寄存器形式。

（3）节拍脉冲和读/写时序的译码逻辑

节拍脉冲和读/写时序的译码逻辑根据环形脉冲发生器的输出，通过译码产生 CPU 工作所需要的节拍脉冲信号。同时，与控制器输出的控制信号配合，产生存储器/外围设备需要的控制信号。例如，由存储器发出的读/写信号（RD、WE）都是持续时间为一个 CPU 周期的节拍电位信号，而实际上它们只在某些节拍脉冲有效，因此需要译码控制。

（4）启停控制逻辑

机器一旦接通电源，就会自动产生原始的节拍脉冲信号，然而，只有在启动机器运行的情况下，才允许时序产生器发出 CPU 工作所需的节拍脉冲。为此需要由启停控制逻辑来控制节拍脉冲的发送。同样，对读/写时序信号也需要由启停逻辑加以控制。

9.5 指 令 流 水

随着计算机系统的发展．特别是集成电路工艺上的改进，可以实现更高的性能。另外，CPU 组织的增强也能改善性能。如使用多个寄存器而不是单一的累加器，又如使用高速缓存等。另外一种使用非常普遍的组织方法是指令流水线技术。

9.5.1 流水线策略

指令流水类似于工厂中装配线的使用。装配线利用了这样一个事实，即一个产品要通过几个制作步骤。通过把制作过程安排在一条装配线上，产品能在各个阶段同时被加工。这种过程被称为流水处理（Pipelining），因为作为一条流水线，在先前接收的输入已成为加工的结果出现在另一端时，新的输入又在一端被接收进来。

将这种概念施加到指令的执行上，必须认识到，事实上一条指令的执行也是分成几个步骤。作为一个简化的方法，考虑将指令处理分成两个阶段：取指令和执行指令。在一条指令执行期间，有主存未被存取的时间。这个时间能用于取下一条指令，从而这个取与当前指令的执行并行工作。图 9-6（a）描述了这种方法。此流水线有两个独立的阶段。第一个阶段取一条指令并缓存它。当第二个阶段空闲时，第一个阶段将缓存的指令输送给它。当第二个阶段正在执行此指令时，第一个阶段利用未使用的存储器周期来取下一条指令并缓存它。这称为指令预取（Instruction Prefetch）或取交迭（Fetch Overlap）。

这种处理将加快指令的执行，这是毫无疑问的。若取和执行这两个阶段是相等的时间，则指令周期时间将是原来的一半。然而，若我们更仔细地查看这个流水（图 9-6（b）），将会看到实现这种执行速度的双倍是不太可能的，原因是：

① 执行时间一般要长于取时间。执行将涉及读取和保存操作数以及完成某些操作。于是，

取指阶段可能必须等待一定的时间才能排空它的缓冲器。

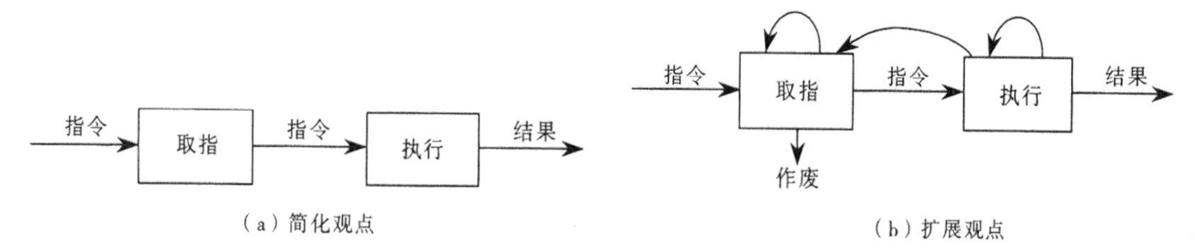

图 9-6　两段指令流水线

② 条件转移指令使得待取的下一条指令的地址是未知的。于是，取指阶段必须等待它能由执行阶段得到下一指令地址。而在取下一条指令时执行阶段又可能必须等待。

由第二种情况造成的时间损失可通过推测来减少。一个简单的规则如下：当一条件转移指令由取指阶段传输到执行阶段时，取指阶段从存储器中取此转移指令之后的指令。于是，若转移未发生，则没有时间损失；若转移发生，则已取的指令要作废并取新的指令。

虽然这些因素减少了两段流水线的潜在效能，但还是带来某种加速。为获得进一步的加速，流水线必须有更多的阶段。考虑指令处理的如下分解：

- 取指令（FI）：读下一个预期的指令到缓冲器。
- 译码指令（DI）：确定操作码和操作数指定器。
- 计算操作数（CO）：计算每个源操作数的有效地址，这可能涉及偏移、间接、寄存器间接或其他形式的地址计算。
- 取操作数（FO）：由存储器取每个操作数。寄存器中的操作数不需要取。
- 执行指令（EI）：完成指定的操作。若有指定的目标操作数位置，则将结果写入此位置。
- 写操作数（WO）：将结果存入存储器。

以这种分解，各个阶段用的是几乎相等的时间。为便于说明，假定是相等的时间。图 9-7 则表示了一个 6 段流水线。它能将 9 条指令的执行时间由 54 个时间单位减少到 14 个时间单位。

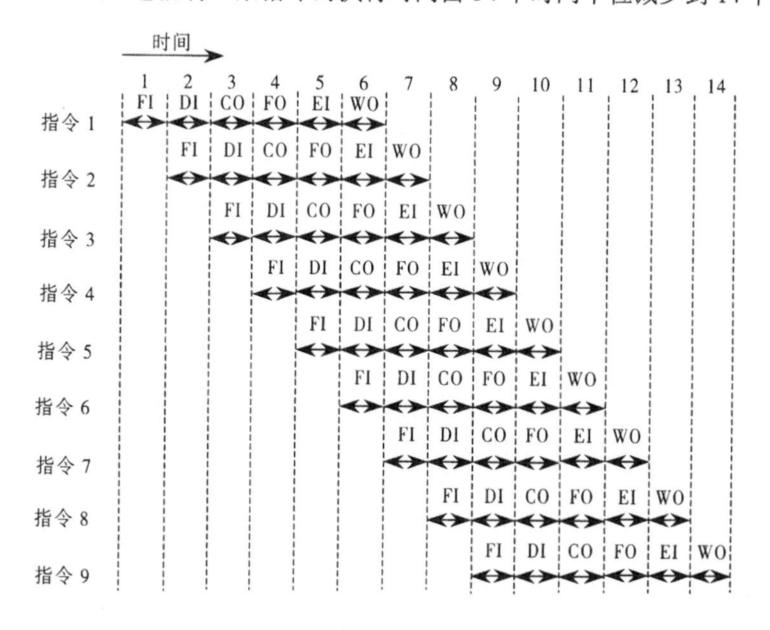

图 9-7　指令流水线操作时序图

9.5.2 流水线分类

流水线功能繁杂，种类也非常多。下面给出几种常见的分类方式。

1. 单功能流水线和多功能流水线

这是按照流水线所完成的功能来分类的。所谓单功能流水线，是指只能完成一种固定功能的流水线。而所谓的多功能流水线，是指同一流水线的各个段之间可以进行不同的连接，从而使流水线在不同的时间，或者在同一时间完成不同的功能。

2. 静态流水线和动态流水线

这是按照同一时间内各段之间的连接方式来分类的。所谓静态流水线，是指在同一时间内，流水线的各段只能按同一种功能的连接方式工作。所谓动态流水线，是指在同一时间内，当某些段上在实现某种运算（如定点乘法）时，另一些段却在实现另一种运算（如浮点加法），这样就不是非得相同运算的一串操作才能流水处理。目前，绝大多数的流水线是静态流水线。

3. 部件级、处理机级及处理机间流水线

这是按照流水的级别来进行分类的。所谓部件级流水线，又叫运算操作流水线。它是把处理机的算术逻辑部件分段，以便为各种数据类型进行流水操作。

所谓处理机级流水线，又叫指令流水线。它是把解释指令的过程按照流水方式处理。因为处理机要处理的主要时序过程就是解释指令的过程，这个过程当然也可分解为若干个子过程。把它们按照流水（时间重叠）方式组织起来，就能使处理机重叠地解释多条指令。从这个意义上说. 可以把前面将指令解释过程分解为“分析”与“执行”两个子过程的最简单的指令流水线，它同时只能解释两条指令。

所谓处理机间流水线，又叫宏流水线。它是由两个以上的处理机串行地对同一数据流进行处理，每个处理机完成一项任务。第一个处理机对输入的数据流完成任务 1 的处理，其结果存入存储器中，它又被第二个处理机取出进行任务 2 的处理……依此类推。这一般属于异构型多处理机系统，它对提高各处理机的效率有很大的作用。

4. 线性流水线和非线性流水线

这是按照流水线中是否有反馈回路来进行分类的。所谓线性流水线是指流水线的各段串行连接且没有反馈回路。而非线性流水线是指流水线中除有串行连接的通路处，还有反馈回路或前馈回路。

5. 标量流水线、超标量流水线和超流水线

如果计算机中只有一条指令流水线，称之为标量流水线；所谓超标量流水线是指具有两条以上的指令流水线，在一个时钟周期可执行一条以上的指令。而超流水线是通过细化流水、提高主频，使得在一个机器周期内完成一个甚至多个操作。

此外，还可按照输出端任务流出顺序与输入端任务流入顺序是否相同，将流水线分为顺序流动流水线和异步流动流水线（或称为无序流水线、错序流水线、乱序流水线），这里就不再赘述了。

9.5.3 流水线的主要问题

通过上面的介绍可知，要使流水线具有良好的性能，必须使流水线畅通流动，不发生断流。但由于流水过程中会出现以下 3 种相关冲突，实现流水线的不断流是困难的，这 3 种相关是资源相关冲突、数据相关冲突和控制相关冲突。

1. 资源相关冲突

所谓资源相关冲突，是指多条指令进入流水线后在同一机器时钟周期内争用同一个功能部件所发生的冲突。由表 9-1 可以看出，在时钟 4 时，第 1 条的 FO 段与第 4 条的 FI 段都要访问存储器。当数据和指令放在同一个存储器且只有一个访问口时，便发生两条指令争用存储器资源的相关冲突。解决冲突的办法，一是第 4 条指令停顿一拍后再启动，二是增设一个存储器，将指令和数据分别放在两个存储器中。

表 9-1　资源相关

时钟 指令	1	2	3	4	5	6	7	8	9
1	FI	DI	CO	FO	EI	WO			
2		FI	DI	CO	FO	EI	WO		
3			FI	DI	CO	FO	EI	WO	
4				FI	DI	CO	FO	EI	WO
5					FI	DI	CO	FO	EI

2. 数据相关冲突

在一个程序中，如果必须等前一条指令执行完毕后，才能执行后一条指令，那么两条指令就是数据相关的。

在流水计算机中，指令的处理是重叠进行的，前一条指令还没有结束，第二、三指令就陆续地开始工作。由于多条指令的重叠处理，当后继指令所需的操作数，刚好是前一指令的运算结果时，使发生数据相关冲突。例如：

```
ADD     R1,R2,R3     ;(R2)+(R3) → R1
SUB     R4,R1,R5     ;(R1)-(R5) → R4
AND     R6,R1,R7     ;(R1) AND (R7) → R6
```

如表 9-2 所示，ADD 指令在时钟 6 将运算结果写入寄存器 R1，但 SUB 指令在时钟 3 时读寄存器 R1，AND 指令在时钟 4 时读寄存器 R1。本来 ADD 指令应该先写 R1，SUB 指令后读 R1，结果变成 SUB 指令先读 R1，ADD 指令后写 R1。因而发生了两条指令间数据相关冲突。

表 9-2　数据相关冲突

时钟 指令	1	2	3	4	5	6	7	8
ADD	FI	DI	CO	FO	EI	WO		
SUB		FI	DI	CO	FO	EI	WO	
AND			FI	DI	CO	FO	EI	WO

为了解决数据相关冲突，流水 CPU 的运算器中特意设置若干运算结果缓冲寄存器，暂时保留运算结果，以便于后继指令直接使用，这称为“向前”或定向传输技术。

3. 控制相关冲突

控制相关冲突是由转移指令引起的。当执行转移指令时，依据转移条件的产生结果，可能为顺序取下条指令；也可能转移到新的目标地址取指令，从而使流水线发生断流。

为了减小转移指令对流水线性能的影响，常用以下两种转移处理技术：

① 延迟转移法：由编译程序重排指令序列来实现。基本思想是“先执行再转移”，即发生转移时并不排空指令流水线，而是让紧跟在转移指令 I_b 之后已进入流水线的少数几条指令继续完成。如果这些指令是与 I_b 结果无关的有用指令，那么延迟损失时间片正好得到了有效的利用。

② 预测法：硬件方法来实现，依据指令过去的行为来预测将来的行为。通过使用转移取和顺序取两路指令预取队列以及目标指令 Cache，可将转移预测提前到取指阶段进行，以获得良好的效果。

9.6 RISC 的硬件结构

精简指令集计算机（Reduced Instruction Set Computer，RISC）结构是一个对 CPU 传统趋势的重大叛离，在语言和行为方面对大多数计算机结构的常规学识是一个挑战。

虽然，已有不同的组织以各种方式定义和设计了 RISC 系统，然而有些关键点是大多数（不是所有）设计都采用的。它们是：

- 一个有限的和简单的指令集。
- 大量的通用寄存器或使用编译器技术来优化寄存器的使用。
- 强调指令流水的优化。

RISC 的目标决不是简单地缩减指令系统，而是使处理器的结构更简单，更合理，具有更高的性能和执行效率，并降低处理器的开发成本。

典型的 RISC 的特征有：

① 单一的指令长度。

② 典型的长度是 4B。

③ 较少的寻址方式，一般少于 5 种。

④ 无间接寻址。间接寻址要求先进行一次存储器访问来得到操作数的存储器地址。

⑤ 每条指令不会有多于一个的存储器操作数。

⑥ 装入/存储操作不会与算术操作混在一起（例如，由存储器加或加到存储器）。

⑦ 对装入/存储操作，不支持数据的任意对齐。

⑧ 对指令中的数据地址，存储管理单元（Memory Management Unit，MMU）的使用次数最多。

⑨ 至少有 32 个整数寄存器能被显式地引用。

⑩ 至少有 16 个浮点寄存器也能被显式地引用。

9.7 Pentium 处理器

Pentium 是 Intel 公司生产的超标量流水处理器，它代表了在复杂指令集计算机（CISC）中几十年设计努力的结晶，它采用了过去只有大型机和超级计算机中才会采用的设计原则，是 CISC 体系结构的优秀范例。

9.7.1 Pentium 的结构框图

图 9-8 所示为一个 PentiumⅡ组织的简化图。处理器的核心由下列 4 个主要部件组成：

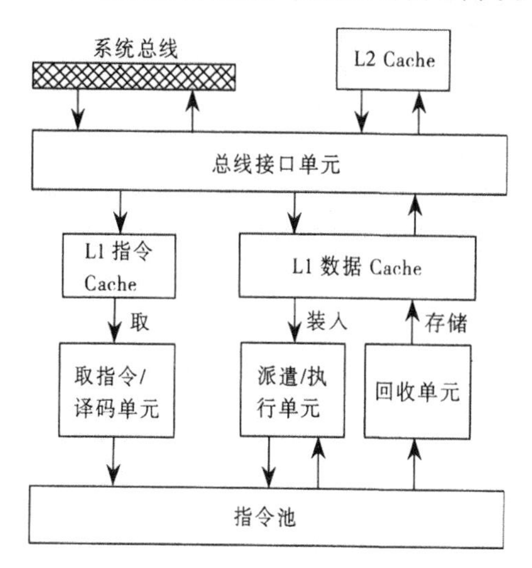

图 9-8 PentiumⅡ处理器框图

① 取指令/译码单元（Fetch/Decode Unit）：顺序由 Ll 指令 Cache 取程序指令，将它们译成一系列的微操作并存入指令池中。

② 指令池（Instruction Pool）：当前可用于执行的指令组存放于此。

③ 派遣/执行单元(Dispatch/Execute Unit)：依据数据相关性和资源可用性调度微操作的执行，于是，微操作可按不同于所取指令流的顺序被调度执行。只要时间许可，此单元完成将来可能需要的微操作的推测执行。它由 Ll 数据 Cache 取所需数据，执行微操作，并将结果暂存于寄存器中。

④ 回收单元（Retire Unit）：确定何时将暂存的推测执行的结果提交到 L1 数据 Cache 和寄存器中，成为稳定状态。在回收一条执行结果之后，此单元将相应指令的微操作从指令池中删除。

9.7.2 寄存器组织

PentiumⅡ的寄存器组织包括如下类型的寄存器：

① 通用寄存器（General）：PentiumⅡ有 8 个 32 位通用寄存器。它们可被所有的 PentiumⅡ指令类型使用，也可保持用于地址计算的操作数。此外，某些寄存器亦服务于专门目的。例如，字符串指令使用 ECX、ESI 和 EDI 寄存器的内容作为操作数，无需指令中有对这些寄存器的显式引用。

② 段寄存器（Segment）：PentiumⅡ有 6 个 16 位段寄存器，它们容纳索引段表的段选择符。代码段（CS）寄存器引用含有正被执行指令的段。堆栈段（SS）寄存器引用含有用户可见堆栈的段。其余的段寄存器（DS、ES、FS、GS）允许用户一次可访问多达 4 个分开的数据段。

③ 标志寄存器（Flag）：EFLAGS 寄存器容纳条件代码的各种模式位。

④ 指令指针寄存器（Instruction Pointer）：存有当前指令的地址。

还有一些寄存器专门用于浮点单元

① 数值寄存器（Numeric）：每个寄存器保持扩展精度的 80 位浮点数。这样的寄存器有 8 个，

它们的功能像一个堆栈，有相应的压入和弹出操作可用于指令集中。

② 控制寄存器（Control）：16 位的控制寄存器含有控制浮点单元操作的各个位，包括舍入类型控制，单、双或扩展精度控制，以及禁止或允许各种异常条件的位。

③ 状态寄存器（Status）：16 位状态寄存器包括反映浮点单元当前状态的位，包括一个指向寄存器堆栈栈顶的 3 位指针，报告最后运算结果的条件代码，以及异常标志。

④ 标记字寄存器（Tag Word）：这个 16 位寄存器为 8 个浮点值寄存器每个保留 2 位标记，它们用于指示相应寄存器内容的属性。4 种可能值是有效、零、特殊数（NaN、无穷、反规格化）和空。这些标记允许程序在不对寄存器中的实际数据进行复杂译码的情况下，检查数值寄存器中的内容。

小　　结

CPU 是计算机的中央处理部件，具有指令控制、操作控制、时间控制、数据加工等基本功能。

早期的 CPU 由运算器和控制器两大部分组成。随各高密度集成电路技术的发展，当今的 CPU 芯片变成运算器、Cache 和控制器三大部分，其中还包括浮点运算器、存储管理部件等。

处理器中还包括用户可见的寄存器和控制/状态寄存器。用户可见寄存器是指，用户使用机器指令显式或隐式可访问的寄存器。它们可以是通用寄存器，也可以是用于定点或浮点数、地址、索引和段指针这样的专用寄存器。控制/状态寄存器用于控制 CPU 的操作。它包含各种状态和条件位。

CPU 从存储器取出一条指令并执行这条指令的时间称为指令周期。由于各种指令的操作功能不同，各种指令的指令周期是不尽相同的。划分指令周期，是设计操作控制器的重要依据。

时序信号产生器提供 CPU 周期（也称机器周期）所需的时序信号。操作控制器利用这些时序信号进行定时，有条不紊地取出一条指令并执行这条指令。

习　　题

1．选择题。

（1）中央处理器是指（　　）。

A．运算器　　B．控制器

C．运算器和控制器　　D．运算器、控制器和主存储器

（2）在 CPU 中跟踪指令后继地址的寄存器是（　　）。

A．主存地址寄存器　　B．程序计数器

C．指令寄存器　　D．状态条件寄存器

（3）操作控制器的功能是（　　）。

A．产生时序信号

B．从主存取出一条指令

C．完成指令操作码译码

D．从主存取出指令，完成指令操作码译码，产生有关的操作控制信号

（4）指令周期是指（　　）。

A．CPU 从主存取出一条指令的时间

B．CPU 执行一条指令的时间

C．CPU 从主存取出一条指令加上执行这条指令的时间

D．时钟周期时间

（5）下列部件中不属于控制器的部件是（　　）。

A．指令寄存器

B．操作控制器

C．程序计数器

D．状态条件寄存器

（6）下列部件不属于执行部件的是（　　）。

A．控制器　　B．存储器　　C．运算器　　D．外围设备

（7）同步控制是（　　）。

A．只适用于 CPU 控制的方式

B．只适用于外围设备控制的方式

C．由统一时序信号控制的方式

D．所有指令执行时间都相同的方式

（8）下面有关指令流水线的叙述中，错误的是（　　）。

A．采用指令流水线，使得一条指令的执行过程变短

B．指令流水线可以大大加快程序的执行速度

C．二阶段流水线并不能使指令执行效率成倍增长

D．指令流水线在许多情况下会遭到破坏

（9）下面有关超标量技术的叙述中，错误的是（　　）。

A．超标量技术是一种有关指令执行方式的控制技术

B．超标量方式执行指令时，CPU 中有两条或两条以上指令流水线

C．实行超标量技术的 CPU 中必须配置多个功能部件和指令译码器

D．超标量技术的引入主要是为了解决指令数据相关引起的流水线破坏问题

2．解释术语。

（1）CPU

（2）同步控制、异步控制

（3）指令周期、主状态周期、节拍周期、微周期

（4）指令流水线、超标量流水线、动态流水线

3．CPU 由哪几个部分组成？各部分的功能是什么？

4．一个典型的 CPU 中至少要包括哪些寄存器？

5．某 CPU 的主频为 8MHz，若已知每个机器周期平均包含 4 个时钟周期，该机的平均指令执行速度为 0.8MIPS，试求该机的平均指令周期及每个指令周期含几个机器周期？若改用时钟周期为 0.4μs 的 CPU 芯片，则计算机的平均指令执行速度为多少 MIPS？若要得到平均每秒 40 万次的指令执行速度，则应采用主频为多少的 CPU 芯片？

6. 假设指令流水线分取指（IF）、译码（ID）、执行（EX）、回写（WR）4 个过程段，共有 10 条指令连续输入此流水线。

   （1）画出流水线时空图。

   （2）假设时钟周期为 100ns，求流水线的实际吞吐率。

   （3）求该流水处理器的加速比。

7. RISC 系统设计的关键点是什么？

8. 思考题。

（1）进一步解答第 1 章的思考题：指令和数据都放在内存里，从形式上看，它们都是二进制代码，CPU 是如何区分指令字和数据字的？

（2）为什么硬布线控制器和微程序控制器采用不同的时序系统？

第四篇　控　制　器

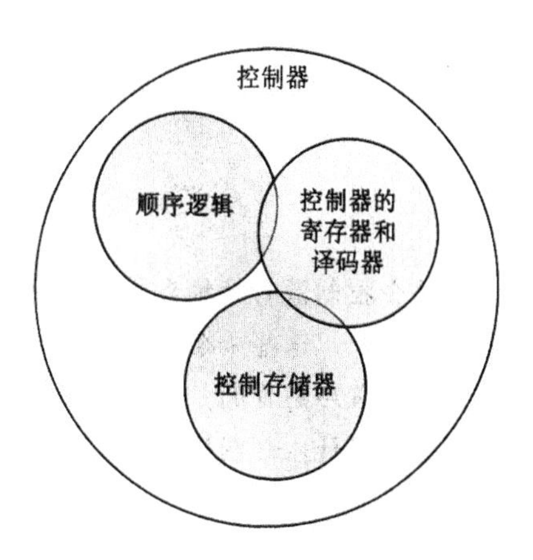

控制器控制 CPU 以至整台计算机的操作，本篇主要介绍控制器的功能和设计方法。

本篇主要内容：

- 控制器的功能；
- 组合逻辑设计；
- 微程序设计。

第10章 控制器的功能与设计

重点内容

- 微操作;
- 指令周期分析;
- CPU 控制;
- 硬布线控制器;
- 微程序控制器。

本章主要介绍控制器的功能，结合控制器的结构和指令周期的 4 个阶段，着重分析了控制单元为完成不同指令所产生的各种操作命令，这些命令（又称控制信号）控制着计算机的所有部件有次序地完成相应的操作，以达到执行程序的目的；控制器根据其组成和工作原理可分为微程序控制器和硬布线控制器。通过控制器的设计，说明设计控制单元的思路，了解控制单元的功能，为今后设计控制单元和计算机打下初步的基础。

10.1 控制器的功能

计算机的功能是执行程序。执行程序时，计算机操作由一序列指令周期组成，每个周期执行一条机器指令，而每个指令周期又由若干个机器周期（CPU 周期）组成，一般分解成取指、间址、执行和中断 4 个周期，其中取指和执行周期是必须的。

10.1.1 微操作

为设计控制器，需要将机器周期进一步向下分解，每个机器周期又由一串涉及 CPU 寄存器操作的更小步骤组成，将这些步骤称为微操作（Micro-operation）。前缀“微”指的是每个步骤很简单很细小。图 10-1 所示为各种概念间的关系，一个程序的执行由指令的顺序执行组成。每条指令执行是一个指令周期，每个指令周期由更短的 CPU 周期（如取指、间址、执行、中断）组成。每个 CPU 周期的完成又涉及一个或多个更短的操作，即微操作。

微操作在执行部件中是最基本的操作。根据数据通路的结构关系，微操作可分为相容性和互斥性两种。所谓相容性的微操作，是指在同时或同一个 CPU 周期内可以并行执行的微操作。所谓互斥性的微操作，是指不能在同时或不能在同一个 CPU 周期内并行执行的微操作。

微操作是 CPU 基本的或说是原子的操作。在下一节中将对指令周期进行分析，以说明指令周期的事件是如何被描述成微操作序列的。

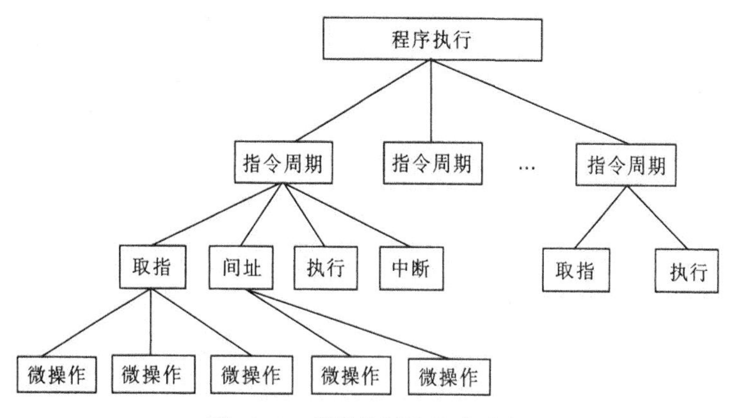

图 10-1 程序执行的组成元素

10.1.2 指令周期分析

不同的指令，所包含的 CPU 周期数也是不同的，一条指令的指令周期至少需要两个 CPU 周期，而复杂一些的指令周期，则需要更多的 CPU 周期。但进一步分析发现，完成不同指令的过程中，有些操作是相同或相似的，如取指令、取操作数地址（当间接寻址时）以及进入中断周期由中断隐指令完成的一系列操作。下面就对组成一个典型指令周期的 4 个 CPU 周期做进一步的分析。

在本节的讨论中，CPU 结构和寄存器组织参照第 9 章中图 9-2 的简单 CPU 模型。

1. 取指周期

所有指令的取指周期都是相同的，在这个 CPU 周期内，主要的微操作是：

① 现行指令地址送至存储器地址寄存器，记做 PC→MAR。

② 向主存发读命令，启动主存做读操作，记做 1→R。

③ 将 MAR（通过地址总线）所指的主存单元中的内容（指令）经数据总线读至 MBR 内，记做 M(MAR)→MBR。

④ 将 MBR 的内容送至 IR，记做 MBR→IR。

⑤ 形成下一条指令的地址，记做(PC)+1→PC。

2. 间址周期

间址周期完成取操作数有效地址的任务，具体操作如下：

① 将指令的地址码部分（形式地址）送至存储器地址寄存器，记做 Ad(IR)→MAR。

② 向主存发读命令，启动主存作读操作，记做 1→R。

③ 将 MAR（通过地址总线）所指的主存单元中的内容（有效地址）经数据总线读至 MBR 内，记做 M(MAR)→MBR。

④ 将有效地址送至指令寄存器的地址字段，记做 MBR→Ad(IR)。此操作在有些机器中可省略。

3. 执行周期

不同指令执行周期的微操作是不同的，下面分别讨论非访存指令、访存指令和转移类指令的微操作。

（1）非访存指令

这类指令在执行周期不访问存储器，例如：

① 清除累加器指令 CLA：该指令在执行阶段只完成清除累加器操作，记做 0→AC。

② 算术右移一位指令 SHR：该指令在执行阶段只完成累加器内容算术右移一位的操作，记做 L(AC)→R(AC)，AC_0→AC_0（AC 的符号位不变）。

③ 停机指令 STP：计算机中有一运行标志触发器 G，当 G=1 时，表示机器运行；当 G=0 时，表示停机。STP 指令在执行阶段只需将运行标志触发器置 0，记做 0→G。

（2）访存指令

这类指令在执行阶段都需访问存储器。为简单起见，这里只考虑直接寻址的情况，不考虑其他寻址方式，例如：

① 加法指令：

ADD　X

该指令在执行阶段需完成累加器内容与对应于主存 X 地址单元的内容相加，结果送累加器的操作，具体为：

- 将指令的地址码部分送至存储器地址寄存器，记做 Ad(IR)→MAR。
- 向主存发读命令，启动主存做读操作，记做 1→R。
- 将 MAR（通过地址总线）所指的主存单元中的内容（操作数）经数据总线读至 MBR 内，记做 M(MAR)→MBR。
- 给 ALU 发加命令，将 AC 的内容和 MBR 的内容相加，结果存于 AC，记做(AC)+(MBR)→AC。

当然，也有的加法指令指定两个寄存器的内容相加，如 ADD　AX　BX，该指令在执行阶段无需访存，只需完成(AX)＋(BX)→AX 的操作。

② 存数指令：

STA　X

该指令在执行阶段需将累加器 AC 的内容存于主存的 X 地址单元中，具体操作如下：

- 将指令的地址码部分送至存储器地址寄存器，记做 Ad（IR）→MAR。
- 向主存发写命令，启动主存做写操作，记做 1→W。
- 将累加器内容送至 MBR，记做 AC→MBR。
- 将 MBR 的内容（通过数据总线）写入到 MAR（通过地址总线）所指的主存单元中，记做 MBR→M(MAR)。

③ 取数指令：

LDA　X

该指令在执行阶段需将主存 X 地址单元的内容取至累加器 AC 中，具体操作如下：

- 指令的地址码部分送至存储器地址寄存器，记做 Ad(IR)→MAR。
- 向主存发读命令，启动主存做读操作，记做 1→R。
- 将 MAR（通过地址总线）所指的主存单元中的内容（操作数）经数据总线读至 MBR 内，记做 M(MAR)→MBR。
- 将 MBR 的内容送至 AC，记做 MBR→AC。

（3）转移类指令

这类指令在执行阶段也不访问存储器，例如：

① 无条件转移指令：

JMP　X

该指令在执行阶段完成将指令的地址码部分 X 送至 PC 的操作，记做 Ad(IR)→PC。

② 条件转移（负则转）指令：

BAN　X

该指令根据上一条指令运行的结果决定下一条指令的地址，若结果为负（累加器最高位为 1，即 $A_0=1$），则指令的地址码送至 PC，否则程序按原顺序执行。由于在取指阶段已完成了(PC)+1→PC，所以当累加器结果不为负（即 $A_0=0$）时，就按取指阶段形成的 PC 执行，记做 A_0Ad(IR)+ $\overline{A_0}$(PC)→PC。

由此可见，不同指令在执行阶段所完成的操作是不同的。

4. 中断周期

在执行周期结束时刻，CPU 要查询是否有允许中断的中断事件发生，如果有则进入中断周期。在中断周期，由中断隐指令自动完成保护断点、寻找中断服务程序入口地址以及硬件关中断的操作。

假设程序断点存至主存的 0 地址单元，且采用硬件向量法寻找入口地址，则在中断周期需完成如下操作：

① 将特定地址 0 送至存储器地址寄存器，记做 0→MAR。

② 向主存发写命令，启动存储器做写操作，记做 1→W。

③ 将 PC 的内容（程序断点）送至 MBR，记做 PC→MBR。

④ 将 MBR 的内容（程序断点）通过数据总线写入到 MAR（通过地址总线）所指示的主存单元（0 地址单元）中，记做 MBR→M(MAR)。

⑤ 向量地址形成部件的输出送至 PC，记做向量地址→PC，为下一条指令周期作准备。

⑥ 关中断，将允许中断触发器清 0，记做 0→EINT（该操作可直接由硬件线路完成）。

如果程序断点存入堆栈，只需将上述①改为堆栈指针 SP→MAR。

上述所有操作都是在控制单元发出的控制信号（即微操作命令）控制下完成的。

10.1.3　功能需求

在上节将 CPU 的功能分解成称为微操作的基本操作，下一目标是，确定控制器的特性。通过把 CPU 的操作分解到它的最基础级，就能严格地定义控制器必须的动作。这样，就能定义控制器的功能需求，即控制器必须完成的功能。这些功能需求的定义是设计和实现控制器的基础。

可以通过如下 3 个步骤分析控制器的功能：

① 定义 CPU 的基本元素。

② 描述 CPU 完成的微操作。

③ 确定要完成微操作，控制器必须具备的功能。

已经完成了第 1 和第 2 步，总结 CPU 的基本功能元素是：① ALU。② 寄存器。③ 内部数据路径。④ 外部数据路径。⑤ 控制器。

ALU 是计算机的功能精髓。寄存器用于 CPU 内的数据存储。某些寄存器包含用于管理指令顺序化所需的状态信息（例如，程序状态字）。其他寄存器含有来自或到达 ALU、内存和 I/O 模块的数据。内部数据路径用于寄存器之间和寄存器与 ALU 之间的数据传输。外部数据路径用于将寄存器链接到内存和 I/O 模块，通常是借助于系统总线。控制器引起 CPU 内的操作发生。

程序执行由涉及这些 CPU 元素的操作组成，这些操作由微操作序列组成。所有的微操作可分为以下 4 种：

① 在寄存器之间传输数据。

② 将数据由寄存器传输到外部界面（如系统总线）。

③ 将数据由外部界面传输到寄存器。

④ 以寄存器作为输入、输出，完成算术或逻辑运算。

完成指令周期所需的各种微操作，包括执行指令集中所有指令的各种微操作，它们都属于上述类型之一。

现在，更明确地说明控制器的功能，控制器完成两项基本任务：

① 排序：根据正在执行的程序，控制器使 CPU 以适当的顺序执行一串微操作。

② 执行：控制器完成每个微操作。

上面是控制器所做工作的功能描述。控制器如何操作的关键是控制信号的使用。

10.1.4 控制信号

前面定义了 CPU 组成的元素（ALU、寄存器、数据路径等）及其完成的微操作。为使控制器完成功能，必须具有允许确定系统状态的输入和允许控制系统行为的输出，这些是控制器的外部规范。在控制器内部，必须具有完成排序和执行功能的逻辑。控制内部操作在以后章节讨论。下面主要讨论控制器和 CPU 其他元素间的交互作用。

图 10-2 所示为输入和输出控制器的一般模型。输入是：

① 时钟：这是控制器如何"遵守时间"（Keeps Time）。控制器在每个时钟脉冲完成一个（或一组同时的）微操作。这被称为处理器周期时间（Processor Cycle Time）或时钟周期时间（Clock Cycle Time）。

② 指令寄存器：当前指令的操作码用于确定在执行周期内完成何种微操作。

③ 标志：控制器需要一些标志来确定 CPU 的状态和前面 ALU 操作的结果。

④ 来自系统总线的控制信号：系统总线的控制线部分输入控制器，如中断请求信号。

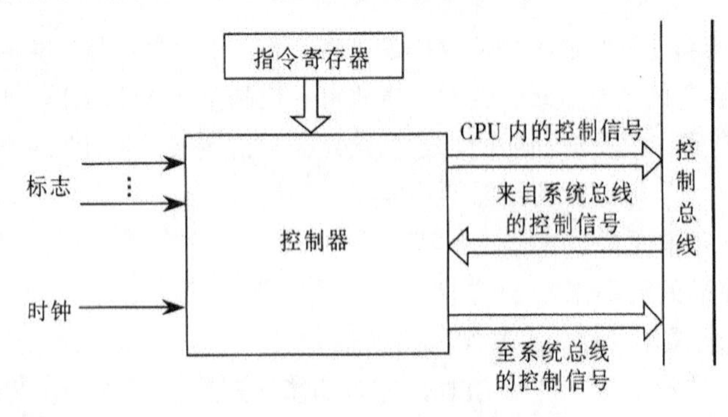

图 10-2 控制器模型

输出是：

① CPU 内的控制信号：有两类，一类用于控制数据传输路径，另一类用于启动指定的 ALU 功能。

② 到系统总线的控制信号：到存储器的控制信号和到 I/O 模块的控制信号。

图中引入的新要素是控制信号，它有 3 类，启动 ALU 功能的、控制数据路径的、外部系统总线上的或其他外部接口上的。所有这些信号最终作为二进制输入量直接送到各个逻辑门上。

10.1.5　控制信号举例

控制单元的主要功能就是能发出各种不同的控制信号，下面以不采用 CPU 内部总线的方式和采用 CPU 内部总线的方式说明在指令周期中不同的控制信号。

1. 不采用 CPU 内部总线的方式

为说明控制器的功能，考察图 10-3 所示的例子。这是具有单一累加器的简单 CPU。给出了部件间的数据通路。控制器发出信号的控制路径未画出，但控制信号的终端用一个小圆圈指示并标记有 C_i，此控制器接受来自时钟、指令寄存器和标志的输入。每个时钟周期，控制器读所有这些输入并发出一组控制信号。控制信号送往 3 个不同的目标：

① 数据通路：控制器控制内部数据流。例如，取指令时，存储缓冲寄存器的内容传输到指令寄存器。为了能控制每个路径，路径上都有门（图中以圆圈指示）。来自控制器的控制信号暂时打开门以让数据通过。

② ALU：控制器以一组控制信号控制 ALU 的操作。这些信号作用于 ALU 内的各种逻辑装置和门。

③ 系统总线：控制器发送控制信号到系统总线的控制线上（例如，存储器读信号）。

控制器必须明确处于指令周期中的什么阶段，并且通过读输入信号，控制器发送一系列的控制信号以产生微操作。它使用时钟脉冲作为定时信号，允许事件之间有一定的时间间隔以使信号电平得以稳定。

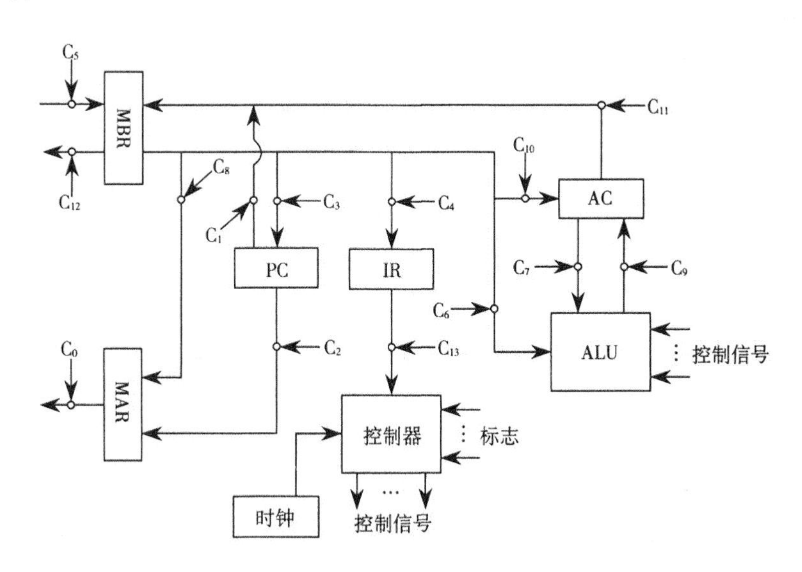

图 10-3　不采用 CPU 内部总线的数据通路和控制信号

表 10-1 表示的控制信号是前面描述过的微操作序列所需的。为了简化，增量 PC 的数据和控制路径，以及固定地址装入 PC 和 MAR 的数据和控制路径没有给出。

表 10-1　微操作和控制信号

	微　操　作	有效的控制信号
取指	t1: MAR←(PC)	C_2
	t2: MBR←M(MAR)	CR、C_5
	PC←(PC)+1	
	t3: IR←(MBR)	C_4
间址	t1: MAR←Ad(IR)	C_8
	t2: MBR←M(MAR)	CR、C_5
	t3: Ad(IR)←MBR	C_4
中断	t1: MBR←(PC)	C_1
	t2: MAR←保存_地址	
	PC←子程序_地址	
	t3: M←(MBR)	C_{12}、CW

考虑控制器的最小性是有益的。控制器是整个计算机运行的引擎。它只需知道将被要执行的指令和算术、逻辑运算结果的性质（例如，正的、溢出等）。它不需要知道正在被处理的数据或得到的实际结果具体是什么。并且，它控制任何事情只是以少量的送到 CPU 内的和送到系统总线上的控制信号来实现。

2．采用 CPU 内部总线的方式

CPU 内部的典型组织形式是内部总线，图 10-4 给出了一个使用内部单总线的 CPU 结构，图中的小圆圈代表控制信号，如 PC_i 表示总线的数据送入（in）PC，PC_o 表示 PC 的内容送出（out）到总线上。

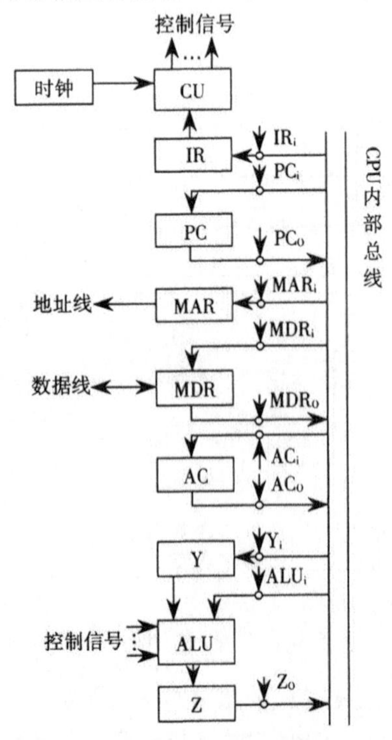

图 10-4　采用 CPU 内部总线的数据通路和控制信号

ALU 和所有 CPU 寄存器都连接到单一内部总线上。为使数据由各寄存器送到总线上或从总线上送出，提供了门和控制信号；此外，还有另外的控制线控制数据与系统（外部）总线的交换以及 ALU 的操作。

此组织已添加了两个新寄存器，分别标记为 Y 和 Z，这是 ALU 恰当操作所需要的。当 ALU 的操作涉及两个操作数时，一个可由内部总线得到，但另一个必须要从其他地方得到。累加器 AC 能用于这个目的，但这限制了系统的灵活性，甚至 CPU 有多个通用寄存器时 AC 无法工作。寄存器 Y 提供了另一个输入的暂时存储。ALU 是一个没有内部存储的组合电路。于是，当控制信号启动一个 ALU 功能时，ALU 的输入被转换成它的输出。可见，ALU 的输出不能直接接到内部总线上，因为这个输出能立即反馈为输入。为此，寄存器 Z 提供了这个输出的暂时存储。这样安排，将存储器值加到 AC 的操作将有如下步骤：

① Ad(IR)→MAR ;指令的地址码字段→MAR (MAR_i)

② M(MAR)→MDR ;操作数从存储器中读至 MDR(MAR_o、MDR_i)

③ MDR→Y ;MDR 内容送入 Y(MDR_o、Y_i)

④ (AC)+(Y)→Z ;AC 累加器内容+Y 的内容送入 Z(+、AC_o)

⑤ Z→AC ;Z 内容送入 AC(Z_o、AC_i)

【例 10-1】如图 10-5 所示为双总线结构机器的数据通路，IR 为指令寄存器，PC 为程序计数器（具有自增功能），M 为主存（受 R/$\overline{W}$ 信号控制），AR 为地址寄存器，DR 为数据缓冲寄存器，ALU 由+、-控制信号决定完成何种操作，控制信号 G 控制的是一个门电路。另外，线上标注有控制信号，例如 Y_i 表示 Y 寄存器的输入控制信号，R_{1o} 为寄存器 R_1 的输出控制信号，未标字符的线为直通线，不受控制。

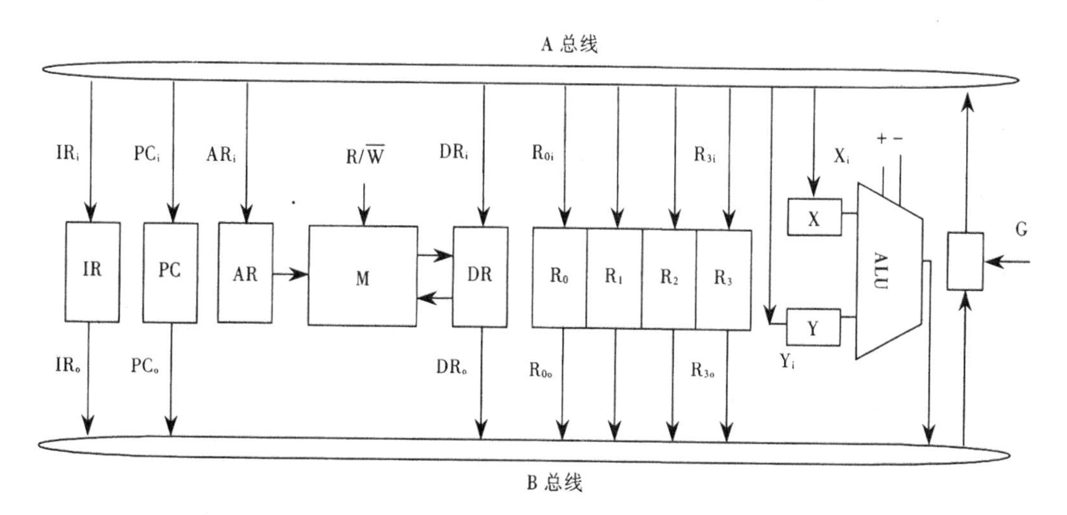

图 10-5 双总线结构的数据通路

取数指令“LDA(R3), R0”的含义是(R3)→R0，即将(R_3)为地址的主存单元的内容取至寄存器 R_0 中，请画出其指令周期流程图，并列出相应微操作控制信号序列。

解：指令周期流程图如图 10-6 所示，右侧表示每一个机器周期中用到的微操作控制信号序列。

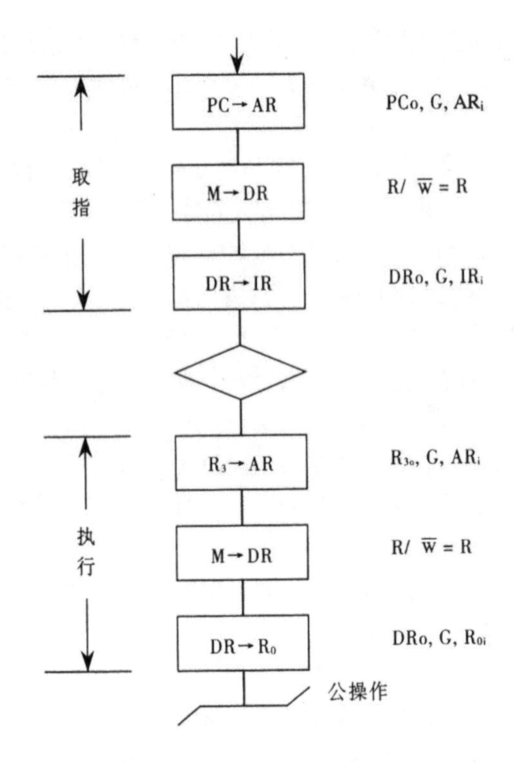

图 10-6 指令周期流程图

说明：“∼”符号表示公操作符号，表示一条指令已经执行完毕，转入公操作。所谓公操作，就是一条指令执行完毕后，CPU 所开始进行的一些操作，这些操作主要是 CPU 对外设请求的处理，如中断处理、通道处理等。如果外围设备没有向 CPU 请求交换数据，那么 CPU 又转向取下一条指令。

10.2 模型机的设计

通过前面的学习，读者对内存、运算器、指令、控制器已有了基本的了解，这一节我们将通过一台模型机的设计过程，了解计算机的控制器的设计过程。由于实际的计算机系统相当复杂，因此，本模型机对指令的机器语言和硬件结构做了大量简化，并尽量规整，功能上比较完备，使之具有真实机的感觉。

一台计算机的设计大致需要经过以下几个基本步骤：

① 指令系统设计。

指令是软/硬件的交界面，是计算机设计过程中必须首先要考虑的，指令系统的设计要考虑到完备性、有效性、规整性。

② 数据通路的设计。

根据指令的功能、运行速度以及价格等设计目标，确定 CPU 硬件线路，包括运算器的宽度、算术运算、逻辑运算功能设定、寄存器的设置、CPU 内部数据通路的宽度和结构等。

③ 指令流程设计。

根据 CPU 的硬件设置和结构，确定各类指令的流程，并考虑各类指令的共性，在不影响功能、速度的原则下，考虑将其共同部分尽量统一。

④ 控制器的设计。

控制器有组合逻辑控制和微程序控制两种方式。若采用组合逻辑控制，需要设计控制器时序系统，并把指令流程中的每一个微操作落实到某个确定的时序中，同时尽量考虑其规整性。若采用微程序控制方式，就是考虑微指令的格式设计，以及与每条机器指令所对应的微程序的设计。

本节提出的模型机在汇编语言格式上与 X86 计算机基本一致，包括了计算机的基本指令，如各种传输类指令、算术逻辑运算类指令、移位类指令、转移类指令、子程序调用返回类指令、输入/输出类指令等。

在寻址方式上采用最典型的寻址方式，有立即、直接、间接、寄存器、寄存器间接、变址、基址、相对 8 种，都为一般常见的寻址方式，比 X86 计算机的寻址方式多了间接寻址，而少了基址变址方式和相对基址变址方式。

该模型机还在以下方面做了简化：

① 指令字长只要有两种格式，即单字指令格式（16 位）和双字指令格式（32 位）。

② 运算方面去掉了 8 位操作，只有 16 位操作，寄存器只有 16 位的 AX、BX、CX、DX，而不再分为 AH、AL 等，位移量、立即数也只有 16 位形式。

③ 去掉了段寄存器，不设 BIU 部件，没有将段地址与段内偏移地址错 4 位相加的地址计算，一方面使得 CPU 硬件有了较大简化，另一方面指令的机器语言也简单多了。

10.2.1 指令系统和寻址方式

1. 模型机寻址方式及编码

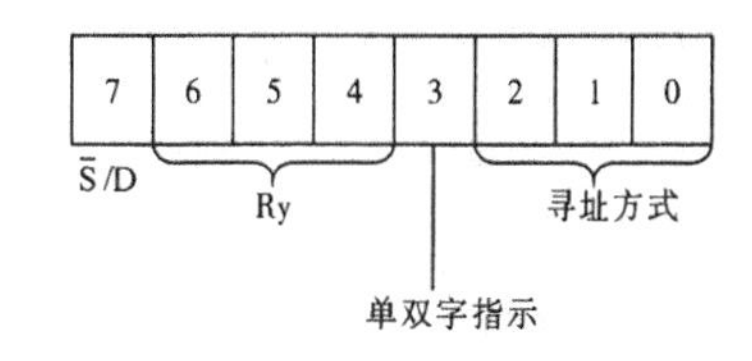

图 10-7 模型机的寻址方式及编码

模型机寻址方式由指令的第一个字节表示，各位含义如图 10-7 所示。模型机规定双操作数指令必须有一个操作数来自寄存器（这与计算机基本相同），该寄存器便由第 6、5、4 位表示（见图 10-7），用 000～111 分别表示 AX、BX、CX、DX、BP、SP、SI、DI，为以后叙述方便，将该寄存器记为 Ry，第 7 位（$\overline{S}$/D）用于指明寄存器是源操作数还是目的操作数。当 bit7=0，寄存器 Ry 为源操作数；bit7=1 时，寄存器 Ry 为目的操作数。第一个字节中的第 3、2、1、0 位的含义如表 10-2 所示。

表 10-2 寻址方式编码

寻址字段第 3、2、1、0 位	寻址方式及相关寄存器
0000	寄存器寻址 AX
0001	寄存器寻址 BX
0010	寄存器寻址 CX
0011	寄存器寻址 DX
0100	寄存器间接寻址 [BP]
0101	寄存器间接寻址 [BX]
0110	寄存器间接寻址 [SI]

续表

寻址字段第 3、2、1、0 位	寻址方式及相关寄存器
0111	寄存器间接寻址 [DI]
1000	立即寻址，双字长指令，第二字为立即数 imm
1001	未定义
1010	直接寻址，双字长指令，第二字为 Addr
1011	间接寻址，双字长指令，第二字为[Addr]
1100	基址寻址，双字长指令，第二字为 disp，[BP+disp]
1101	相对寻址，双字长指令，第二字为 disp，[PC+disp]
1110	源变址寻址，双字长指令，第二字为 Addr，Addr+[SI]
1111	目的变址寻址，双字长指令，第二字为 Addr，Addr+[DI]

从表 10-1 中看出：

① 若 bit3、2=00 时，为寄存器寻址方式，由 bit1、0 位指明具体的寄存器（AX、BX、CX、DX）。

② 若 bit3、2=01 时，为寄存器间接寻址方式，由 bit1、0 位指明具体的间接寄存器（BP、BX、SI、DI）。

为叙述方便 bit2、1、0 指定的寄存器记为 Rx。

从表 10-1 中还可以看到：

① 若 bit3=0 时，指令单字长（16 位）。

② 若 bit3=1 时，指令为双字长（32 位）此时，指令第二字或为立即数（1000），或为直接地址（1010），或为间接地址（1011），或为基址寻址的位移量（1100），或为相对寻址的位移量（1101），或为变址寻址的起始地址（1110, 1111）。

2. 模型机的指令系统

该模型机指令有双操作数指令、单操作数指令和无操作数指令 3 种。

（1）双操作数指令

模型机的双操作指令有传输指令 MOV、输入/输出指令 IN/OUT、加法指令 ADD、带进位的加法指令 ADC、减法指令 SUB、带借位的减法指令 SUBB、比较指令 CMP、逻辑指令 AND、逻辑或指令 OR、逻辑异或指令 XOR 和测试指令 TEST，共计 12 条，都是最基本、最常用的指令。用指令的第 15 位至第 10 位（共 6 位）来表示这些操作，$2^6=64$，远大于 12，这样做是为了模型机的机器语言尽量简单、规整和便于记忆，但在实际机型中必须考虑每一个二进制位的利用率。双操作数指令格式有两种：

	15　　10	9　8	7	6　　4	3	2　　0
单字长指令	OP	–	$\overline{S}$/D	寄存器编号	0	寻址方式

	15　　10	9　8	7	6　　4	3	2　　0	
双字长指令	OP	–	$\overline{S}$/D	寄存器编号	1	寻址方式	第一字
	imm / disp / addr						第二字

指令字中第一字节的第 3 位为 0 时，为单字指令（16 位），为 1 时为双字指令（32 位），指令的第二个字节为操作码字段，其中 15～10 位为 6 位操作码，第 9、8 位在双操作数格式中没有定义。

【例 10-2】指令 ADD AX,[BX]，源操作数采用寄存器间接寻址，为单字长指令（16 位），其机器码为：

ADD	–	10000101

【例 10-3】指令 MOV CX，1234H，源操作数为立即寻址，双字长指令（32 位），第二字为立即数，其机器码为：

MOV	–	10101000
1234H		

（2）单操作数指令

本模型机的单操作指令也都由常用的、基本的指令组成，分为 3 类。

① 传输指令和逻辑运算指令，这类指令有堆栈指令 PUSH/POP、子程序调用指令 CALL、加 1/减 1 指令 INC/DEC、求补指令 NEG、求反指令 NOT、带符号乘法指令 IMUL、无符号乘法指令 MUL、带符号除法指令 IDIV、无符号除法指令 DIV、换码指令 XLAT，共计 12 条。与 PC 类似，乘法指令执行前，被乘数在 AX 寄存器中，指令中只指明一个乘数，故乘除指令归入单操作指令。

② 移位类指令，有逻辑左移（算数左移）指令 SHL（SAL）、逻辑右移（算数右移）指令 SHR（SAR）、循环左移/右移指令 ROL/ROR、带进位的循环左移/右移指令 RCL/RCR、共计 8 条。模型机移位类指令中只指明操作数，移位次数在指令执行前预先放入 CX 寄存器中，故将移位类指令归入单操作指令。

③ 转移类指令，这类指令有无条件转移 JMP、循环指令 LOOP、为零循环/不为零循环指令 LOOPZ/LOOPNZ、为零转移/不为零转移 JZ/JNZ、为负转移/正转移 JS/JNS、溢出转移/不溢出转移 JO/JNO、为偶转移/为奇转移 JP/JNP、有进位转移/无进位转移 JC/JNC、无符号数的低于转移/高于等于转移 JB/JAE、有符号数的小于转移/大于等于转移 JL/JGE、有符号数的小于等于转移/大于转移 JLE/JG、CX 寄存器为零转移 JCXZ，共计 23 条。

在指令机器语言设计中使用了扩展操作码概念，将双操作数指令格式中用以表示寄存器寻址的 bit7～bit4 作为单操作数指令操作码字段，而操作数指令的操作码字段 bit15～bit10 固定为零，用以指明这是一条单操作数指令。

单操作数指令格式也有单字长指令和双字长指令两种：

	15　　10	9　　4	3	2　　0
单字长指令	000000	OP	0	寻址方式

	15　　10	9　　4	3	2　　0	
双字长指令	000000	OP	1	寻址方式	第一字
	imm / disp / addr				第二字

其中 bit3～bit0 为寻址字段，当 bit3=0 时，指定为寄存器寻址或寄存器寻址或寄存器间接寻址，这时为单字指令（16 位）；当 bit3=1 时，为双字长指令，这时指令第二字或为立即数，或为

内存地址，或为位移量。

传输和逻辑运算类指令单操作数指令格式为：

15　10	9　8	7　4	3　0
000000	1　0	OP	寻址方式

bit9、8=10 用以表示这是传输和逻辑运算指令。

bit7～bit4 共 4 位，用以表示操作码，$2^4=16>12$（12 条传输、逻辑运算指令）。

【例 10-4】 指令 PUSH BX 为寄存器寻址，单字长指令（16 位），其机器码为：

15　10	9　8	7　4	3　0
000000	1　0	PUSH	0001

【例 10-5】 指令 DEC 88H[BP]为基址寻址，双字长指令（32 位），其机器码为：

15　10	9　8	7　4	3　0
000000	1　0	DEC	1100
0088H			

移位类指令格式为：

15　10	9　8	7　4	3　0
000000	1　1	OP	寻址方式

bit9、8=11 用以表示这是移位类指令。

bit7～bit4 共 4 位，用以表示操作码，$2^4=16>7$（7 条移位指令）。

【例 10-6】 指令 SHL [BX]为寄存器间接寻址，单字长指令（16 位），其机器码为：

15　10	9　8	7　4	3　0
000000	1　1	SHL	0101

【例 10-7】 指令 SAR XYZ 为直接寻址，双字长指令（32 位），其机器码为：

15　10	9　8	7　4	3　0
000000	1　1	SAR	1010
XYZ（直接地址）			

转移类指令格式为：

15　10	9	8　4	3　0
000000	0	OP	1101
disp			

bit9=0 用以表示这是转移类指令。

bit8～bit4 共 5 位，用以表示操作码，$2^5=32>23$（23 条转移指令）。

寻址方式字段 bit3～bit0 固定为 1101，说明模型机所有的转移指令均为相对寻址，指令为双字，第二字为位移量 disp。

【例 10-8】指令 JC LABEL 为相对 PC 寻址，双字长指令（32 位），其机器码为：

15　　10	9	8　　　4	3　　0
000000	0	JC	1101
disp=LABEL-（PC）			

（3）无操作数指令

无操作数指令的格式为：

15　　　4	3　　0
000000000000	OP

指令中不提供操作数，当然也没有寻址方式字段。无操作数指令格式只有单字长一种格式，并且指令字的 bit15～bit4 为全 0，标志它是一个无操作数指令。无操作数指令的个数最多为 16 条。

【例 10-9】指令 RET 为单字长指令（16 位），其机器码为：

15　　　4	3　　0
000000000000	RET

10.2.2　CPU 及模型机硬件系统

模型机 CPU 及其硬件系统组成简图如图 10-8 所示。图的最下边为控制器简图，中间为运算器简图，上边为主存储器及 I/O 接口简图。

1．系统总线

模型机系统总线采用简单的单总线结构，地址总线 AB 和数据总线 DB 宽度为 16 位，主存储器 MM、外部设备接口通过系统总线 AB、DB、CB 与 CPU 相连。CPU 内部总线 IB 通过地址寄存器 AR 与 AB 相连，并有 AR→AB 信号进行输出控制，通过数据缓冲寄存器 DR 与 DB 相连，并有 DB→DR 信号控制 DR 接收来自数据总线 DB 上的数据。模型机中假设系统总线按准同步方式工作。

CPU 内部总线 IB 也为 16 位宽的总线结构。CPU 内部各寄存器均通过三态门与 IB 连接。当 XX→IB 为高时（电平信号），将 XX 寄存器的内容送上 IB。当寄存器接收 IB 上数据时，使用 XXin（脉冲信号）将 IB 上的数据打入 XX 寄存器，内部总线 IB 为同步控制方式。每个 CPU 周期的节拍周期根据需要而定，为变长 CPU 周期。

2．模型机控制器构成

（1）程序计数器（PC）

用以指出下条指令在主存中的存放地址，CPU 正是根据 PC 的内容去主存取得指令的，因程序中指令是顺序执行的，所以 PC 有自增功能。因为指令分单字（16 位）和双字（32 位）两种格式，数据总线宽度为 16 位，故取指令时每访问一次内存 PC 就+2，其相应的控制信号为+2PC。

（2）指令寄存器（IR）

用以存放现行指令，以便根据指令操作码和寻址方式完成所要求的操作。

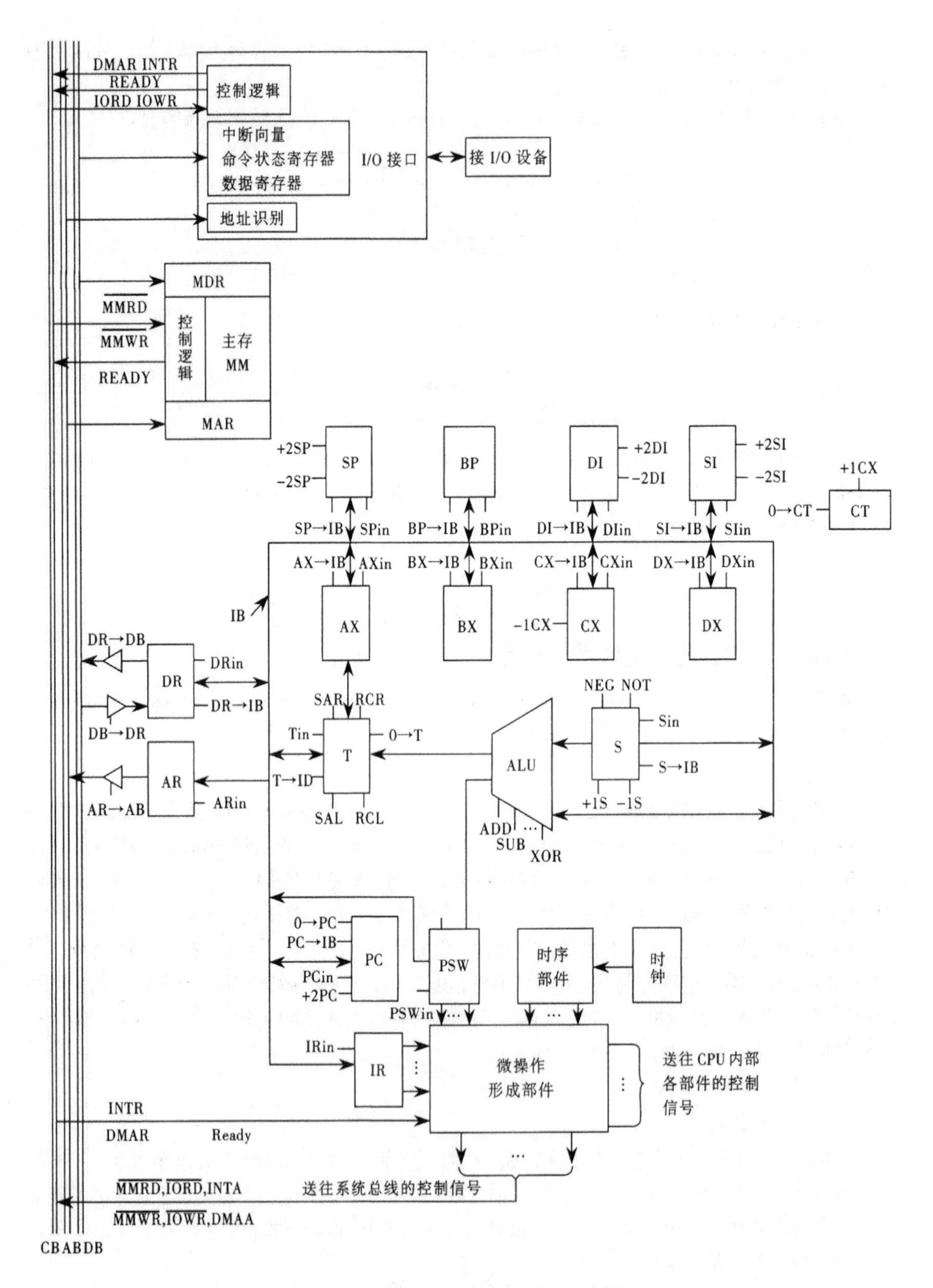

图 10-8 模型机 CPU 及硬件系统组成简图

（3）程序状态寄存器（PSW）

一方面体现当前指令执行结果的特征，即运算结果的状态，如溢出标志 OF、符号标志 SF、零标志 ZF、进位标志 CF、辅助进位标志 AF、奇偶标志 PF 等；另一方面体现对计算机系统的要求，如方向标志 DF、中断允许标志 IF 等，PSW 中的这些位参与并决定微操作的形成。

（4）时序部件

计算机系统的各种微操作应当有严格的时间控制和先后顺序，时序部件用来产生各种时序信号，时序信号可分为 CPU 周期信号。节拍周期信号和节拍脉冲信号，它们都是由统一时钟 CLOCK 分频得到。

（5）微操作形成部件

用以产生指导指令执行的微控制信号，它一方面按照 IR 中指令的要求，另一方面受 PSW 中有关位的控制，再由时序部件决定其产生时间。它产生的微操作一部分用以 CPU 的内部控制，一部分用于系统总线的控制，如图 10-8 所示。该部件可以由组合逻辑方式构成，也可以由微程序方式构成。

3．模型机运算器的构成

（1）算术逻辑单元（ALU）

用以进行双操作数的算数逻辑运算，本模型机中，可执行的逻辑运算有 ADD、ADC、SUB、SUBB、IMUL、MUL、IDIV、DIV、AND、OR、XOR、CMP、TEST。

（2）通用寄存器

寄存器 AX、BX、CX、DX、SI、DI、BP、SP 均为 16 位寄存器，每个寄存器都有将其内容送上内部总线 IB 的电平控制信号 XX→IB 和接收总线数据的脉冲控制信号 XXin，由于 AX 在乘除运算中作为乘商寄存器，因此还具有与 T 暂存器一起左、右移位的功能；CX 通常作为计算器用，因此具有减计数器功能，相应控制信号-1CX；SP 为堆栈指针，它总是指向栈顶元素，由于堆栈操作的需要，SP 有 ±2 的功能，相应控制信号为+2SP，-2SP；SI 和 DI 分别为源变址寄存器和目的变址寄存器，它们也具有 ±2 的功能，相应控制信号为+2SI、-2SI 和+2DI、-2DI。

（3）暂存器 S、T

这两个寄存器是 CPU 内部寄存器，对程序员是透明的。与以上寄存器相同也有向 IB 发送数据的电平控制信号 S→IB、T→IB 和接收 IB 数据的脉冲控制信号 Sin、Tin。除此之外，S 暂存器还有加减计数功能，相应控制信号为+1S 和-1S，可完成单操作数指令 INC、DEC 的功能，另外该寄存器也可按位取反，完成单操作数指令 NOT、NEG 的功能。T 暂存器还有左、右移功能。可完成移位类指令 SHL、SHR、SAL、SAR、ROL、ROR、RCL、RCR 的功能，在 MUL、DIV 指令中也用到它的左右移位功能。

（4）为控制乘除运算的操作步数，运算器内部还设有一个 4 位的计数器 CT，它需要有清零信号 0→CT 和计数信号+1CT。

4．模型机的内存和输入/输出设备

内存 MM 的地址寄存器 MAR 和数据寄存器 MDR 分别连接系统总线 AB 和 DB。

对内存的操作控制信号有存储器读 $\overline{\text{MMRD}}$ 、存储器写 $\overline{\text{MMWR}}$ 以及内存发往 CPU 的操作完成信号 READY，当 READY=1 时，表示内存工作完成，当 READY=0 时，CPU 必须等待一个节拍周期。

I/O 接口中的地址译码线路连接着系统总线 AB，接口中的数据缓冲寄存器、命令状态寄存器及中断向量都与数据总线 DB 相连。CPU 对外设的操作控制信号有 IORD、IOWR 以及接口发向 CPU 的 READY 信号，当 READY=1 时表示外设的数据已发出(读)或总线数据已被外设接收(写)。当 READY=0 时，CPU 必须等待一个或几个节拍周期。若图中的接口代表中断接口或 DMA 接口，还应有接口发出的中断请求信号 INTR 和 DMA 请求信号 DMAR，以及来自总线的中断应答信号 INTA 和 DMA 应答信号 DMAA。

10.2.3 模型机时序系统与控制方式

1. 模型机的 CPU 周期

模型机的 CPU 周期共 5 个，用 5 个触发器分别表示，其中基本 CPU 周期有 3 个，分别为取指周期 FIC、取操作数周期 FDC、执行周期 EXEC，其转换关系如图 10-9 实线所示。另有两个 CPU 周期分别为 DMA 周期 DMAC 和中断周期 INTC，它们与 3 个基本 CPU 周期的转化关系如图 10-9 虚线所示。

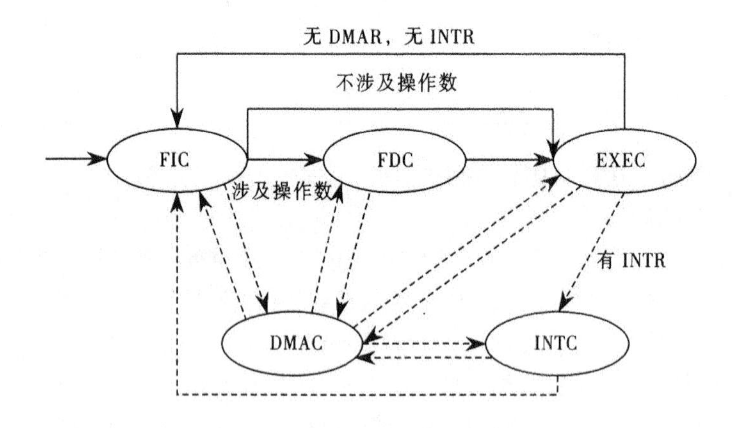

图 10-9 模型机 CPU 周期状态及变化示意图

（1）取指周期 FIC

取指周期 FIC 完成取指令操作，它的建立有 4 种情况：

① Reset 信号建立，当系统刚加电或按复位键，确立 FIC 周期。

② 指令的执行周期 EXEC 结束，且无 DMA 请求和中断请求。

③ 中断周期 INTC 的结束，且无 DMA 请求。

④ DMA 周期 DMAC 的结束。

系统刚加电或复位前系统时钟 CLOCK 被封锁，各种时序信号和控制信号尚未产生，因此直接用复位信号 Reset 作用于 FIC 状态触发器的 S 端，将其置 1，进入 FIC。计算机通常在复位时将程序计数器 PC 的值设置为某一常数（例如全 0），然后从这个固定地址取出第一条指令开始执行。

（2）取操作数周期 FDC

取操作数周期 FDC 完成操作数的读取，它的建立有两种情况：

① 取指周期 FIC 结束，而且取出的指令涉及操作数 $IR_{15\sim9}$不为全 0（双操作数指令，单操作指令的传输类、逻辑类和移位类），且无 DMA 请求。

② FIC 结束后进入 DMAC，DMAC 结束后返回。

（3）执行周期 EXEC

执行周期完成各种指令的执行操作，由于指令功能（操作码）不同，执行周期的操作也各不相同。执行周期 EXEC 的建立有 3 种情况：

① 取指周期 FIC 结束，所取指令不涉及操作数 $IR_{15\sim9}=0$（转移类指令和无操作数类指令），且无 DMA 请求。

② 取操作数周期 FDC 结束，且无 DMA 请求。

③ DMA 周期 DMAC 结束后返回。

（4）DMA 周期 DMAC

DMA 周期 DMAC 完成 DMA 传输。在 DMA 传输期间，CPU 处于等待状态，只要有 DMA 请求 DMAR，任何一个 CPU 周期末都可以进入 DMA 周期。DMA 周期结束后，依次进入下一个 CPU 周期。例如，FDC 结束时，有 DMAR，则进入 DMAC，DMAC 结束后将进入 EXEC。

（5）中断周期 INTC

中断周期 INTC 要完成的工作是断点保护，根据中断向量，取得中断服务程序的入口地址装入 PC。INTC 结束将建立 FIC，INTC 的建立只有一种情况，即 EXEC 结束，有中断请求 INTR，并且无 DMA 请求及 CPU 允许中断（IF=1）。

2. 模型机的节拍周期与节拍脉冲

模型机的节拍周期长度固定，其长度等于 CPU 内部一次数据传输所需要的时间或一次算术逻辑运算所需的时间。每一个节拍周期内含有一个节拍脉冲，用来将数据装入寄存器。本模型机的 CPU 周期不固定，根据操作的需要设定节拍周期的个数，例如乘除指令的 EXEC 所需的节拍数就比较多。一个 CPU 周期内最多可产生 64 个节拍周期和 64 个节拍脉冲，每个 CPU 周期的最后一个节拍脉冲的下降沿作为下一个 CPU 周期状态的打入脉冲，作用于 CPU 周期状态触发器的 CP 端，建立下一个 CPU 周期，与此同时，这个节拍脉冲的下降沿也作为计数器的清零信号，将计数器清零，计数器从 0 开始，又开始产生下一个 CPU 周期的 T_0、T_1 等节拍周期和 P_0、P_1 等节拍脉冲。

也就是说，在控制方式上，模型机 CPU 内部采用同步方式，其时序组成变长 CPU 周期、定长节拍周期，CPU 周期根据操作需要为节拍周期的整数倍。

CPU 与内存 MM 和 I/O 设备之间的数据传输采用准同步方式。内存 MM 采用较高速的存储芯片，CPU 读/写内存时最多只需插入一个节拍周期 WAIT，等待内存工作完成。

由于 I/O 接口的工作速度和信号传输距离不定，CPU 与 I/O 设备进行数据传输时，可能插入一个或几个 WAIT 周期，等待 I/O 接口的准备好信号（READY）。

10.2.4　模型机指令微流程

一条指令的完成需要经过几个周期，本模型机包括有取指周期 FIC、取操作数周期 FDC、各种执行周期 EXEC、中断响应周期 INTC 及 DMA 传输周期 DMAC。本节用流程图的方式对指令执行的各个周期作描述，并将所需的微操作落实到具体的节拍和脉冲，各指令周期具体介绍如下：

1. 取指周期 FIC

取指周期是任何指令都必须经历的第一个 CPU 周期，取指周期流程图如图 10-10 所示。其中，图 10-10（a）采用数据方式进行描述，图 10-10（b）用控制信号进行描述，控制信号用来控制数据的流动，两个图本质上是一回事。为了节省篇幅，本章后面的其他指令流程只采用控制信号方式进行描述。

指令进入 IR，标志取指周期的结束，若 $IR_{15\sim4}$=0，表明这是一个无操作数指令，直接进入执行周期 EXEC；若 $IR_{15\sim9}$=0 说明是转移类指令，也直接进入 EXEC，若是涉及操作数的双操作数指令或单操作数指令，应当进入取操作数周期 FDC。

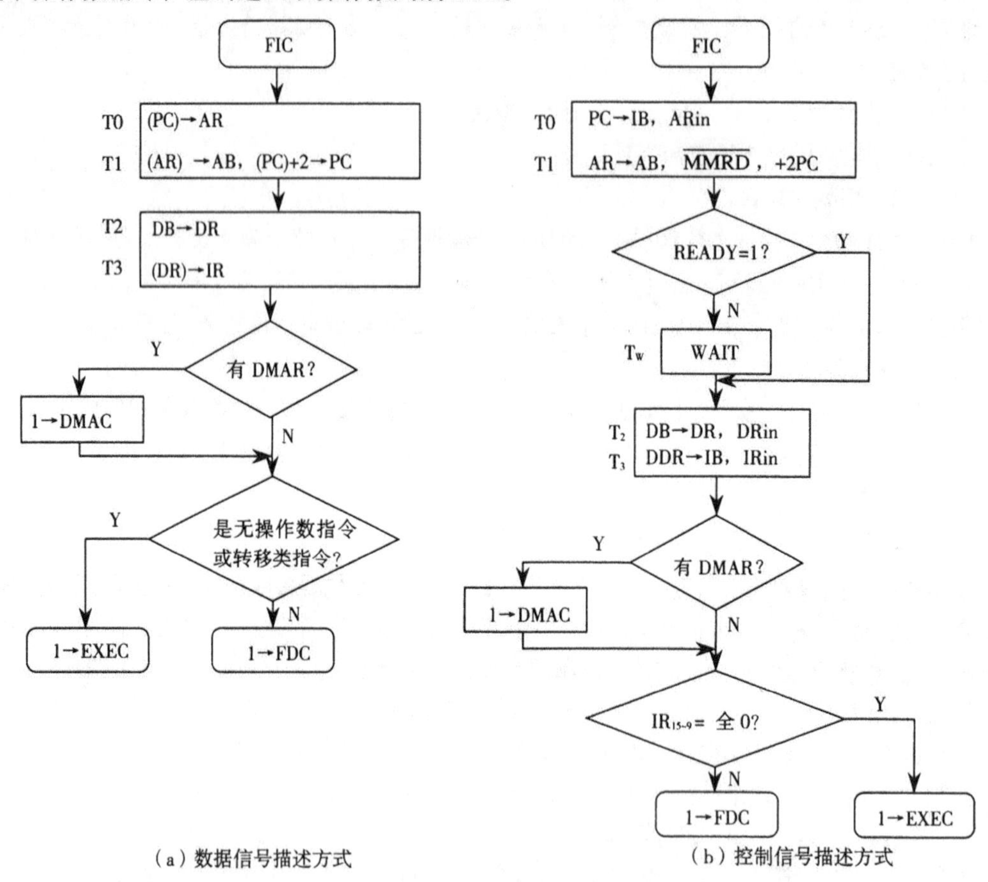

（a）数据信号描述方式　　（b）控制信号描述方式

图 10-10　取指令周期 FIC 微流程

2. 取操作数周期 FDC

取指周期结束后，若指令为双操作数指令或单操作数指令并且无 DMA 请求，则进入取操作数周期 FDC，取操作数流程如图 10-11 所示，图中 Rx 表示由指令寄存器的第 2～0 位，即 $IR_{2\sim0}$ 指定的寄存器。取数周期结束后，将根据指令操作码 OP 进入不同的执行周期。

在取操作数周期 FDC 中有两点需要注意：

① 取数周期结束后，无论何种寻址方式，取得的操作数都存放于 DR 寄存器中。

② 如果该操作数从内存取得，则取数结束后 AR 中保留该操作数在内存中的存放地址。

3. 双操作数算术逻辑指令的 EXEC

双操作数算术指令有 ADD、ADC、SUB、SUBB、CMP，逻辑运算指令有 AND、OR、XOR、TEST。其中，CMP 指令做的是减运算，TEST 指令做的是逻辑与运算，但其不同于 SUB 和 AND 指令之处是只根据运算结果置条件，并不回送运算结果。图 10-12 中的 OP 即指上述操作。图中 Ry 代表由 bit6、5、4 指定的寄存器，Rx 代表由 bit2、1、0 指定的寄存器。当 IR_7=0，Ry 为源操作数寄存器，DR 中存放着 FDC 中取出的目的操作数，若目的操作数为内存寻址，结果还需要写会内存；当 IR_7=1，Ry 为目的操作数寄存器，DR 中存放着 FDC 中取出的源操作数，操作结果写回 Ry。

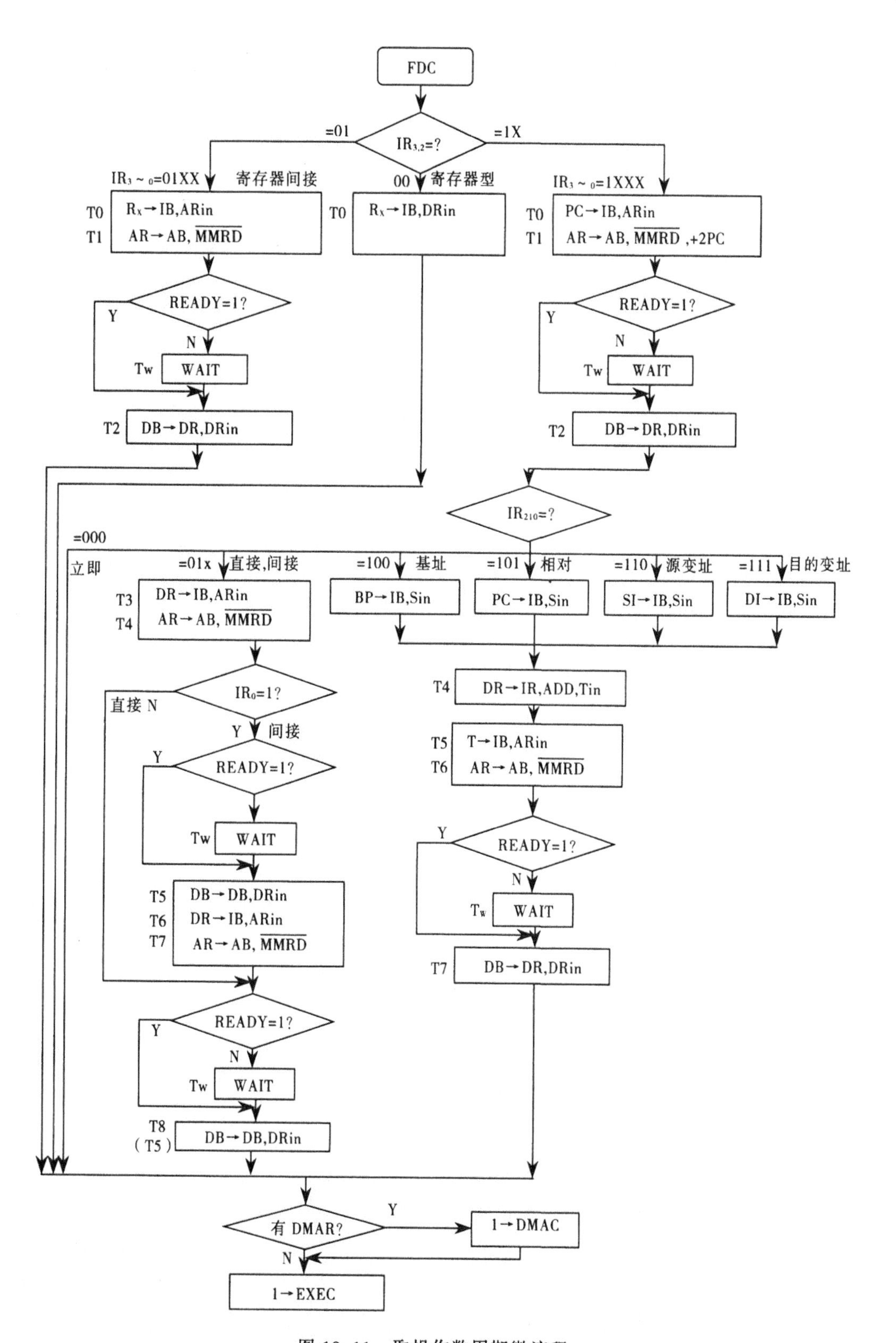

图 10-11　取操作数周期微流程

执行周期结束后，若有 DMA 请求，则进入 DMA 周期 DMAC；若有中断请求，则进入中断周期 INTC，如图 10-12 所示。

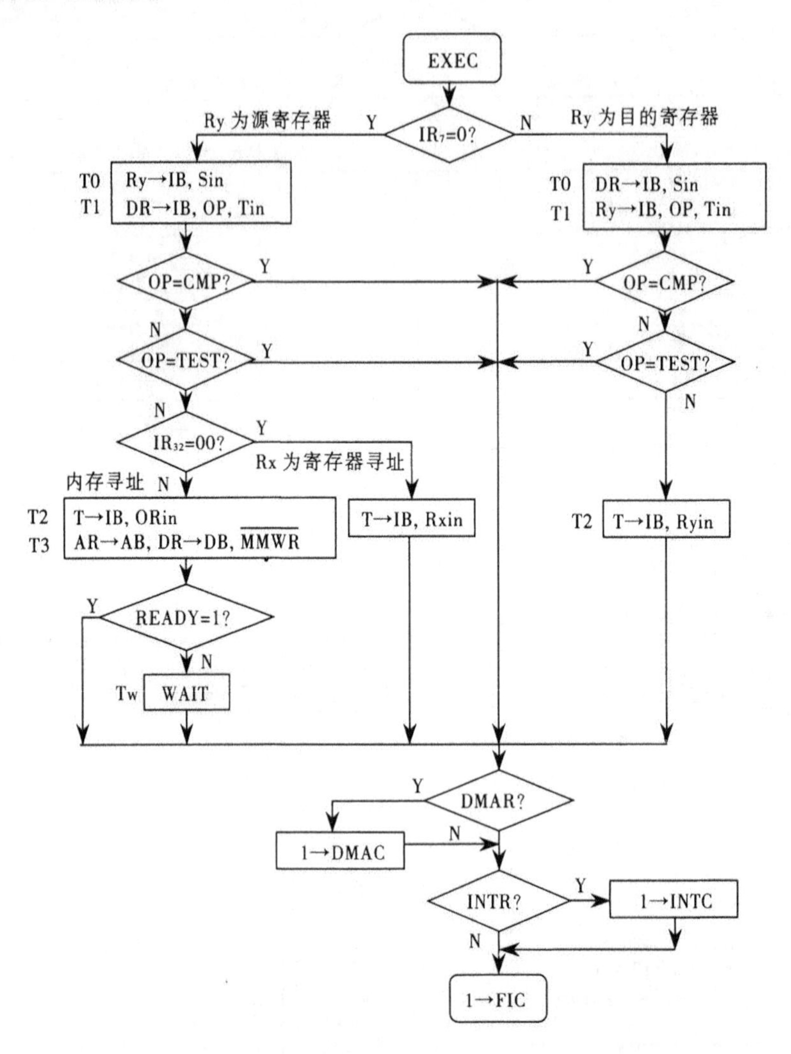

图 10-12 双操作数算术逻辑指令 EXEC 微流程

任何指令的执行周期结束后，都要检查 DMA 请求 DMAR 和中断请求 INTR，都有与图 10-12 相同的流程示意。但为了简化流程图，下面给出的执行周期流程图中与 DMAC 和 INTC 有关的流程示意图不再画出。

4．MOV 指令的 EXEC

MOV 指令的 EXEC 流程如图 10-13 所示。

需要指出的是，当 IR_7=0 且目的操作数为非寄存器寻址方式时，例如指令 MOV [BX], AX，在取数周期 FDC 中取出的是目的操作数，这个操作数在 MOV 指令中是没用的，将会被寄存器中的源操作数所替代。换句话说，若为 MOV 指令，FDC 中的最后一次访问内存取得的操作数是无用的，有用的只是留在 AR 中的操作数地址。

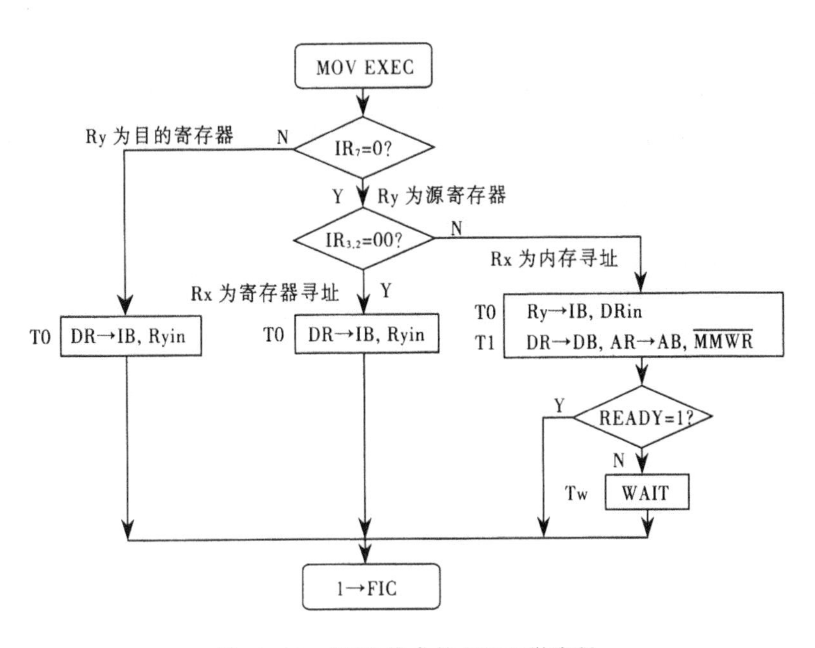

图 10-13 MOV 指令的 EXEC 微流程

5. IMUL 指令的 EXEC

IMUL 为带符号数的乘法指令，为单操作数指令，指令中只给出乘数，被乘数应预先置入 AX 中，该指令完成 16 位×16 位的乘法运算，其积为 32 位，积的高位存于 DX，低位存于 AX 中。该指令的 EXEC 的编制是根据 Booth 一位乘原理，其执行流程如图 10-14 所示。图中的 AX_0 指 AX 寄存器的第 0 位，AX_{-1} 指 Booth 法中的附加位。由图中可知由于操作数不同，16 次的微循环中所需要的节拍数是不同的，最少为 19 个 T，最多为 35 个 T。因为当 AX_0AX_{-1}=00 或 AX_0AX_{-1}=11 时，不做加减运算。

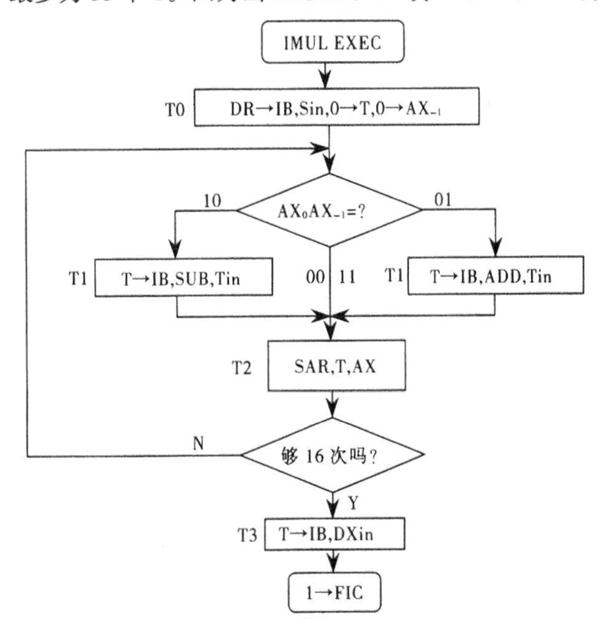

图 10-14 IMUL 指令的 EXEC 微流程

6. IDIV 指令的 EXEC

IDIV 为带符号数的除法指令，为单操作数指令，指令中只给出除数。该指令可完成 32 位/16 位的运算，运算前需将被除数的高 16 位放入 AX，运算结束后，商位于 AX 中，余数位于 DX 中。除法运算会产生溢出，溢出情况有二，一是当除数为零，商为无穷大，产生溢出；二是被除数大于除数，商的数值位占据符号位，产生溢出。当溢出发生时，进入 INTO 的中断周期，IDIV 指令 EXEC 的编制是根据补码加减交替法规则。由余数（被除数）和除数的符号决定操作步骤。即，若两者同号，上商 1，余数左移一位减除数；若两者异号，上商 0，余数左移一位加除数。其执行流程如图 10-15 所示，所需节拍数为 52。

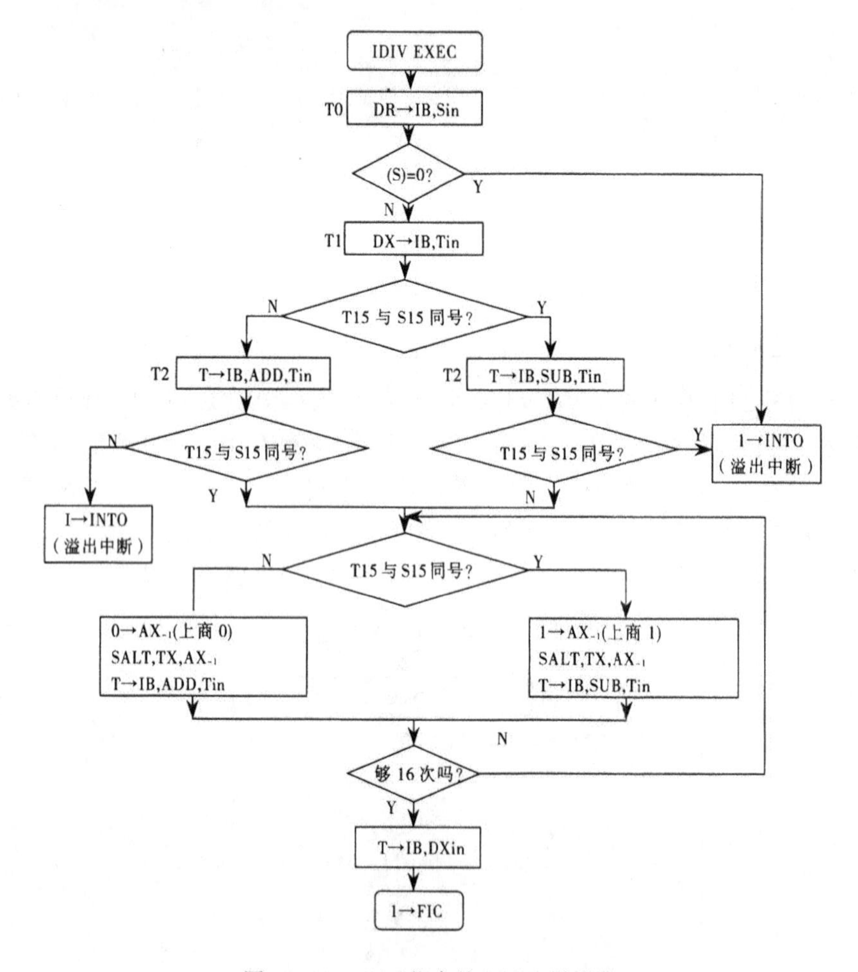

图 10-15　IDIV 指令的 EXEC 微流程

7. 输入/输出指令的 EXEC

模型机输入指令的格式为 IN AX, DX。由 DX 指定端口地址，将该端口地址寄存器的内容送入 AX，即((DX))→(AX)。模型机输出指令的格式为 OUT DX, AX。是将 AX 的内容送入由 DX 指定的端口寄存器中，即(AX)→((DX))。这两条指令固定使用通用寄存器 AX 和 DX，微流程如图 10-16 所示。

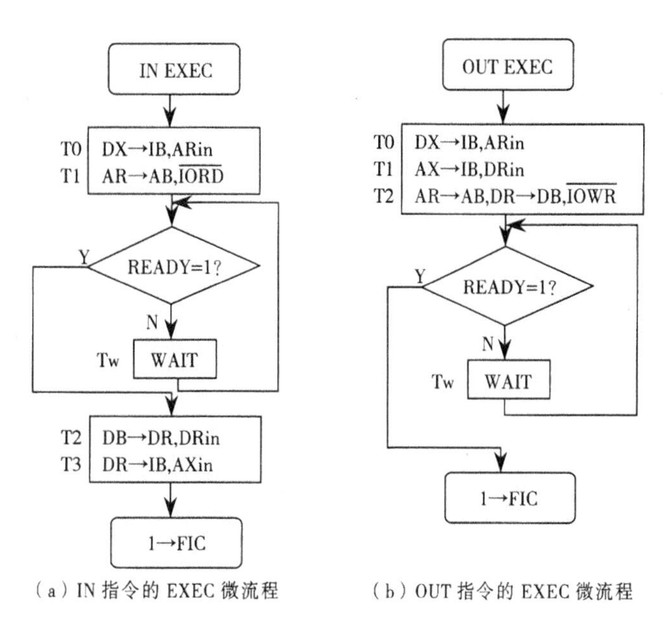

（a）IN 指令的 EXEC 微流程　　（b）OUT 指令的 EXEC 微流程

图 10-16　IN 和 OUT 指令的 EXEC 微流程

8. 单操作数算术逻辑指令的 EXEC

单操作数算术指令有 INC、DEC、NEG、逻辑运算指令 NOT，这一类指令的执行在暂存器 S 中进行，其 EXEC 周期的流程如图 10-17 所示，图中 OP 指上述 4 种指令的操作码，Rx 指由 IR 的第 2、1、0 位所指定的寄存器。

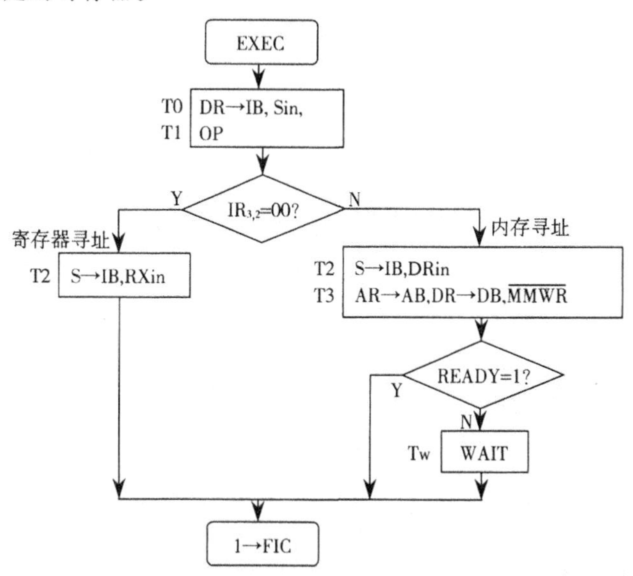

图 10-17　单操作数算术述逻辑指令的 EXEC 微流程

9. 移位类指令的 EXEC

移位类指令有 SHL、SAL、ROL、SHR、SAR、ROR、RCR，其中 SHL 与 SAL 相同，因此，对应的微操作只有 7 种，用 OP 表示。移位操作在暂存器 T 中进行，设模型机的移位类指令的格式为 OP OPR，其中 OPR 表示操作数，移位类指令属于单操作数指令，操作数由寻址字段的 3、2、

1、0 位指明，可为除立即数外的其他任何寻址方式，用寻址字段的 3、2、1、0 位表示，移位次数隐含在 CX 寄存器中。图 10-18 为该类指令的 EXEC 流程，其中 RX 为由 IR 的第 2、1、0 位所指定的寄存器。

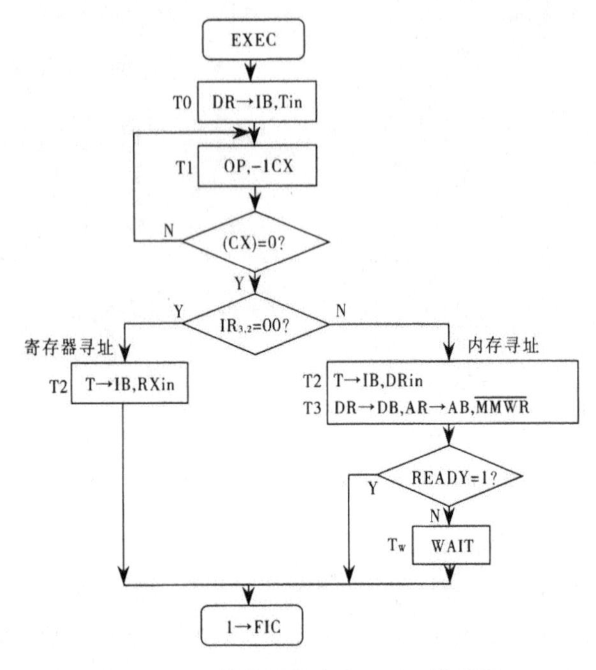

图 10-18　移位类指令的 EXEC 微流程

10．转移类指令的 EXEC

转移类指令分 3 类：一是无条件转移 JMP；二是条件转移，这类指令有 17 条，JZ、JNZ、JS、JNS、JO、JNO、JP、JNP、JC、JNC、JBE、JA、JL、JLE、JG、JCXZ；三是循环指令，有 3 条，LOOP、LOOPZ、LOOPNZ，循环次数隐含于 CX 中。模型机上这类指令均为双字长指令，第一字节的 3、2、1、0 位固定为 1101，即相对 PC 寻址，第 15～9 位固定为全 0 指明为转移指令，由第 8～4 位指定是何种转移操作码，第二字节为位移量 disp。转移类指令在取值周期 FIC 结束后直接进入图 10-19 的转移类指令的 EXEC。在执行周期内，先由内存中取出位移量，若不满足转移条件，则不进行任何操作，直接结束；否则将位移量与 PC 内容相加后送入 PC，完成转移。

11．堆栈操作指令的 EXEC

堆栈操作指令有 PUSH 和 POP 指令。指令 PUSH OPR 是将 OPR 指定的操作数压入堆栈；指令 POP OPR 是将栈顶的数据弹出存入 OPR 指定的单元。两指令均为单操作数指令，操作数由指令的 3、2、1、0 位指定，另一操作数地址隐含为栈顶单元。当取数周期 FDC 结束后，操作数在 DR 寄存器中。若操作数位于内存，则 AR 中存放的是它的内存地址。对于 PUSH 操作，取得操作数是必须的，但对于 POP 操作，FDC 中取得的操作数是无用的，有用的只是 AR 中指定的内存地址。PUSH 和 POP 指令的 EXEC 流程如图 10-20 所示。其中，POP 流程中先将 AR 中存放的内存地址保护于 T 暂存器，因为 AR 在 POP 操作中要存放 SP 所指的内存地址，待读出栈顶元素后再将内存地址恢复。当然若 OPR 的寻址方式为寄存器型，这一节拍做的也是无用功。

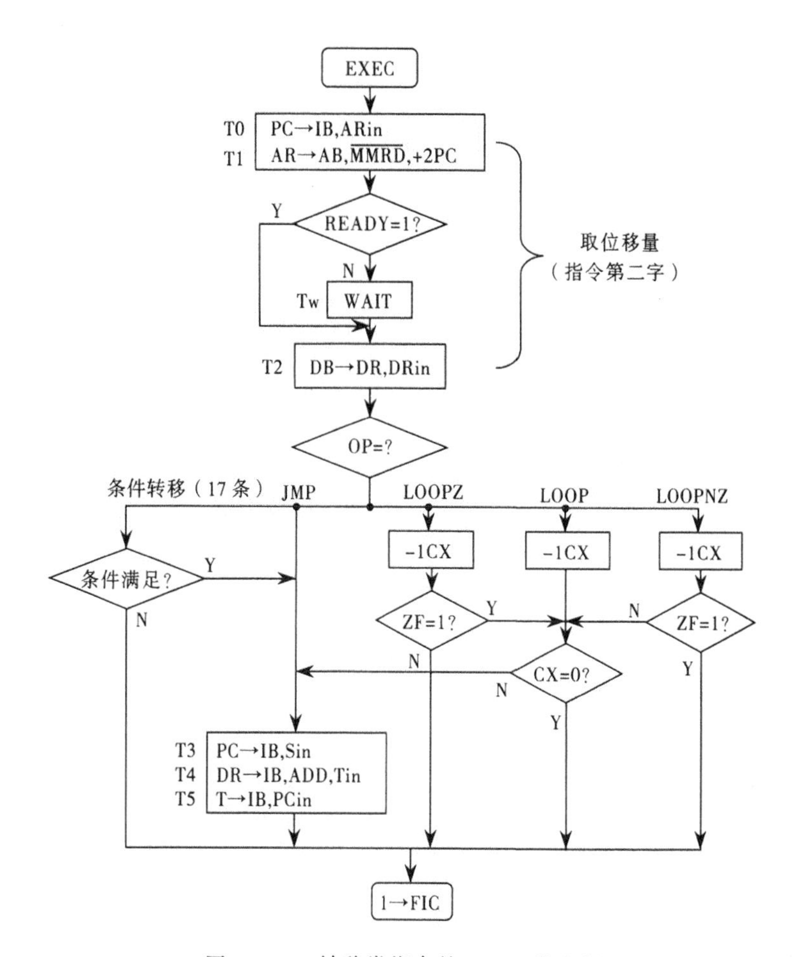

图 10-19　转移类指令的 EXEC 微流程

12. 子程序调用与返回指令的 EXEC

子程序调用指令 CALL 在模型机中设计为双字长指令，指令的第一字的 3～0 位固定为 1010，即直接寻址，第 15～4 位为 CALL 的操作码，指令的第二字为直接地址 Addr，在取数周期 FDC 中将该操作数（实际上是所调用的子程序的第一条指令）取至 DR 中，但是 CALL 指令的 EXEC 中所需要的只是子程序第一条指令所在的内存地址，该地址在 FDC 中存放于 AR 中，也就是说，在 FDC 中取得的操作数是无用的，有用的只是其地址。CALL 指令的功能是将当前 PC 内容压入堆栈保护，为此先将子程序地址（AR 中的内容）保存在 T 暂存器中，待当前 PC 压入堆栈后，再将子程序首地址装入 PC 之中，其流程如图 10-21（a）所示。

子程序返回指令 RET 为无操作数指令，单字长。其作用与 CALL 指令正好相反，是将栈顶元素取出装入 PC 中，返回到 CALL 指令的下一条指令，其流程如图 10-21（b）所示。

13. 中断指令与中断返回指令的 EXEC

中断是随机发生的，但中断指令是预先写入程序中的，用来实现某些系统功能调用。也就是说，中断指令的使用并无中断过程随机性的特征，其本质上属于子程序调用。但在主程序与子程序的切换方式上，采用中断服务程序的切换方式，因此将其称为“中断指令”。

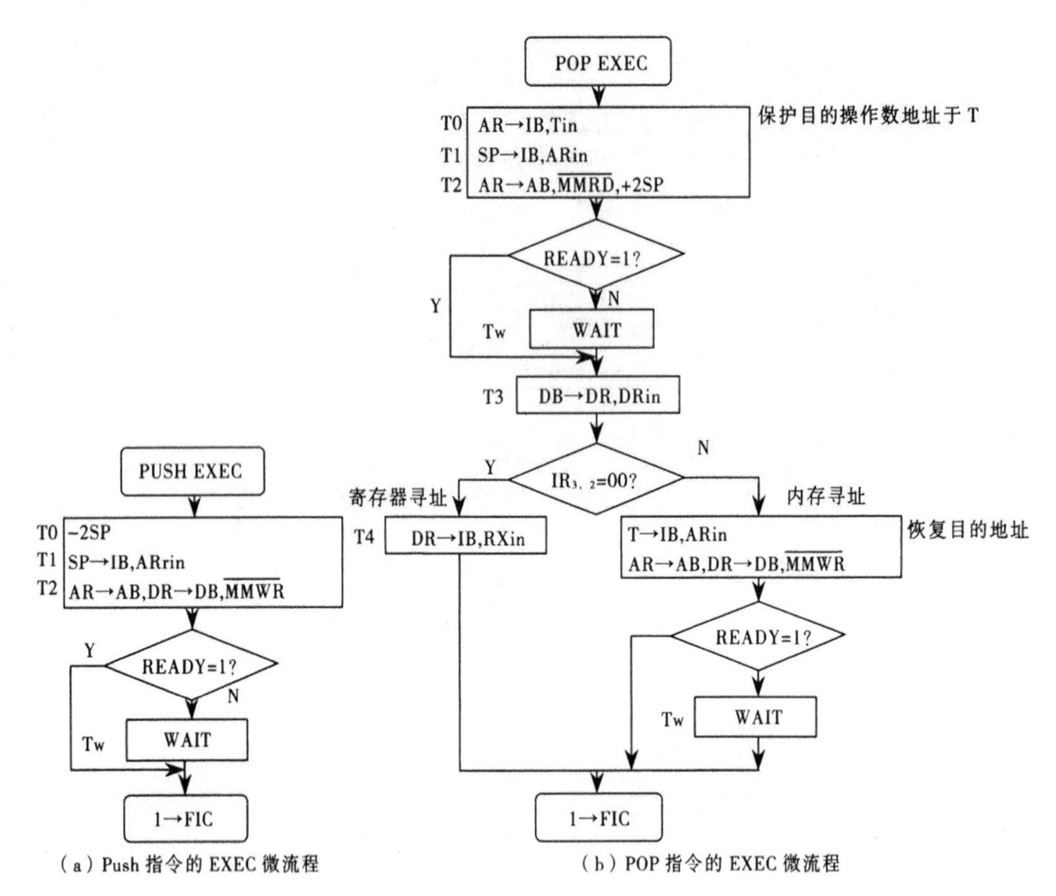

（a）Push 指令的 EXEC 微流程　　（b）POP 指令的 EXEC 微流程

图 10-20　PUSH 和 POP 指令的 EXEC 微流程

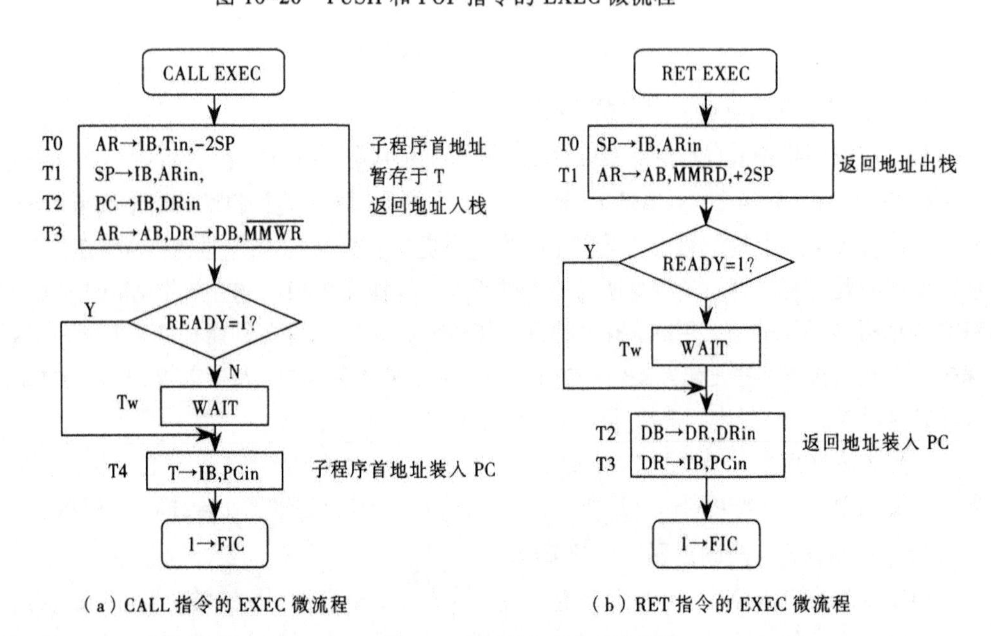

（a）CALL 指令的 EXEC 微流程　　（b）RET 指令的 EXEC 微流程

图 10-21　CALL 和 RET 指令的 EXEC 微流程

中断指令的格式为 INT N，其中 N 为中断类型号。在模型机中，中断指令为双字指令，其中第一指令字的 3～0 位固定为 1000，指明为立即寻址，第 15～4 位为 INT 指令的编码，指令的第二字为立即数，用以标明中断类型 N。在取数周期 FDC 中，该类型码已取出并存入 DR 中。INT 指令的功能是先将 PSW、PC 内容压入堆栈保护，然后将中断类型码 ×2 作为地址，从内存中取出相应的系统功能程序入口地址并装入 PC，如图 10-22（a）所示。

中断返回指令 IRET 为无操作数的单字长指令，取指周期结束后直接进入 EXEC，IRET 的功能是弹出栈顶元素装入 PC 和 PSW，从而返回到中断指令 INT N 的下一条指令继续执行，其操作流程如图 10-22（b）所示。

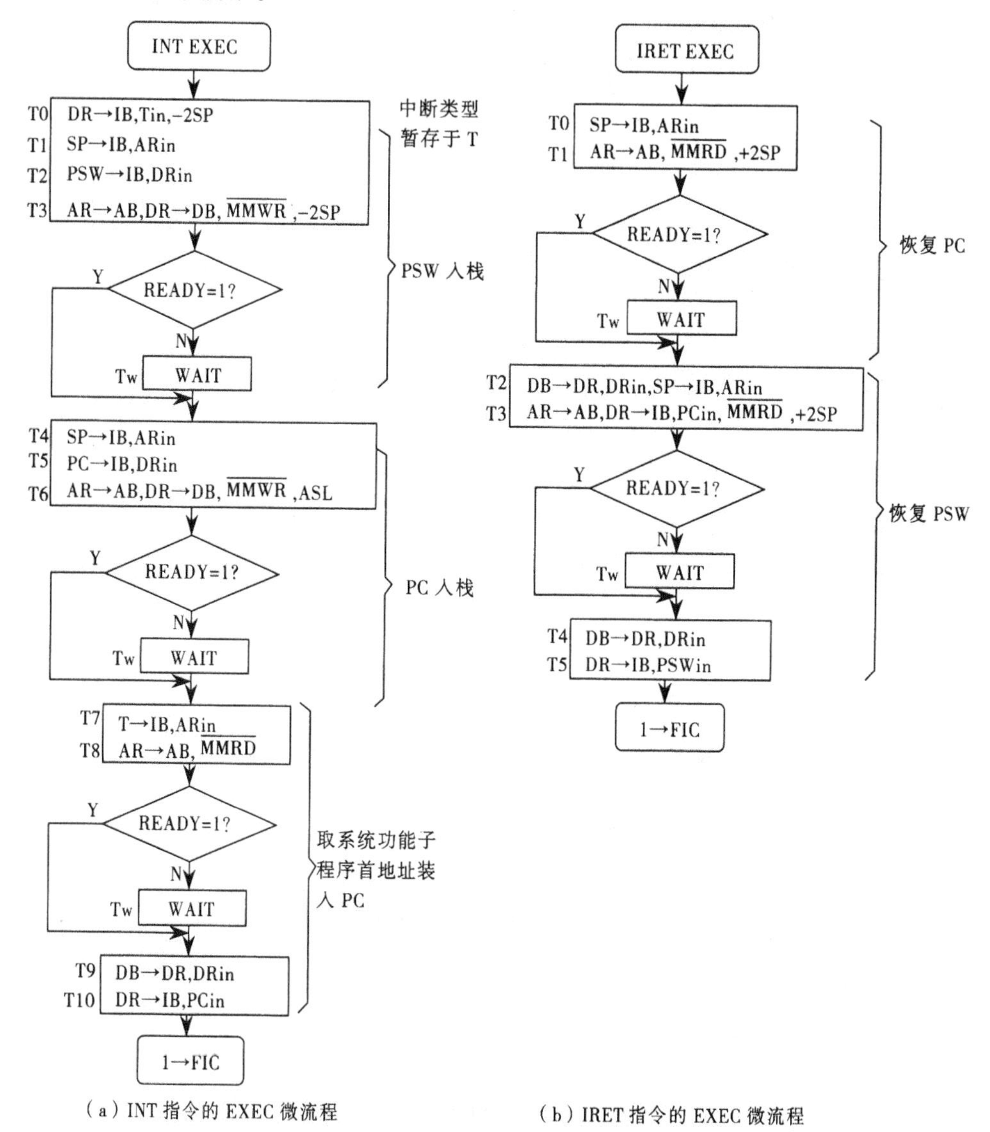

（a）INT 指令的 EXEC 微流程　　（b）IRET 指令的 EXEC 微流程

图 10-22　INT 和 IRET 指令的 EXEC 微流程

14．中断周期 INTC 和 DMA 周期 DMAC

进入中断周期的条件有 4 个，只有条件同时满足时，才会进入中断周期：① 有中断请求 INTR；② CPU 允许中断；③ 无 DMA 请求 DMAR；④ 一条指令执行结束。在 INTC 中 CPU 要做的是发出中断应答信号 INTA，从数据总线上取得中断向量暂存于 T，并将中断向量乘以 2，指向中断处理程序的入口，根据中断向量取出中断服务程序入口地址装入 PC，然后进入取指周期 FIC，INTC 的流程如图 10-23 所示，其过程与 INT 指令流程大体一致。

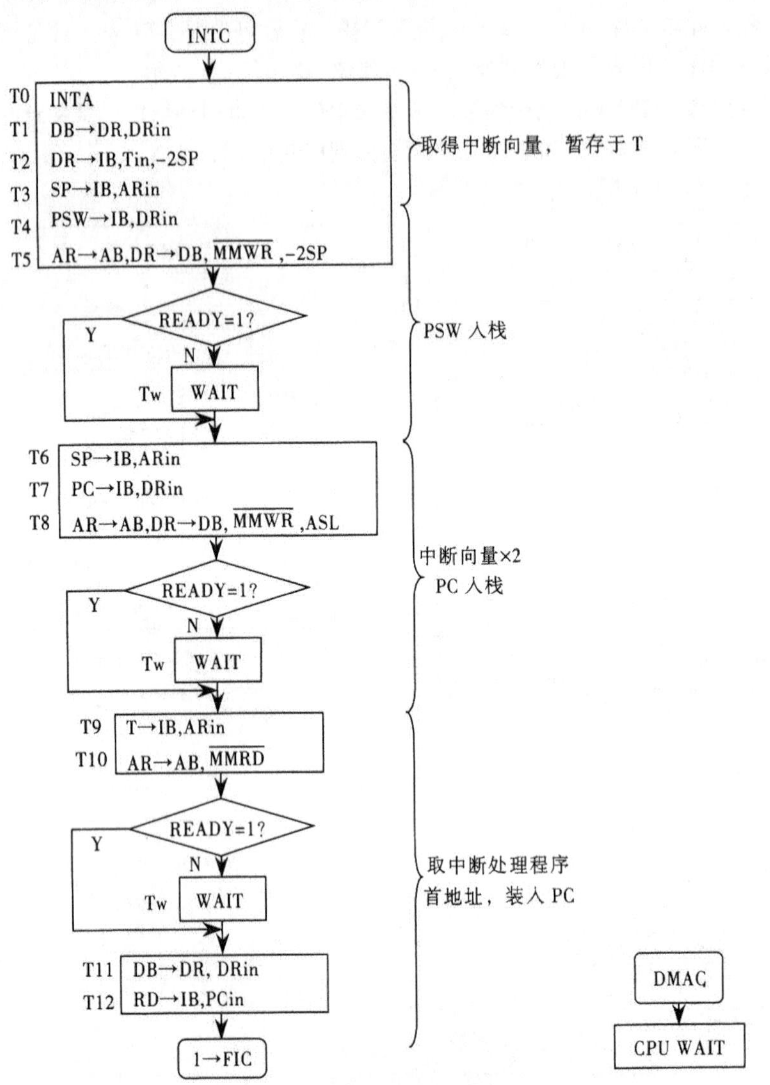

图 10-23 INTC 和 DMAC 周期微流程

进入 DMAC 的条件是有 DMA 请求 DMAR，且一个 CPU 周期状态结束。进入 DMAC 后，CPU 交出总线的控制权，总线是在 DMA 控制器的掌管下，完成外设与主存之间的数据交换，在此期间 CPU 处于空闲等待状态。因此对于 CPU 来讲，DMAC 为一空闲 CPU 周期。DMAC 结束后，CPU 接过总线控制权，建立下一个 CPU 周期，继续被暂停的工作。

10.3 硬布线控制器

硬布线控制器是早期设计计算机的一种方法。这种方法是把控制器看成产生专门固定时序控制信号的逻辑电路，而此逻辑电路以使用最少元件和取得最高操作速度为设计目标。一旦控制部件构成后，除非重新设计和物理上对它重新布线，否则要增加新的控制功能是不可能的。这种逻辑电路是一种由门电路和触发器构成的复杂树形网络，故称为硬布线控制器。

10.3.1　基本原理

硬布线控制器是计算机中最复杂的逻辑部件之一。当执行不同的机器指令时，通过激活一系列彼此不相同的控制信号来实现对指令的解释，其结果使得控制器往往很少有明确的结构而变得杂乱无章。结构上的这种缺陷使得硬布线控制器的设计和调试非常复杂且代价很大。正因为如此，硬布线控制器被微程序控制器所取代。但是随着新一代机器及 VLSI 技术的发展，硬布线逻辑设计思想又得到了重视。

图 10-24 所示为硬布线控制器的结构方框图。控制器的输入信号来源有 3 个：

① 来自指令操作码译码器的输出 I。

② 来自执行部件的反馈信息 B。

③ 来自时序产生器的时序信号，包括节拍电位信号 M 和节拍脉冲信号 T。

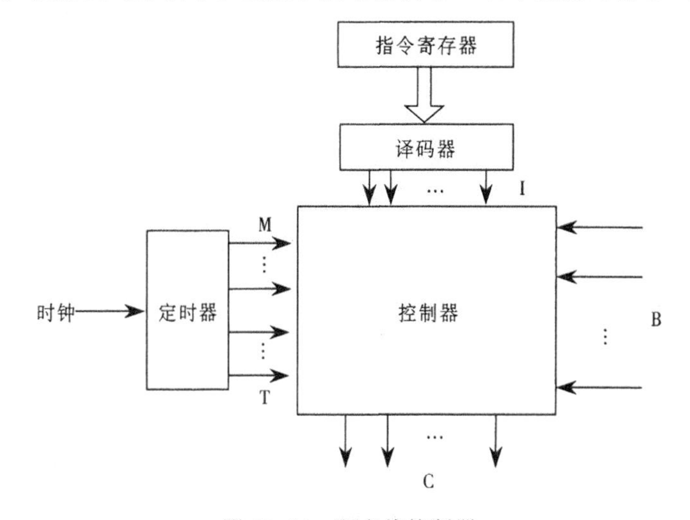

图 10-24　硬布线控制器

控制器的输出信号就是微操作控制信号 C，它用来对执行部件进行控制。

硬布线控制器的基本原理，归纳起来可叙述为：某一微操作控制信号 C 是指令操作码译码器输出 I、时序信号（节拍电位 M、节拍脉冲 T）和状态条件信号 B 的逻辑函数，即 C=f(I, M, T, B)。

这个控制信号是用门电路、触发器等许多器件采用布尔代数方法来设计实现的。当机器加电工作时，某一操作控制信号 C 在某条特定指令和状态条件下，在某一序号的特定节拍电位和节拍脉冲时间间隔中起作用，从而激活这条控制信号线，对执行部件实施控制。显然，从指令流程图出发，就可以确定在指令周期中各个时刻必须激活的所有操作控制信号。

与微程序控制相比，硬布线控制的速度较快。其原因是微程序控制中每条微指令都要从控存中读取一次，影响了速度，而硬布线控制主要取决于电路延迟。因此，近年来在某些超高速新型计算机结构中，又选用了硬布线控制器，或与微程序控制器混合使用。

在硬布线控制器中，某一微操作控制信号由布尔代数表达式描述的输出函数产生。因此，设计微操作控制信号的方法和过程是：根据所有机器指令流程图，寻找出产生同一个微操作信号的所有条件，并与适当的节拍电位和节拍脉冲组合，从而写出其布尔代数表达式并进行简化，然后用门电路或可编程器件来实现。

10.3.2 模型机的硬布线控制器设计

当设计好了模型机的指令系统，确定了运算器及计算机系统硬件的结构，并且在此基础上编制了各条指令的指令流程后，若按组合逻辑方式设计控制器，还要设计时序系统，然后便可开始用组合逻辑方式设计控制器了，具体的设计步骤如下：

① 将各指令的 CPU 周期微流程用微操作表示。

② 将指令微流程中的各个微操作落实到具体的 CPU 周期、节拍周期或节拍脉冲。

③ 对于指令流程图中出现的每一个微操作，用一个逻辑与表达式来表示。“与”项包括：

- 指令操作码的译码信息。
- 寻址方式译码信息。
- PSW 中的状态信息或命令信息。
- 来自内存或 I/O 接口的信息。
- CPU 周期信息。
- 节拍周期或节拍脉冲信息。

④ 对微操作信号进行逻辑综合，这一步是对第 3 步得到的所有同名的微操作进行逻辑或操作。最终逻辑表达式形式为：

$$C_i = XX \cdots X + XX \cdots X + \cdots + XX \cdots X$$

⑤ 对于以上第 3 步和第 4 步的每一个微操作的逻辑表达式用逻辑器件实现。早期的计算机只能用单个的门电路实现，目前多用阵列逻辑实现。

从上述步骤可知硬布线控制器形成微操作的原理如图 10-25 所示。硬布线控制器的设计过程十分烦琐，其结构也十分复杂，特别是当指令系统比较庞大，操作码多，寻址方式多时，其复杂度会成倍增加。但其优点是速度快，每个微操作控制信号只需要两级门延迟（一级与、一级或）就可产生。对于指令系统比较简单的 RISC，采用硬布线控制器是比较合适的，可以提高指令的执行速度。且由于指令数目少，指令系统简单，控制器也不会过于复杂。

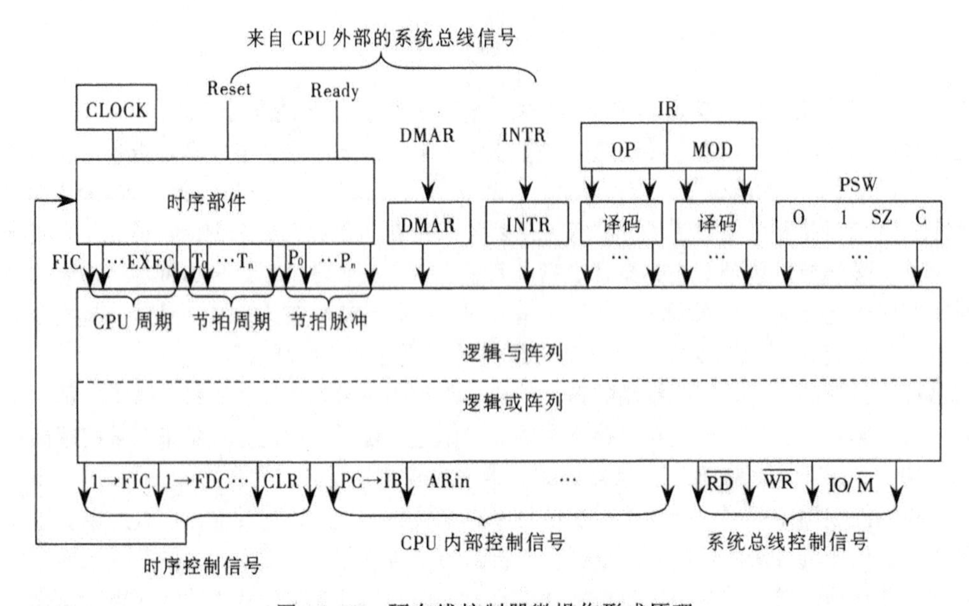

图 10-25 硬布线控制器微操作形成原理

10.4　微程序控制器原理

1951 年，英国计算机科学家 Maurice Vincent Wilkes 最先提出了微程序（Micro Program）的概念。微程序控制器具有规整性、灵活性、可维护性等一系列优点，微程序设计技术是利用软件方法来设计硬件的一门技术。

10.4.1　基本思想和基本概念

微程序控制的基本思想是：微程序控制是将程序设计的思想引入硬件逻辑控制，把控制信号编码并有序的存储起来，将一条指令的执行过程替换成多条微指令的读出和控制的过程，这样做使得控制器的设计变得容易并且控制器的结构也十分规整，查错也很容易。若要扩充指令的功能或增加新指令，只要修改被扩充的指令的微程序或重新设计一段微程序就可以了，大大简化了系列机的设计。

但微程序控制也有缺点：每条指令的执行都需要若干次存储器的读操作，使得指令的执行速度比硬布线控制方式慢很多。

下面对微程序控制中常用的术语做简单介绍。

（1）微命令

微命令是构成控制信号序列的最小单位，通常是指那些能直接作用于某部件控制门的命令，如打开或关闭某部件通路的控制门的电位以及某寄存器、触发器的打入脉冲等。微命令由控制部件通过控制总线向执行部件发出。

（2）微操作

微操作是由微命令控制实现的最基本的操作。微命令是微操作的控制信号，微操作是微命令的执行过程。在计算机内部实质上是同一个信号，对控制部件为微命令，对执行部件为微操作。很多情况下两者常常不加区分。

（3）微指令

体现微操作控制信号及执行顺序的一串二进制编码，称为微指令。其中，体现微操作控制信号的部分称为微命令字段，另一部分体现微指令的执行顺序，称为下（或次）地址 NA 字段。

（4）微周期

读出并执行一条微指令所需要的时间叫做一个微周期。

（5）微程序

一系列微指令的有序集合，称为微程序。

一条典型微指令的基本格式如图 10-26 所示，主要由操作控制字段（又称为微操作字段）和顺序控制字段组成，顺序控制字段由条件字段和微指令地址（又称为下地址）字段组成。

微操作	条件	微指令地址

图 10-26　微指令格式

10.4.2　微程序控制器组成

微程序控制器主要由控制存储器、微指令寄存器和地址转移逻辑三大部分组成，其中微指令寄存器分为微地址寄存器和微命令寄存器两部分，如图 10-27 所示。

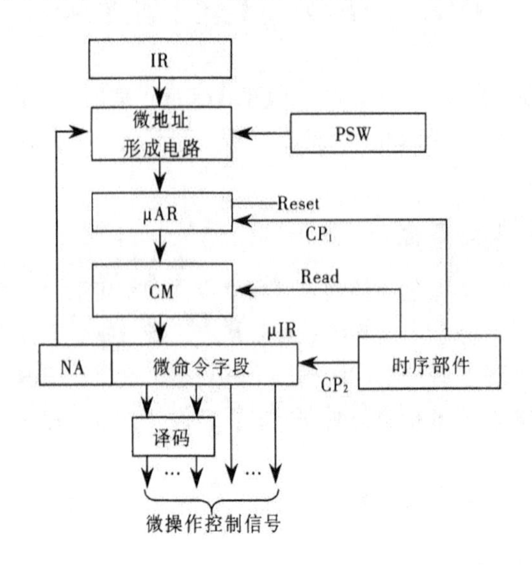

图 10-27　微程序控制器原理图

（1）控制存储器（CM）

CM 是微程序控制器的核心，存放着与所有机器指令对应的微程序。由于微程序执行时只需要读出，不能写入，因此 CM 为 ROM 器件，而且，为了解决微程序控制器速度慢的不足，CM 通常选择高速器件。

（2）微地址寄存器（μAR）

当读取微指令时，用来存放其微地址部分。

（3）微指令寄存器（μIR）

用来存放由 CM 中读出的微指令。微指令由两部分组成，一部分为微命令字段，这部分是经过译码（或不译码）产生 CPU 所需的所有微操作控制信号；另一部分给出与下条微指令地址有关的信息，用以形成下条微指令的地址。

（4）微地址形成线路

依据指令寄存器 IR 中的操作码和寻址方式，微指令寄存器μIR 的次地址 NA 字段提供的次地址，外部复位信号 Reset，以及程序状态字 PSW 中的有关信息（在条件转移时将起作用），产生微指令的地址。

（5）时序部件

提供时序信号，与组合逻辑方式相比，微程序控制方式的时序要简单得多，它的基本单位是微周期。指令周期由若干个微周期组成。

【例 10-10】说明机器指令与微指令之间的关系。

解：① 机器指令是计算机硬件向用户提供的界面，是用户编程的基本单位；微指令是硬件设计人员用于实现机器指令的，是微程序的基本单位，是一系列微命令的组合。

② 一条机器指令对应一个微程序，这个微程序是由若干条微指令序列组成的。因此，一条机器指令的功能是由若干条微指令组成的序列来实现的。简言之，一条机器指令所完成的操作划

分成若干条微指令来完成，由微指令进行解释和执行。

③ 从指令与微指令，程序与微程序，地址与微地址的一一对应关系来看，前者与内存储器有关，后者与控制存储器有关。

④ 执行一条指令所需要的时间被称为指令周期，而执行一条微指令的时间被称为微指令周期。在微程序控制器中，为了简化设计，可让微指令周期时间与 CPU 周期时间恰好相等。

10.4.3　微指令编码

微指令编码设计是在总体性能和价格的要求下在机器指令系统和 CPU 数据通路的基础上进行的，追求的目标是：

① 微指令的宽度尽量短，这意味着减少 CM 的容量。

② 微程序尽量短，这不但意味着指令的执行速度高，而且也意味着 CM 的容量小。

③ 微指令包括微命令部分和次地址部分，本节主要介绍几种常见的微命令编码方式。

1. 直接控制方式

这种方法是对机器中的每一个微命令都用一个确定二进制位予以表示，该位为 1，表示选用该命令；为 0 表示不选用，如图 10-28（a）所示。这种方式简单、直观，只要读出微指令，便得到微命令，不需要译码，因此速度快，而且多个微命令位可以同时为 1，并行性好。

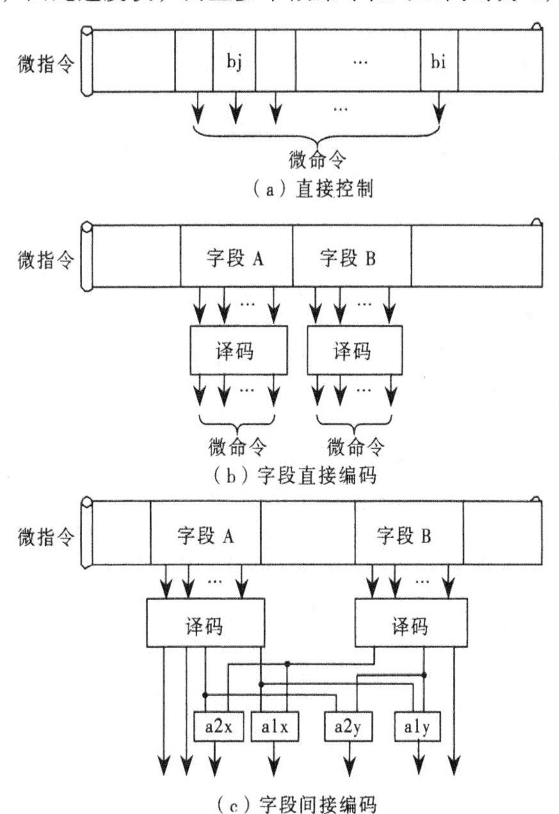

图 10-28　微指令编码方式图示

但这种方式最致命的缺点是微指令过宽，如图 10-8 所示简化的模型机中有几十个微命令，一般的计算机更是多达几百个。另一方面，一条微指令中一般只需有限的几个微命令（若 IB 为单总线则微命令就更少），也就是说在几十，甚至几百个二进制命令位中，只有少数几位为 1，其余绝大多数命令位都为 0，显然这是一种资源的浪费。因此，完全使用这种方式是不合理的，只能在微指令编码中被部分采用。

要想使微指令宽度减小，编码是有效的方式。若某控制器具有 M 个微命令，所需的二进制编码位数 n 为：

$$n \geqslant \log_2 M$$

但将所有的微命令如此编码，每次译码只能得到一个微命令，而完成任何一个操作都需要几个微命令相互配合，例如 PC→IB,ARin 等。显然这种编码方式在实际中是行不通的，但编码的思想却是有意义的，下面介绍两种常用的编码方式。

2. 字段直接编码方式

在图 10-8 模型机中所示的微命令中，有些微命令是不可能同时出现的，例如，图中 IB 为单总线，因此，所有 XX→IB 的命令不允许同时出现，最多只能有一个，主存 MM 的读/写命令 MMRD 和 MMWR 也不可能同时出现，T 暂存器的 7 种移位操作也不会同时出现。凡是在同一微周期中不可能同时出现的微命令，称为互斥的微命令。把互斥的微命令集中起来同时译码，只能有一个入选，正符合互斥的要求。图 10-8 中还有一些微命令之间需要相互配合来实现某一控制，例如 PC→IB 与 ARin 相互配合实现地址的传输，DR→IB 与 IRin 相互配合来实现指令的传输。凡是在同一微周期中可以同时出现的微命令，称为相容的微命令。显然，相容的微命令不能放在一起译码。

所谓字段直接编码法，就是把微指令分段，称为字段，把互斥的微命令编在同一字段，而把相容的微命令编在不同的字段。各字段独立编码，每种编码代表一个微命令，如图 10-28（b）所示。字段直接编码方法可以有效地缩短微指令字长，而且可根据需要保证微命令间相互配合和一定的并行控制能力，是一种最基本、应用最广泛的微命令编码方法。

显然字段直接编码法中，互斥的微命令越多，字段分得就越少，微指令宽度就越短。有些微命令的互斥关系是显而易见的，如上面所举的 3 个例子，它们都属于同一功能部件或同一类型操作，而有些微命令之间的互斥与否就不那么明显，需要仔细查看所有的指令流程才能确定，例如 +2PC 与+2SP、+2SI、-1C 之间是否互斥呢？AXin 与 BXin、CXin 是否互斥呢？就需要仔细推敲了，相应的字段直接编码法也有两种考虑。

一种考虑是按明显的互斥命令分段（属于同一部件或同一类的微命令），这种方法字段含义明确，便于设计和查错。当指令功能扩充或增加新的指令时，也可十分方便地修改或设计新的微程序，但微指令字包含的字段较多，使得微指令字较宽，信息利用率较低。

另一种考虑是将互斥的微命令尽可能编入同一字段。这种方法可最大限度地减少微命令所包含的字段数，有效地缩短微指令宽度，但各字段含义并不十分明确，微指令设计时需要仔细查看所有指令流程以确定微命令之间的相容或互斥关系，当增加或扩充新的机器指令时，同样要查看和考虑新增加或新扩充的指令是否影响了原有的相容或互斥关系。

还需要一提的是，在字段直接编码中，每个字段要安排一个码用来表示没有任何操作，这是必须的，否则将无法使该段无任何操作。因此，n 位二进制组成的字段最多可安排 2^n-1 种互斥的操作。

3. 字段间接编码方式

字段间接编码是在字段直接编码的基础上，进一步压缩微指令字宽度的一种编码方式。在这种方式中，一个字段译码后的微命令还需要由另一字段的微命令加以解释，才能形成最终的微命令，这就是间接的含义。例如，图 10-28（c）中，字段 A 发出 al 微命令，其确切含义经字段 B 的 bx 解释为 alx，经 by 解释为 aly，分别代表两个不同的微操作命令，同理，字段 A 发出的 a2 微命令又分别被解释为 a2x 和 a2y。这些微命令之间当然都是互斥的。

字段间接编码常用来将属于不同部件或不同类型但互斥的微命令编入同一字段，可有效减少微指令字长宽度，使得微指令中的字段进一步减少，编码的效率进一步提高，但是在获得上述好处的同时，有可能使得微指令的并行能力下降，并增加译码线路的复杂性，这都意味着执行速度的降低。因此，字段间接编码法通常只作为字段直接编码法的一种辅助手段，对那些使用频度不高的微指令采用此法。

除了以上 3 种基本编码方式外，还有其他一些编码方式。例如：① 在微指令中设置常数字段，为某个寄存器或某个操作提供常数；② 由机器指令的操作码对微命令做出解释或由寻址方式编码对微命令进行解释；③ 由微地址参与微命令的解释等。

无论什么编码方式，其追求的目标是共同的：① 提高编码效率，压缩微指令的宽度；② 保持微命令必须的并行性；③ 硬件线路尽可能简单。

【例 10-11】某机的微指令格式中，共有 8 个控制字段，每个字段可分别激活 5、8、3、16、1、7、25、4 个控制信号。分别采用直接编码和字段直接编码方式设计微指令的操作控制字段，并说明两种方式的操作控制字段各取几位。

解：① 采用直接编码方式，微指令的操作控制字段的总位数等于控制信号数。即：

$$5+8+3+16+1+7+25+4=69$$

② 采用字段直接编码方式，需要的控制位少。根据题目给出的 8 个控制字段及各段可激活的控制信号数，再加上每个控制字段至少要留一个码字表示不激活任何一条控制线，即微指令的 8 个控制字段分别需给出 6、9、4、17、2、8、26、5 种状态，对应 3、4、2、5、1、3、5、3 位。故微指令的操作控制字段的总位数为：

$$3+4+2+5+1+3+5+3=26$$

10.4.4　微地址形成

由前面的学习已经知道，程序的执行大部分为顺序执行，因此在 CPU 中设立程序计数器（PC），根据 PC 的内容，取出一条指令，同时 PC 自增指向下一条指令的位置。若需要实现转移，由转移类指令完成。对于大多数情况为顺序执行的程序来讲，设立 PC 和转移指令无疑是一个最好的选择。

而微指令的执行情况有所不同。任何一条指令都要取指令，取指令的操作对任何指令都是相同的，其次任何一条单操作数指令和双操作数指令都要取操作数，取数的操作与指令（操作码）无关，只由寻址方式来决定。若将这些相同的操作（如取指令操作、取操作数操作）在每条指令的微程序中都重复存储，必然加大控存的容量，显然是不可取的。合理的做法是将这些共同的操作只存储一次，由各条指令共同使用。这就意味着在微程序中，转移是经常发生的，为了适应这种频繁的转移，通常在每条微指令中都设置次地址部分，用以指明下一条指令地址的产生方式和具体地址，次地址部分包括次地址 NA 字段和次地址控制 NAC 字段两部分。

次地址（Next Address，NA）用以标出下一条微指令的地址（例如无条件转移时）。次地址控制字段（Next Address Control，NAC）用以指示下一条微指令地址的产生方式。这些方式包括：

① 顺序执行。次地址 NA 为当前微指令地址加 1，类似程序中使用 PC 那样。

② 无条件转移。当微指令的地址不连续时采用无条件转移，这时转向地址由次地址 NA 字段指明。而次地址控制字段 NAC 指明下地址产生方式为无条件转移。

③ 条件转移。根据某个条件的成立与否选择执行不同的微指令序列，即当某条件成立时，转向由次地址 NA 字段指明的微地址，反之则选择μAR+1，顺序执行。这些条件比较多，例如机器指令是否具有操作数（单操作数或双操作数指令），以决定是否执行取数操作；寻址方式是直接还是间接，以决定是否要再一次访问内存；根据是否有中断请求，以决定是转入中断周期还是下条指令的取指周期；移位操作中根据 CX 的值是否已成为零，以决定是否继续执行移位操作等。条件转移中的条件通常由次地址控制 NAC 字段予以说明。

④多分支转移。当微程序执行到某些点需要根据某些情况执行 3 种及 3 种以上不同的微操作时，靠多分支持转移实现。

再有一个问题是微地址寄存器首地址的产生。任何指令的执行必须从取指令开始，因此应使μAR 的起始地址为取指令微程序段第一条微指令的地址，比如控存 CM 的 1#单元，这可由开机时 CPU 的复位命令 Reset 将μAR 置为 1。

10.4.5 微指令格式

微指令的编译方法是决定微指令格式的主要因素。考虑到速度、成本等原因，在设计计算机时采用不同的编译法。因此微指令的格式大体分成两类：水平型微指令和垂直型微指令。

1. 水平型微指令

一次能定义并执行多个并行操作微命令的微指令，叫做水平型微指令。前面对微指令的介绍，大部分是针对水平型微指令的。按照控制字段的编码方法不同，水平型微指令又分为 3 种：第一种是全水平型（不译码）微指令，第二种是字段译码水平型微指令，第三种是直接和译码相混合的水平型微指令。

2. 垂直型微指令

微指令中设置微操作码字段，采用微操作码编译法，由微操作码规定指令的功能，称为垂直型微指令。

垂直型微指令的结构类似于机器指令的结构。它有操作码，在一条微指令中只有 1～2 个微操作命令，每条微指令的功能简单，因此，实现一条机器指令的微程序要比水平型微指令编写的微程序长得多。它是采用较长的微程序结构去换取较短的微指令结构。

3. 水平型微指令与垂直型微指令的比较

① 水平型微指令并行操作能力强，效率高，灵活性强，垂直型微指令则较差。

在一条水平型微指令中，设置有控制信息传输通路（门）以及进行所有操作的微指令，因此在进行微程序设计时，可以同时定义比较多的并行操作的微指令，来控制尽可能多的并行信息传输，从而使水平型微指令具有效率高及灵活性强的优点。

在一条垂直型微指令中，一般只能完成一个操作，控制一两个信息传输通路，因此微指令的并行操作能力低，效率低。

② 水平型微指令执行一条指令的时间短，垂直型微指令执行时间长。

因为水平型微指令的并行操作能力强，因此与垂直型微指令相比，可以用较少的微指令数来实现一条指令的功能，从而缩短了指令的执行时间。而且当执行一条微指令时，水平型微指令的微命令一般直接控制对象，而垂直型微指令要经过译码，会影响速度。

③ 由水平型微指令解释指令的微程序，有微指令字较长而微程序短的特点。垂直型微指令则相反，微指令字比较短而微程序长。

④ 水平型微指令用户难以掌握，而垂直型微指令与指令比较相似，相对来说，比较容易掌握。

水平型微指令与机器指令差别很大，一般需要对机器的结构、数据通路、时序系统以及微命令很精通才能设计。垂直型微指令的设计思想在 P4 和安腾系列中得到了应用。

【例 10-12】某机共有 52 个微操作控制信号，构成 5 个相斥类的微命令组，各组分别包含 5、8、2、15、22 个微命令。已知可判定的外部条件有两个，微指令字长 28 位。

① 按水平型微指令格式设计微指令，要求微指令的下地址字段直接给出后续微指令地址。

②指出控制存储器的容量。

解：① 根据 5 个相斥类的微命令组，各组分别包含 5、8、2、15、22 个微命令，考虑到每组必须增加一种不发命令的情况，条件测试字段应包含一种不转移的情况，则 5 个控制字段分别需给出 6、9、3、16、23 种状态，对应 3、4、2、4、5 位（共 18 位），条件测试字段取 2 位。根据微指令字长为 28 位，则下地址字段取 28−18−2 = 8 位，其微指令格式如图 10-29 所示。

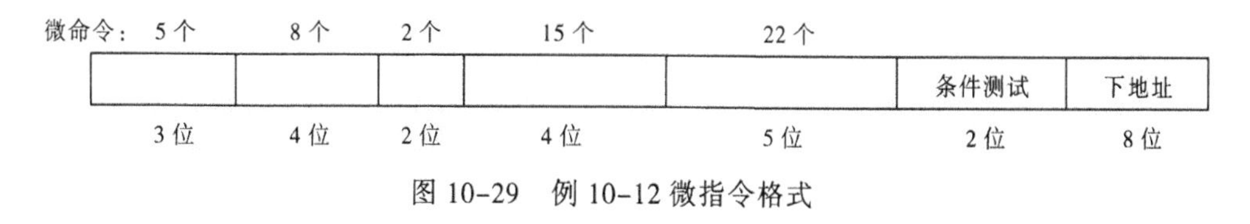

图 10-29　例 10-12 微指令格式

② 根据下地址字段为 8 位，微指令字长为 28 位，得控制存储器的容量为 256 × 28 位。

10.4.6　动态微程序设计和毫微程序设计

微程序设计技术有静态微程序设计和动态微程序设计。对应于一台计算机的机器指令只有一组微程序，这一组微程序设计好之后，一般无需改变而且也不好改变，这种微程序设计技术称为静态微程序设计，适用于指令系统的固定不变的情况。

如果采用 EPROM 作为控制存储器，可以通过改变微指令和微程序来改变机器的指令系统，这种微程序设计技术称为动态微程序设计。动态微程序设计由于可以根据需要改变为指令和微程序，因此可以在一台计算机上实现不同类型的指令系统，利于仿真，可以扩展机器的功能。

毫微程序设计可以看成是解释微指令的，思想和机器指令用微程序解释类似。组成毫微程序的毫微指令用来解释微指令，毫微指令和微指令的关系就好比微指令和机器指令的关系。采用毫微程序设计计算机的优点是用少量的控制存储器空间来达到高度的并行。

10.4.7　微程序的时序控制

微程序控制器的基本时序单位是微周期，微周期是一条微指令执行所需的时间。一条微指令的执行时间包括两部分：一部分是从控存 CM 中读出时间，另一部分是微指令执行所需要的时间，这个时间包括微命令的译码时间和CPU内部数据通路的传输时间。由于不必设立取指周期、取数周期、执行周期等CPU周期，因此微程序控制器的时序系统要比组合逻辑控制器的时序系统简单得多。

根据取微指令和执行微指令两部分时间的不同安排可将微指令的执行分为串行和并行两种方式。在串行方式中，取微指令与执行微指令是串行的，一个微周期等于这两部分之和。执行微指令的时间与组合逻辑方式中的节拍周期大体相当。由于包含有取微指令的时间，因此微程序控制方式中的基本时序单位——微周期要大于组合逻辑控制方式中的节拍周期，使得指令的执行速度下降。

在并行方式中，使用时间重叠技术，使得微周期就等于微指令的执行时间。可以大大提高指令的执行速度，但由于有些微条件转移的条件是指令执行后的某些状态条件，而这些条件在微指令刚取出时不可能形成，如判断CX寄存器是否减为0，将使预取下条微指令变得复杂化。

【例10-13】如图10-30所示，某一简单运算器数据通路，以“余3码加法”指令为例，详细了解一下微程序控制器的工作过程。

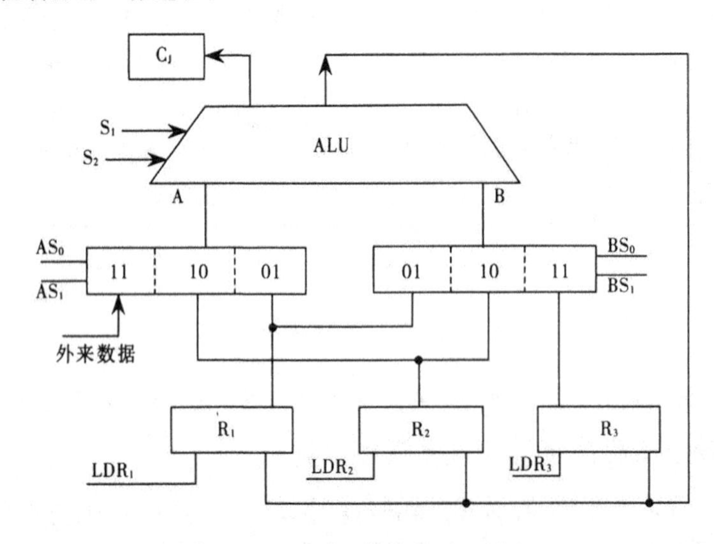

图10-30 简单运算器数据通路图

解：“余3码加法”指令的功能完成两个用余3码表示的一位十进制数的加法，其结果仍然用余3码表示。余3码编码的十进制加法规则如下：两个一位十进制数的余3码相加，如结果无进位，则从和数中减去3；如结果有进位，则和数中加上3，即得和数的余3码。

如图10-30所示，图中R_1、R_2、R_3是3个寄存器，A和B是两个三选一的多路开关，通路的选择分别是AS_0、AS_1和BS_0、BS_1端控制，例如BS_0BS_1=11时，选择R_3；BS_0BS_1=01，选择R_1。S_1、S_2是ALU的两个操作控制端，其功能如下：

S_1S_2=00时，ALU输出=A；

S_1S_2=01时，ALU输出=A+B；

S_1S_2=10时，ALU输出=A−B；

S_1S_2=11时，ALU输出=A ⊕ B。

再假定需运算的两个数 a 和 b 分别存放在寄存器 R_1 和 R_2 中，R_3 中存放修正量 3（0011）。

首先，设计该系统的微指令格式。从简化设计考虑，系统采用水平微指令格式，用直接控制方式，微指令地址 3 位（μAR_1～μAR_3），条件字段 2 位（P_1、P_2）。

2 位	2 位	2 位	3 位	2 位	3 位
AS_0 AS_1	S_1 S_2	BS_0 BS_1	LDR_1 LDR_2 LDR_3	P_1 P_2	μAR_1 μAR_2 μAR_3

P_1 为操作码判别，即根据指令的操作码找到下一条微指令地址。

当 $P_2=0$ 时，直接用 μAR_1～μAR_3 形成下一个微地址。

当 $P_2=1$ 时，对 μAR_3 进行修改后形成下一个微地址。

然后，再来设计微指令的流程。在进行微程序的设计时，经常使用方框图语言来表示一条指令的指令周期。一个方框代表一个 CPU 周期，方框中的内容表示数据通路的操作或某种控制操作。除了方框以外，还需要一个菱形符号，它通常用来表示某种判别或测试，不过时间上它依附于紧接它的前面一个方框的 CPU 周期，而不单独占用一个 CPU 周期。在方框图的末尾还有一个“～”符号，称它为公操作符号。这个符号表示一条指令已经执行完毕，转入公操作。所谓公操作，就是一条指令执行完毕后，CPU 所开始进行的一些操作，这些操作主要是 CPU 对外设请求的处理，如中断处理、通道处理等。

该指令的方框图如图 10-31 所示。

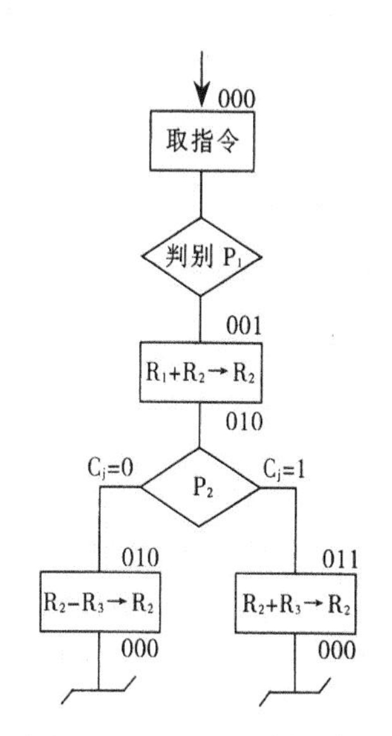

图 10-31　指令的方框流程图

通过图 10-31 可知，完成该指令总共需要 3 个 CPU 周期，4 条微指令，各条微指令的微地址标在方框的右上角。

第一条微指令，即微地址为 000 的微指令是一条取指令的微指令。由于在我们的例子当中，并不是一个完整的 CPU 结构，因此，取指令的微指令的具体形式无法给出。这条微指令的任务有 3 个：一是从内存取出一条机器指令，并将指令放到指令寄存器；二是对程序计数器加 1，做好取下一条机器指令的准备；第三个任务是对机器指令的操作码用 P_1 进行判别测试，然后修改微地址寄存器内容，给出下一条微指令的地址。

第二条微指令是执行两个寄存器相加的操作。因此，发出的微操作信号有 $R_1 \to A$、$R_2 \to B$、+、LDR_2。除此之外，条件字段为 P_2 判别，即根据 C_J 的值，来断定下一条微指令的地址。在本例当中，若 $C_J=0$，执行地址为 010 的微指令，若 $C_J=1$，则执行地址为 011 的微指令。其微指令的具体格式如下：

001:	01	01	10	010	01	010

地址为 010 的微指令是进行运算修正的微指令，它实现对 R_2 寄存器的减 3 操作。该微指令发出的微操作信号有 $R_2 \to A$、－、$R_3 \to B$、LDR_2。条件字段为 00，代表不进行测试，直接执行地址为 000 的微指令，即取指令的微指令。其具体格式如下：

010:	10	10	11	010	00	000

地址为 011 的微指令的含义与上一条微指令类似，其具体格式为：

011:	10	01	11	010	00	000

10.5 模型机微程序控制器设计

本节按微程序控制原理对图 10-8 所示模型机进行微程序控制的设计，以加深对微程序控制方式的理解。为了使模型机的微程序控制器相对简单，在微命令编码方式上以常用的字段直接编码为主，并且在时序控制上采用串行控制方式。

10.5.1 微指令格式设计

1. 微命令编码设计

使用字段编码方式，首要的问题是找出哪些微命令是互斥的，那些微命令是相容的。有些微命令之间的相容性和互斥性是显而易见的，有些则不明显。微命令之间的相容性或互斥性关系是复杂的，从不同的角度考虑可能会有不同的字段划分办法。一个好的字段划分应当使得微指令的总长度尽可能短，同时，微命令的并行性最好，也就是说，该指令格式编出的微程序最短。下面对图 10-8 的模型机中微命令的相容、相斥性做简单分析。

① 模型机硬件结构简图中，CPU 内部为单总线结构，因此，凡是将数据送到内部总线的信号 XX→IB，必须是互斥的。

② 由内部总线 IB 上接收数据的信号 XXin 却并不存在互斥关系，但其相容性也需查看模型机所有的指令流程后才能确定。但由于两个寄存器同时从 IB 上获得同一数据的可能性并不大，因此，可先将其编入同一字段。

③ 同一部件的同一类操作，肯定是互斥的。例如 ALU 的各种操作 ADD、ADC、SUB、AND 等；内存的读/写操作之间，都是互斥的。

④ ALU 中进行的是双操作数的算术逻辑运算，S 中进行的是单操作数的逻辑运算，T 中进行的是移位操作。一条指令不可能同时要求进行这 3 类运算，因此，这 3 类操作之间存在互斥关系，可考虑归入一个字段。

⑤ 在字段 XX→IB 中增加两条通用命令 Rx→IB 和 Ry→IB。在字段 XXin 中增加两条通用微命令 Rxin 和 Ryin，其中 Rx 由指令寄存器的第 2～0 位指明，Ry 是指由指令寄存器第 6～4 位指明。这 4 条通用微命令与寄存器编码字段的译码信号共同作用产生具体的微命令如 AX→IB,AXin 等。这样做的目的是使为指令流程只与寻址方式有关而与具体使用那个寄存器无关。达到简化微程序设计的目的。引入通用微命令后原有的具体微命令仍然保留，其原因是有些指令隐含使用某个特定的寄存器。

此外，还可以根据指令系统的功能分析出其他微操作之间相容和互斥的关系，以达到缩短微命令字段长度的目的。经过调整，设计出的微指令格式如图 10-32 所示，微命令占用 25 位。

4位	4位	2位	2位	5位
XX→IB	XXin	DR	AR	各类算逻运算
0：NOP	0：NOP	0：NOP	0：NOP	00：NOP
1：AX→IB	1：AXin	1：DR→DB	1：AR→AB	01：ADD
2：BX→IB	2：BXin	2：DB→DR	2：ARin	02：ADC
3：CX→IB	3：CXin		3：IRin	03：SUB
4：DX→IB	4：DXin			04：SUBB
5：SI→IB	5：SIin			05：AND
6：DI→IB	6：DIin			06：OR
7：BP→IB	7：BPin			07：XOR
8：SP→IB	8：SPin			08：SAL
9：S→IB	9：Sin			09：SAR
A：T→IB	A：Tin			0A：SHR
B：PC→IB	B：PCin			0B：ROL
C：PSW→IB	C：PSWin			0C：ROR
D：DR→IB	D：DRin			0D：RCL
E：Rx→IB	E：Rxin			0E：RCR
F：Ry→IB	F：Ryin			0F：0→T
				10：INC
				11：DEC
				12：NEG
				13：NOT
				15：+2SI
				16：−2SI

4位	4位	9位	4位
各类计数	其他微操作	次地址 NA	NAC
0：NOP	0：NOP		
1：+2DI	1：MMRD		
2：−2DI	2：MMWR		
3：+2SP	3：IORD		
4：−2SP	4：IOWR		
5：+2PC	5：INTA		
6：0→PC	6：DMAA		
7：−1CX	7：$0 \rightarrow AX_{-1}$		
8：+1CT	8：$1 \rightarrow AX_{-1}$		
9：0→CT			

图 10-32 模型机微指令格式

2. 模型机微指令次地址字段设计

模型机微程序需占控存单元约为 512 个单元，故次地址字段 NA 应当为 9 位，微程序空间分配大致如表 10-3 所示。

表 10-3 模型机微程序地址空间分配

微程序功能	地址分配
取指令及取操作数	000H～020H
双操作数算术逻辑指令执行（9 条）	021H～06FH
MOV 指令执行	070H～077H
IMUL 指令执行	078H～07FH
IDIV 指令执行	080H～08FH
IN/OUT 指令执行	090H～097H
单操作数算术逻辑指令执行（5 条）	098H～0AFH
移位类指令执行（7 条）	0B0H～0DFH
PUSH/POP 指令执行	0E0H～0EFH
CALL/RET 指令执行	0F0H～0FFH
转移及循环类指令执行	100H～10FH
中断周期隐指令	110H～11FH
IRET 指令执行	120H～128H
…	…

次程序控制字段 NAC 安排 4 位，因此最多可以有 16 种次地址形成方式，其含义如表 10-4 所示。

表 10-4 模型机次地址控制字段 NAC 设计

NAC 编码（H）	次地址产生方式
0	顺序
1	无条件转移
2	当 READY 信号到后，无条件转移
3	两分支：若(CT)≠0，转移 若(CT)=0，顺序（用于乘除法运算控制步数）
4	两分支：$IR_{15\sim9}$为全 0（无操作数指令或转移类指令）转移 $IR_{15\sim9}\neq0$（单、双操作数指令）顺序
5	多分支：NA→μAR，$IR_{3、2}$→$\mu AR_{3、2}$（按寻址方式多路转移）
6	多分支：NA→μAR，$IR_{2、1、0}$→$\mu AR_{2、1、0}$（按寻址方式多路转移）
7	多分支：按指令操作码 OP 实现多路转移
8	两分支：$IR_7=0$（R_y为源寄存器），转移 $IR_7=1$（R_y为目的寄存器），顺序
9	两分支：$IR_{3、2}\neq00$（R_x为内存寻址），转移 $IR_{3、2}=00$（R_x为寄存器寻址），顺序
A	两分支：若(CX)≠0，转移；(CX)=0，顺序
B	多分支：补码乘法（Booth 算法）中，根据 AX_0、AX_{-1}的值实现三路转移
C	两分支：补码除法（加减交替）中，若余数与除数同号，转移 若余数与除数异号，顺序

续表

NAC 编码（H）	次地址产生方式
D	两分支：NA→μAR_0，μAR_0 由指令操作码，状态标志 PSW（S、Z、O、C）和 CX 共同决定是否转移
E	两分支：检测中断请求 INTR，若 INTR＝0，转移 若 INTR＝1，顺序
F	未用

在模型机微指令格式中，数据传输控制类微命令占 1、2、3、4 这 4 个字段，操作类命令占 5、6、7 这 3 个字段，次地址字段 NAC 占 9 位，次地址控制字段 NAC 占 4 位，微指令总宽度为 38 位。

10.5.2　模型机微程序设计

微指令设计好后便可开始微程序的设计，设计的依据是图 10-10～图 10-23 所示的指令微流程，其中包括有取指令微流程、取操作数微流程、各种指令的执行微流程和中断隐指令微流程，各微流程之间的衔接关系如图 10-33 所示。

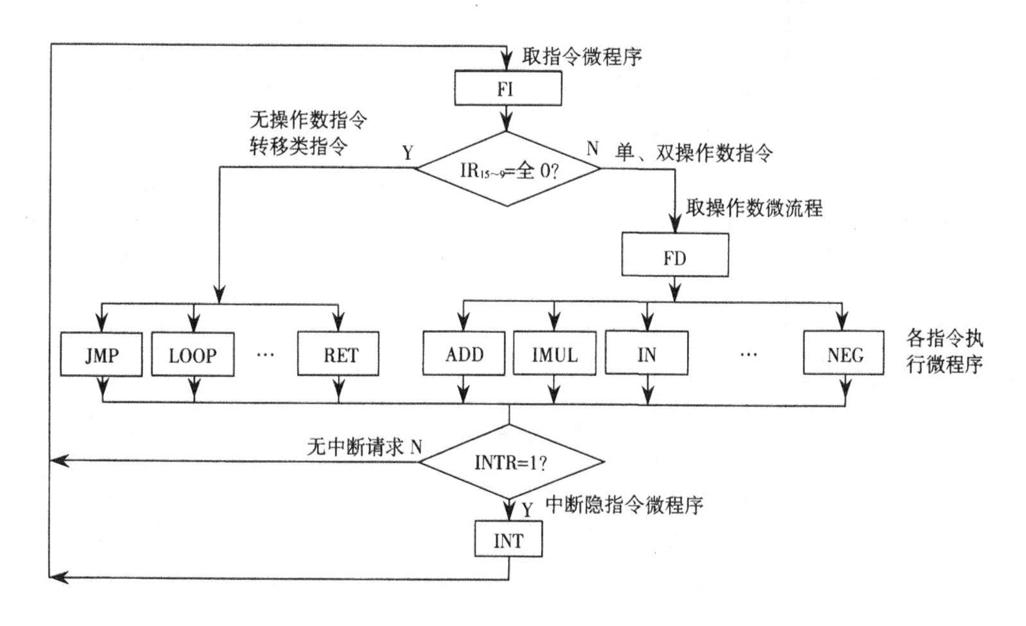

图 10-33　模型机微程序总框图

1．取指令及取操作数微程序

表 10-5 是取指令和取操作数的微程序。表中除了标出微地址和微指令外，还标有微指令编码所代表的微操作和对应的节拍数，以及次地址形成方式的说明。读者可参考取指令微流程 FIC 和取微操作数流程 FDC 的内容。

表 10-5　取指令及取操作数微程序

功能	微地址	微指令									节拍	代表微操作	次地址控制	说明
取数	000H	E	D	0	0	00	0	0	00F	1	T0	Rx→IB, DRin	无条件转 00FH	寄存器寻址
取指令	001H	B	0	0	2	00	0	0	XXX	0	T0	PC→IB, ARin	顺序	
	002H	0	0	0	1	00	5	1	003	2	T1	AR → AB, MMRD, +2PC	等 READY 到后无条件转移	
	003H	0	D	2	0	00	0	0	009	1	T2	DB→DR, DRin	无条件转 009H	
取数	004H	E	0	0	2	00	0	0	XXX	0	T0	Rx→IB, ARin	顺序	
	005H	0	0	0	1	00	0	1	006	2	T1	AR→AB,MMRD	等 READY 到后无条件转移	
	006H	0	D	2	0	00	0	0	00F	1	T2	DB→DR, DRin	无条件转 00FH	
空	007H													空
取数	008H	B	0	0	2	00	0	0	00D	1		PC→IB, ARin	无条件转 00DH	
取指令	009H	D	0	0	3	00	0	0	00B	4	T3	DR→IB, IRin	两分支：IR15～9=全0，转移；IR15～9≠0，顺序	
	00AH	0	0	0	0	00	0	0	000	5	X	NOP	多分支：IR3、2→μAR3、2	转向单、双操作数指令取数
	00BH	0	0	0	0	00	0	0	000	7	X	NOP	多分支：由操作码决定执行地址	转向无操作数或转移类指令执行入口
取操作数微程序	00CH	B	0	0	2	00	0	0	XXX	0	T0	PC→IB, ARin	顺序	取双字长指令的第二字
	00DH	0	0	0	1	00	5	1	00E	2	T1	AR → AB, MMRD, +2PC	等 READY 到后无条件转移	
	00EH	0	D	2	0	00	0	0	010	6	T2	DB→DR, DRin	多分支：IR2、1、0→μAR2、1、0	
	00FH	0	0	0	0	00	0	0	XXX	7	X	NOP	多分支：由操作码决定执行地址	转向单、双操作数指令执行入口
	010H	0	0	0	0	00	0	0	00F	1	X	NOP	无条件转 00FH	立即寻址

续表

功能	微地址	微指令									节拍	代表微操作	次地址控制	说明
取操作数微程序	011H													空
	012H	D	0	0	2	00	0	0	01F	1	T3	DR→IB, ARin	无条件转 01FH	直接寻址
	013H	D	0	0	2	00	0	0	01C	1	T3	DR→IB, ARin	无条件转 01CH	间接寻址
	014H	7	9	0	0	00	0	0	018	1	T3	BP→IB, Sin	无条件转 018H	基址寻址
	015H	B	9	0	0	00	0	0	018	1	T3	PC→IB, Sin	无条件转 018H	相对寻址
	016H	5	9	0	0	00	0	0	018	1	T3	SI→IB, Sin	无条件转 018H	源变址寻址
	017H	6	9	0	0	00	0	0	XXX	0	T3	DI→IB, Sin	顺序	目的变址寻址
	018H	D	A	0	0	01	0	0	XXX	0	T4	DR → IB, ADD, Tin	顺序	
	019H	A	0	0	2	00	0	0	XXX	0	T5	T→IB, ARin	顺序	
	01AH	0	0	0	1	00	0	1	01B	2	T6	AR→AB, MMRD	等READY到后无条件转移	
	01BH	0	D	2	0	00	0	0	00F	1	T7	DR→DB, DRin	无条件转 00FH	
	01CH	0	0	0	1	00	0	1	01D	2	T4	AR→AB, MMRD	等READY到后无条件转移	
	01DH	0	D	2	0	00	0	0	XXX	0	T5	DR→DB, DRin	顺序	
	01EH	D	0	0	2	00	0	0	XXX	0	T6	DR→IB, ARin	顺序	
	01FH	0	0	0	1	00	0	1	01B	2	T7	AR→AB, MMRD	等READY到后无条件转至01BH	

2. 双操作数算术逻辑指令执行阶段微程序

双操作数算术逻辑指令执行阶段微程序举了 SUB 和 CMP 的两条指令例子，如表 10-6 所示。可参考双操作数算术逻辑指令 EXEC 微流程的内容。各指令执行阶段的微程序运行完毕，均转入微地址 110H。

表 10-6　双操作数算术逻辑指令执行阶段微程序示例

功能	微地址	微指令									节拍	代表微操作	次地址控制	说明
指令 SUB 执行阶段微程序	030H	0	0	0	0	00	0	0	034	8	X	NOP	两分支：IR7=0，转移；IR7=1，顺序	判断减数
	031H	D	9	0	0	00	0	0	XXX	0	T0	DR→IB, Sin	顺序	Ry 为目的
	032H	F	A	0	0	03	0	0	XXX	0	T1	Ry→IB, SUB, Tin	顺序	
	033H	A	F	0	0	00	0	0	110	1	T2	T→IB, Ryin	无条件转至 110H 检测中断	
	034H	F	9	0	0	00	0	0	XXX	0	T0	Ry→IB, Sin	顺序	Rx 为目的
	035H	D	A	0	0	03	0	0	037	9	T1	DR→IB, SUB, Tin	两分支：IR32≠00, 转移；IR32=00，顺序	
	036H	A	E	0	0	00	0	0	110	1	T2	T→IB, Rxin	无条件转至 110H 检测中断	Rx 为寄存器寻址
	037H	A	D	0	0	00	0	0	XXX	0	T2	T→IB, DRin	顺序	Rx 为内存寻址
	038H	0	0	1	1	00	0	2	110	2	T3	AR→AB, DR→DB, MMWR	等 READY 到后无条件转至 110H	
指令 CMP 执行阶段微程序	039H	0	0	0	0	00	0	0	03C	8	X	NOP	两分支：IR7=0，转移；IR7=1，顺序	判断减数
	03AH	D	9	0	0	00	0	0	XXX	0	T0	DR→IB, Sin	顺序	Ry 为被减数
	03BH	F	A	0	0	03	0	0	110	1	T1	Ry→IB,SUB,Tin	无条件转至 110H 检测中断	
	03CH	F	9	0	0	00	0	0	XXX	0	T0	Ry→IB, Sin	顺序	Rx 为被减数
	03DH	D	A	0	0	03	0	0	110	1	T1	DR→IB, SUB, Tin	无条件转至 110H 检测中断	

3. 乘法 IMUL 指令执行阶段微程序

乘法 IMUL 指令执行阶段微程序如表 10-7 所示。可参考 IMUL 指令 EXEC 微流程的内容。

表 10-7　乘法 IMUL 指令执行阶段微程序

功能	微地址	微指令									节拍	代表微操作	次地址控制	说明
乘法 IMUL 指令执行阶段微程序	07BH	D	9	0	0	0F	9	7	XXX	0	T0	DR→IB, Sin,0→T,0→AX-1,0→CT	顺序	被乘数→S, 计数器、部分积、附加位清零

续表

功能	微地址	微指令									节拍	代表微操作	次地址控制	说明
乘法IMUL指令执行阶段微程序	07CH	0	0	0	0	00	0	0	07C	B	X	NOP	根据AX0，AX-1四种状态实现三分支	Booth乘法运算法则
	07DH	A	A	0	0	01	0	0	07F	1	T1	T→IB, ADD, Tin	无条件转移	
	07EH	A	A	0	0	03	0	0	07F	1	T1	T→IB, SUB, Tin	无条件转移	
	07FH	0	0	0	0	09	8	0	XXX	0	T2	SAR(T, AX, AX-1), +1CT	顺序	
	080H	0	0	0	0	00	0	0	07C	3	X	NOP	两分支：(CT)=0，转移；(CT)≠0，顺序	
	081H	A	4	0	0	00	0	0	110	1	T3	T→IB, DXin	无条件转至110H	转至110H，检测中断

4. 单操作数算术逻辑指令执行阶段微程序

单操作数算术逻辑指令以NEG指令的微程序为例，如表10-8所示。可参阅单操作数算术逻辑指令EXEC微流程图的内容。

表10-8 NEG指令执行阶段微程序

功能	微地址	微指令									节拍	代表微操作	次地址控制	说明
NEG指令执行阶段微程序	098H	D	9	0	0	00	0	0	XXX	0	T0	DR→IB, Sin	顺序	
	099H	0	0	0	0	12	0	0	09B	9	T1	NEG	两分支：IR32≠00，转移；IR32=00，顺序	
	09AH	9	E	0	0	00	0	0	110	1	T2	S→IB, Rxin	无条件转至110H检测中断	
	09BH	9	D	0	0	00	0	0	XXX	0	T2	S→IB, DRin	顺序	寄存器寻址
	09CH	0	0	1	1	00	0	2	110	2	T3	AR→AB, DR→IB, MMWR	等READY到后无条件转至110H	内存寻址

5. 移位类指令执行阶段微程序

移位类指令以算术左移SAL指令的微程序为例。如表10-9所示。可参阅转移类指令的EXEC微流程的内容。

表 10-9 SAL 指令执行阶段微程序

功能	微地址	微指令									节拍	代表微操作	次地址控制	说明
SAL 指令执行阶段微程序	0B0H	D	A	0	0	00	0	0	XXX	0	T0	DR→IB, Tin	顺序	
	0B1H	0	0	0	0	08	7	0	0B1	A	T1	SAL, -1CX	两分支：(CX)≠00，转移；(CX)=00，顺序	
	0B2H	0	0	0	0	00	0	0	0B4	9	X	NOP	两分支：IR32≠00，转移；IR32=00，顺序	
	0B3H	A	E	0	0	00	0	0	110	1	T2	T→IB, Rxin	无条件转至110H 检测中断	寄存器寻址
	0B4H	A	D	0	0	00	0	0	XXX	0	T2	T→IB, DRin	顺序	内存寻址
	0B5H	0	0	1	1	00	0	2	110	2	T3	AR → AB, DR → DB, MMWR	等 READY 到后无条件转至 110H	

6. 转移类指令执行阶段微程序

转移类指令执行阶段微程序如表 10-10 所示。读者可参阅转移类指令的 EXEC 微流程的内容。

表 10-10 转移类指令执行阶段微程序

功能	微地址	微指令									节拍	代表微操作	次地址控制	说明
转移类指令执行阶段微程序	101H	B	0	0	2	00	0	0	XXX	0	T0	PC→IB, ARin	顺序	取位移量
	102H	0	0	0	1	00	5	1	103	2	T1	AR → AB, MMRD, +2PC	等 READY 到后转移	
	103H	0	D	2	0	00	0	0	104	D	T2	DB→DR, DRin	两分支：NA→μAR0，μAR0 由 OP，PSW 和 CX 共同决定是否转移	条件判断
	104H	0	0	0	0	00	0	0	110	1		NOP	无条件转至 110H 检测中断	指令不转移
	105H	B	9	0	0	00	0	0	XXX	0	T3	PC→IB, Sin	顺序	指令转移
	106H	D	A	0	0	01	0	0	XXX	0	T4	DR→IB, ADD, Tin	顺序	
	107H	A	B	0	0	00	0	0	110	1	T5	T→IB, PCin	无条件转至 110H 检测中断	

7. 中断隐指令微程序

该微程序第一条微指令的地址为 110H，任何一条指令执行完毕都要无条件转向这里，这条微指令的功能是判断有无中断请求。若无中断请求则转入 001H，开始下一条指令的取指指令操作；

若有则开始中断隐指令的操作。表 10-11 即为该微程序，读者可结合 INTC 周期微流程的内容。该程序的最后一条微指令结束后也无条件转向 001H 开始取指令。

表 10-11 中断隐指令微程序

功能	微地址	微指令									节拍	代表微操作	次地址控制	说明
中断隐指令微程序	110H	0	0	0	0	00	0	0	001	E	X	NOP	两分支：有中断，顺序；无中断，转移	
	111H	0	0	0	0	00	0	5	XXX	0	T0	INTA	顺序	取中断向量，暂存于 T
	112H	0	D	2	0	00	0	0	XXX	0	T1	DB→DR, DRin	顺序	
	113H	D	A	0	0	00	4	0	XXX	0	T2	DB→IB, Tin, -2SP	顺序	
	114H	8	0	0	2	00	0	0	XXX	0	T3	SP→IB, ARin	顺序	将 PSW 压入堆栈保护
	115H	C	D	0	0	00	0	0	XXX	0	T4	PSW→IB, DRin	顺序	
	116H	0	0	1	1	00	4	2	117	2	T5	AR→AB, DR→DB, MMWR, -2SP	等 READY 到后转 117H	
	117H	8	0	0	2	00	0	0	XXX	0	T6	SP→IB, ARin	顺序	将 PC 压入堆栈保护，向量 VA ×2
	118H	B	D	0	0	00	0	0	XXX	0	T7	PC→IB, DRin	顺序	
	119H	0	0	1	1	08	0	2	11A	2	T8	AR→AB, DR→DB, MMWR, SAL	等 READY 到后转 11AH	
	11AH	A	0	0	2	00	0	0	XXX	0	T9	T→IB, ARin	顺序	取中断处理程序首地址，装入 PC
	11BH	0	0	0	1	00	0	1	11C	2	T10	AR→AB, MMRD	等 READY 到后转 11CH	
	11CH	0	D	2	0	00	0	0	XXX	0	T11	DB→DR, DRin	顺序	
	11DH	D	B	0	0	00	0	0	001	1	T12	DR→DB, PCin	无条件转取指令	

小　结

控制器是计算机硬件的核心部件，它根据机器指令来产生指令执行时所需要的操作控制信号，协调、控制计算机的各个部件有序地工作。指令的执行阶段由其操作码决定，通过分析指令的各种微操作，从而形成控制器的设计思路。

一条指令的执行涉及一系列的通称为 CPU 周期的子步骤。例如，一条指令的执行可由取指、间址、执行和中断周期所组成。每个周期又是由一系列更基本的操作，称为微操作组成。一个单一的微操作可完成寄存器间的一次传输，寄存器与外部总线间的传输，或一个简单的 ALU 操作。CPU 正是通过微操作实现对执行部件的控制。

CPU 内部的典型组织形式是内部总线，根据对计算机速度、价格等不同要求，其内部总线的形式也不同，主要的 3 种内部总线形式为：单总线结构、双总线结构和三总线结构。

控制器的设计方法有两种：硬布线控制器和微程序控制器设计方法。硬布线控制器的基本思想是，某一微操作控制信号是指令操作码译码输出、时序信号和状态条件信号的逻辑函数，即用布尔代数写出逻辑表达式，然后用门电路、触发器等器件实现，硬布线控制器的优点是速度快，但是设计复杂、烦琐，适合于 RISC 结构。微程序设计技术是利用软件方法设计控制器的一门技术，具有规整性、灵活性、可维护性等一系列优点，适合于 CISC 结构。

习　题

1. 选择题。

（1）CPU 中控制器的功能是（　　）。

A. 产生时序信号

B. 从主存取出一条指令

C. 完成指令操作的译码

D. 从主存取出指令，完成指令操作码译码，并产生有关的操作控制信号，以解释执行该指令

（2）下面有关 CPU 的寄存器的描述中，正确的是（　　）。

A. CPU 中的所有寄存器都可以被用户程序使用

B. 一个寄存器不可能既做数据寄存器，又做地址寄存器

C. 程序计数器用来存放指令

D. 地址寄存器的位数一般和存储器地址寄存器的位数一样

（3）下面有关程序计数器（PC）的叙述中，错误的是（　　）。

A. PC 用来存放下一条将要执行的指令的地址

B. 在执行转移型指令时，PC 的值一定被修改为目标指令的地址

C. 在指令顺序执行时，PC 的值总是自动加上当前指令的长度

D. PC 的位数一般和存储器地址寄存器（MAR）的位数一样

（4）指令周期是指（　　）。

A. CPU 从主存取出一条指令的时间

B. CPU 执行一条指令的时间

C. CPU 从主存取出一条指令加上 CPU 执行这条指令的时间

D. 在 CPU 内部，数据从一个寄存器传输到另一个寄存器的时间

（5）下面有关指令周期的叙述中，错误的是（　　）。

A. 指令周期的第一个子周期一定是取指子周期

B. 乘法指令的执行子周期和加法指令的执行子周期一样长

C. 在有间接寻址方式的指令周期中，至少访问两次内存

D. 在一条指令执行结束、取下条指令之前查询是否有中断发生

（6）以下有关机器周期的叙述中，错误的是（　　）。

A. 通常把通过一次总线事务访问一次主存或 I/O 的时间定为一个机器周期

B. 一个指令周期包含多个机器周期

C. 不同的指令周期所包含的机器周期数可能不同

D. 每个指令周期都包含一个中断响应机器周期

（7）以下句子中，正确的是（ ）。

A. 一条指令的取出阶段需要 1 个 CPU 周期时间

B. 一条指令的取出阶段需要 2 个 CPU 周期时间

C. 一条指令的执行阶段需要至少 1 个 CPU 周期时间

D. 一条指令的执行阶段需要至少 2 个 CPU 周期时间

（8）微程序控制器的基本思想是，将微操作控制信号按一定规则进行编码，形成（ ），存放到一个只读存储器里。当机器运行时，一条又一条地读出它们，从而产生全机所需要的各种操作控制信号，使相应部件执行所规定的操作。

A. 微操作　　B. 微程序　　C. 微指令　　D. 微地址

（9）一条机器指令是由若干条（ ）组成的序列来实现的，而机器指令的总和便可实现整个指令系统。

A. 微操作　　B. 微指令　　C. 指令　　D. 微程序

（10）相对于硬布线控制器，微程序控制器的优点在于（ ）。

A. 速度较快　　B. 结构比较规整

C. 复杂性和非标准化程度较低　　D. 增加或修改指令较为容易

2. 解释术语。

（1）微命令、微指令、微程序

（2）水平型微指令、垂直型微指令

3. 控制单元的功能是什么？其输入受什么控制？

4. 能不能说机器的速度越快，机器的主频就越高？为什么？

5. 有一 ALU 不能做减法，但它能加两个输入寄存器并能对两个寄存器的各位取逻辑反。数是以 2 的补码形式存储的。请列出实现减法控制器必须完成的微操作。

6. 假定图 10-3 中的沿总线和通过 ALU 的传播延迟分别是 20ns 和 100ns。由总线将数据复制到寄存器需要 10ns。计算下述操作所用时间：

（1）从一个寄存器到另一个寄存器传输数据。

（2）增量程序计数器。

7. 若使用图 10-4 的 CPU 完成 AC 与一个数相加操作，写出下列情况下的微操作序列：

（1）该数为一个立即数。

（2）该数为直接寻址的操作数。

（3）该数为间接寻址的操作数。

8. 参照图 10-5，双总线结构的机器，IR 为指令寄存器，PC 为程序计数器（具有自增功能），M 为主存（受 R/W 信号控制），AR 为主存地址寄存器，DR 为数据缓冲寄存器，ALU 由＋、－控制信号决定可完成何种操作，控制信号 G 控制的是一个门电路。另外，线上标注有控制信号，例如 Yi 表示 Y 寄存器的输入控制信号，Rio 为寄存器 Ri 的输出控制信号。未标注的线为直通线，不受控制。

指令 SUB R1, R3 完成(R3)−(R1)→R3 的功能操作，指令“STA R1,（R2）”的含义是将寄存器 R1 的内容传输至(R2)为地址的存储单元中，画出上述指令周期流程图，并列出相应的微操作控制信号序列。

9．若使用图 10-34 的 CPU 完成 AC 与一个数相减操作，写出下列情况下的微操作序列：

（1）该数为一个立即数。

（2）该数为直接寻址的操作数。

（3）该数为间接寻址的操作数。

10．某计算机有如下部件：ALU，移位器，主存 M，主存数据寄存器 MDR，主存地址寄存器 MAR，指令寄存器 IR，通用寄存器 $R_0 \sim R_3$，暂存器 C 和 D，如图 10-35 所示。

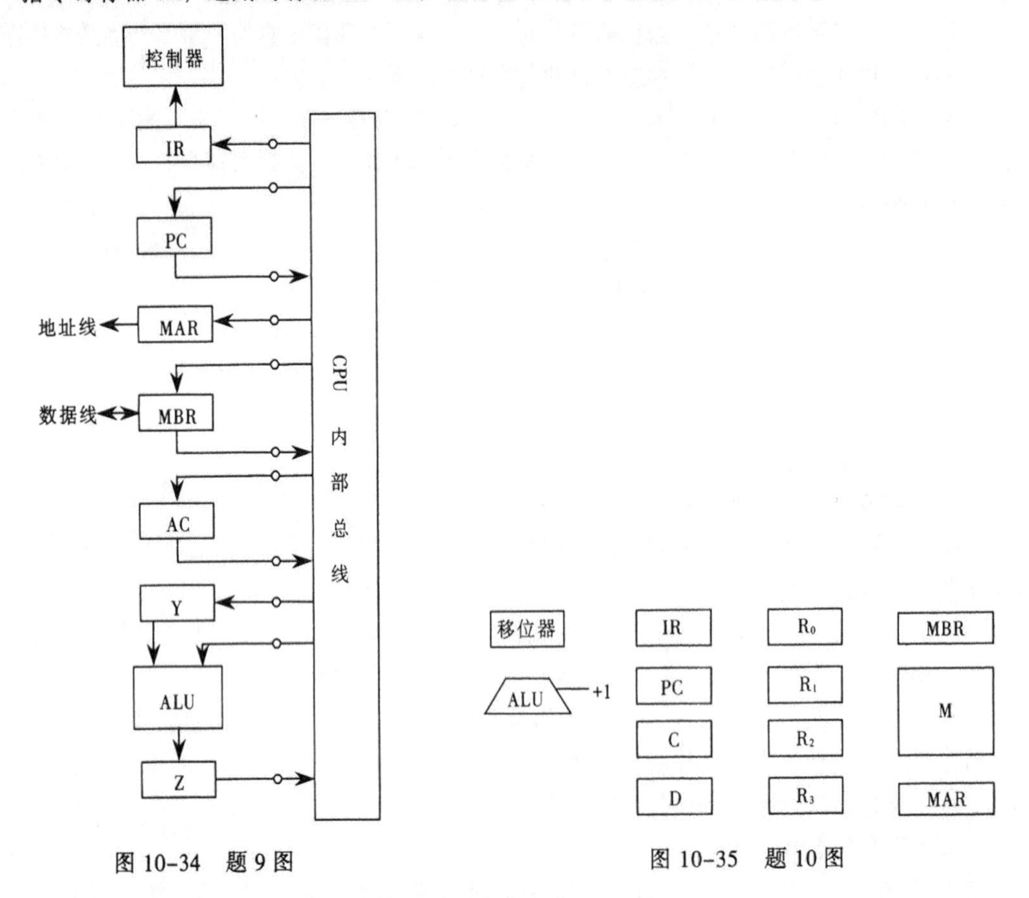

图 10-34　题 9 图　　　　图 10-35　题 10 图

（1）请将各逻辑部件组成一个数据通路，并标明数据流向。

（2）画出 ADD R1，(R2)+指令的指令周期流程图，指令功能是 (R1)+((R2))→R1。

11．某微程序控制器中，采用水平型直接控制（编码）方式的微指令格式，后续微指令地址由微指令的下地址字段给出。已知机器共有 28 个微命令，6 个互斥的可判定的外部条件，控制存储器的容量为 512×40 位。试设计其微指令格式，并说明理由。

12．某机共有 52 个微操作控制信号，构成 5 个相斥类的微命令组，各组分别包含 5、8、2、15、22 个微命令。已知可判定的外部条件有两个，微指令字长 28 位。

（1）按水平型微指令格式设计微指令，要求微指令的下地址字段直接给出后续微指令地址。

（2）指出控制存储器的容量。

13．已知某机采用微程序控制方式，控存容量为 512×48 位。微程序可在整个控存中实现转移，控制微程序转移的条件共有 4 个，微指令采用水平型格式，后继微指令地址采用断定方式。问：

（1）微指令的 3 个字段分别应为多少位？

（2）画出对应这种微指令格式的微程序控制器逻辑框图。

14. 某机有 5 条微指令，每条微指令发出的控制信号如表 10-12 所示。采用直接控制方式设计微指令的控制字段，要求其位数最少，而且保持微指令本身的并行性。

表 10-12 微指令发出的控制信号

微指令	激活的控制信号									
	a	b	c	d	e	f	g	h	i	j
I_1	√		√		√		√		√	
I_2	√	√		√		√		√		√
I_3	√			√	√	√				
I_4	√									
I_5	√			√						√

15. 思考题。

（1）流水线中的相关问题的解决方法有哪些？

（2）是否是流水段越多，指令执行越快？为什么？

（3）CPU 除了执行指令外，还做什么事情？

附录A 数字逻辑

冯·诺依曼型计算机的操作以存储和处理二进制数为基础，而这些工作在计算机中是使用数字逻辑电路实现的。因此，要明白数字计算机的组成，首先要了解一下构成数字计算机的这些最基本元素。本附录将从数字逻辑的数学基础布尔代数开始，然后介绍门的概念，最后介绍用门构成的组合逻辑电路和时序电路。

A.1 布尔代数

数字计算机和其他数字系统中的数字电路不仅可用数学定律中的布尔代数来设计，而且还可用它来进行功能分析。布尔代数是以英国数学家乔治·布尔（George Boole）来命名的，1854年布尔在他的一篇论文《关于逻辑和概率数学理论思维规律的研究》中提出了这个代数的基本原则。1938年，M.I.T电气工程部的助理研究克劳德·香农（Claude Shannon）提出了布尔代数能应用于继电器开关电路的设计思想。后来，香农技术应用于分析和设计数字电子电路。布尔代数在以下两大领域成为一种方便的工具：

- 分析：它是描述数字电路功能的一种经济的方法。
- 设计：对于给定所需的功能，布尔代数能用来开发一个实现该功能的简便方案。

布尔代数与普通数学中的代数有着不同的概念。布尔代数表示的不是数量大小之间的关系，而是逻辑的关系，它仅有0和1两种状态。这里的0和1反映的不是数值关系，而是表示逻辑状态仅有两种状态：非0即1。它是分析和设计数字系统的数学基础。

布尔代数主要讨论输入变量和输出变量的因果关系，这种关系实际上是一种函数关系，以便于与普通数学中的函数区分，将这种函数称为逻辑函数。逻辑代数中变量之间仅有3种基本运算："与"、"或"、"非"。

基本逻辑运算参见7.4节逻辑运算中的内容。

A.2 门

所有数字逻辑电路的基本构件是门，逻辑功能通过门与门的互连来实现。

一个门是一个对输入信号进行简单的布尔运算产生输出信号的电路。数字逻辑中常用的门有与门、或门、非门、与非门、或非门、异或门和同或门，表A-1描述了这7种门。这里使用的符号体系是IEEE标准（IEEE标准91[IEEE84]）。

表 A-1 逻辑门

名称	IEEE标准图符	国家标准	代数式
与门		&	$F = A \cdot B$
或门		≥1	$F = A + B$
非门		1	$F = \overline{A}$
与非门		&	$F = \overline{A \cdot B}$
或非门		≥1	$F = \overline{A + B}$
异或门		=1	$F = A \oplus B$
或非门		=1	$F = A \odot B$

每个门有一个或两个输入和一个输出。当输入的值变化时，输出信号几乎同时变化，它只延迟信号经过此门的传播时间，称为门延迟（Gate Delay）。

另外，在表 A-1 中所描述的门，可采用 3 个、4 个或更多的输入。因此，$X+Y+Z$ 能用一个带有 3 个输入的或门来实现。

在实现中不是所有类型的门都使用，只有当使用一种或两种类型的门时，设计和生产才比较简单。因此识别门的功能完全（Functionally Complete）集很重要。这表明，任何一个布尔函数只要使用完全集中的门就能实现。以下是功能完全集：

- 与门、或门和非门。
- 与门和非门。
- 或门和非门。
- 与非门。
- 或非门。

很显然，与门、或门和非门组成了一个功能完全集，因为它们代表了布尔代数的 3 种运算。要用与门和非门构成一个功能完全集，必须要有一种把“与”和“非”运算综合成“或”运算的方法，用德摩根定理可得到：

$$A + B = \overline{\overline{A} \cdot \overline{B}}$$

同样，“或”和“非”运算是功能完全集，因为它们能综合成“与”运算。

已涉及计算机科学和工程中最基本的内容——门。然而，本章的目的是介绍如何用门作为构件来实现数字计算机的基本逻辑电路。

A.3 组合逻辑电路

一个组合逻辑电路是一组互连的门，在任何时刻，它们的输出只是输入的函数。和单个门一样，输入的外部特性几乎和输出的外部特性同时出现，只经过门延迟时间。

用一般术语来讲，一个组合电路由 n 个二进制输入和 m 个二进制输出组成。和单个门一样，组合电路用 3 种方法加以定义：

① 真值表：对于输入信号的 2 种可能组合，列出了 m 个输出信号的每个二进制值。

② 图形符号：描述了门的互连布局。

③ 布尔等式：每个输出信号用其输入信号的布尔函数表示。

下面对几种在数字计算机中常用的组合逻辑电路进行介绍。

A.3.1 多路转换器

多路转换器将多个输入连接到单个输出。在任何时候，选择输入中的一个传到输出。图 A-1 表示了一个通用的框图。它是一个 4 选 1 的多路转换器，有 4 条输入线，用 S_1～S_4表示，选定这些线中的一条提供输出信号 D，为了选择 4 种可能输入中的一种，需要 2 位的选择码，可用两根选择线 C_1、C_2来实现。

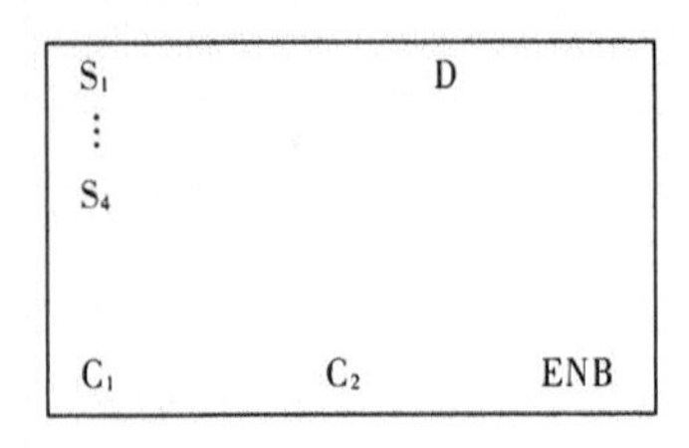

图 A-1 4 选 1 多路转换器

一个 4 选 1 的多路转换器的例子在表 A-2 的真值表中加以定义。这是一个简化的真值表形式，并不表示输入变量的所有可能组合，而是用来自线 S_1～S_4的数据表示输出。

表 A-2 4 选 1 多路转换器真值表

C_1	C_2	D
0	0	S_1
0	1	S_2
1	0	S_3
1	1	S_4

多路转换器用于数字电路中控制信号和数据路由选择。其中一个例子是程序计数器（PC）值的输入，程序计数器的值来自以下几个不同的地方：

- 二进制计数器：PC 作为下一个指令的增量。
- 指令寄存器：刚执行过使用直接地址的分支指令。
- 算术逻辑部件的输出：分支指令指定采用位移方式的地址。

这些不同的输入将连接到多路转换器的输入线，PC 连到输出线，选择线确定哪个值输入到 PC。因为 PC 包含多位，因此使用多个多路转换器，每位一个。

A.3.2 译码器

一个译码器是带有多根输出线的组合电路。在任何时候，只有一个输出线有效，并取决于输入线的方式。通常一个译码器有 n 个输入和 2^n 个输出。图 A-2 表示了一个带有 3 个输入和 8 个输出的译码器。其中 S_1～S_3 用于选择 D_1～D_8 中哪一根输出线有效。

译码器在数字计算机中有许多用途，例如，地址译码。具体请参考第 2 章存储器。

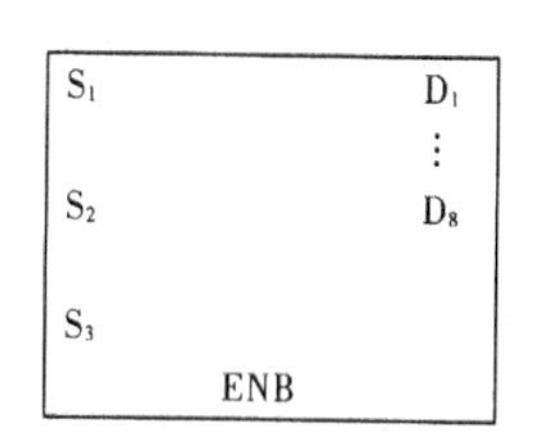

图 A-2 具有 3 个输入 8 个输出的译码器

A.3.3 只读存储器

组合电路经常称为“无存储器”的电路。因为它们的输出只取决于它们当前的输入，而没有保存上次输入的历史记录。然而有一种用组合电路实现的存储器，称为只读存储器（ROM）。

回想一下 ROM 是只执行读操作的存储器，这表明存储在 ROM 中的二进制信息是永久性的，它是在生产过程中产生的。因此，给定一个到 ROM 的输入（地址线），总能产生相同的输出（数据线）。因为输出是一个只与现在的输入有关的函数，所以，ROM 实际上是一个组合电路。

一个 ROM 能用一个译码器和一组 OR 门实现，表 A-3 是一个例子，可把它看成带有 4 个输入和 4 个输出的真值表。对于 16 种可能输入值中的每一种，表示了相应的一组输出值。也可把它看成是一个由 16 字，4 位/字组成的 64 位 ROM 的定义。4 个输入指定一个地址，4 个输出指定由地址指定的单元内容。

表 A-3 一个 ROM 真值表

输入				输出			
0	0	0	0	0	0	0	0
0	0	0	1	0	0	0	1
0	0	1	0	0	0	1	1
0	0	1	1	0	0	1	0
0	1	0	0	0	1	1	0
0	1	0	1	0	1	1	1
0	1	1	0	0	1	0	1
0	1	1	1	0	1	0	0
1	0	0	0	1	1	0	0
1	0	0	1	1	1	0	1
1	0	1	0	1	1	1	1
1	0	1	1	1	1	1	0
1	1	0	0	1	0	1	0
1	1	0	1	1	0	1	1
1	1	1	0	1	0	0	1
1	1	1	1	1	0	0	0

A.3.4 加法器

到目前为止，已经讨论了如何用互连的门来实现如下功能，如信号路由选择、译码和 ROM 等。但还有一个没有介绍的领域是算术。在下面的概述中，将主要讨论加法的功能。

二进制加法与布尔代数加法的区别是在结果中包含了一个进位项。但二进制加法仍能用布尔项来处理。在表 A-4 中，表示了一个一位全加器的逻辑，它将两个输入位相加产生一位和项和一个进位项，并可以处理低位的进位。

表 A-4　一位全加器

C_{in}	A	B	Sum	C_{out}
0	0	0	0	0
0	0	1	1	0
0	1	0	1	0
0	1	1	0	1
1	0	0	1	0
1	0	1	0	1
1	1	0	0	1
1	1	1	1	1

这个真值表很容易用数字逻辑来实现：

$$\text{Sum} = \overline{A}\overline{B}C_{\text{in}} + \overline{A}B\overline{C}_{\text{in}} + ABC_{\text{in}} + A\overline{B}\overline{C}_{\text{in}}$$

$$C_{\text{out}} = AB + AC_{\text{in}} + BC_{\text{in}}$$

多位加法器的实现方法请参考第 7 章中有关运算器的章节。

A.4　时 序 电 路

组合电路实现了数字计算机的基本功能，然而除了特殊的 ROM 外，它们不提供存储或状态信息，而这些元素对数字电路的操作却是必需的。为了实现后一个目的，采用了一种更复杂的数字逻辑电路——时序电路。时序电路当前的输出不仅取决于当前的输入，也取决于过去的输入值，或者说，时序电路的当前输出取决于当前的输入和电路的当前状态。

在这一节中，将介绍一些简单但有用的时序电路的例子。正如我们所看到的，时序电路中使用组合电路。

A.4.1　触发器

时序电路最简单的形式是触发器，许多触发器都具有两个特性：

- 触发器是双稳态设备，它以两种状态之一的形式存在。在缺省输入时，保持原状态，因此，触发器能作为 1 位的存储器。
- 触发器有两个输出，它们总是互反，通常用 Q 和 $\overline{\text{Q}}$ 标志。

1. S-R 触发器

S-R 触发器有两个输入端 S、R 和一个时钟输入端，状态由 Q 值来定义。只有当时钟脉冲触发之后，输出 Q 和 $\overline{\text{Q}}$ 才出现变化。表 A-5 为 S-R 触发器的特征表（Characteristic Table），它表示了时序电路的下一个状态或次状态作为当前状态和输入的函数。

表 A-5　S-R 触发器的特征表

S	R	Q_{n+1}
0	0	Q_n
0	1	0
1	0	1
1	1	–

其中 Q_n 代表原触发器状态，Q_{n+1} 代表时钟脉冲触发之后的状态。图 A-3 表示 S-R 触发器的逻辑符号。

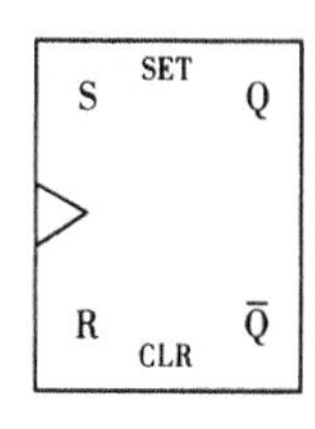

图 A-3　S-R 触发器

2．D 触发器

S-R 触发器存在的一个问题是，必须避免 R=1，S=l 的情况。采用的一种方法是允许单个输入。D 触发器完成这一功能。表 A-6 表示了 D 触发器的特性表。

表 A-6　D 触发器的特征表

D	Q_{n+1}
0	0
1	1

D 触发器有时称为数据触发器，因为它有效地存储了一位数据，D 触发器的输出总是等于提供给输入的最近值。于是，它记录并输出上一次的输入。它也称为延迟触发器，因为它将输入的 0 或 1 延迟了一个时钟脉冲。图 A-4 表示 D 触发器的逻辑符号。

3．J-K 触发器

另一种有用的触发器是 J-K 触发器。如同 S-R 触发器，它有两个输入，这时，所有输入值的可能组合都是有效的。表 A-7 表示了 J-K 触发器的特征表。前 3 个组合值与 S-R 触发器相同。

当 J、K 都为 1 时，执行一个称为反置开关的函数：输出相反。图 A-5 表示 J-K 触发器的逻辑符号。

表 A-7　J-K 触发器的特征表

J	K	Q_{n+1}
0	0	Q_n
0	1	0
1	0	1
1	1	$\bar{Q}_n$

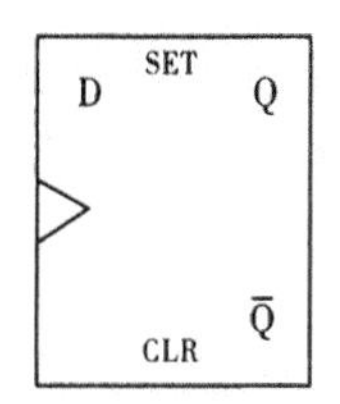

图 A-4　D 触发器

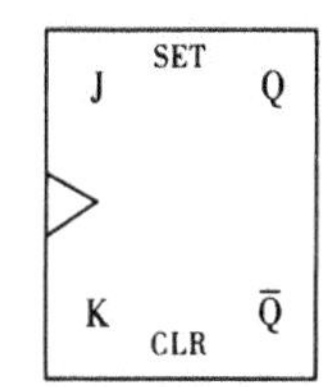

图 A-5　J-K 触发器

A.4.2 寄存器

作为使用触发器的例子，介绍一个 CPU 的基本元件——寄存器。一个寄存器是一个用于 CPU 中存储一个或更多数据位的数字电路，寄存器常用的两种基本类型是：并行寄存器和移位寄存器。

1．并行寄存器

并行寄存器由同时读或写的一组一位存储器组成。它用于存储数据，本书讨论的寄存器是并行寄存器。

一种常用的 4 位并行寄存器如图 A-6 所示。它由 4 个 D 触发器构成，接收脉冲直接连到各触发器的时钟端上，不管寄存器的原来内容如何，当接收脉冲上升沿到达时，输入端的数码都将存入相应的触发器中，寄存器的内容可以从 Q_0～Q_3 这 4 个触发器的输出端读出。图中复位端主要用于清除寄存器中的内容。

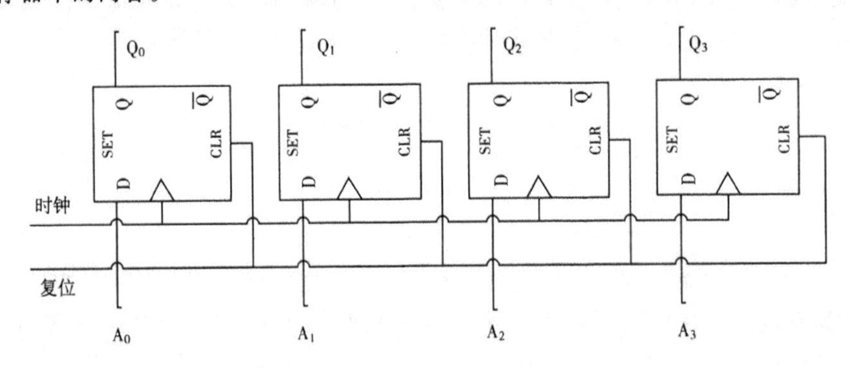

图 A-6　D 触发器构成的并行寄存器

2．移位寄存器

一个移位寄存器串行地接受来自与门/或门的信息。图 A-7 所示的是由 S-R 触发器构成的 4 位移位寄存器。数据只从触发器的最左端输入，当输入一个时钟脉冲时，数据向右移一个位置，数据从最右端输出。

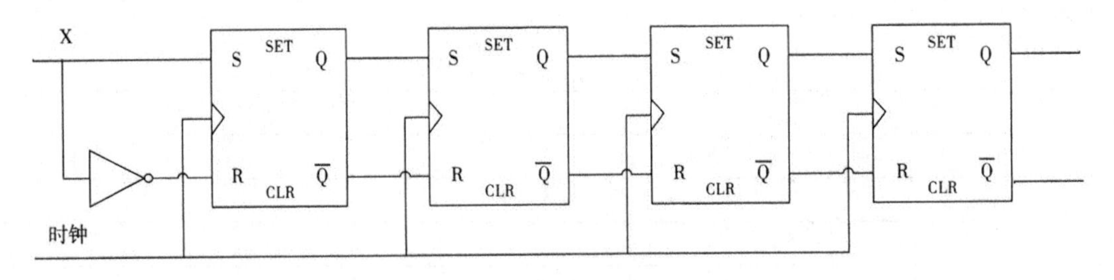

图 A-7　4 位移位寄存器

移位寄存器应用于串行 I/O 设备的接口，另外，还可用于算术逻辑部件中的执行逻辑移动和循环功能。在后一种应用中，它们需要安装与串行一样的并行读/写电路。

A.4.3 计数器

另一种有用的时序电路是计数器。一个计数器是每次值增加 1 时与寄存器容量进行模运算的寄存器。因此，由 n 个触发器构成的寄存器能计数到 2^n-1 的值，当计数器计数到超过最大值时，被设置为0。如CPU中的计数器是程序计数器。

计数器按照不同的操作方法可分为异步或同步两种类型。异步计数器相对慢些，因为在一个寄存器输出后才触发下一个寄存器状态的变化。在同步计数器中，所有的触发器同时改变状态。由于后一种类型速度快，所以在CPU中经常使用。

1. 异步进位计数器

异步寄存器也称为行波进位寄存器，因为计数器出现加1的变化是从一端开始“行波”到达另一端。图A-8所示的是一个用J-K触发器组成的4位寄存器。最左边的触发器的输出（Q_0）是最低位。通过串接n个触发器后，计数器能扩充到任意位。

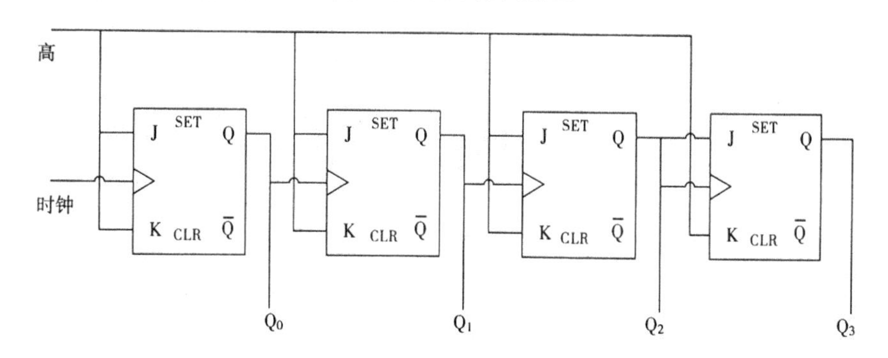

图A-8 4位异步进位计数器

在图A-9中，当输入一个时钟脉冲后，计数器加1。每个触发器的J、K输入端值固定为1。这意味着，当一个脉冲来时，Q输出值将取反（1变为0，0变为1）。如果看一下这个计数器的输出状态，可以得到0000，0001，…，1111，0000等循环。

2. 同步计数器

行波进位计数器的缺点是，在值变化时有延迟，它与计数器的长度成正比。为了克服这一缺点，CPU使用同步计数器，即计数器的所有触发器在同一时间发生变化。图A-9所示为3位同步计数器的逻辑图。

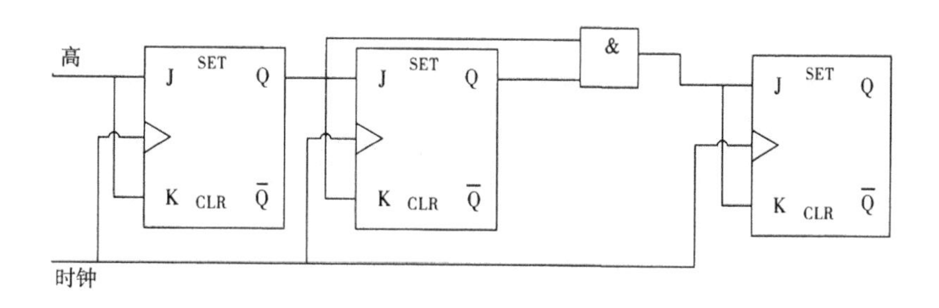

图A-9 3位同步计数器

参考文献

[1] STALLINGS W. Computer Organization and Architecture: Designing for Performance[M]. 7th ed. New York：Prentice Hall，2005.

[2] PATTERSON D A，Hennessy L J. Computer Organization & Design: The Hardware / Software Interface[M]. 3rd ed. Burlington：Morgan Kaufmann，2004.

[3] 白中英. 计算机组成原理[M]. 4 版. 北京：科学出版社，2008.

[4] 白中英. 计算机组成原理试题库及其实现[M]. 3 版. 北京：科学出版社，2001.

[5] 王闵. 计算机组成原理[M]. 北京：电子工业出版社，2001.

[6] 唐朔飞. 计算机组成原理[M]. 2 版. 北京：高等教育出版社，2008.

[7] 王爱英. 计算机组成与结构[M]. 4 版. 北京：清华大学出版社，2007.

[8] 张晨曦，等. 计算机系统结构[M]. 2 版. 北京：高等教育出版社，2005.